中国石油天然气集团公司统编培训教材

工程建设业务分册

长输油气管道工艺设计

《长输油气管道工艺设计》编委会 编

石油工业出版社

内 容 提 要

本书阐述了长输油气管道工艺设计的相关知识，主要内容包括：输油气管道概况和工艺设计内容，输油管道工艺计算及分析，输油管道的瞬态分析和水击保护，输油站场工艺及主要设备，输气管道工艺计算及分析，储气系统的储气能力及调峰分析，输气站场工艺及主要设备，油气管道站内工艺流程安装设计，线路工程，阴极保护及防腐保温概述，管道焊接与检验、清管试压与干燥的相关知识，油气管道试运投产的相关知识，油气管道危险识别及风险评估相关知识。

本书主要用作从事长输管道工艺设计人员的培训教材，也适用于从事长输管道工艺技术管理人员阅读。

图书在版编目（CIP）数据

长输油气管道工艺设计／《长输油气管道工艺设计》编委会编.
北京：石油工业出版社，2012.2
（中国石油天然气集团公司统编培训教材）
ISBN 978 - 7 - 5021 - 8851 - 1

Ⅰ．长…

Ⅱ．长…

Ⅲ．油气运输-长输管道-工艺设计-技术培训-教材

Ⅳ．TE973.8

中国版本图书馆 CIP 数据核字（2011）第 255417 号

出版发行：石油工业出版社
　　　　　（北京安定门外安华里 2 区 1 号　100011）
　　　　网　　址：http://pip.cnpc.com.cn
　　　　编辑部：（010）64523580　发行部：（010）64523620
经　　销：全国新华书店
印　　刷：北京中石油彩色印刷有限责任公司

2012 年 2 月第 1 版　2014 年 8 月第 2 次印刷
710×1000 毫米　开本：1/16　印张：31.25
字数：525 千字

定价：110.00 元
（如出现印装质量问题，我社发行部负责调换）

《长输油气管道工艺设计》编审人员

主　　编：张文伟

执行主编：张月静

副 主 编：黄　丽　谌贵宇　付　明

编写人员：孟祥海　王　彦　冷绪林　林宝辉　孙　宇

　　　　　朱坤锋　何绍军　张振永　张怀法　陈文备

　　　　　余志峰　俞彦英　马金凤　吴　文　邵　勇

　　　　　刘建云　李　苗　杨　帆　周　英　陈　凤

　　　　　李　巧　毛　敏　李　强　孙在蓉

审定人员：夏喜林　李国兵　夏银聚　徐　鹰

序

企业发展靠人才，人才发展靠培训。当前，集团公司正处在加快转变增长方式，调整产业结构，全面建设综合性国际能源公司的关键时期。做好"发展"、"转变"、"和谐"三件大事，更深更广参与全球竞争，实现全面协调可持续，特别是海外油气作业产量"半壁江山"的目标，人才是根本。培训工作作为影响集团公司人才发展水平和实力的重要因素，肩负着艰巨而繁重的战略任务和历史使命，面临着前所未有的发展机遇。健全和完善员工培训教材体系，是加强培训基础建设，推进培训战略性和国际化转型升级的重要举措，是提升公司人力资源开发整体能力的一项重要基础工作。

集团公司始终高度重视培训教材开发等人力资源开发基础建设工作，明确提出要"由专家制定大纲、按大纲选编教材、按教材开展培训"的目标和要求。2009年以来，由人事部牵头，各部门和专业分公司参与，在分析优化公司现有部分专业培训教材、职业资格培训教材和培训课件的基础上，经反复研究论证，形成了比较系统、科学的教材编审目录、方案和编写计划，全面启动了《中国石油天然气集团公司统编培训教材》（以下简称"统编培训教材"）的开发和编审工作。"统编培训教材"以国内外知名专家学者、集团公司两级专家、现场管理技术骨干等力量为主体，充分发挥地区公司、研究院所、培训机构的作用，瞄准世界前沿及集团公司技术发展的最新进展，突出现场应用和实际操作，精心组织编写，由集团公司"统编培训教材"编审委员会审定，集团公司统一出版和发行。

根据集团公司员工队伍专业构成及业务布局，"统编培训教材"按"综合管理类、专业技术类、操作技能类、国际业务类"四类组织编写。综合管理类侧重中高级综合管理岗位员工的培训，具有石油石化管理特色的教材，以自编方式为主，行业适用或社会通用教材，可从社会选购，作为指定培训教材；专业技术类侧重中高级专业技术岗位员工的培训，是教材编审的主体，按照《专业培训教材开发目录及编审规划》逐套编审，循序推进，计划编审300余门；操作技能类以国家制定的操作工种技能鉴定培训教材为基础，侧重主体专业（主要工种）骨干岗位的培训；国际业务类侧重海外项目中外员工的培训。

"统编培训教材"具有以下特点：

一是前瞻性。教材充分吸收各业务领域当前及今后一个时期世界前沿理论、先进技术和领先标准，以及集团公司技术发展的最新进展，并将其转化为员工培训的知识和技能要求，具有较强的前瞻性。

二是系统性。教材由"统编培训教材"编审委员会统一编制开发规划，统一确定专业目录，统一组织编写与审定，避免内容交叉重叠，具有较强的系统性、规范性和科学性。

三是实用性。教材内容侧重现场应用和实际操作，既有应用理论，又有实际案例和操作规程要求，具有较高的实用价值。

四是权威性。由集团公司总部组织各个领域的技术和管理权威，集中编写教材，体现了教材的权威性。

五是专业性。不仅教材的组织按照业务领域，根据专业目录进行开发，且教材的内容更加注重专业特色，强调各业务领域自身发展的特色技术、特色经验和做法，也是对公司各业务领域知识和经验的一次集中梳理，符合知识管理的要求和方向。

经过多方共同努力，集团公司首批39门"统编培训教材"已按计划编审出版，与各企事业单位和广大员工见面了，将成为首批集团公司统一组织开发和编审的中高级管理、技术、技能骨干人员培训的基本教材。首批"统编培训教材"的出版发行，对于完善建立起与综合性国际能源公司形象和任务相适应的系列培训教材，推进集团公司培训的标准化、国际化建设，具有划时代意义。希望各企事业单位和广大石油员工用好、用活本套教材，为持续推进人才培训工程，激发员工创新活力和创造智慧，加快建设综合性国际能源公司发挥更大作用。

《中国石油天然气集团公司统编培训教材》

编审委员会

2011 年 4 月 18 日

前　言

　　工艺设计是长输油气管道建设的基础。西气东输、陕京线、兰郑长、忠武线、东北管网、西部管道、川气东送等一大批长距离输油、输气管道的建设，将中国石油天然气管道的建设推向高潮，中国正在逐步加快油气干线管网和配套设施的规划建设，完善全国油气管线网络。因此，长输油气管道工艺设计技术的普及和提高成为管道建设过程中一项极为重要的内容。本书力求以简洁的语言概括原油、成品油和天然气管道的工艺设计理论、设计内容、设计方法、施工工艺和投产试运步骤以及相关知识。

　　本书包含以下六部分内容：第一章主要介绍输油气管道的组成和各设计阶段的主要内容；第二章、第三章、第四章主要介绍输油管道工艺设计的理论知识，包括输油管道的水力计算、热力计算、管道的适应性分析、站内设备、材料选型计算、输油管道的瞬态分析计算及分析、输油站场工艺及主要设备选型等；第五章、第六章、第七章主要介绍输气管道工艺设计的理论知识，包括输气管道的水力计算、热力计算、管道的适应性分析、储气系统的储气能力和调峰分析、输气站场工艺及主要设备；第九章、第十章主要介绍输油气管道线路工程的相关理论知识；第八章、第十一章、第十二章主要介绍油气管道站内工艺设施安装设计、管道焊接检验、清管试压、投产试运等相关知识，包括站内管道、站场设备（包括泵、压缩机、阀门等）的安装设计相关知识，管道焊接检验、清管试压、投产试运等；第十三章主要介绍油气管道危险识别及风险评估的相关知识，包括管道风险评价概述，风险评价各阶段的常用方法简介等。

　　本书由中国石油天然气管道工程有限公司和中国石油集团工程设计有限责任公司西南分公司合作编著完成，由张文伟主编。本书第一章由张月静编写，第二章由孟祥海、张月静、孙宇等编写，第三章由林宝辉、朱坤锋等编写，第四章由黄丽、何绍军、李苗等编写，第五章由周英、谌贵宇、杨帆、陈凤等编写，第六章由杨帆、周英、谌贵宇、李强等编写，第七章由李巧、毛敏、孙在蓉、李强等编写，第八章由王彦、冷绪林等编写，第九章由张振永、张怀法、陈文备、余志峰等编写，第十章由俞彦英编写，第十一章由付明、马金凤等编写，第十二章由付明编写，第十三章由吴文、邵勇等编写。

由于编者水平有限，书中疏漏在所难免，恳请读者提出宝贵意见，欢迎读者就本书中的问题及工作中的新技术和编者进行探讨。

编者

2011 年 7 月

目 录

第一章　输油气管道概况和工艺设计内容

第一节　输油气管道的组成及主要输油气工艺

管道输送是石油工业中应用最广的运输方式之一，一般分为两类，一类是油气田矿场内部的集输管道；另一类是长距离输送原油、天然气及其产品的管道，称为长（距离）输油气管道。本书主要介绍长（距离）输油气管道的相关内容。

一、输油管道系统的组成及主要输油工艺

（一）输油管道系统的组成

输油管道按所输油品的种类可分为原油管道与成品油管道两种。原油管道是将油田生产的合格原油输送至炼厂、港口或铁路转运站，具有管径大、输量大、运输距离长、分输点少的特点。成品油管道将炼厂生产的各种油品送至油库或转运站，具有输送品种多、批次多、分输点多的特点，多采用顺序输送。输油管道由线路工程、输油站场及配套工程组成。

1. 线路工程

线路工程包括管道敷设工程、穿（跨）越工程、防腐工程、线路截断阀室、水土保持工程、伴行道路和其他附属建（构）筑物等。

工程内容主要包括管道焊接、试压、管沟开挖及回填，水域、山体、铁路、公路、冲沟等的穿越或跨越，管道的外防腐、保温及阴极保护，各类截断阀室，管道的水工保护等。

2. 输油站场

根据输油站场功能的不同，输油站可分为首站、中间加热站、中间泵站、中间热泵站、分输站、输入站、减压站、清管站和末站等。

站场工程包括站场主体工程及公用工程。

站场主体工程包括输油工艺、配套的仪表自控、通信工程及总图运输工程等。公用工程包括供配电、给排水及消防、供热、采暖及通风、建筑与结构等工程。

(1)输油工艺：油品输送工艺流程及设备，是输油管道的核心。

(2)仪表自控：承担各输油站及管道全线工艺过程的参数自动检测、控制和监视，仪表自控系统与管道的安全与经济运行关系很大。

(3)通信工程：全线设专用的通信系统。通信通道应满足全线自动化系统数据传输、监视与控制、生产调度及行政会议、通话的需要。

(4)供配电：供配电系统为输油站提供动力和照明用电。电源一般来自国家电网。在缺电地区，由输油站自备发电机组供电。供电系统主要包括变电所、配电间等。

(5)给排水及消防：站场生产与生活供水、排水系统，油罐和建筑的消防，含油污水处理设施等。

(6)供热：建筑物的采暖、储油罐维持温度，以及站内管道的伴热都需要热源。提供热源的供热系统包括锅炉房与热力网等。

3. 配套工程

配套工程包括外部供电线路、通信线路、供水水源地及供水管线、燃气管道等工程，还包括管理机构(输油公司)、管道维抢修中心、消防站等工程。管道配套工程应尽量依托地方条件和现有设施，统筹解决；经论证没有依托条件或依托条件不能满足工程要求时，可单独建设。

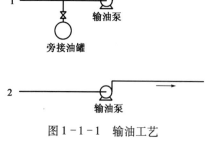

图 1-1-1 输油工艺
1—旁接油罐；2—密闭输送

(二)主要输油工艺介绍

1. 旁接油罐

旁接油罐图 1-1-1 输油工艺是指上站来油可进入泵站的输油泵，也可同时进入旁接油罐的输油工艺。旁接油罐通过旁路连接到干线上。当本输油站与上下两站的输量不平衡时，旁接油罐起缓冲作用。这种工艺的特点为：

(1)各管段输量可以不相等，旁接油罐起调节作用。

(2)各管段单独成为一水力系统，有利于运行参数的调节和减少站间的相互影响。

(3)与密闭输送工艺相比，不需要较高精度的自动调节系统，操作简单。

2. 密闭输送

密闭输送(图1-1-1)工艺也称为"从泵到泵"输油。在这种输油工艺中，中间输油站不设缓冲用的旁接油罐，上站来油全部直接进输油泵。这种工艺的特点是：

(1)可基本消除中间站的轻质油蒸发损耗。

(2)整个管道构成一个统一的水力系统，可充分利用上站余压，减少节流损失。它要求各站必须有可靠的自动调节和保护装置。

(3)工艺流程简单。

3. 加热输送

易凝和高粘原油常采用加热输送的方法，目的在于提高输送温度使油品粘度降低，减少输送时的摩阻损失，并且提高油流温度使其高于原油的凝点，以防止冻结事故发生。加热输送区别于常温输送有以下特点：

(1)在输送过程中存在两方面的能量损失——消耗于克服摩阻的摩阻损失以及与外界进行热交换所散失掉的热能损失。因此，除了在管道沿线需设置若干个加压泵站外，还需在管道沿线建若干个加热站。

(2)与两方面的能量损失相应的工艺计算应包括两个部分——水力计算和热力计算。水力计算主要是为完成规定的输油任务，合理地解决压能供给与消耗之间的平衡问题。热力计算主要是合理地解决热能供给与散失之间的平衡问题。

摩阻损失与热能损失这两方面是互相联系、互相影响的，如果油温高，其粘度就低，因而摩阻损失少；摩阻损失少，泵站数就少，但加热站数就增多。反之，如果油温低，其粘度就大，摩阻损失也增大，因此泵站数就要增加，但加热站数却可减少。这说明水力计算与热力计算相互影响，其中热力计算因素起决定影响，在进行计算分析时，必须先考虑沿线的温降情况，确定合理的进出站温度，以求得合理的泵站数和加热站数。

(3)加热输送时，管内热油既可在层流状态下输送，又可在紊流状态下输送，还也可在混合状态下输送。加热输送时热能损失往往是起决定作用的因素。

4. 顺序输送

在同一条管道内，按一定顺序连续地输送几种油品，这种输送方法称为顺序输送（或交替输送）。一般顺序输送多应用于成品油管道。

（三）输油管道工艺设计的一般规定

（1）输油管道工艺设计计算输油量时，年工作天数应按350d计算。

（2）应将设计委托书或设计合同规定的输量（年输量、月输量、日输量）作为设计输量，设计输量应符合经济及安全输送条件。

（3）输油管道工艺设计宜采用密闭输送工艺。如果来用其他输送工艺，应进行技术经济论证，并说明其可行性。

（4）同一管道输送多种油品，宜采用顺序输送工艺。若采用专管专用输送工艺，应进行技术经济论证。

（5）当输油管道及其附件已按国家现行标准《钢制管道外腐蚀控制规范》（GB/T 21447—2008）和《埋地钢制管道阴极保护技术规范》（GB/T 21448—2008）的要求采取了防腐措施时，不应再增加管壁的腐蚀裕量。

（6）输油管道输油工艺方案应依据设计内压力、管道管型及钢种等级、管径、壁厚、输送方式、输油站数、顺序输送油品批次等，以多个组合方案进行比选，确定最佳输油工艺方案。

（7）管输原油质量应符合国家现行标准《出矿原油技术条件》（SY 7513—1988）的规定；管输液态液化石油气的质量应符合国家现行标准《油气田液化石油气》（GB 9052.1—1998）或《液化石油气》（GB 11174—1997）的规定；管输其他成品油质量应符合国家现行产品标准。

（8）输油管道系统输送工艺总流程图应标注首站、中间站、末站的输油量，进出站压力及油温等主要工艺参数，并注明线路截断阀、大型穿（跨）越、各站间距及里程和高程（注明是否有翻越点）。

（9）输油管道系统工艺计算应包括水力计算和热力计算，并进行稳态计算和瞬态水力分析，提出输油管道在密闭输送中瞬变流动过程的控制方法。

（10）应根据被输送原油的物理化学性质及其流变性，通过输送工艺方案优化比选，选择最佳输送方式。埋地加热输送的原油管道，应优选加热温度，进行管道保温与不保温的技术经济比较，确定合理的输油方案。

（11）成品油管道输送工艺应按设计委托书或设计合同规定的成品油输

量、品种、各品种的比例以及分输量、输入量进行成品油管道系统输送工艺设计。

（12）输送多品种成品油时，宜采用单管顺序输送。确定油品批量输送的排列顺序时，应将油品性质相近的紧邻排列。

（13）应在紊流状态下进行多品种成品油的顺序输送，对于高流速的成品油还需要进行温升计算和冷却计算。

（14）在顺序输送高粘度成品油（如重油）时，宜使用隔离装置。

（15）对于成品油顺序输送管道，在输油站间不宜设置副管。

（16）多品种成品油顺序输送管道，应采用连续输送方式。当采用间歇输送时，应采取措施以减少混油量。

（17）成品油如采用旁接油罐输油工艺，当多种油品顺序输送混油界面通过泵站时，应切换成密闭输送工艺。

（18）应将油罐区的建设和营运费用与混油贬值造成的费用损失两个方面进行综合比较后，确定顺序输送最佳循环次数。

（19）液态液化石油气（LPG）管道系统输送应按设计委托书或设计合同规定的液态液化石油气输量、组分及各组分的比例进行液态液化石油气管道系统输送工艺设计。

（20）输送液态液化石油气管道的沿程摩阻损失，应按《输油管道工程设计规范》（GB 50253—2003）要求的沿程摩阻计算公式进行计算，并将计算结果乘以 1.1～1.2 的液态阻力增加系数。当管道内流速较高时，还应进行温升计算和冷却计算。

（21）液态液化石油气在管道中输送时，沿线任何一点的压力都必须高于输送温度下液化石油气的饱和蒸气压，沿线各中间泵站的进站压力应比同温度下液化石油气的饱和蒸气压高 1MPa，末站进罐前的压力应比同温度下液化石油气的饱和蒸气压高 0.5MPa。

（22）液态液化石油气在管道内的平均流速应经技术经济比较后确定，但要注意因管内摩阻升温而需另行冷却的能耗。平均流速可取 0.8～1.4m/s，最大不应超过 3m/s。

（23）安全阀的定压应小于或等于受压设备和容器的设计压力。安全阀的定压（p_0）应根据管道最大允许操作压力（p）确定，并应符合下列要求：

①当 $p \leqslant 1.8$MPa 时，$p_0 = p + 0.18$MPa。

②当 1.8MPa $< p \leqslant 7.5$MPa 时，$p_0 = 1.1p$。

③当 $p > 7.5$MPa 时，$p_0 = 1.05p$。

（24）安全阀泄放管直径应按下列要求计算：

①单个安全阀的泄放管直径应按背压不大于该阀泄放压力的 10% 确定，但不应小于安全阀的出口直径。

②连接多个安全阀的泄放管，其直径应按所有安全阀同时泄放时产生的背压不大于其中任何一个安全阀的泄放压力的 10% 确定，且泄放管截面积不应小于各安全阀泄放支管截面积之和。

二、输气管道系统的组成及主要输送工艺

（一）输气管道系统的组成

长距离输气管道系统的组成和输油管道相似，一般由线路工程、输气站场及配套工程组成。输气站场的类型一般有压气站、清管站、分输站、注气站等。

1. 线路工程

干线部分包括管道敷设工程、穿（跨）越工程、防腐工程、线路截断阀室、水土保持工程、伴行道路和其他附属建（构）筑物等。

工程内容主要包括管道焊接、试压、管沟开挖及回填，水域、山体、铁路、公路、冲沟等的穿越或跨越，管道的外防腐、阴极保护，各类截断阀室，管道的水工保护等。

2. 输气站场

根据输气站功能的不同，输气站可分为首站、中间压气站、分输站、注气站、清管站和末站等。

站场工程包括站场主体工程及公用工程。

站场主体工程包括输气工艺、配套的仪表自控、通信工程及总图运输工程等。

公用工程包括供配电、给排水及消防、供热、采暖及通风、建筑与结构等工程。

（1）输气工艺：天然气输送工艺流程和设备，是输气管道的核心。

（2）仪表自控：承担各输气站及管道全线工艺过程的自动检测、控制和监视，仪表自控系统与管道的安全与经济运行关系很大。

（3）通信工程：全线设专用的通信系统。通信通道应满足全线自动化系统

数据传输、监视控制、生产调度及行政会议、通话的需要。

（4）供配电：供配电系统为输气站提供动力和照明用电。电源一般来自国家电网。在缺电地区，由输气站自备发电机组供电。供电系统主要包括变电所、配电间等。

（5）给排水及消防：站场生产与生活供水、排水系统，建筑的消防，污水处理设施等。

（6）供热：各种建筑物的采暖、站内管道的伴热都需要热源。提供热源的供热系统包括锅炉房与热力网等。

3. 配套工程

配套工程包括外部供电线路、通信线路、供水水源地及供水管线、燃气管道等工程，还包括管理机构（输气公司）、管道维抢修中心、消防站等工程。管道配套工程应尽量依托地方条件和现有设施，统筹解决；经论证没有依托条件或依托条件不能满足工程要求时，可单独建设。

（二）主要输气工艺介绍

长距离输气管道的输送方式主要为加压输送，典型压气站输气工艺主要包括清管工艺系统、过滤分离系统、压缩机系统、空冷系统等，输气管道的典型压气站输气工艺见图 1-1-2。

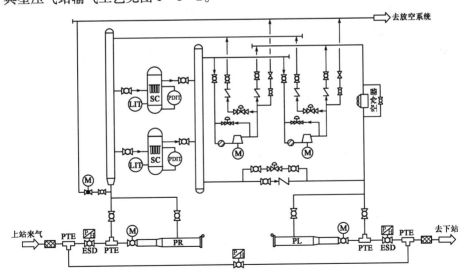

图 1-1-2　典型压气站输气工艺流程

（三）输气管道工艺设计的一般规定

（1）输气管道的设计输送能力应按设计委托书或合同规定的年或日最大输气量计算，设计年工作天数应按 350d 计算。

（2）进入输气管道的气体必须清除机械杂质；水露点应比输送条件下最低环境温度低 5℃；烃露点应低于最低环境温度；气体中的硫化氢含量不应大于 $20mg/m^3$。

（3）输气管道的设计压力应根据气源条件、用户需要、管材质量及地区安全等因素经技术经济比较后确定。

（4）当输气管道及其附件已按国家现行标准《钢制管道外腐蚀控制规范》（GB/T 21447—2008）和《埋地钢制管道阴极保护技术规范》（GB/T 21448—2008）的要求采取了防腐措施时，不应再增加管壁的腐蚀裕量。

（5）输气管道应设清管设施，有条件时宜采用管道内壁涂层。

（6）输气管道工艺设计应根据气源条件、输送距离、输送量及用户的特点和要求，对管道进行系统优化设计，经综合分析和技术经济对比后确定。

（7）输气管道工艺设计应确定下列主要内容：

①输气站的工艺参数和流程。

②输气站的数量和站间距。

③输气管道的直径、设计压力及压气站的站压比。

（8）管道输气应合理利用气源压力。当输气管道采用增压输送时，应合理选择压气站的站压比和站间距。当采用离心式压缩机增压输送时，站压比宜为 1.2 ~ 1.5，站间距不宜小于 100km。

（9）输气管道的压气站特性和管道特性应协调。在正常输气条件下，压缩机组应在高效区内工作。压缩机组的数量、选型、工作方式应在经济运行范围内，并满足工艺设计参数和运行工况变化的要求。

（10）具有配气功能分输站的分输气体管线宜设置气体的限量、限压设施。

（11）输气管道首站和气体接收站的进气管线应设置气质监测设施。

（12）输气管道的强度设计应满足运行工况变化的要求。

（13）输气站应设置越站旁通。进、出站管线必须设置截断阀。截断阀的位置应与工艺设备区保持一定距离，确保在紧急情况下便于接近和操作。截断阀应当具备手动操作的功能。

（14）输气管道工艺设计应具备下列资料：

①管输气体的组成。

②气源的数量、位置、供气量及可调范围。

③气源的压力及可调范围、压力递减速度及上限压力延续时间。

④沿线用户对供气压力、供气量及其变化的要求。当要求利用管道储气调峰时，应具备用户的用气特性曲线和数据。

⑤沿线自然环境条件和管道埋设处地温(年平均、最冷月平均、最热月平均)。

(15)根据工程的实际需求，可对输气管道系统进行稳态和动态模拟计算，确定在不同工况条件下压气站的数量、增压比、压缩机计算功率和动力燃料消耗、管道系统各节点流量、压力、温度和管道的储气量等。根据系统分析需要，可将小时或天作为计算时间段。

(16)输气管道的输气站应在进站截断阀上游和出站截断阀下游设置泄压放空设施。

(17)输气管道的输气干线截断阀上下游均应设置放空管。放空管应能迅速放空两截断阀之间管段内的气体。放空阀直径与放空管直径应相等。

(18)如果输气站内存在有可能超压的受压设备和容器，应设置安全阀。安全阀泄放的气体可引入同级压力的放空管线。

(19)安全阀的定压应小于或等于受压设备和容器的设计压力。安全阀的定压(p_0)应根据管道最大允许操作压力(p)确定，并应符合下列要求：

①当 $p \leq 1.8\text{MPa}$ 时，$p_0 = p + 0.18\text{MPa}$。

②当 $1.8\text{MPa} < p \leq 7.5\text{MPa}$ 时，$p_0 = 1.1p$。

③当 $p > 7.5\text{MPa}$ 时，$p_0 = 1.05p$。

(20)安全阀泄放直径应按下列要求计算：

①单个安全阀的泄放管直径应按背压不大于该阀泄放压力的10%确定，但不应小于安全阀的出口直径。

②连接多个安全阀的泄放管直径应按所有安全阀同时泄放时产生的背压不大于其中任何一个安全阀的泄放压力的10%确定，且泄放管截面积不应小于各安全阀泄放支管截面积之和。

(21)放空气体应经放空竖管排入大气，并应符合环境保护和安全防火要求。

(22)输气管道干线放空竖管应设置在不致发生火灾危险或危害居民健康的地方，其高度应比附近建(构)筑物高出2m以上，且总高度不应小于10m。

(23)输气站放空竖管应设在围墙外，与站场及其他建(构)筑物的距离应符合现行国家标准《石油天然气工程设计防火规范》(GB 50183—2004)的规定，其高度应比附近建(构)筑物高出2m以上，且总高度不应小于10m。

(24)输气管道放空竖管的设置应符合下列规定：

①放空竖管直径应满足最大的放空量要求。

②严禁在放空竖管顶部装设弯管。

③放空竖管底部弯管和相连接的水平放空引出管必须埋地；弯管前的水平埋设直管段必须锚固。

④放空竖管应有稳管加固措施。

第二节　各设计阶段的主要内容

一、工程前期的工作

工程前期的工作是指工程项目从立项申请、可行性研究到项目核准所进行的一系列工作，其核心是编制可行性研究报告和项目申请报告，从工程项目的技术方案、经济评价及安全、环保等方面分析、论证工程项目建设的可行性，为项目的决策提供依据。

(一)可行性研究报告

项目可行性研究报告应按中国石油天然气股份有限公司《输油管道项目可行性研究报告编制规定》和《输气管道项目可行性研究报告编制规定》的要求进行编制，这里给出一般应包括的基本内容及有关要求。

1. 输油管道可行性研究报告的内容

1)总论

总论主要包括编制依据、研究目的和范围、编制原则、遵循的主要标准规范、总体技术水平、主要研究结论。

2）油源分析

a. 原油管道分析

（1）油源概况：对主要油区的储量、产能、产量进行描述，分析原油资源供应的可靠性。

（2）油品种类和性质：可利用原油资源的种类、性质。

b. 成品油管道分析

（1）成品油加工企业加工量现状及预测：炼化企业的类型、原油加工能力、加工量及加工预测。

（2）成品油加工企业产量现状及预测：炼化企业成品油产量、品种、牌号及产量预测。

（3）成品油管道运行期内输油量的可靠性分析：对管道运行期内油品的供应量可靠性进行分析。

（4）可输送成品油种类和性质。

3）市场分析

a. 原油管道分析

（1）原油供需现状及预测：炼化企业的发展规划及原油需求预测。

（2）原油配置：对炼化企业原油分配原则及原油分配的方案。

b. 成品油管道分析

（1）目标市场定位：选择沿线油品需求量较大的地区作为目标市场，并覆盖周边地区。

（2）目标市场供需现状及预测：对目标市场油品供需现状和需求预测进行分析。

（3）目标市场油品销售量现状及预测：根据成品油销售现状和发展趋势，预测目标市场的销售量及所占份额。

（4）油品流向建议：提出目标市场成品油销售流向及管道沿线分输量。

c. 管道与其他运输方式的比较

通过调查和分析其他运输方式的现状，从经济、环保、安全、节能、减排和社会发展等方面论证管道建设的必要性和合理性。

4）管道线路工程

管道线路工程主要包括线路走向方案、线路走向推荐方案、管道敷设、管道穿（跨）越、线路附属设施、主要工程量等内容。

5）输油工艺

（1）主要工艺参数，包括：

①设计输量：说明管道的设计输量，并列出管道评价期内的逐年输油量。

②主要参数：管道所输油品的品种、比例及物性，管道长度，沿途进出管道的油量及品种，进出管道油品的温度、压力，沿线管道埋深处全年、最冷月的平均地温、土壤性质及含水率等参数。

（2）输油工艺计算，包括：

①工艺计算：包括水力计算、热力计算、输油主泵功率计算、各站油罐容量计算、混油量计算等。

②工艺计算软件：说明计算软件的名称和版本。

③工艺计算方案：选择不同输油工艺及不同的管径、压力进行多方案的计算。

④工艺计算成果：列出各工艺方案计算参数及成果表，说明各工艺方案的构成（包括输送方式、设计压力、管径、输油站数，输油泵配置方式、各站总负荷、加热方式及加热炉负荷、燃料消耗量等），并绘制各工艺方案的节点示意图和沿线水力坡降图、温降图、布站图。

（3）输油工艺方案优化：说明输油工艺方案的选择原则、输送方式、工艺控制方案及水平，顺序输送的管道还应说明油品输送顺序、批次、混油切割及处理方案，对各输油方案进行技术经济比较，确定输油工艺推荐方案，并说明推荐的理由。

（4）管道适应性分析：说明管道经济合理的启输量、允许的最小输量和最大输量，以及管道在各种输送条件下的适应性。

（5）绘制管道工艺系统总工艺流程图。

6）线路用管

此项内容主要包括材质等级选择、管型选择、推荐选用的钢管和用钢量、管道强度及稳定性校核等。

7）输油站场

（1）站场设置：根据推荐方案，列表说明站场名称、站址、里程、高程和站间距等。

（2）站场工艺：说明站场、阀室的种类、功能、主要工艺设施、工艺流程，以及采用的新工艺、新技术、新设备、新材料和安全保护措施等，并绘制各类工艺站场及阀室的工艺流程图，标出进出站流量、工作压力、温度等主要工艺参数。

（3）主要设备选型：包括各站油罐罐型及容量的选择，输油主泵的技术参数，串联或并联运行方式的选择，输油泵驱动方案的比选，加热方式，清管设备、阀门等其他工艺设备的选择。

（4）站场工艺用管：说明站场工艺用钢管的管型、材质及制管标准。

（5）主要工程量：列表说明各类站场的主要工程量。

（6）附图：包括管道系统工艺流程图和各类站场、阀室工艺流程图。

8）防腐与保温

此项内容主要包括防腐材料的选择、管道与储罐保温、阴极保护、干扰防护、主要工程量等。

9）自动控制

此项内容主要包括自动控制水平、自动控制系统方案，流量、液位、压力、温度等工艺参数检测和控制，站控制室及调度控制中心的设置，仪表的选型等主要工程量。

10）通信工程

此项内容主要包括通信方式及通信业务需求预测，通信技术方案、主要工程量。

11）供配电工程

此项内容主要包括电源情况、用电等级、用电负荷统计、供配电方案、主要设备及工程量。

12）公用工程

此项内容主要包括总图运输、给排水、供热及暖通、建筑及结构、维修及抢修等内容。

13）消防

此项内容主要包括生产区消防、辅助生产区及生活区消防方式、消防用水量计算，消防系统方案及消防站的设置，主要消防设备及工程量。

14）节能

此项内容主要包括能源供应、综合能耗指标及能耗水平分析、节能降耗措施。

15）环境保护

此项内容主要包括管道沿线环境现状、环境影响分析、环境保护措施、

环境影响结论及预期效果。

16）安全

此项内容主要包括工程危险、有害因素分析，自然灾害、社会危害因素分析，危险、有害因素防范与治理措施、预期效果。

17）职业卫生

此项内容主要包括职业病危害因素分析、职业病危害因素防护措施、预期效果。

18）组织机构及定员

此项内容主要包括组织机构、定员、培训等内容。

19）项目实施进度安排

此项内容主要包括实施阶段、实施进度等。

20）投资估算及融资方案

此项内容主要包括投资估算、资金来源及融资方案等。

21）财务分析

此项内容主要包括财务分析的范围、依据和方法、评价参数和基础数据、成本费用估算及分析、收入、税金及利润估算、财务分析、不确定性分析、财务分析结论和建议。

22）经济费用效益分析

此项内容主要包括分析范围、基础参数、投资费用估算、经营费用估算、直接效益估算、间接费用估算、间接效益估算、经济费用效益分析。

23）社会效益分析

此项内容主要包括项目对社会的影响分析、项目与所在地区的互适性分析。

除此之外，还应包括可行性研究报告所列附件。

2. 输气管道的可行性研究报告的内容

1）总论

此项内容主要包括编制依据、研究目的和范围、编制原则、遵循的主要标准规范、总体技术水平、主要研究结论等内容。

2）气源分析

此项内容主要包括气田气源、其他气源（如没有可省略）、天然气性质、资源风险分析等内容。

3) 市场分析

此项内容主要包括目标市场的选择、天然气市场需求及需求预测、供配气方案(主要包括供配气原则、供需平衡分析、管线输量确定等内容)以及目标市场风险分析等。

4) 管道线路工程

此项内容主要包括线路走向方案、线路走向推荐方案、管道敷设、管道穿(跨)越、线路附属设施、主要工程量等内容。

5) 输气工艺

(1) 主要工艺参数,包括:

① 设计输量:说明输气管道需要达到的输气能力,并列出输气管道评价期内的逐年输气量。

② 基础数据:天然气组分、气源进气压力、温度及气体条件、管道长度、输气管道的起点压力和终点需求的压力、输气管道沿线进气位置、气体组分、气体温度、气量、压力、输气管道沿线分输位置、气量和压力需求;管道埋深处的地温、土壤性质及含水率等参数。

(2) 输气工艺系统计算,包括:

① 计算公式和计算内容:应说明输气工艺计算所选用的计算公式、参数名称和计量单位等,计算内容主要包括各种工况下的水力计算、压缩机轴功率计算、管道储气能力计算、管道的输气能力计算、输气管道温度计算等。

② 工艺分析软件:说明输气管道工艺分析采用的软件名称和版本号。

③ 输气工艺方案:结合项目的实际情况以及可能发生的工况,说明输气工艺方案选择的原则和方法,说明各工艺方案的构成,并从输气方案的优缺点、适应性、经济性等方面进行多方案比较,确定推荐的工艺方案。

④ 工艺计算成果:列出各工艺方案的节点示意图,说明当选择不同管径和不同压气站方案时的工艺计算结果,包括管径、压力、流量、温度、流速,压气站的进出站压力、压比、功率、压气站个数及燃料气耗气量等。

(3) 输气管道适应性分析:主要包括分析计算管道末段储气能力。当管道考虑季节调峰时,应阐述调峰方案并作调峰分析(调峰方案及调峰分析主要包括调峰手段和调峰时管道的输气能力);分别对远期增输工况及事故工况进行管道适应性分析等内容。

(4) 附图要求:绘制管道工艺系统总流程图。

6）线路用管

此项内容主要包括材质等级选择、管型选择、线路用管方案和用钢量、管道强度及稳定性校核等。

7）输气站场

（1）站场设置：根据管道线路走向和输气工艺推荐方案，说明设置站场的类别、数量、站间距和位置等。

（2）站场工艺：主要包括各类站场、阀室的功能、设计规模、设计压力等主要工艺参数，首站和上游的衔接方式以及末站与下游的衔接方式，采用的新工艺、新技术、新设备、新材料和安全保障措施，并绘制工艺原理流程图（标出进出站流量、工作压力、温度等主要工艺参数）等。

（3）主要设备选型：包括压缩机的选择、压缩机驱动设备的选择、压缩机组辅助系统的配置、其他工艺设备（分离器、过滤器、清管器收发设施、阀门等）的选择等内容。

（4）站场工艺用管：说明站场工艺用钢管的管型、材质及制管标准。

（5）主要工程量：列表说明各类站场的主要工程量。

（6）附图要求：绘制管道系统工艺流程图和各类站场、阀室工艺流程图。

8）管道防腐

此项内容主要包括防腐材料的选择、阴极保护、干扰防护、主要工程量等内容。

9）自动控制

此项内容主要包括自动控制水平、自动控制系统方案、流量计量与压力监控、控制室、仪表的选型、仪表供电、供风及接地、主要工程量等内容。

10）通信工程

此项内容主要包括管道沿线通信现状、通信业务需求预测、通信技术方案、主要工程量等。

11）供配电工程

此项内容主要包括电源情况、用电等级、用电负荷统计、供配电方案、主要设备及工程量、附图等。

12）公用工程

此项内容主要包括总图运输、给排水、供热及暖通、建筑及结构、维修及抢修等。

13）消防

此项内容主要包括生产区消防、辅助生产区及生活区消防、消防用水量、主要消防设备及工程量等。

14）节能

此项内容主要包括能源供应、综合能耗指标及能耗水平分析、节能降耗措施等。

15）环境保护

此项内容主要包括管道沿线环境现状、环境影响分析、环境保护措施、环境影响结论及预期效果等。

16）安全

此项内容主要包括工程危险、有害因素分析，自然灾害、社会危害因素分析，危险、有害因素防范与治理措施，预期效果等。

17）职业卫生

此项内容主要包括职业病危害因素分析、职业病危害因素防护措施、预期效果等。

18）组织机构及定员

此项内容主要包括组织机构、定员、培训等。

19）项目实施进度安排

此项内容主要包括实施阶段、实施进度等。

20）投资估算及融资方案

此项内容主要包括投资估算、资金来源及融资方案等。

21）财务分析

此项内容主要包括财务分析的范围、依据和方法，评价参数和基础数据，成本费用估算，分析、收入、税金及利润估算，财务分析，不确定性分析与风险分析，财务分析结论和建议等。

22）经济费用效益分析

此项内容主要包括分析范围、基础参数、投资费用估算、经营费用估算、直接效益估算、间接费用估算、间接效益估算、经济费用效益分析等。

23）社会效益分析

此项内容主要包括项目对社会的影响分析、项目与所在地区的互适性分析等。

3. 项目可行性研究报告阶段需要完成的专项评估报告

可行性研究阶段应完成下列专项评估报告的编制与报批：

(1)环境影响评价报告；

(2)水土保持方案预评价报告；

(3)地质灾害危险性预评价报告；

(4)地震安全性预评价报告；

(5)职业病危害预评价报告；

(6)安全设施预评价报告；

(7)压覆矿产资源评估报告；

(8)文物调查工作报告。

以上评估报告应由业主委托有相应资质的单位完成。在评估报告编制和评审过程中，可行性研究报告的编制单位应按设计合同要求进行配合，并参加审查会。

(二)项目申请报告

对于企业投资不使用政府性资金的项目，根据《国务院关于投资体制改革的决定》(国发〔2004〕20号)、国家发展和改革委员会《企业投资项目核准暂行办法》(中华人民共和国国家发展和改革委员会第19号令)和《国家发展改革委关于发布项目申请报告通用文本的通知》(发改投资〔2007〕1169号)等文件要求，对符合国家制定和颁布的《政府核准的投资项目目录》中企业投资建设项目，应按国家有关要求编制项目申请报告。

输油管道项目申请报告应按中国石油天然气股份公司《输油管道项目申请报告编制规定》的有关规定进行编制，输气管道项目申请报告应按中国石油天然气股份公司《输气管道项目申请报告编制规定》中的有关规定进行编制，主要内容如下。

1. 项目申报单位及项目概况

(1)项目申报单位概况：叙述申报单位名称、申报单位经营业务范围、主营业务、经营年限、资产情况、股东构成、主要投资项目、现有生产能力、管道建设业绩等内容。

(2)项目概况：包括项目建设的背景、项目概况(包括工程概述、工艺及站场、配套工程管道实施进度、投产及达产时间、投资估算与财务评价结果、经济效益分析结果等主要经济指标）。

2. 发展规划、产业政策和行业准入分析

（1）发展规划：论述管道建设、油气输送方向要符合国家油品流向规划，特别是我国资源距离市场较远，需要长距离输送；论述建设输油（气）管道要符合国家油气战略规划和布局，符合油气目标市场的社会经济发展和对油气需求的总体规划；建设输油管道是申报单位油气生产、销售总体规划中的重要组成部分。

（2）产业政策：论述国家对油（气）的产业政策，管道的建设满足经济发展、增加油（气）供应、保证能源安全、提高人民生活质量，起到稳定社会安定，解决油（气）供需矛盾的作用，符合国家产业政策及相关的法律、法规。

（3）行业准入：论述建设项目是满足人民生活需要、为国民经济发展提供能源的项目，国家鼓励此类项目的建设，符合石油天然气行业建设资格及标准。

3. 资源开发及综合利用分析

1）油气资源分析

（1）资源现状：论述总体资源概况和油（气）田勘探开发现状。

（2）勘探开发部署：论述已探明油（气）田生产能力、未来油（气）田的新增勘探计划、油（气）田产能安排及开发方案（20年）、逐年建产规模、产能递减及接替情况、预期的产量及可供的商品量等。

（3）其他可供的资源情况：根据情况酌情论述。

（4）总体资源保障：简要分析并论述资源的保障程度和风险，并提出解决措施。

2）资源综合利用分析

（1）项目对资源的综合利用，包括水、热、电、土地、钢材等的综合利用指标及综合利用情况。

（2）项目对油（气）的利用范围、指标，包括项目建设和运营期油（气）利用范围及利用指标。

4. 节能方案分析

1）用能标准和节能规范

简述建设项目所遵循的国家和地方的合理用能标准及节能设计规范。

2）综合能耗分析

（1）按照推荐方案说明油（气）输送的燃料和电耗量。

（2）按照推荐方案说明油（气）输送的损耗量及损耗率。

（3）列表说明整个工程的燃料和电力等能源的实物消耗量、折算成以标准煤为统一单位的能耗量，并计算输油（气）管道周转量综合能耗。

（4）对项目所在地的能源供应情况进行分析，说明电力及其他所用能源的供应能力及供应方案。

（5）按照推荐方案测算的输油（气）周转量综合能耗、损耗率指标应当与国内外同类工程进行对比分析，分析存在的问题和差异的原因。

3）节能措施

（1）从输油泵、压缩机组、加热炉的合理匹配、优化输送参数、选用高效节能设备和材料等输油（气）工艺及输油（气）设施，配套工程的供电、供热、供水、建筑等方面，综合论述合理的节能措施。

（2）节能效果分析：根据优化运行、余热利用、机组变频、减少油（气）漏失和损耗等方面，分析节能措施的经济效益、社会效益和环境效益。

5. 建设用地、征地拆迁及移民安置分析

1）管道线路走向的选择

简要论述管道走向原则、特殊地段线路选择原则，尽量做到少占耕地，达到管道工程安全可靠、技术可行、经济合理、符合国家土地、环保等政策等要求。

2）管道站场的设计

简要论述工程站场选址原则、设置数量，并对各站场周边情况进行论述。

3）管道建设用地与规划

（1）线路走向及站场选址：描述管道选线、选址情况，说明管道走向及站场选择符合国家用地、环保、保护文物等相关规定。

（2）管道所需建设用地：描述管道所经地区建设用地的土地类别、用地性质，管道长度及站场用地面积，说明管道及站场近、远期用地规划，并按表1-2-1、表1-2-2的要求说明管道所经地区用地情况。

4）征地拆迁、移民安置、耕地补偿方案

说明居民搬迁方案、移民安置方案、耕占用补偿方案等。

表 1－2－1　各县用地情况表

序号	项 目 名 称	单位	数量	备　　注
1	线路长度	km		
2	永久占地	m²		桩占地
3	临时占地	10⁴ m²		施工场地宽度
4	施工便道	km		
5	树木	棵		
6	坟	座		
7	房屋拆迁	m²		

表 1－2－2　全线用地情况表

序号	项 目 名 称	单位	数量	备　　注
1	线路长度	km		
2	施工便道	km		
3	伴行道路	km		
4	线路阀室	座		永久占地
5	首站	座		永久占地
6	中间站	座		永久占地
7	末站	座		永久占地
8	管道永久占地	m²		不包括站场、阀室
9	施工临时占地	m²		包括施工便道占地
10	树木	棵		
11	房屋拆迁	m²		

5）土地主管部门意见

简单描述管道沿线各省、市、区、县土地有关部门的意见，并列出附件和名称。

6. 环境和生态影响分析

1）环境和生态现状

描述管道沿线地区的自然环境条件、环境质量状况和环境容量状况等。

2）生态环境影响分析

根据输油（气）管线施工过程和方式、站场输油（气）工艺，以及输油（气）管线、站场施工期和运行期可能产生的水土流失预测、可能产生主要的污染物类型及排放量情况，分析对生态环境的影响因素及影响程度、对流域和区域环境及生态系统的综合影响。

3）生态环境保护措施

根据国家有关环保、水土保持等政策、法规要求，对可能造成的生态环境损害提出保护措施，对管道穿越生态敏感区和可能需要保护的生物物种的要制定补偿措施加以保护，对保护和治理方案的可行性及治理效果进行分析论证。

4）地质灾害影响分析

根据项目地质灾害及地震安全评价文件的主要内容，简要叙述管道沿线及站场所在地的地质灾害情况，分析项目建设诱发地质灾害的可能性及风险，提出防御的对策和措施。

5）特殊环境影响

分析管道沿线及站场建设对历史文化遗产、自然遗产、风景名胜和自然景观等可能造成的不利影响，提出保护措施，并论证保护措施的可行性。

7. 经济影响分析

1）投资估算

简要说明投资估算编制范围、工程内容、费用内容及投资估算结果。

2）财务评价结果

简要说明财务评价范围、主要参数和基础数据、结论。

按表1-2-3的要求汇总主要经济指标。

表1-2-3　主要经济指标汇总表

指标名称		单位	数值	备注
投资指标：项目报批总投资	建设投资	万元		
	建设期利息	万元		
	铺底流动资金	万元		
成本	年均总成本费用	万元		
	年均经营成本	万元		

续表

指标名称		单位	数值	备注
收入及利润	年均营业收入	万元		
	管输费	元/t		
	年均利润总额	元/（t·km）		
		万元		
	年均净利润	万元		
	年均税费	万元	包括所得税、增值税和营业税金及附加
效益指标	项目投资内部收益率（税后）	%		
	项目财务净现值（税后）	万元		
	项目投资回收期（税后）	年		
	总投资收益率	%		
	项目资本金净利润率	%		

3）经济费用效益分析

（1）评价范围：包括基础数据、投资估算、经营费用估算、项目直接效益估算、间接费用估算、间接效益估算。

（2）经济费用效益评价：编制项目投资经济费用效益流量表，计算经济内部收益率和经济净现值，并与国家标准进行对比，说明项目的经济合理性。

4）行业影响分析

阐述企业在行业中所处地位，分析建设项目对所在行业及关联产业发展的影响。

5）区域经济影响分析

从项目对区域经济发展进行分析论证，包括对当地经济、社会就业等方面的贡献。

6）宏观经济影响分析

对投资规模巨大、对国民经济有重大影响的项目，应进行宏观经济影响分析。对涉及国家经济安全的项目，应分析项目建设对经济安全的影响，提出维护经济安全的措施。对涉及国家经济安全的重大项目，应从维护国家利益、保证国家产业发展及经济运行免受侵害的角度，结合资源、技术、资金、市场等方面，进行投资项目的经济安全分析。内容包括产业技术安全、资金供应安全和资本控制安全等方面。

8. 社会影响分析

1）社会影响效果分析

此项内容主要包括向国家和地方政府缴纳税收的情况，项目单位输油（气）能力耗能和占地情况，对管道沿线居民就业和生活质量影响情况，保证国家、地方能源供应和改善能源结构的影响，项目对相关行业、企业的影响分析。

2）社会适应性分析

此项内容包括利益群体对项目的态度及参与程度、各级组织对项目的态度及支持程度、地区文化状况对项目的适应程度。

3）社会风险及对策分析

对项目建设所涉及的各种社会风险因素，提出协调项目与当地社会关系、规避社会风险、促进项目顺利实施的措施方案。

9. 申请报告附件

附件1：输油（气）管道工程可行性研究报告。

附件2：项目核准需要的相关文件，包括：

（1）管道沿线各省、自治区、直辖市城市建设规划管理部门对管道工程建设规划选址的审查意见。

（2）管道沿线各省、自治区、直辖市国土资源管理部门对本管线工程建设项目用地规划的预审查意见。

（3）中华人民共和国环境保护部管理部门对管道工程"环境影响评价报告"的审查意见。

（4）中国地震局管理部门对管道工程"地震安全性预评价报告"的审查意见。

（5）国家安全生产监督管理总局管理部门对管道工程"安全预评价报告"的审查意见。

（6）国家相关管理部门对管道工程"地质灾害危险性预评价报告"的审

查意见。

（7）国家水利行政部门与地方对管道"水土保持方案预评价报告"的审查意见。

（8）国家相关管理部门对管道"职业病危害预评价报告"的审查意见。

（9）管道沿线矿区管理部门对管道"压覆矿产资源评估报告"的审查意见。

（10）国家、省、市级文物管理部门对管道"文物调查工作报告"的审查意见。

如果管道项目涉及以下区域，并能得到相关部门的处理意见，可作为附件：

（1）国家、省、市级自然保护区管理部门对管线通过各类保护区区域的处理意见。

（2）管道沿线军事管理部门对管道经过军事区域的处理意见。

（3）其他相关处理意见。

附图：本管道工程线路走向示意图。

二、初步设计

初步设计应按石油天然气行业标准《石油天然气工程初步设计内容规范第2部分：管道工程》（SY/T 0082.2—2006）的有关规定进行编制，这里给出一般应包括的内容及有关要求。

初步设计内容主要包括：说明书（包括消防专篇、节能专篇、环境保护专篇、职业卫生专篇、安全专篇）、计算书、表格及资料图纸目录、图纸、经济概算、设备汇总表、材料汇总表、主要设备材料技术规格书等。

（一）说明书

1. 总论

1）前言

简要介绍工程项目的建设背景、目的、必要性和意义，简述本工程的资源和市场。

2）设计依据

列出设计依据性文件的发文单位、文件名称、日期和文件号，主要包括：

(1)设计委托书或合同文件、项目可行性研究报告和批复文件；

(2)"环境影响评价报告"及批复文件；

(3)"职业病危害影响评价报告"及批复文件；

(4)"安全预评价报告"及批复文件；

(5)"地震安全性预评价报告"及批复文件；

(6)"地质灾害危险性预评价报告"及批复文件；

(7)"水土保持方案预评价报告"及批复文件；

(8)"压覆矿产资源评估报告"及批复文件；

(9)"文物调查工作报告"及批复文件；

(10)"资源评价报告"的批文；

(11)基础设计文件(包括供水、供电、通信、交通运输及征购土地等协议或意向)；

(12)建设单位提供的设计基础资料、有关设计的重要文件及会议纪要等。

3)设计原则

应根据国家有关方针、政策、规定和要求，结合建设项目的具体情况和特点，有针对性地说明建设中所遵循的设计原则。

4)遵循的标准规范

按专业顺序列出设计中采用的主要标准、规范的名称、标准号、年号及版次，并列出参照的国外标准和规范。

5)工程设计范围和设计分工

说明工程的范围和项目构成。有协作关系时，应说明协作单位、设计分工及设计界面划分。

6)工程概况

(1)简要说明工程建设规模、设计输油(气)能力、设计压力、管道长度、管道规格、管道材质、管道防腐、阴极保护及站场设置等。分期建设的，应分期说明管道建设的规模和输送能力及分期建设的时间。

(2)管道线路走向、管道敷设方式、管道穿(跨)越方式及数量、山体隧道的数量和长度、管道的水工保护等。

(3)管道站场设置概况、输送工艺及主要工艺设备的选型等。

(4)管道自动化水平及自动化控制系统的设置，管道的通信方式、通信线路长度、通信站及通信系统的设置等。

(5)供配电、给排水、消防、供热、采暖及通风等公用工程的概况。

(6)管道的管理模式、人员编制,输油公司、调控中心、管道维抢修的设置等。

(7)简述工程的 HSE 设计。

(8)七大评估落实情况,分别说明工程对安全预评价、环境影响评价、地震安全性评价、地质灾害危险性评估、水土保持方案评估、压覆矿产资源评估、职业病危害预评价等报告的落实和采取措施情况。

7)主要工程量及技术经济指标

主要工程量及技术经济指标按照规范及规定中有关规定执行。

8)初步设计对可行性研究的变化情况

有较大变化时,应说明调整及变化情况。当经济指标与设计任务书或可行性研究报告的指标不同,且超出其敏感性分析反范围时,应进行技术经济分析。

9)存在的主要问题及建议

提出影响下一阶段设计的问题,并提出解决的合理方法,还可提出对工程影响较小又能取得更好效果的合理化建议。

2.　工艺系统分析

1)主要工艺参数

(1)管道设计参数及环境条件,包括:

①设计基础资料:管道长度、管径、管道内壁粗糙度、任务输量、最大输量、最小输量、管道年工作天数、进出站油气温、管道埋设处年平均地温、管道埋设处最冷月平均地温、土壤种类、含水率及导热系数等。

②环境条件:气温、湿度、降水、风速、风向等。

(2)输送介质:对于气体应包括气体类别、组分、密度、烃(水)露点、高(低)热值及粘度;对于油品,应包括密度、粘度(或年温曲线)、析蜡点、凝点、反常点、含蜡量、蒸气压、比热容等参数。

(3)顺序输送油品比例。

2)输送工艺系统工艺计算及分析

(1)介绍工艺计算软件:说明软件名称、版本及软件编制公司。

(2)输油管道的水力、热力、强度计算。

①计算内容主要包括稳态运行工况水力计算、进出站温度及温降计算、

输油批次计算、混油量计算、安全启输量计算、最小及最大输油量计算、油罐总容量计算、输油泵功率计算、热负荷计算、全线耗油及耗电量计算、站内管线壁厚计算及工艺设备选型计算等。水力、热力计算应列出计算成果表，绘制水力坡降图，包括管壁厚选择包络线、沿线压力温度分布图。

②动态分析计算，包括：

——水击分析计算：根据全线站场和阀室的设置情况，进行水击工况计算和分析，并对分析结果进行必要的说明。

——顺序输送模拟分析计算：顺序输送的管道应进行顺序输送模拟分析计算，以确定沿线各分输（输入）点的油品分输（输入）量和时间，验证管道系统是否存在局部超压。

3）输气管道工艺系统工艺计算

输气管道的工艺计算内容：不同输量及不同温度（夏季、年均、冬季）条件下的稳态工况计算、压缩机轴功率及耗能量的计算、调峰量的计算、热负荷计算、全线耗气及耗电量计算、站内管线壁厚计算及工艺设备选型计算等等。水力、热力计算应列出计算成果表，绘制水力坡降图。

4）输送工艺系统方案的确定

对可行性研究报告的主要工艺参数、工艺输送方案进行核实、分析，以确定输油（气）站数、位置、规模及功能。

5）管道适应性分析

（1）输油管道适应分析，包括管道经济合理的启输量、允许的最大及最小输送量（以日输量表示）分析，管道在各种输送条件下及管道沿线温度（季节）变化下的适应性分析，管道近、远增输的适应性分析，加热输送管道最小允许的反输量、反输时间的分析，加热输送管道设计允许停输时间等。

（2）输气管道适应分析，包括管道在各种输送条件下及管道沿线温度（季节）变化下的适应性分析、管道不同季节最大输气能力分析、管道末段的储气能力分析、调峰方案及调峰能力的分析、远期增输工况的适应性分析及事故工况下的适应性分析等。

6）图纸

绘制管道系统总体工艺流程示意图、各站工艺流程图。

3. 管道线路工程

管道线路工程主要包括：

(1)线路走向方案比选，主要是困难段、穿(跨)越位置、通过方式等；

(2)线路推荐方案；

(3)管材选用；

(4)管道敷设；

(5)管道焊接与检验、清管试压要求；

(6)线路附属工程；

(7)线路主要工程量。

4. 管道穿(跨)越工程

穿(跨)越工程主要包括穿(跨)越工程概况、河流穿(跨)越、山体穿越、公路铁路穿越等内容。

5. 站场工艺

1)站场设置

列表说明各类站场名称、类型、站址、里程、高程及站间距。

2)站场的功能及规模

应说明设计原则、各类站场的功能、建设规模、主要设施及自动化水平。

3)站场工艺及工艺流程

应说明各类站场的特点、工艺流程及安全保护措施，新工艺、新技术、新设备、新材料的采用情况。

4)工艺操作原理

根据《输油管道工程操作原理编制规定》和《输气管道工程操作原理编制规定》编制工艺操作原理。

5)工艺站场设计

(1)站内工艺管道设计：列表说明站内管线不同压力下的管径、壁厚及材质，管线敷设方式、热补偿方式，安全排放、防雷、防静电、防凝等技术措施。

(2)安全泄防系统、污油系统、混油处理系统等组成及处理措施。

6)主要设备选型

此项内容主要包括加热设备选择，压缩机、输油泵、燃料油泵、装车泵、装船泵、热油循环泵、返输泵、污油泵等泵型的选择，储罐的选择，清管设备、过滤器、分离器、放空火炬系统、阀门及驱动装置的选择，输油主泵、压缩机的动力设备选择(包括电动机、柴油机及燃气轮机组等)。

应有设备选型的计算及设备的主要技术参数。对需要引进的设备应说明引进理由，并列出引进设备的清单。

7)图纸和表格

此项内容主要包括各站工艺流程图、主要设备及管线平面布置图、设备及材料汇总表。

6. 防腐、保温及阴极保护

此项内容包括管道线路防腐及保温、管道线路阴极保护、站场工程防腐及保温、站场区域阴极保护等。

7. 自动控制与仪表工程

此项内容主要包括管道自动化水平、总体控制方案、控制中心的计算机控制系统、站控制系统、紧急停车系统、检测仪表、安全仪表、计量系统、调压系统、控制回路的设置、控制中心及站控室的设置、辅助系统检测及控制方案等设计内容。

8. 通信工程

此项内容主要包括主用通信方式和备用通信方式的选择、主用通信系统的设计及设备选型。

9. 供、配电工程

此项内容主要包括电源方案的选择、送电线路的设计及变配电设计内容。

10. 机械设备

此项内容主要包括储罐、非标准设备、管件及管道附件、加热炉等设备的设计选型。

11. 公用工程

1)总图及运输

此项内容包括站址的选择、总平面及竖向设计方案、主要技术指标和工程量。

2)建筑与结构

此项内容包括建筑结构的设计、地基及基础的设计、抗震设计等方案，并说明与建设标准的符合性。

3）给、排水及消防

此项内容包括供水方式、排水方案、污水处理设施及主要工程量，消防方式、消防设施及控制、消防站规模及依托方案等。

4）供热

此项内容包括供热方式的选择、供热方案、设备及工程量等。

5）采暖、通风与空气调节

此项内容包括采暖通风及空气调节的设计方案及主要工程量。

12. 节能

1）能耗分析

针对管道系统的运行特点，对管道系统进行能耗分析和统计。

2）能耗指标

测算单位产品综合能耗指标、损耗率指标，并与国内同类项目进行分析对比，说明工程的能耗水平、存在问题及原因。

3）节能措施

此项内容主要包括工程中各专业的节能措施及节能效果的分析。

13. 组织机构、定员及车辆配置

1）组织机构

此项内容主要包括管理模式及机构设置原则、组织机构的组成等。

2）人员编制

按管道自动化水平，列表说明管理人员、直接生产人员、辅助生产人员的定员、岗位及文化程度。

3）员工培训

此项内容主要包括培训的目的、培训专业、培训人数及计划安排。

4）车辆配置

此项内容主要包括生产、生活等车辆配备。

14. 管道工程维修、抢修与分析化验

（1）说明管道维修、抢修机构的设置及依托情况。

（2）分析化验，说明管道沿线需要设置化验室的站场、需要化验的项目及需要配备的化验设备。

此外，初步设计内容还应包括伴行道路及工程概算，消防专篇、环境保护专篇、职业卫生专篇、安全专篇内容参见《石油天然气工程初步设计内容规范　第2部分：管道工程》（SY/T 0082.2—2006）中的相关规定。

（二）设备汇总表

应按照专业进行设备分类统计作出设备汇总表。设备汇总表应注明设备规格型号、主要技术参数，必要时要注明制造标准。

（三）材料汇总表

应按照专业进行材料分类统计作出材料汇总表。材料汇总表中应注明材料规格型号、主要技术参数，必要时要注明相关制造标准。

（四）附图

对于工艺设计，需要设计的图纸有：

（1）总体工艺流程示意图，图中应标明各类站场名称、里程、高程、站间距，进出站设计压力、温度、流量，分输和注入点设计压力、温度、流量，各类阀室及阴极保护站，管道大型穿（跨）越，活动断裂带，干线管径等有关数据及站场工艺流程简图。

（2）各站场工艺流程图，图中应标明进出站工艺参数、流程说明、设备材料表、设备编号。

（3）主要设备及管线平面布置图。

（五）主要设备、材料技术规格书

要编制工程的主要设备、材料的技术规格书和数据单。

三、施工图

应根据批准的初步设计进行施工图设计，施工图设计的要求和深度应符合下列规定。

（一）施工图设计

（1）工艺安装流程图：流程方位宜与平面布置图的方位一致；流程图中的管线要注明管外径×壁厚、材质；流程图中要绘出辅助管线（如燃料油/气、污油、蒸汽、凝结水、热水、压缩空气等），并注出流向和进出站工艺参数。对于分期建设的项目，应考虑分期建设的衔接条件。

（2）工艺单体设计：以工艺流程为依据进行设计。设备安装尺寸必须与订购厂家的设备安装使用说明书的尺寸一致。

（3）设计图纸应能满足施工、运行及检修要求。管道和设备的具体安装要求可参照后面的相关章节。

（二）设备表

（1）非标准设备应在备注栏内填写图纸档案号。

（2）凡属现场自制的非标准设备，其材料不再开列，但在设备表的备注栏内应注明设备档案号，在设备图的材料表中注明所用材料。

（3）设备表应按先主后辅、先大后小、先高压后低压的顺序开列，具体开列顺序如下：

①机泵类：对于输油管道，应包括输油主泵机组、给油泵、装车（船）泵机组、转油泵机组、热油循环泵机组、倒罐泵机组、燃料油泵机组、污油泵机组、空压机机组、鼓风机机组等；对于输气管道，应包括压缩机、加热炉、空压机、空冷器等。

②加热设备：加热炉、换热器、电加热器等。

③阀门：电动球阀、手动球阀、电动闸阀、手动闸阀、截止阀、止回阀、旋塞阀、安全阀、泄压阀、减压阀、疏水阀及其他阀等。

④非标准设备：油罐、燃料油罐、污油罐、净化空气罐、过滤器、分离器、清管器收发筒等。

⑤其他：如起重设备等。

⑥安全阀、泄压阀等应注明定压值。

（三）材料表

（1）按材质先优后劣、压力由高到低、规格由大到小、钢管由厚到薄等顺序开列，并注明材质，备注栏里注明标准号。

（2）管件开列，应注明材质及管标号（或压力等级）等，自制的管件要注明图纸档案号。

（3）复用图纸中无材料表的材料，如管支墩、吊架、管托、管卡、阀门支座等所用的材料，均应列入单体设计的材料表中。

（4）保温材料单位用 m^3，预制块应注明管子外径及保温厚度，并开列保

温的辅助材料。

(5)防腐材料单位用 kg,并开列防腐的辅助材料。

(四)施工图设计说明书

施工图设计说明书内容包括设计依据、专业工程概况、单项和单体工程内容;管道设备组装、焊接、试压、验收等要求及遵循的标准、规范;管线及设备安装的一般做法及要求,施工中应注意问题及特殊要求;设备、材料订货中的技术要求及应注意的问题;管线/阀门的支/吊架型式、做法及要求;管线及设备的防腐、保温及涂色要求、施工验收标准等。

四、EPC(工程总承包)、PMC(项目管理咨询)工程管理模式下的设计内容

(一)EPC 工程管理模式

在 EPC 工程管理模式下应完成下列工作:

(1)负责对初步设计文件输油(气)工艺技术方案的验证工作。

(2)负责输油(气)工艺的设计工作。

(3)负责设计分包商的管理。

(4)编制采购用技术文件,如设备、材料技术规格书及数据单。

(5)对采办过程的相关技术环节提供技术支持,参与设备采办,配合招标、评标工作,配合采购部做好物资的出厂质量检验,参加设备监造、工厂测试或到货验收等工作。

(6)对施工过程提供技术支持,组织施工现场的技术服务和管理,处理、协调施工过程中有关设计问题,负责施工图设计以外的现场工程量的签证确认。

(7)对试运过程提供技术支持(如果合同规定),编制试运投产的操作手册,参与工程投产试运。

(8)对竣工验收提供技术支持,绘制竣工图(如果合同规定)。

(二)PMC 工程管理模式

在 PMC 工程管理模式下应完成下列工作:

(1)对 EPC 总承包商的设计工作进行管理与控制,审查 EPC 总承包商提

出的各类设计成果文件，审核 EPC 总承包商的设计分包工作。

（2）对初步设计、技术规格书进行审查，并提交审查报告。

（3）施工图设计优化方案的评审，并协调 PMT（项目管理团队）确认优化成果。

（4）施工图设计评审，并协调 PMT 批准施工图设计图纸。

（5）重大设计变更的管理工作。

（6）向 PMC 项目管理部提供施工图设计监督和成果确认报告。

（7）采购过程技术规格书的澄清与修订的协调管理。

（8）参加重大质量问题的处理和解决，并提出意见。

（9）施工图设计竣工资料归档。

（10）参与试运投产方案的审查。

（11）工程竣工验收。

第二章 输油管道工艺计算及分析

第一节 概 述

一、油品的输送方式

输油管道的输送方式一般分为加热输送、加剂输送、常温输送；输送工艺流程一般选用密闭输送流程；输油管道的工艺设计一般分为工艺输送方式确定、工艺计算、工艺流程、设备材料选择、施工图绘制等方面，本节主要介绍输油管道工艺计算的相关内容。

二、输油管道工艺计算内容

输油管道工艺计算内容主要包括输油管道的水力计算、输油管道的热力计算、顺序输送混油计算、站内设备和材料选型计算等。

（一）输油管道的水力计算

输油管道水力计算是输油管道工艺设计的基础，主要涉及管道的稳态工况计算以及管道动态工况分析计算。本章主要介绍输油管道稳态工况计算。输油管道的水力计算结果是输油管道工程设计压力、沿线站场设置及输油泵选择的主要依据。

（二）输油管道的热力计算

输油管道的热力计算主要包括原油加热管道的温降计算，其计算结果是沿线加热站布置及加热炉选择的主要依据。

(三)顺序输送混油计算

两种油品在管内交替输送时，会产生混油，混油量的计算结果是设置混油储存及处理设施的依据。

(四)站内设备和材料选型计算

站内设备和材料选型计算是设备和材料选型时必须进行的工作之一，主要包括油罐总容量及单罐容积的计算、输油泵功率的计算、输油泵吸入能力的计算、加热炉负荷计算、换热器面积计算、安全阀计算、站内管线管径及壁厚计算、管道保温计算、工艺管道的应力分析及热补偿计算等。

第二节　水　力　计　算

一、基础参数

(一)管道设计基础参数及环境条件

1. 管道设计输量及年工作天数

管道的设计输量按下列条件确定：

(1)一般在可行性研究阶段，根据原油资源配置，确定管道的设计输量，以及管道评价年限内的逐年输送量、最大输量、最小输量和沿途进出干线的输油量。

(2)以设计委托规定的最大年输量作为管道设计输油量，并作为水力计算的额定流量。

计算时，输油管道的年工作天数一般按 350d 或 8400h 计算。预留 15d 是考虑管道停输检修和输油量不均衡等因素而做的必要预留裕量。

2. 管道长度

管道长度取决于管道的起点、终点和线路。设计时，根据管道沿线地形起伏的大小，将纵断面图上的里程乘以 1.01 ~ 1.03 的系数，作为管道线路的计算长度。

3. 管道内壁粗糙度

管内壁绝对(当量)粗糙度根据《输油管道工程设计规范》(GB 50253—2003)附录 C 中推荐的管内壁的绝对(当量)粗糙度取值选取。其规定如下：对于直缝钢管，$e = 0.054mm$；对于无缝钢管，$e = 0.06mm$；对于螺旋缝钢管，DN 在 250 ~ 350mm 之间时，取 $e = 0.125mm$；DN 超过 400mm 时，取 $e = 0.10mm$。

4. 管道纵断面图

在直角坐标上，表示管道长度与沿线高程变化的图形称为管道纵断面图。

5. 管道埋深

对于沟埋敷设的管道，管道埋深是指管顶与地表面的垂直距离；对于带加重块的管道，管道埋深为地面至加重块顶部的深度。

确定管道埋深时，应考虑下列因素：

(1)线路的位置、地形、地质和水文地质条件；

(2)农田耕作深度；

(3)地面负荷对管道强度及稳定性的影响；

(4)冻融循环区对管道防腐层的影响；

(5)加热输送原油管道的工艺设计要求及管道的纵向稳定。

一般来讲，管道应埋在农田正常耕作深度和冻土深度以下，且最小深度不应小于 0.8m。

在岩石地段或在特殊情况下，满足上述条件时，允许管顶覆土厚度适当减小，但应能防止管道受机械损伤和保持管道稳定，必要时应采取相应的保护措施。

6. 年平均地温、最冷月和最热月平均地温

根据管道所在地区气候资料选取该管道年平均地温、最冷月和最热月平均地温。管道较长跨越地区气候相差较大的可以分段选取。

**7. 年平均、最冷(热)月平均、极端最高、极端最低环境温度和
    最大风速及风向**

根据管道所在地区气候资料选取该管道年平均、最冷月平均、最热月平均、极端最高、极端最低环境温度和最大风速及风向。管道较长跨越地区气候相差较大的可以分段选取。

（二）输送油品物性参数

输送油品的物性参数包括相对密度、倾点、凝点、初馏点、闪点、蒸气压、含蜡量、含胶质量、含硫量、含盐量、粘度、含水率、比热容、析蜡点、反常点等参数，其中原油的一般物性和原油的流变性测试项目应符合《输油管道工程设计规范》（GB 50253—2003）的要求。具体测定参数见表2-2-1、表2-2-2。

表2-2-1　原油一般物理化学性质测定项目

序号	测定项目	单位	序号	测定项目	单位
1	相对密度 d_4^{20}	无	8	含胶质量	%
2	倾点、凝点	℃	9	含硫量	%
3	初馏点	℃	10	含盐量	mg/L
4	闪点(闭口)	℃	11	粘度	mPa·s
5	蒸气压	kPa	12	含水率	%
6	含蜡量	%	13	比热容（温度间隔为2℃）	J/(kg·℃)
7	沥青质	%			

注：（1）用作内燃机燃料的原油，应化验残碳和微量金属钠、钾、钙、铅、钒的含量。

（2）石蜡基原油粘度、倾点及凝点按本章表2-2-2测定；其他原油应在倾点、凝点和初馏点之间，每间隔5℃测定不同温度点的粘度。

表2-2-2　原油流变性测定项目

序号	测定项目	单位	要求
1	析蜡点	℃	
2	反常点	℃	
3	粘度	mPa·s	在反常点和初馏点之间测定，温度间隔为5℃
4	流变指数		在反常点和倾点、凝点之间测定，温度间隔为2℃。对于含蜡原油，应按不同热处理温度测定倾点、凝点；对于输送加剂原油还应检验剪切影响
5	稠度系数	$Pa \cdot s^n$	
6	表观粘度	mPa·s	
7	屈服值	Pa	

（三）顺序输送油品的比例

顺序输送时，油品的输送比例主要是按照该管道的资源与市场的要求选取。在满足资源与市场要求的情况下，按照管道输送效益最大化安排油品输送的比例。

二、计算公式及计算软件

（一）牛顿流体水力计算

1. 沿程摩阻水力计算公式

长输管道的摩阻损失主要是沿程摩阻损失，可按达西（Darcy）公式计算：

$$h = \lambda \frac{L}{d} \cdot \frac{v^2}{2g} \qquad (2-2-1)$$

$$v = \frac{4q_v}{\pi d^2} \qquad (2-2-2)$$

式中　h——管道内沿程水力摩阻损失，m；

　　　λ——水力摩阻系数，应按表 2-2-3 计算；

　　　L——管道长度，m；

　　　d——输油管道的内直径，m；

　　　v——在管道内的平均流速，m/s；

　　　g——重力加速度，9.81m/s^2；

　　　q_v——平均温度下的油品流量，m^3/s。

水力摩阻系数 λ 反映在不同流动状态下各个参数（液体流速、液体粘度、管道内径及粗糙度）与摩阻损失数值的关系。在不同的流态下，摩阻系数有不同的计算方法，其计算公式见表 2-2-3。

表 2-2-3　不同流态时 λ 值计算公式

流态		划 分 范 围	$\lambda = f\left(Re, \dfrac{2e}{d}\right)$
层流		$Re < 2000$	$\lambda = \dfrac{64}{Re}$
紊流	水力光滑区	$3000 < Re < Re_1 = \dfrac{59.7}{\left(\dfrac{2e}{d}\right)^{8/7}}$	$\dfrac{1}{\sqrt{\lambda}} = 1.8 \lg Re - 1.53$　　$Re < 10^5$ 时，$\lambda = \dfrac{0.3164}{Re^{0.25}}$
	混合摩擦区	$Re_1 < Re < Re_2 = \dfrac{665 - 765 \lg \dfrac{2e}{d}}{\dfrac{2e}{d}}$	$\dfrac{1}{\sqrt{\lambda}} = -2\lg\left(\dfrac{e}{3.7d} + \dfrac{2.51}{Re\sqrt{\lambda}}\right)$　　$\lambda = 0.11\left(\dfrac{e}{d} + \dfrac{68}{Re}\right)^{0.25}$

流态		划 分 范 围	$\lambda = f\left(Re, \dfrac{2e}{d}\right)$
紊流	粗糙区	$Re < Re_2 = \dfrac{665 - 765\lg\dfrac{2e}{d}}{\dfrac{2e}{d}}$	$\lambda = \dfrac{1}{\left(1.74 - 2\lg\dfrac{2e}{d}\right)^2}$

把表 2-2-3 各流态区的计算公式综合成如下形式：

$$\lambda = \frac{A}{Re^m} \qquad (2-2-3)$$

将式（2-2-3）带入达西公式（2-2-1）可得出输油管道水力计算惯用的列宾宗（Лейбензон）公式：

$$h = \beta \frac{q_v^{2-m} v^m}{d^{5-m}} L \qquad (2-2-4)$$

$$\beta = \frac{8A}{4^m \pi^{2-m} g} \qquad (2-2-5)$$

式中　m——流态指数；

　　　　β——系数。

各流态区的 A、m、β 值及沿程摩阻计算公式见表 2-2-4。

表 2-2-4　不同流态时的 A、m、β 值

流态		A	m	β，s^2/m	沿程摩阻损失 h，m
层流		64	1	$\dfrac{128}{\pi g} = 4.15$	$h = 4.15 \dfrac{q_v v}{d^4} L$
紊流	水力光滑区	0.3164	0.25	$\dfrac{8A}{4^m \pi^{2-m} g} = 0.0246$	$h = 0.0246 \dfrac{q_v^{1.75} v^{0.25}}{d^{4.75}} L$
	混合摩擦区	A	0.123	$\dfrac{8A}{4^m \pi^{2-m} g} = 0.0802A$	$h = 0.0802A \dfrac{q_v^{1.877} v^{0.123}}{d^{4.877}} L$ $A = 10^{0.127\lg(e/d) - 0.627}$
	粗糙区	λ	0	$\dfrac{8\lambda}{\pi^2 g} = 0.0826\lambda$	$h = 0.0826\lambda \dfrac{q_v^2}{d^5} L$ $\lambda = 0.11\left(\dfrac{e}{d}\right)^{0.25}$

注：混合摩擦区推导 A 和 m 值时，取 $Re_1 = \dfrac{10d}{e}$，$Re_2 = \dfrac{500d}{e}$。

2. 局部摩阻水力计算公式

油流通过各种阀门、管件所产生的摩阻损失称局部摩阻。

1)干线管道的摩阻损失

泵站间的干线管道中局部摩阻损失占总摩阻损失的比例很小,在一般计算中不进行具体的局部摩阻计算,而代之以增加附加长度。泵站间的干线管道的计算长度 L 按下式计算:

$$L = L_r + L_n \qquad (2-2-6)$$

式中　L——干线管道的计算长度,m;

　　　L_r——干线管道的实际长度,m;

　　　L_n——附加长度,m,平原地区 $L_n = 0.01L_r$,山区 $L_n = 0.02L_r$。

2)站场内摩阻损失

泵站内的管道与众多的阀门、管件、设备相连,摩阻损失应计算管道的沿程摩阻和局部摩阻损失。在进行泵的吸入管道和调节阀的计算选择时,需要比较精确地计算管道的摩阻损失。管道局部摩阻损失 h_ζ 按下式计算:

$$h_\zeta = \zeta \frac{v^2}{2g} \text{ 或 } h_\zeta = \lambda \frac{L_d}{d} \cdot \frac{v^2}{2g} \qquad (2-2-7)$$

由式(2-2-7)可得:

$$\zeta = \lambda \frac{L_d}{d} \text{ 或 } L_d = \zeta \frac{d}{\lambda} \qquad (2-2-8)$$

式中　ζ——局部阻力系数;

　　　v——油品的计算流速,m/s,取管道局部阻力源后(沿计算的液流方向)油品平均流速作为计算流速;

　　　L_d——局部阻力当量长度,m,如果局部阻力源前后的管径不同,应以阻力源后(沿计算的液流方向)的管径作为当量长度管径。

紊流时,ζ 和 L_d 接近于常数,不受雷诺数的影响;层流时,ζ 和 L_d 则是雷诺数的函数。

3. 水力坡降

管道单位长度上的水力摩阻损失称为水力坡降。它与管道长度无关,只随流量、粘度、管径和流态而不同。它表示管道中压头随长度而变化的比值,是标志管道水力特征的重要参数。

1)干线管道(无副管或变径管)的水力坡降

水力坡降以下式表示:

$$i = \frac{h}{L} = \lambda \frac{1}{d} \cdot \frac{v^2}{2g} = \beta \frac{q_v^{2-m} v^m}{d^{5-m}} \qquad (2-2-9)$$

2）副管段的水力坡降

与干线管道（称其为主管）并联相接的管段称为副管。副管水力坡降与主管的水力坡降相等，以下式表示：

$$q_v = q_{v1} + q_{v2} \qquad (2-2-10)$$

$$i_L = \beta \frac{q_{v1}^{2-m} v^m}{d^{5-m}} = \beta \frac{q_{v2}^{2-m} v^m}{d_L^{5-m}} \qquad (2-2-11)$$

式中　i_L——副管水力坡降；

q_v——管道总流量，m^3/s；

q_{v1}——主管流量，m^3/s；

q_{v2}——副管流量，m^3/s；

d——主管内径，m；

d_L——副管内径，m。

副管段前后的干线管道与副管段的水力坡降有如下关系：

$$i_L = \frac{i}{\left[1 + \left(\dfrac{d_L}{d}\right)^{(5-m)/(2-m)}\right]^{2-m}} = i\omega \qquad (2-2-12)$$

$$\omega = \frac{1}{\left[1 + \left(\dfrac{d_L}{d}\right)^{(5-m)/(2-m)}\right]^{2-m}} \qquad (2-2-13)$$

若主管与副管直径相同，则：

$$i_L = i \frac{1}{2^{2-m}} \qquad (2-2-14)$$

3）变径管的水力坡降

与主管串联相接且直径不同于主管径的管段称为变径管，其水力坡降以下式表示：

$$i_c = \beta \frac{q_v^{2-m} v^m}{d_c^{5-m}} \qquad (2-2-15)$$

主管与变径管水力坡降有如下关系：

$$i_c = i \left(\frac{d}{d_c}\right)^{5-m} = i\Omega \qquad (2-2-16)$$

$$\Omega = \left(\frac{d}{d_c}\right)^{5-m} \qquad (2-2-17)$$

式中　i_c——变径管水力坡降，m/m；

d_c——变径管内径，m。

4）水力坡降线

水力坡降线就是斜率为 i 的直线。它是用作图的方法表示管道压头沿管道降低的图线，可以用一直角三角形的斜边来表示（图 2-2-1 中 $\triangle ABC$）。取 AC 等于管路的某一距离（通常取 10 的倍数），在 C 点作垂线，取 BC 等于 AC 段管道的摩阻损失，则直角三角形的斜边 BA 即为水力坡降线；夹角 BAC 的正切又称斜率，就是水力坡降。

$$i = \tan\angle BAC = \frac{BC}{AC}$$

i 越大，水力坡降线就越陡。

有副管段的水力坡降线如图 2-2-2 所示，有变径管段的水力坡降如图 2-2-3 所示，有副管段和变径管段的管道水力坡降如图 2-2-4 所示。

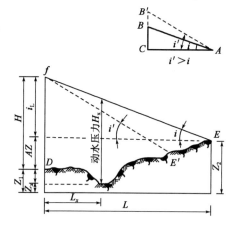

图 2-2-1　管道水力坡降

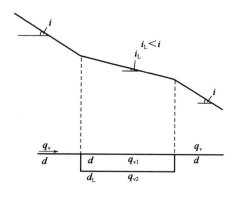

图 2-2-2　有副管段的水力坡降

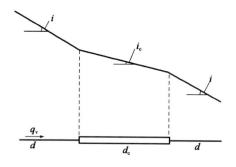

图 2-2-3　有变径管段的水力坡降

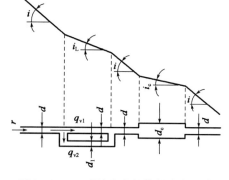

图 2-2-4　副管和变径管的水力坡降

(二)幂律流体水力计算

1. 幂律流体沿程摩阻的计算

我国油品在低温时一般属于假塑性非牛顿流体。假塑性流体流型管段沿程摩阻 h_τ 的计算见表 $2-2-5$。

表 $2-2-5$　幂律流体管段沿程摩阻 h_τ 计算

雷 诺 数	流态	划分范围	沿程摩阻 h_τ(米液柱)	备　　注
$Re_{MR} = \dfrac{d^n v^{2-n} \rho}{\dfrac{K_m}{8}\left(\dfrac{6n+2}{n}\right)^n}$	层流	$Re_{MR} \leqslant 2000$	$h_\tau = \dfrac{4K_m L}{\rho d}\left(\dfrac{32q_v}{\pi d^3}\right)^n \left(\dfrac{3n+1}{4n}\right)^n$	
	紊流	$Re_{MR} > 2000$	$h_\tau = 0.0826\lambda_\tau \dfrac{q_v^2}{d^5}L$ $\dfrac{1}{\sqrt{f}} = \dfrac{4.0}{n^{0.75}}\lg\left(Re_{MR}\cdot f^{1-\frac{n}{2}}\right) - \dfrac{0.4}{n^{1.2}}$ $\lambda_\tau = 4f$	Dodge - Metzner 半经验公式

注(1) K、n 值由流变试验求得。不同油田油品的 K、n 值随油温不同而异。

(2) h_τ——幂律流体管段的沿程水力摩阻，液柱，m；

Re_{MR}——幂律流体管段流动的雷诺数；

n——幂律流体的流变指数；

K_m——幂律流体的稠度系数，Pa·s^n；

ρ——输油平均温度下的幂律流体密度，kg/m³；

λ_τ——幂律流体管段的水力摩阻系数；

v——幂律流体管段管内的流速，m/s；

f——范宁(Fanning)摩阻系数。

2. 幂律流体的剪切速率计算

幂律流体的剪切速率按下式计算：

$$\frac{dv}{dr} = \left(\frac{3n+1}{4n}\right)\left(\frac{8v}{d}\right) \qquad (2-2-18)$$

式中　$\dfrac{dv}{dr}$——管壁剪切速率，s^{-1}；

N——偏离牛顿型流体程度的流变行为指数；

v——管道流体速度，m/s；

d——管道内径，m。

3. 幂律流体的启动压力计算

管道停输使油温降至失流点以下，管道中油品便形成网络结构，出现屈服值。在管道启动时，启动压力按下式计算：

$$\Delta p_0 = 4 \frac{L}{d} \tau_0 \tag{2-2-19}$$

式中　Δp_0——幂律流体的启动压力，Pa；

　　　L——管道长度，m；

　　　D——管道内径，m；

　　　τ_0——计算温度下的屈服值，Pa。

（三）常用计算软件

1. SPS 软件介绍

SPS 软件全称为 Stoner Pipeline Simulator（for liquid & gas pipeline），由美国 Stoner 公司（Stoner Associates, Inc.）开发。该软件在 Windows 环境下运行，具有人机交互式界面，是用于管道的水力系统模拟软件。该软件具有以下功能：

(1)可用于长输液体管道稳态计算及动态(水击)分析计算；

(2)可模拟管道输送多数设备的运行工况；

(3)可进行多种油品的顺序输送计算；

(4)可获得多种方式的成果输出(数据表或图形)；

(5)具有很多参数的初始化选项。

2. HYSYS 软件介绍

HYSYS 软件原为 Hyprotech 公司产品，现归属 AEA 技术公司的 HYPRO-TECH 系列软件之一。该软件不仅能对炼油设备和管道输送系统进行静态模拟，而且还能进行站场动态分析和设计优化。该软件突出的特点是能够进行多组分介质管道输送的相态判断，其主要功能为：利用 HYSYS 软件可以进行静态与动态的流程模拟计算，如站场流程模拟、管网模拟、化工装置模拟、化工过程模拟、分析化工管道中的汽化率及水化率、计算水露点及烃露点、段塞流分析、相平衡动态计算等。

3. Pipeline Studio 软件介绍

Pipeline Studio 软件为美国 Energy Solution International 公司的软件产品。该软件有液、气两个版本，主要用于长输管道的稳态和动态模拟。软件功能

与 SPS 软件相似,主要功能及特点有以下几点:

(1)易于建立管道模型。能用图形编辑的方式建立管道模型——通过简单选择管道元件并在绘图区域连接它们就能快速建立管道模型。

(2)能对大型复杂单相流的油品输送管道进行稳态模拟和动态模拟;计算时能考虑管道沿线的高程变化、环境温度变化,能对不同的管段分别指定管壁粗糙度、输送效率、环境条件和摩阻公式;能快速进行多调度方案分析、配产分析、计划分析和管道的改扩建研究;能反应管网在动态件下的输送能力、维持时间或泄漏量等。

(3)能够模拟多种管道元件,包括管段、压力调节器、流量调节器、截断阀、止回阀、油罐、离心泵、加热炉、泄漏模拟器等。

三、输油管道的水力计算及管道沿线泵站布置

(一)管道全线的总压降

管道的全部压力降也就是输油过程中泵站的总扬程 H,为沿程摩阻损失 h、局部摩阻损失 h_ζ、管道起点与终点(或翻越点)高程差 ΔZ 三部分之和,按下式计算:

$$H = h + h_\zeta + \Delta Z \qquad (2-2-20)$$
$$\Delta Z = Z_2 - Z_1 \qquad (2-2-21)$$

式中 Z_1——管道起点高程,m;

Z_2——管道终点(或翻越点)高程,m。

(二)翻越点及计算长度

在地形起伏变化较大的管道线路上,从线路上某一凸起高点,管道中的液体如果能按设计流量自流到达管道终点,这个凸起点就是管道的翻越点。从管道的起点到翻越点的线路长度叫管道的计算长度 L_f。一般采用水力坡降线来判断是否存在大翻越点,如图 $2-2-5$ 所示。

有翻越点的管道总压降 H_f 按下式计算:

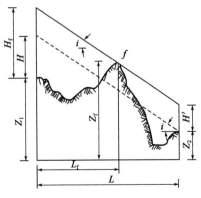

图 $2-2-5$ 翻越点与计算长度

$$\begin{cases} H_f = iL_f + Z_f - Z_1 \\ H = iL + Z_2 - Z_1 \\ H_f > H \end{cases} \qquad (2-2-22)$$

式中　H_f——有翻越点的管道总压降，m；

　　　L_f——至翻越点的计算长度，m；

　　　Z_f——翻越点高程，m。

翻越点与终点的高程差 $Z_f - Z_2$ 大于该管道的摩阻损失 $i(L - L_f)$，其差值为 $H' = H_f - H$。这说明管道还有剩余能量，如不消耗这部分能量，则翻越点后的管段将发生不满流。这不仅浪费了这部分能量，还可能在液流速度突然变化时增大水击压力。所以通常需要采取措施以避免不满流，如采用小口径管道或设置减压站等。

在地形起伏剧烈的线路上是否有翻越点，可用在纵断面图上作水力坡降线的方法判定。翻越点不一定是管道沿线的最高点。有无翻越点，不仅与地形起伏有关，还取决于水力坡降的大小。水力坡降线越平坦，越容易出现翻越点。

（三）管道沿线泵站布置

1. 泵站的布置的一般原则

根据输油管道的水力计算结果确定泵站的个数。一般来说，选择的管道设计压力越高，泵站数可能会减少。管道的设计和泵站数设计通常根据沿线泵站的配置相同这一原则来考虑泵站的设置，其间要根据沿线地形起伏情况进行泵站的调整。

2. 泵站布置方法

根据各泵站的可能布置区，参照地形图初定各泵站站址，然后到现场进行勘察。在现场，在可能布置区内，从地形、工程地质、水文地质、交通与动力、周围环境等多方面进行勘察选择，并了解当地的自然及人文状况、社会依托条件和规划发展情况，确定具备建站条件后，征得地方有关部门同意，作最后的决定。

3. 泵站进出站压力校核

泵站数量和位置确定后，应对泵站及管道的工作情况进行校核。为使所选站址符合水力条件，应根据各站的站间距及高程数据，按最低和最高月平均地温及规定的输送量进行水力计算，校核各站的进出站压力。

4. 动水和静水压力校核

在地形起伏很大的山区布站时，必须考虑管道内动水压力、静水压力对管道强度的影响。当局部管道的动水压力超过管道强度的允许值时，可采用增加局部管道壁厚的方法。在地形起伏剧烈、落差比较大的地区，可采用设置减压站等措施，使管道内的动水压力满足管道承压能力的要求。

当管道停输时，由高差而产生的静水压力（特别是翻越点以后）有可能超过管道的正常工作压力。通常设置减压站或设置自动截断阀，以截断静水压力；也可增加管道壁厚，以增大管道强度。但无论采用哪种措施，都需要进行技术经济比选后再选择。

四、输油管道稳态工况计算及方案比选

（一）输油管道稳态工况计算

1. 输油管道稳态工况计算内容

1）工程前期

（1）根据方案拟定的不同管径、不同的压力和由资源市场确定的设计输量进行多方案的计算。在必要的情况下，根据管道的不同输送方式（加热、加剂、保温、等温等）进行方案计算。

（2）根据方案比选确定的输送方式以及管线的管径、压力等，对管道评价期内的逐年输油量进行方案计算。

2）初步设计

（1）对可行性研究报告的主要工艺参数、工艺输送方案进行不同季节、不同输量下的稳态计算（核算）。

（2）根据确定的输送方式以及管线的管径、压力等，计算安全启输量、最小输油量、最大输油量等。

2. 输油管道稳态工况计算结果

1）不同工况下计算结果

针对不同计算工况，给出每个计算工况的计算结果。每个工况的计算结果至少包括：

（1）沿线水力坡降图（包括管线承压包络线）；

（2）沿线压力变化图；

（3）沿线油温变化图。

2）计算结果汇总表

对不同工况的计算结果进行汇总，给出各站计算结果汇总表。

计算结果汇总表中应至少包括各站进出站压力和温度、流量、热负荷、泵扬程、泵功率等，参见表2－2－6。

表2－2－6　输量×××t/a计算结果汇总表

站场名称	里程 km	站间距 km	高程 m	进站 温度 ℃	出站 温度 ℃	进站 压力 MPa	出站 压力 MPa	泵站 扬程 m	泵功率 kW	热负荷 kW
××首站										—
...	...	...	...	...	...	...	...	...	...	...
××末站										—

针对不同工况的计算结果，应进行相关分析，并至少总结出以下结论：

（1）管道能否满足设计输量要求；

（2）各站加热炉、输油泵选型的基本参数（热负荷、泵扬程和功率）和配置情况；

（3）管道适应性，即不同条件（不同季节、不同油品等）下管道的最小输送量、最大输送能力；

（4）管道最小反输量、满足反输要求的设备（加热设备、反输泵等）配置情况。

（二）工艺方案比选

工艺方案比选是管道工艺设计的重要内容之一。工艺方案比选的主要内容是确定出承担规定输送量的几种管径、压力方案的经济效果，通过对比从中选择出技术经济上最优方案。为节约能源，减少加热站数量，对于管径较小、加热输送的原油管道，还应进行干线管道保温与不保温方案的技术经济比较。

1. 方案的拟订

方案拟订的步骤是：

（1）确定泵站的工作压力与油品进站温度（如果需要加热输送）。

一般地，泵站及管道的工作压力根据输油泵的性能、管材强度、阀门与管件的承压等级等因素综合考虑确定。加热输送管道的进站温度按高于油品凝点 3~5℃ 选取，或通过经济比较确定。

（2）按照经济流速初选至少三种管径。

经济流速是根据经验总结得出的，与油品物性、能源价格及各种设备器材价格有关。我国输油管道设计所取流速在 1.0~2.0m/s 之间。对于较大管径管道，流速可取大些。我国目前对 DN 在 300~700mm 之间的含蜡原油管道，设计时流速一般取 1.5~2.0m/s；对于成品油管道，设计流速一般取 2.0m/s 左右。管径初选可按下式进行计算：

$$D = 0.0188\sqrt{Q/\omega} \qquad (2-2-23)$$

式中　D——管道理论内直径，m；

　　　Q——规定输送量，m^3/h；

　　　ω——经济流速，m/s。

根据计算的理论直径值，参照管子的实际规格选取至少三种直径。

（3）对每种管径进行水力、热力（如果为加热输送）与强度计算，确定各种管径方案的泵站及加热站数、加热温度、管壁厚度、耗油量、耗电量。

（4）计算各个管径方案的投资与输油成本。

2. 方案技术经济比选

输油管道方案比选一般分为技术比较和经济比选。技术比选通常考虑该方案安全可靠性、技术的成熟稳定性、运行管理的操控性。经济比选通常考虑该方案的投资额和回收期等问题，一般分为静态比较和动态比较，在管道经济比选的过程中通常选用动态比较的费用现值法。

要结合各方案技术性和经济性，选出一个最优化的方案作为管道设计的最终方案。

五、顺序输送管道的混油量计算

（一）混油量经验计算公式

1. 混油粘度计算公式

$$\lg\lg(10^6\nu + 0.89) = 0.5\lg\lg(10^6\nu_A + 0.89) + 0.5\lg\lg(10^6\nu_B + 0.89)$$

$$(2-2-24)$$

式中　ν_A——前行油品在输送温度下的运动粘度，m^2/s；

ν_B——后行油品在输送温度下的运动粘度，m^2/s；

ν——各50%的混油在输送温度下的运动粘度，m^2/s。

2. 混油长度计算公式

当 $Re > Re_j$ 时：

$$C = 11.75(dL)^{0.5}Re^{-0.1} \qquad (2-2-25)$$

当 $Re < Re_j$ 时：

$$C = 18385(dL)^{0.5}Re^{-0.9} \times \exp(2.18d^{0.5}) \qquad (2-2-26)$$

$$Re_j = 10000\exp(2.72d^{0.5})$$

式中　C——混油段长度，m；

d——管道内径，m；

L——管道长度，m；

Re——雷诺数；

Re_j——临界雷诺数。

(二)影响混油量的因素

1. 输送次序对混油量的影响

顺序输送中油品的排列次序是减少混油损失的关键因素之一。相邻排列的两种油品的物理化学性质相差越大，混油量越大，处理的费用也越高，故应尽可能将密度相近、产生的混油易于处理的油品相邻排列。

2. 管道首站初始混油量的影响

考虑初始混油量的影响，管道终点的混油长度可用下式计算：

$$C = C^*\sqrt{1 + \frac{Pe}{16Z^2}\left(\frac{C_0}{L}\right)^2} \qquad (2-2-27)$$

式中　C——管道终点混油总长度，m；

C^*——不考虑初始混油影响的管道终点混油长度，m；

C_0——初始混油长度，m；

L——管道长度，m；

Z——对称切割混油头浓度对应的 Z 值；

Pe——贝克莱数。

由式(2-2-27)可知，管道越长，初始混油对管道终点的总混油量影响越小。

3. 中间泵站对混油量的影响

顺序输送过程中，混油段每经过一个中间泵站或中间分输站，混油长度就有所增加。中间站场产生混油的原因主要有以下几点：

（1）站内分支管道较多，支管到阀门之间的存油不断地与进站油品掺混，使混油段浓度发生变化，混油量增加。

（2）站内管道阀件、管件多，造成局部扰动，加剧混油过程。

（3）混油段通过中间泵站时，泵内叶轮的剧烈剪切也会加强混油过程，增加混油量。

从减少中间站对混油量影响的角度考虑，对于顺序输送管道，应采用密闭输油方式，尽量简化中间站流程，减少涡流源和盲管长度。

4. 停输对混油量的影响

停输时，管内液体的紊流脉动消失，被输送液体之间的密度差成为产生混油的主要因素。在密度差的作用下，混油段横截面上的油品会在垂直方向上产生运移。较轻的油品向上运动，较重的油品向下运动。如果停输时，混油段正在高差大的山坡地段，且密度大的油品正处在高处，在密度差的作用下，混油量会增大。

5. 减少混油量的措施

成品油顺序输送的关键问题是最大限度地减少混油的产生。根据我国成品油运行经验，主要采取以下措施。

1）减少初始混油

在首站油品交替时，某一时间内，同时有两种油品进入管道，从而在管道里形成一段混油，称为初始混油。我国 $\phi 159mm$ 的管道初始混油长度为 $200 \sim 300m$。在阀门开关只有 $3min$、输送速度为 $2m/s$ 的情况下，初始混油长度为 $600m$；对于公称直径为 $500mm$ 的管道，混油量为 $120m^3$。因此，要严格控制阀门的切换速度，采用快速切断的阀门。我国这种阀门一般采用快速遥控的电动球阀，开闭时间一般不大于 $1min$，并且切换流程的阀门间距应尽量缩短。为有效地减少初始混油量，规定用于切换油品阀门的开关时间不应大于 $10s$。

2）控制管道的流速

顺序输送混油量与流速的平方根成反比，因此管道在两种油品输送时，应严格控制油流速度，流速尽可能大一些，在紊流状态下进行输送，使雷诺数保持在 10000 以上，以减少有效扩散系数。一般经验是要在大于 $1m/s$ 的流速下输送。据相关资料介绍，最优流速为 1.5～1.6m/s。

3）把性质相近的油品相邻输送

将油品性质相近、相互允许混入的浓度大的油品排在一起顺序输送，减少油品粘度和密度的差别对混油的影响。

4）避免管道流速的较大变化和对混油的扰动

流程应尽量简化，减少旁通、弯头、三通等，避免死角，尽可能不采用副管、变径管，以减少管道流速的变化和扰动涡流对混油的影响。在插入较大的变径管段时，油流速度的降低不得超过30%。沿线油品分输时，油品流速降低也不能超过30%。

5）采用"泵到泵"密闭顺序输送

输送时应尽量采用密闭方式。中间站分输时，应避开混油头。如采用"旁接油罐"输送，在混油段通过泵站时，采用密闭方式，如格拉管道就是采用这种输送方式。

6）在两种油品交替过程中尽量避免停输

在管道交替输送过程中，尽量不要停输；必须停输时，应尽量将混油段停在较平坦的地段上，并关闭两端阀门。如停在起伏段，应使较重的油品在下，较轻的油品在上，以减少重力对混油的影响。

7）严格控制管道的不满流输送

对有翻越点或落差较大的管道，应采取措施控制管道的不满流及流速的陡增，以消除由于管道起伏及落差造成的混油量的增大。

8）采用隔离输送

采用固体或液体隔离塞隔离两种油品以减少两种油品的混油的产生。具体选用哪种隔离措施，应根据实际情况，通过经济比较，选择最佳方案。

9）确定合理的批量、批次和循环周期

管道输送的批量大小和循环周期的多少，直接影响混油的次数、混油量的大小及工程造价和运行成本。因此，在管道的建设中，应认真进行规划和经济比较，以确定合理的建设方案，并在管道的运行管理中合理调度、优化运行。

10）混油头、混油尾处理

混油头、混油尾应尽量收入大容量的纯净油品的储罐中，以减少进入混油罐的混油量。

第三节　热　力　计　算

一、基础参数

（一）油品比热容

液态原油和成品油的比热容在输送温度范围内的变化趋势相同：比热容随温度的升高而缓慢上升，可按下式确定：

$$c = \frac{1}{\sqrt{d_4^{15}}}(1.687 + 3.39 \times 10^{-3}T) \qquad (2-3-1)$$

式中　　c——油品比热容，kJ/（kg·℃）；

$\quad\quad\quad d_4^{15}$——油品在15℃的相对密度；

$\quad\quad\quad T$——油品温度，℃。

含蜡原油的比热容随油品中的含蜡量多少而变化，并与温度变化有关。我国几个油田的油品比热容实测数据见表2-3-1。

表2-3-1　含蜡油品的比热容值

油品温度 ℃	含蜡油品比热容 J/（kg·℃）	油品温度 ℃	含蜡油品比热容 J/（kg·℃）
10	2135～2855	40	2190～3752
15	2527～3028	45	2192～2452
20	2607～3161	50	2200～2396
25	2385～3280	55	2215～2382
30	2243～3385	60	2225～2390
35	2195～3380	70	2266～2550

随着含蜡油品温度下降，析蜡率上升，放出潜热增多，比热容值上升。我国四种油品的比热容与温度的关系曲线见图2-3-1。因此，c值需根据不同油品性质由试验取得数据。

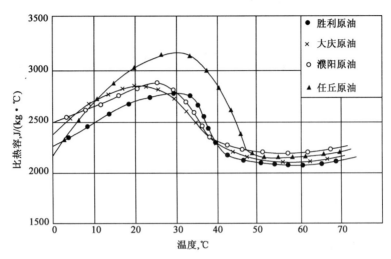

图 2 - 3 - 1 　我国四种油品的比热容与温度的关系曲线

根据含蜡原油比热容随温度变化的趋势，可以按析蜡点温度、最大比热容温度将含蜡原油比热容分成三个区：

(1) 温度大于析蜡点温度时，含蜡原油的比热容和不含蜡原油或成品油比热容变化趋势相同；

(2) 温度小于析蜡点而大于最大比热容温度时，随着油温的降低，比热容急剧上升。在该温度范围内，单位温降的析蜡率逐渐增大，放出的潜热多，故比热容随着温降而增大。

(3) 当温度小于最大比热容温度时，随着油温降低，比热容又逐渐减小。在这个温度范围内，多数蜡晶已经析出，故再继续温降时，比热容又逐渐降低。

(二)油品导热系数

液态石油产品的导热系数随温度而变化，可按下式计算：

$$\lambda_y = 0.137(1 - 0.54 \times 10^{-3} T)/d_4^{15} \qquad (2 - 3 - 2)$$

式中　λ_y——油品温度在 T 时的导热系数，W/(m·℃)；

　　　T——油温，℃；

　　　d_4^{15}——油品在 15℃ 的相对密度。

原油和成品油在管输条件下导热系数约在 0.1 ~ 0.16W/(m·℃) 之间，大致计算可取 0.14W/(m·℃)。

（三）土壤导热系数

土壤的导热系数取决于土壤的种类、孔隙度、温度、含水量等。其中，含水量的影响最大。在设计管道时，应根据线路具体条件确定土壤导热系数。缺乏线路实测资料或估算时，可查阅有关资料或按表2-3-2中的平均值选取。

表2-3-2 土壤的导热系数的某些平均值

土壤		湿度,%	导热系数，W/(m·℃)	
			融化状态	冻结状态
粗砂 (1~2mm)	密实的	10	1.74~1.35	1.98~1.35
	密实的	18	2.78	3.11
	松散的	10	1.28	1.4
	松散的	18	1.97	2.68
细砂和中砂 (0.25~1mm)	密实的	10	2.44	2.5
	密实的	18	3.60	3.8
	松散的	10	1.74	2.0
	松散的	18	3.36	3.5
	不同粒度的干砂	1	0.37~0.48	0.27~0.38
	亚砂土、亚粘土、粉状土、融化土	15~26	1.39~1.62	1.74~2.32
	粘土	5~20	0.93~1.39	1.39~1.74
	水饱和的压实泥炭			0.8
	非压实泥炭	270~235	0.36~0.53	0.37~0.66

二、热力计算的主要内容

热力计算的主要内容包括总传热系数计算、输送温度的确定、温降计算、过泵温升、加热站间距的计算等。

（一）总传热系数的计算

热油管道的传热过程由三部分组成：油流至管内壁的放热，石蜡沉积层、钢铁管壁与防腐保温层的导热，管道最外壁与周围介质的传热。

热油管道的总传热系数 K 的选取分为以下几种情况。

1. 埋地不保温管道总传热系数的选取

埋地不保温管道总传热系数 K_1 由下式确定：

$$K_1 = \frac{1}{D\left(\dfrac{1}{\alpha_1 d} + \dfrac{1}{2\lambda_s}\ln\dfrac{D_1}{d} + \dfrac{1}{2\lambda_b}\ln\dfrac{D_b}{D_1} + \dfrac{1}{\alpha_2 D_b}\right)} \qquad (2-3-3)$$

式中　K_1——埋地不保温管道总传热系数，$W/(m^2 \cdot ℃)$；

　　　D——计算直径，对埋地不保温管道，可取防腐层外直径，m；

　　　d——钢管内直径，m；

　　　D_1——钢管外直径，m；

　　　D_b——钢管外防腐层的外直径，m；

　　　λ_s——钢管管壁导热系数，$W/(m \cdot ℃)$；

　　　λ_b——钢管外防腐层的导热系数，$W/(m \cdot ℃)$；

　　　α_1——油流至管壁的内部放热，$W/(m^2 \cdot ℃)$；

　　　α_2——管道最外壁至土壤的外部放热系数，$W/(m^2 \cdot ℃)$。

2. 埋地保温管道总传热系数的选取

埋地保温管道总传热系数 K_2 由下式确定：

$$K_2 = \frac{1}{D_{1J}\left(\dfrac{1}{\alpha_1 d} + \dfrac{1}{2\lambda_s}\ln\dfrac{D_1}{d} + \dfrac{1}{2\lambda_b}\ln\dfrac{D_b}{D_1} + \dfrac{1}{2\lambda_\omega}\ln\dfrac{D_\omega}{D_b} + \dfrac{1}{2\lambda_J}\ln\dfrac{D_J}{D_\omega} + \dfrac{1}{\alpha_2 D_J}\right)}$$

$$(2-3-4)$$

式中　λ_ω——保温层的导热系数，$W/(m \cdot ℃)$；

　　　D_ω——保温层的外直径，m；

　　　λ_J——保温层外夹克层的导热系数，$W/(m \cdot ℃)$；

　　　D_J——夹克层的外直径，m；

　　　D_{1J}——保温管道的平均直径，取钢管外直径与夹克层外直径的平均值，

　　　　　即 $D_{1J} = \dfrac{D_1 + D_J}{2}$。

3. 架空保温管道的总传热系数的选取

$$K_3 = \frac{1}{D_{1s}\left(\dfrac{1}{\alpha_1 d} + \dfrac{1}{2\lambda_s}\ln\dfrac{D_1}{d} + \dfrac{1}{2\lambda_b}\ln\dfrac{D_b}{D_1} + \dfrac{1}{2\lambda_\omega}\ln\dfrac{D_\omega}{D_b} + \dfrac{1}{2\lambda_p}\ln\dfrac{D_p}{D_\omega} + \dfrac{1}{2\lambda_{si}}\ln\dfrac{D_{si}}{D_p} + \dfrac{1}{\alpha_{2a} D_{si}}\right)}$$

$$(2-3-5)$$

$$\alpha_{2a} = \alpha_{ac} + \alpha_{ar}$$

当 $2 \times 10^5 > Re_a > 10^3$ 且 t_a 在 $-40 \sim 40°C$ 范围内时：

$$\alpha_{ac} = 0.221 \times \frac{\lambda_a}{D_{si}} Re_a^{0.6} \qquad (2-3-6)$$

$$Re_a = \frac{v_a D_{si}}{\nu_a} \qquad (2-3-7)$$

式中　λ_p——聚乙烯防水层的导热系数，$W/(m \cdot °C)$；

$\quad\quad D_p$——聚乙烯防水层的外直径，m；

$\quad\quad \lambda_{si}$——镀锌铁皮的导热系数，$W/(m \cdot °C)$；

$\quad\quad D_{1s}$——保温管道的平均直径，取钢管外直径与镀锌铁皮外直径的平均

$\quad\quad\quad$ 值，即 $D_{1s} = \dfrac{D_1 + D_{si}}{2}$；

$\quad\quad D_{si}$——镀锌铁皮的外直径，m；

$\quad\quad \alpha_{2a}$——架空管道对空气的放热系数，$W/(m^2 \cdot °C)$；

$\quad\quad \alpha_{ac}$——空气对流放热系数，$W/(m^2 \cdot °C)$；

$\quad\quad \lambda_a$——空气导热系数，$W/(m \cdot °C)$；

$\quad\quad Re_a$——空气雷诺数；

$\quad\quad v_a$——最大风速，m/s；

$\quad\quad \nu_a$——空气粘度，m^2/s；

$\quad\quad \alpha_{ar}$——空气辐射放热系数，$W/(m^2 \cdot °C)$。

4. 埋地管道总传热系数 K 值的选用

埋地不保温管道的 K 值主要取决于管道至土壤的放热系数 α_2，但土壤的导热系数受到多种因素的影响，如土壤含水率、温度场、大气温度变化等，很难得到准确的计算结果，设计时多采用经验方法确定 K 值。一般常用反算的方法计算已运行的热油管道的 K 值，并将其作为同类地区新设计管道的参考值。设计时，参考稳定的 K 值并适当加大作为新设计管道的总传热系数。

根据我国东北、华北及华东地区的管道运行实践，在中等湿度的粘土及砂质粘土地段，反算 K 值的范围如下：

当 $h/D \geq 3 \sim 4$ 时，对于 $\phi720mm$ 管道，$K = 1.25 \sim 1.8 W/(m^2 \cdot °C)$；当 $h/D \geq 2 \sim 3$ 时，对于 $\phi720mm$ 管道，$K = 1.4 \sim 2.1 W/(m^2 \cdot °C)$；对于 $\phi529mm$ 管道，$K = 1.8 \sim 2.6 W/(m^2 \cdot °C)$。

在气候干燥的西北地区，对于 ϕ 为 $159 \sim 325mm$ 的管道，$K = 1.2 \sim 1.8 W/(m^2 \cdot °C)$。

江底及长年浸水的河滩段，$K = 12 \sim 14 \text{W}/(\text{m}^2 \cdot \text{℃})$。

在进行方案比较估算时，大庆地区采用下述经验值：

(1)对于埋设在一般地段的、地下水位以上、埋深 $h > 3 \sim 4D$ 的集输油管道，管径在 400mm 以上的，$K = 2.3 \text{W}/(\text{m}^2 \cdot \text{℃})$；管径为 $200 \sim 350\text{mm}$ 的，$K = 2.9 \text{W}/(\text{m}^2 \cdot \text{℃})$。

(2)管道埋设在地下水位以下或长期浸水地区及冰冻线附近时，可将上述值增加30%。

(3)管道埋设在河、湖、水泡子等长年流水的水域中时，可将上述值乘5。

(二)温度参数的确定

1. 加热站出站油温的确定

首站、中间站出站油温要综合管道的热力计算、水力计算、管道的防腐层等限制条件确定。

管道输送温度的确定一般遵循如下原则：

(1)原油最高加热温度。考虑到原油和重油都难免含水，故其加热温度一般不超过100℃。如原油为加热后进泵，则其加热温度不应高于初馏点，以免影响泵的吸入。

(2)粘度对原油加热温度的影响。鉴于大多数重油在100℃以下的温度范围内粘温曲线均较陡，提高油温以降低粘度的效果显著；更因为重油管道大都在层流流态下输送，摩阻与粘度的一次方成正比，提高油温以减少摩阻的效果更显著，故重油管道的加热温度常较高。为减少热损失，管外常敷设保温层。

(3)含蜡原油的加热温度。含蜡原油往往在凝点附近粘温曲线很陡，而当温度高于凝点 $30 \sim 40$℃以上时粘度随温度的变化较小；此外，热含蜡原油管道常在紊流光滑区，摩阻与粘度的 0.25 次方成正比，提高油温对摩阻的影响较小，而热损失却显著增大，故加热温度不宜过高。

此外，在确定加热温度时，还必须考虑由于运行和安装温度的温差而使管道遭受的温度应力是否在强度允许范围内，以及防腐层和保温层的耐热能力是否适应等。

2. 加热站进站油温的确定

首站来油温度根据外部条件确定，中间站和末站的进站油温取决于经济比较和安全运行的要求。根据原油物性(凝点、倾点)确定，经济进站温度值略高于凝点，一般高于凝点 3 ~ 5℃。

(三)温降计算

1. 埋地热油管道不考虑摩擦生热时的温降计算

1)管道起点油温的计算

管道起点油温按下式计算：

$$t_1 = t_0 + (t_2 - t_0)\exp\left(\frac{K\pi D_1 L}{q_m c}\right) \qquad (2-3-8)$$

式中　t_1——管道起点油品温度,℃；

t_0——管道中心处最冷月平均地温,℃；

t_2——管道终点油品温度,一般高于凝点 3 ~ 5℃；

D_1——管道外直径,m；

L——计算管段的长度或加热站间距,m；

q_m——油品的质量流量,kg/s；

c——L 段内油在平均温度下的比热容, J/(kg·℃)；

K——热油管道的总传热系数, W/(m^2·℃)。

2)管道终点油温的计算

管道终点油温按下式计算：

$$t_2 = t_0 + (t_1 - t_0)\exp\left(-\frac{K\pi D_1 L}{q_m c}\right) \qquad (2-3-9)$$

管道起点油温 t_1 一般不高于油品初馏点。

2. 埋地热油管道考虑摩擦生热时的温降计算

1)管道起点油温的计算

管道起点油温按下式计算：

$$t_1 = t_0 + (t_2 - t_0)\exp(aL) + b[1 - \exp(aL)] \qquad (2-3-10)$$

$$a = \frac{K\pi D_1}{q_m c} \qquad (2-3-11)$$

$$b = \frac{Eq_m i}{K\pi D_1} \qquad (2-3-12)$$

式中　E——热功当量, $E = 9.80665\dfrac{W\cdot s}{kg\cdot m}$；

i——油流水力坡降,m/m。

2)管道终点油温的计算

管道终点油温按下式计算:

$$t_2 = t_0 + (t_1 - t_0)\exp(-aL) + b[1 - \exp(-aL)] \quad (2-3-13)$$

3. 埋地热油管道考虑析蜡和油流摩擦生热时的温降计算

1)管道起点油温的计算

管道起点油温按下式计算:

$$t_1 = t_0 + (t_n - t_0)\exp\left(\frac{K\pi D_1 L_1}{q_m c}\right) \quad (2-3-14)$$

2)管道终点油温的计算

管道终点油温按下式计算:

$$t_2 = t_0 + b + (t_n - t_0 - b)\exp\left[-\frac{K\pi D_1(L - L_1)}{q_m\left(c + \dfrac{\varepsilon œ}{t_n - t_x}\right)}\right] \quad (2-3-15)$$

式中　t_n——析蜡开始温度,℃;

　　　t_x——析蜡终止温度或析蜡量为 ε 的对应温度,℃;

　　　ε——当油温由 t_0 降到 t_x 时析出蜡的比例,小数;

　　　$œ$——石蜡结晶潜热,kJ/kg;

　　　L——计算间距,m;

　　　L_1——无析蜡段长度,m。

(四)过泵温升

油流经泵加压后,温度会有所升高,一部分是由于油品绝热压缩引起的温升,另一部分是由于泵内的功率损失转化为热量而引起的温升。

由于油品绝热压缩引起的温升随油品的密度、加压的大小和油温的高低而不同。油品的密度越小、泵的扬程越高、油温越高时,温升越大。密度为 656kg/m³ 的汽油,泵的进出口压差为 6.89MPa,进泵温度为 26.7℃时,压缩引起的温升达 2.06℃。

由于泵内的功率损失转化为热量而引起的温升大小决定于泵效 η_p。泵的功率损失包括机械、水力、容积和盘面摩擦等四部分。其中,除机械损失所产生的热量主要由润滑油和冷却水带走外,其余三部分则转化为摩擦热使油流升温(如忽略泵壳的散热)。对于扬程500m、效率70%左右的离心泵,原油过泵摩擦热的温升约为1℃。

(五)加热站间距的计算

1. 埋地热油管道不考虑摩擦生热时的加热站间距计算公式

埋地热油管道不考虑摩擦生热时的加热站间距按下式计算:

$$L = \frac{q_m c}{K \pi D_1} \ln \frac{t_1 - t_0}{t_2 - t_0} \qquad (2-3-16)$$

2. 埋地热油管道考虑摩擦生热时的加热站间距计算公式

埋地热油管道考虑摩擦生热时的加热站间距按下式计算:

$$L = \frac{q_m c}{K \pi D_1} \ln \frac{t_1 - t_0 - b}{t_2 - t_0 - b} \qquad (2-3-17)$$

3. 埋地热油管道考虑析蜡潜热和摩擦生热时的加热站间距计算公式

埋地热油管道考虑析蜡潜热和油流摩擦生热时的加热站间距按下式计算:

$$L = \frac{q_m c}{K \pi D_1} \ln \frac{t_1 - t_0}{t_n - t_0} + \frac{q_m \left(c + \frac{\varepsilon \alpha}{t_n - t_x} \right)}{K \pi D_1} \ln \frac{t_n - t_0 - b}{t_2 - t_0 - b} \qquad (2-3-18)$$

第四节　输油管道适应性分析

一、管道最大输送能力及最小输量

(一)管道最大输送能力

管道的最大输送能力可根据管道的最大操作压力、输油设备特性曲线和加热炉的最大热负荷(热油管道)计算求得。

常温输送的管道最大输量受油品物性、管道周围介质温度、输油设备特性(如输油泵的特性曲线)以及最小进站压力等因素的影响;对于加热输送的管道最大输量,除以上因素影响外,还要考虑管道加热设备所能提供的最大热量。

（二）管道最小输量

热油管道最小输量可根据加热炉的最大热负荷、最高出站温度、最小进站温度及油品的物性计算求得，同时要考虑输油设备所允许的最小输量，选取两者中大的作为热油管道的最小输量。

常温输送的管道最小输量主要取决于输油设备所允许的最小输量。成品油顺序输送的管道还要考虑小输量引起混油量增加等因素。

二、热油管道安全启输量、最小反输量计算

管道的安全启输量与管道最小反输量按下式计算：

$$q_{\min} = \frac{K \pi D_1 L_{\max}}{c \ln \dfrac{t_1 - t_0}{t_2 - t_0}} \qquad (2-4-1)$$

式中　$q_{\min}$——安全启输量或最小反输量，kg/s；

　　　$L_{\max}$——全管道中最大站间距，m。

三、热油管道安全停输时间计算

（一）架空及水中热油管道的安全停输时间

架空及水中热油管道的安全停输时间由下式计算：

$$\tau = \left[c_o \rho_o D^2 + c_s \rho_s (D_1^2 - d^2) \right] \cdot \frac{1}{1.27 K \pi D} \ln \frac{t_q - t_m}{t_\tau - t_m} \qquad (2-4-2)$$

式中　c_o——油品的比热容，J/(kg·℃)；

　　　ρ_o——油品的密度，kg/m³；

　　　D——管道的平均直径，m；

　　　c_s——钢管的比热容，J/(kg·℃)；

　　　ρ_s——钢管的密度，kg/m³；

　　　D_1——钢管的外直径，m；

　　　d——钢管的内直径，m；

　　　t_q——开始停输时的油温，℃；

　　　t_m——管道外大气或水流温度，℃；

t_τ——停输 τ 后的油温，℃；

K——停输后油至空气或水流的总传热系数，W/(m²·℃)；

τ——架空及水中热油管道的安全停输时间，h。

从式(2-4-2)不难看出，若降低总传热系数 K 的数值，就可延长停输时间。降低 K 值的方法是将架空管道进行保温，将水中管道埋设在水底覆土3m的 K 值接近于埋地管道，是裸露在水中的管道 K 值的1/10左右。

(二) 埋地热油管道的安全停输时间

当 $h_t/D_b > 3$ 时，埋地热油管道的安全停输时间由下式计算：

$$\tau = 0.1113 \frac{D_b^2}{\alpha_t} \left(\frac{4h_t}{D_b} \right)^{2(1-\beta)} \qquad (2-4-3)$$

$$\beta = \frac{t_{b\tau} - t_0}{t_{b0} - t_0} \qquad (2-4-4)$$

$$\alpha_t = \frac{\lambda_t}{c_t \rho_t} \times 3600 \qquad (2-4-5)$$

式中　　τ——埋地热油管道的安全停输时间，h；

D_b——与土壤接触的管外径，m；

h_t——管中心埋深，m；

t_{b0}——开始停输时管壁处的土壤温度，℃；

$t_{b\tau}$——停输 τ 后管壁处的土壤温度，℃；

t_0——管道埋设处土壤温度，℃；

α_t——土壤的导温系数，m²/h；

λ_t——土壤的导热系数，W/(m·℃)；

c_t——土壤的比热容，J/(kg·℃)，干土为1842J/(kg·℃)；

ρ_t——土壤的密度，kg/m³，一般为1500~1700kg/m³。

四、管道的近期低输量及远期增输措施分析

对于输油管道设计，存在很多不确定因素。例如，设计输量不是从管道建成投产后就一成不变的，而是取决于管道上游资源的落实情况、管道下游市场的变化。一般地，管道设计工况是管道在建成投产后长期稳定运行的一种工况，而管道投产后近期输量较低、远期输量增加是管道常见的运行状态。针对这种

情况，在设计过程中增加应相应的措施以满足各种工况下运行的需要。

（一）管道近期低输量措施

管道近期低输量采用的措施主要如下：

（1）对于输油设备不能满足近期低输量要求的，可增加低输量输油设备或采用小叶轮；

（2）对于热油管道近期输量小于管道的最小输量的，可采用热处理、加降凝剂综合处理的方法改善油品物性，降低管道的最小输量或者进行正反输交替运行，以满足输送要求。

（二）管道远期增输量措施

管道远期输量增加采用的措施主要如下：

（1）增加管道的泵站，对于热油管道也可增加沿线的热站数或增加热站的热负荷；

（2）可采用加减阻剂的方法降低管道的摩阻损失，增加管道输量；

（3）可采用建管道副管的方法增加管道输量。

以上的各种措施需要进行技术经济比较来最终确定。

第五节　站内设备、材料选型计算

一、油库容量及单罐容积计算

（一）油罐总容量的确定

1. 输油首站、输入站、分输站、末站储油总容量计算

输油首站、输入站、分输站、末站储油罐总容量应按下式计算：

$$V = \frac{G}{350\rho\varepsilon}k \qquad (2-5-1)$$

式中　V——输油首站、输入站、分输站、末站原油储罐总容量，m^3；

　　　　G——输油首站、输入站、分输站、末站原油年总运转量，t；

ρ——储存温度下原油密度，t/m^3；

ε——油罐装量系数，宜取 0.9；

k——原油储备天数，d。

首站、输入站、分输站、末站原油罐，每站不少于两座。

2. 原油管道输油站油品储存天数的规定

不同类型输油站原油的储备天数根据《输油管道工程设计规范》（GB 50253—2003）按下列要求选取。

1）原油输油首站、输入站

（1）油源来自油田、管道时，油品储备天数宜为 3～5d；

（2）油源来自铁路卸油站场时，油品储备天数宜为 4～5d；

（3）油源来自内河运输时，油品储备天数宜为 3～4d；

（4）油源来自近海运输时，油品储备天数宜为 5～7d；

（5）油源来自远洋运输时，油品储备天数按委托设计合同确定，油罐总容量应大于油轮一次卸油量。

2）原油管道分输站、末站

（1）通过铁路发送油品给用户时，油品储备天数宜为 4～5d；

（2）通过内河发送给用户时，油品储备天数宜为 3～4d；

（3）通过近海发送给用户时，油品储备天数宜为 5～7d；

（4）通过远洋油轮运送给用户时，油品储备天数按委托设计合同确定，油罐总容量应大于油轮一次装油量；

（5）末站为向用户供油的管道转输站时，油品储备天数宜为 3d。

3）原油中间（热）泵站

（1）当采用旁接油罐输油工艺时，旁接油罐容量宜按 2h 的最大管输量计算；

（2）当采用密闭输送工艺时，应设水击泄压罐，水击泄压罐容量由瞬态水力分析后确定。

3. 顺序输送管道储罐容积计算

顺序输送油品的管道首站、输入站、分输站、末站储罐容积应按下式计算：

$$V = \frac{m}{\rho \varepsilon N} \qquad (2-5-2)$$

式中　V——每批次、每种油品或每种牌号油品所需的储罐容积，m^3；

　　　　m——每种油品或每种牌号油品的年输送量，t；

　　　　ρ——储存温度下每种油品或每种牌号油品的密度，t/m^3；

　　　　ε——油罐装量系数，容积小于 $1000m^3$ 的固定顶罐（含内浮顶）宜取

　　　　　　　0.85，容积等于或大于 $1000m^3$ 的固定顶罐（含内浮顶）宜取 0.9；

　　　　N——循环次数，次。

末站为水运卸船码头时，还需要考虑一次卸船量，取较大值；末站为水运装船码头时，还需要考虑一次装船量，取较大值。

首站、输入站、分输站、末站每种油品或每种牌号油品应设置两座以上储罐。

中间泵站泄压罐容量由瞬态分析后确定。

（二）单罐容量的确定

原油中含有易挥发的轻馏分。为减少油罐的呼吸损耗，宜采用浮顶油罐。但泄压罐在选择罐型时主要考虑压力泄放时尽量减少泄放的阻力，而且容量较小，且为事故罐，平时不储存油品，所以大多选用拱顶罐。原油储罐的数量应满足如下要求：（1）收油；（2）发油；（3）储罐清洗时不影响正常操作。根据上述条件，储罐的数量每站不宜少于两座。

在选择单罐容量时，要充分考虑油罐的运行操作、造价、用地以及每站的最少罐数，尽量选择容量较大的油罐。

目前，国内拱顶钢油罐的最大容积已达到 $4 \times 10^4 m^3$，内浮顶罐的容积达到 $4 \times 10^4 m^3$，外浮顶罐的容积容量达到 $15 \times 10^4 m^3$。

二、输油泵轴功率计算

离心泵轴功率按下式计算：

$$P = \frac{q_v \rho H}{102 \eta} \tag{2-5-3}$$

式中　P——离心泵轴功率，kW；

　　　　q_v——输送温度下泵的排量，m^3/s；

　　　　ρ——输送温度下介质的密度，kg/m^3；

　　　　H——输油泵排量为 q_v 时的扬程，m；

　　　　η——输送温度下泵排量为 q_v 时的输油效率。

三、输油泵汽蚀余量计算

(一)输油泵汽蚀现象

输油泵第一级叶轮进口处的压力低于液体在该温度下的饱和蒸气压时，液体开始汽化，同时还可能有溶解在液体内的气体从液体中逸出，形成大量小气泡。当这些小气泡随液体流到叶轮流道内压力高于临界值的区域时，小气泡就会重新凝结、溃灭。这时周围的液体就以极高的速度向空化点冲来，液体质点互相撞击形成局部水力冲击。使局部压力可达数百大气压。这种水力冲击速度很快，频率达每秒钟数千、甚至几万次，使叶轮金属表面很快因疲劳而剥蚀。这种汽化和凝结过程产生对泵的冲蚀、振动和使泵性能下降的现象，称之为汽蚀现象。

(二)输油泵汽蚀余量计算

汽蚀余量($NPSH$)：又称为净正吸入头，是指泵进口处单位重量液体所具有的超过汽化压力的富余能量，即泵进口处的压力(绝对压力)减去液体汽化压力(绝对压力)，可以用下式表示：

$$(NPSH) = \frac{100(p_s - p_v)}{\rho g} + \frac{v_s^2}{2g} \qquad (2-5-4)$$

式中　($NPSH$)——汽蚀余量，m；

　　　p_s——泵进口处绝对压力，MPa；

　　　p_v——输送温度下液体的饱和蒸气压力，MPa；

　　　v_s——进口侧管道内液体的流速，m/s；

　　　ρ——输送液体的密度，g/cm^3；

　　　g——重力加速度，9.8m/s^2。

汽蚀余量($NPSH$)又分为泵必需汽蚀余量($NPSH$)$_r$和有效汽蚀余量($NPSH$)$_a$。

(三)输油泵必需汽蚀余量计算

泵必需汽蚀余量($NPSH$)$_r$是指泵进口处所必需的超过液体汽化压力的能量，是使泵工作时不产生汽蚀现象所必需的富余能量，是泵本身具有的一种特性，由泵制造厂通过试验测定，在泵样本中以($NPSH$)$_r$或 Δh 表示。

影响 Δh 大小的主要因素是泵的结构，如吸入室与叶轮进口的几何形状、泵的转速和流量等，而与吸入管道系统无关。所以 Δh 的大小在一定程度上是一台泵本身抗汽蚀性能的标志，也是离心泵的一个重要性能参数。

（四）输油泵有效汽蚀余量计算

有效汽蚀余量 $(NPSH)_a$ 是进口侧系统提供给泵进口处超过液体汽化压力的能量。它的大小与泵系统的操作条件有关，而与泵本身的结构尺寸无关，故也称为泵系统的有效汽蚀余量。为了使泵能正常操作而不产生汽蚀，必须使 $(NPSH)_a$ 值大于 $(NPSH)_r$ 值。有效汽蚀余量 $(NPSH)_a$ 可用下式表示：

$$(NPSH)_a = \frac{100(p_{vs} - p_v)}{\rho g} - h_{ls} - H_{gs} \qquad (2-5-5)$$

式中　$(NPSH)_a$——有效汽蚀余量，m；

p_{vs}——进口侧容器液面绝对压力，MPa；

H_{gs}——泵实际几何安装高度，即进口侧容器的最低液面至泵中心线的垂直距离（高度差），灌注时为负，吸上时为正，m；

h_{ls}——进口侧管道系统的阻力，m。

当进口侧容器液面处于平衡状态时，即 $p_{vs} = p_v$ 时，式（2-5-5）就变成为：

$$(NPSH)_a = - h_{ls} - H_{gs} \qquad (2-5-6)$$

四、加热炉计算

（一）加热炉的热负荷

加热炉热负荷按下式计算：

$$Q = q_m c(t_2 - t_1)/3600 \qquad (2-5-7)$$

$$c = \frac{c_1 + c_2}{2}$$

式中　Q——油品升温所需的功率，kW；

t_2——出加热炉时的油温，℃；

t_1——进加热炉时的油温，℃；

q_m——输送油品的质量流量，kg/h；

c——油品的比热容，计算时取进、出油温比热容的平均值，kJ/(kg·℃)；

c_1——t_1 时的比热容，kJ/(kg·℃)；

c_2——t_2 时的比热容，kJ/(kg·℃)。

(二) 加热炉台数的确定

加热炉台数按下式确定：

$$n = Q/Q_1 \qquad (2-5-8)$$

式中　Q——油品升温所需的总功率，由式(2-5-7)确定，kW；

Q_1——台加热炉的热负荷，kW；

n——加热炉台数。

在设计中，原油加热设备一般不少于两台，不设备用炉。

(三) 加热炉燃料用量的计算

原油管道加热炉用燃料一般为输油介质，其燃料消耗量按下式计算：

$$B = \frac{Q}{\eta Q_h} \times 3600 \qquad (2-5-9)$$

式中　B——加热炉升温所需的燃料油用量，kg/h；

Q——加热炉总热负荷，kW；

η——加热炉效率，%；

Q_h——燃料的发热值，kJ/kg。

五、换热器面积计算及蒸汽量计算

(一) 换热器传热面积的计算

换热器传热面积按下式计算：

$$F = \frac{Q}{K\Delta t_m} \qquad (2-5-10)$$

式中　F——换热器传热面积，m^2；

Q——加热油品所需要的热能，W；

K——传热系数，$W/(m^2 \cdot ℃)$；

Δt_m——有效平均温差，℃。

其中，传热系数 K 由下式求取：

$$\frac{1}{K} = \frac{1}{a} + r + \frac{\delta_s}{\lambda_s}\frac{d}{d_m} + \frac{r_i d}{d_i} + \frac{1}{a_i}\frac{d}{d_i} \qquad (2-5-11)$$

式中　K——管外表面传热系数，$W/(m^2 \cdot ℃)$；

a——管外侧流体的传热系数，$W/(m^2 \cdot ℃)$；

r——管外侧流体的污垢热阻，$(m^2 \cdot ℃)/W$；

δ_s——管壁厚度，m；

λ_s——管壁材料的导热系数，W/(m·℃)；

d——传热管外径，m；

d_m——传热管平均直径，m；

r_i——管内侧流体的污垢热阻，(m²·℃)/W；

a_i——管内侧流体的传热系数，W/(m²·℃)；

d_i——传热管内径，m。

传热系数 K 的选取可参考表 2-5-1。

表 2-5-1　传热系数 K

高 温 液 体	低 温 液 体	传热系数，kW/(m²·℃)
油	油	349~523
蒸汽	有机液体粘度 10^3 Pa·s 以上	35~350
重油	重油	47~279
蒸汽	油	398~625

（二）换热器蒸汽用量的计算

换热器蒸汽用量由下式计算：

$$G = \frac{Q}{i_1 - i_2} \qquad (2-5-12)$$

式中　G——换热器蒸汽用量，kg/h；

　　　Q——加热油品所需的热量，kJ/h；

　　　i_1——蒸汽进换热器热焓，kJ/kg；

　　　i_2——冷凝水出换热器热焓，kJ/kg。

六、安全阀、泄压阀尺寸计算

输油管道安全阀尺寸按下式计算：

$$A = \frac{Q}{7.25 K_d K_W K_v K_p} \sqrt{\frac{G}{1.25p - p_b}} \qquad (2-5-13)$$

式中　A——所需的有效排出面积，m²；

　　　Q——泄放量，m³/s；

　　　K_d——由阀门制造商给出的有效排出系数，初估泄放阀尺寸用有效排出系数为 0.62；

K_{w}——背压校正系数，如果背压为大气压，取 $K_{\mathrm{w}} = 1.0$；

K_{ν}——粘度校正系数，由图 2-5-1 确定；

K_{p}——超压校正系数，当 25% 超压时 $K_{p} = 1.0$，超过 25% 超压的由图 2-5-2确定；

G——在流动温度下液体的相对密度；

p——设定压力，MPa；

p_{b}——总背压，MPa。

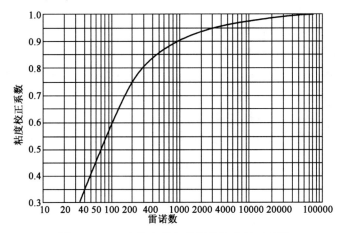

图 2-5-1　由粘度引起的泄放能力校正系数

输油管道泄压阀尺寸计算与安全阀计算相同。

七、站内管线管径及壁厚计算

（一）站内管线管径计算

一般地，输油管道站内管线管径的大小取决于管线流速的选取，目前设计常用的站内管线流速一般取值范围为 1.0 ~ 2.0m/s，最大不超过 3.0m/s；泵的吸入管线流速一般在 1.0m/s 左右，管径应根据泵的可能安装高度、储罐出油口的高度及绷得汽蚀余量等综合考虑后计算确定。

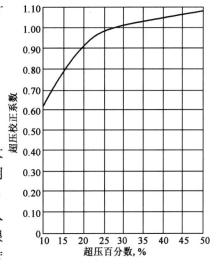

图 2-5-2　用于安全阀由超压引起的泄放能力校正系数

（二）站内管线壁厚计算

站内输油管道直管段的钢管管壁厚度应按下式计算：

$$\delta = \frac{pD}{2[\sigma]} \qquad\qquad (2-5-14)$$

式中 δ——直管段钢管计算壁厚，mm；

　　　p——设计内压力，MPa；

　　　D——钢管外直径，mm；

　　　$[\sigma]$——钢管许用应力，MPa。

输油站内管道的需用应力 $[\sigma]$，应按现行国家标准《钢制压力容器》（GB 150—1998）和现行美国标准《工艺管线》（ASME B31.3）的规定选取。

钢管壁厚应不小于下列两项中的较大值：

（1）按照式（2-5-14）计算出的壁厚；

（2）按照大于 $D_0/140$（D_0 为管道外径，mm）的原则确定的壁厚。

八、油罐和管线保温、加热╱伴热计算

（一）油罐加热计算

1. 油罐加热量计算式及计算

油罐加热量计算式及计算顺序见图 2-5-3。

图 2-5-3 中各符号代表的意义如下：

$$Re = \frac{v_\omega D}{v_a}$$

Q——加热油品所需的总功率，W；

Q_1——用于油品升温的热量，J；

Q_2——融化已凝固油品所需的热量，J；

Q_3——在加热过程中，单位时间内散失于周围介质中的热量，W；

τ——加热总时间，s；

N——凝结的石蜡在油品中的含量，%；

K——油罐的总传热系数，W/（m^2·℃）；

F_s——罐壁散热面积，m^2；

F_t——罐顶散热面积，m^2；

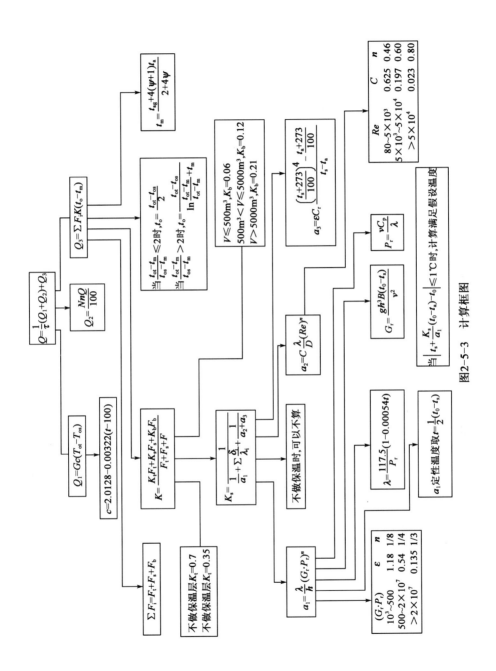

图2-5-3　计算框图

F_b——罐底散热面积，m^2；

t_0——油温，℃；

t_m——油罐周围介质的温度，℃；

t_{ot}——油品加热终了温度，℃；

t_{os}——油品加热起始温度，℃；

K_s——罐壁的传热系数，$W/(m^2 \cdot ℃)$；

K_t——罐顶的传热系数，$W/(m^2 \cdot ℃)$；

k_b——罐底的传热系数，$W/(m^2 \cdot ℃)$；

λ_i——保温层的导热系数，$W/(m \cdot ℃)$；

δ_i——保温层的厚度，m；

c——油品的比热容，$J/(kg \cdot ℃)$；

t_{ag}——最冷月地表平均温度，℃；

t_a——最冷月油罐周围大气的平均温度，℃；

ψ——油罐的高度 H 和直径 D 的比值，$\psi = H/D$；

a_1——油品至油罐内壁的内部放热系数，$W/(m^2 \cdot ℃)$；

ε，n——系数；

λ——油的导热系数，$W/(m \cdot ℃)$；

h——油罐内油层高度，m；

G_r——格拉晓夫准数；

P_r——普朗特准数；

ρ——油品密度，kg/m^3；

g——重力加速度，$9.8m/s^2$；

a_2——罐壁至周围大气的外部放热系数，$W/(m^2 \cdot ℃)$；

c，n_1——系数；

v_ω——最冷月平均风速，m/s；

v_a——空气粘度，m^2/s；

D——油罐直径，m；

v——定性温度下流体的运动粘度，m^2/s；

a_3——罐壁至周围介质的辐射放热系数，$W/(m^2 \cdot ℃)$；

ε——罐体黑度，随罐壁涂料不同而有不同值；

C_r——黑体的辐射系数，$C_r = 5.67W/(m^2 \cdot ℃)$；

t_s——罐壁的平均温度，℃。

2. 油罐加热面积及计算

油罐加热面积及计算顺序见图 2-5-4。

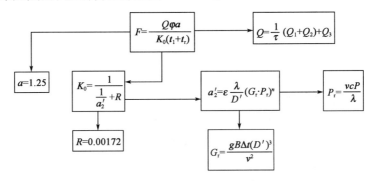

$$F = \frac{Q \varphi a}{K_0(t_1 + t_r)}$$

$$Q = \frac{1}{\tau}(Q_1 + Q_2) + Q_3$$

$$a = 1.25$$

$$K_0 = \frac{1}{\frac{1}{a_2'} + R}$$

$$a_2' = \varepsilon \frac{\lambda}{D'}(G_r \cdot P_r)^n$$

$$P_r = \frac{v c P}{\lambda}$$

$$R = 0.00172$$

$$G_r = \frac{g B \Delta t (D')^3}{v^2}$$

图 2-5-4　油罐加热面积计算框图

图 2-5-4 中各符号代表的意义如下：

F——油罐的积热面积，m；

Δt——油品的加热温度，℃；

K_0——热源进入加热器时油品的总传热系数，W/(m^2·℃)；

R——附加热阻，(m^2·℃)/W；

φ——蒸汽冷凝水过冷系数；

t_1——热源进加热器温度，℃；

a_2'——加热器管子最外层至原油的外部放热系数，W/(m^2·℃)；

D'——加热器管子外径，m。

(二)管线保温、加热/伴热计算

1. 一般要求

根据生产过程工艺条件的要求，或为减少热能的损失，或为改善操作环境，可根据具体情况确定管线是否应采用保温及伴热。

（1）在生产过程中，要求介质温度维持稳定的管线或设备均应保温；

（2）对输送易凝介质的管线，为防止介质温度降到凝点以下而冻凝，应予保温，并应根据介质凝点的高低考虑是否伴热；

（3）当管线或设备内介质高于 90℃ 时，为避免操作人员发生烫伤事故，以及改善操作环境降低室温，即使工艺条件不要求保温，也需要在经常操作和维修的地方进行保温。

2. 管线保温厚度的计算

管道保温层厚度应按下列公式计算:

$$d_1 \ln \frac{d_1}{d_0} = \frac{2\lambda}{a} \cdot \frac{t_Y - t_B}{t_Y - t_0} \qquad (2-5-15)$$

$$\alpha = 10 + 6\sqrt{W}$$

式中　d_1——保温层外径,m;

d_0——保温层内径,m;

λ——保温材料的导热系数,W/(m·K);

α——表面散热系数,W/(m²·K);

W——当地冬季平均风速,m/s;

t_Y——管道内介质的平均温度,℃;

t_B——保温层表面温度,℃;

t_0——环境温度(取当地最冷月平均温度),℃。

3. 管线伴热计算

在管道操作或停输过程中,站场管道内的易凝原油或凝点较高的成品油(如柴油、燃料油等)会出现温度下降的情况,一般首先采用管道保温措施来减少管道的散热损失,但仍会有一部分热量散失到周围环境中去。因此在输油站场中,为了使某些管道内的介质维持一定的温度以及避免某些管道因热损失或操作条件改变而引起的变化或粘度增加,影响正常操作,常常需要由外部补充热量。补充热量的一种简便方法,就是采取管道伴热措施。管道伴热可以采用多种热源和伴热方式,以适应输送各种介质及不同操作条件的工艺管道。

外伴热管的计算公式与保温结构的型式有关,一般按硬质圆形保温壳进行计算。

1)管道散热量、伴热管直径和根数计算

管道的散热损失可按下式计算:

$$q_1 = \frac{2\pi K(t - t_a)}{\frac{1}{\lambda}\ln\frac{D_o}{D_i} + \frac{2}{aD_o} + \frac{2}{a_iD_i}} \qquad (2-5-16)$$

$$a = 1.163(10 + 6\sqrt{v_w})$$

式中　q_1——带外伴热管管道的热损失,W/m;

D_o——保温层外径,m;

D_i——保温层内径，m；

t——管道内介质的操作温度，℃；

t_a——环境温度，℃；

K——管道散热损失附加系数，一般取 1.15～1.25；

λ——保温材料及其制品的导热系数，W/(m·℃)；

a——保温层外表面向大气的放热系数，W/(m²·℃)；

v_w——风速，取历年年平均风速的平均值，m/s；

a_i——保温层内加热空间空气向保温层的防热系数，一般取 $a_i = 13.95\text{W/(m²·℃)}$。

外伴热管所需要的管径可按下式计算：

$$d = \frac{K(t - t_a)}{\left(\dfrac{1}{2\lambda}\ln\dfrac{D_o}{D_i} + \dfrac{2}{aD_o} + \dfrac{2}{a_i D_i}\right)a_t(t_{st} - t)} \qquad (2-5-17)$$

式中　d——伴热管计算管径，m；

t_{st}——伴热蒸汽饱和温度，℃；

a_t——伴热管向保温层内加热空间的放热系数，W/(m²·℃)。

如果实际选用的伴热管管径为 d_0，则伴热管根数 n 为：

$$n \geqslant \frac{d}{d_0} \qquad (2-5-18)$$

2）伴热管的蒸汽消耗量

伴热管的蒸汽消耗量可按下式计算：

$$g_1 = \frac{3.6Kq_1}{H_v - H_c} \qquad (2-5-19)$$

式中　g_1——蒸汽理论用量，kg/(m·h)；

H_v——饱和蒸汽的焓，kJ/kg；

H_c——饱和凝结水的焓，kJ/kg。

九、工艺管道的应力分析及热补偿计算

(一) 管道的应力分析

管道由安装状态过渡到运行状态，由于管内介质温度变化，管道产生热胀冷缩使之变形。与设备相连接的管道，由于设备的温度变化而出现端点位移，端点位移也使管道变形。这些变形使管线承受弯曲、扭转、拉伸和剪切等应力。当局部超过屈服极限而产生少量的塑性变形时，可使应力不再成比例地增加。当温度恢复到原始状态时，则产生反向的应力。这些应力应低于管线的位移许用应力。如果该应力超过许用应力，应考虑利用改变管道走向对管线进行热补偿，但由于布置空间的限制或其他原因也可采用补偿器对管道进行热补偿。

对油气管道的应力分析，实际上是指对管道进行包括应力计算在内的力学分析，并使分析结果满足标准和规范的要求，从而保证管道自身和与其相连接的装置、设备以及土建结构的安全。

对于与重要设备连接的管线、高温管线、高压管线、大口径管线、泄漏会造成重大危险的管线，必须进行应力分析计算。在工程实际中，对于管道的应力分析一般可以采用目测、手算和软件计算三种方法。软件计算法是目前广泛采用的方法，也是可信度较高的一种方法。为了保证应力分析的准确，一般说来，通过计算机进行计算及分析。当今国内外应用的管道应力分析软件主要有 AutoPIPE（石化、电力、化工、石油等）、CAESAR II（石化、电力、化工、石油、海洋工程等）、FE/Pipe（石化、电力、化工、石油等）、TRI-FLEX（海洋工程、海底管道设计、分析）等。

（二）管线热伸长计算

1. 地上自由放置的管线伸长量计算

地上自由放置的管线伸长量按下式计算：

$$\Delta L = \alpha L (t_2 - t_1) 10^{-3} \qquad (2-5-20)$$

式中　ΔL——管子热伸长量，m；

　　　α——管材的热膨胀系数，mm/（m·℃）；

　　　L——管线的长度，m；

　　　t_2——管道的计算温度，℃；

　　　t_1——管线安装时温度，℃。

管道的计算温度 t_2 应根据工艺设计条件及下列要求确定：

（1）对于无隔热层管道，介质温度低于65℃时，取介质温度为计算温度；介质温度等于或高于65℃时，取介质温度的95%为计算温度。

（2）对于有外隔热层管道，除另有计算或经验数据外，应取介质温度为计算温度。

（3）对于夹套管道，应取内管或套管介质温度的较高者作为计算温度。

(4)对于外伴热管道,应根据具体条件确定计算温度。

(5)对于衬里管道,应根据计算或经验数据确定计算温度。

(6)对于安全泄压管道,应取排放时可能出现的最高或最低温度作为计算温度。

(7)进行管道柔性设计时,不仅应考虑正常操作条件下的温度,还应考虑开车、停车、除焦、再生及蒸汽吹扫等工况。

2. 埋地管线出土处管段上的热伸长量计算

埋地管线出土处管段上的热伸长量按下式计算:

$$\Delta L = \frac{1}{2}\alpha L(t_2 - t_1) \tag{2-5-21}$$

埋地管线由于受到土壤的约束,限制了管线的伸缩变形。当管线较长时,受热后一般不能产生轴向热变形。但在管线的出土处,土壤的约束逐步减弱,靠近出土处长 L_1 段会发生热变形,其轴向热变形的段落长度为:

$$L = \frac{2\alpha E(t_2 - t_1)\delta}{\mu[\rho H + \rho H \tan^2(45° - \varphi/2)]} \tag{2-5-22}$$

式中　δ——管子壁厚,m;

H——管中心埋深,m;

ρ——土壤密度,kg/m^3;

μ——管子与土壤间的摩擦系数;

φ——土壤内摩擦角。

(三)管线补偿形式

为了防止管道热膨胀而产生的破坏作用,在管道设计中需要考虑自然补偿或设置各种形式的补偿器以吸收管道的热胀和端点位移。

1. 管线的自然补偿

自然补偿是按管线的走向设置自然弯管(L形或Z形,见图2-5-5及图2-5-6)来吸收管线的热伸长变形,补偿管线的热应力。自然补偿的方法比其他补偿构造简单、运行可靠、投资少,是管线热补偿中优先采用的方法。当自然补偿不能满足要求时,再考虑采用其他类型的补偿器。

当弯管转角小于150°时,能用自然补偿;大于150°时,则不能用自然补偿。

L形自然补偿的管线臂长不应超过20~25m,否则会造成短臂的侧向移动量过大而失去作用。

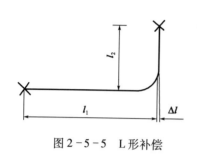

图 2-5-5 L形补偿

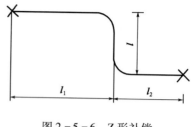

图 2-5-6 Z形补偿

2. 管线的补偿器

在输油管道中常用的补偿器有两种，分别是 Ⅱ 形补偿器和波形补偿器。Ⅱ 形补偿器具有制造方便、补偿能力大、轴向推力较小、维修方便、运行可靠等优点，其缺点是单向外伸臂较长、占地面积较大、需增设管架（或管墩）。Ⅱ 形补偿器安装时应进行预拉伸。波形补偿器补偿能力大、占地小，但制造较为复杂、价格高，适用于低压大直径管道。

第六节 综合实例分析

一、水力、热力及油库容量计算实例

某原油管道线路全长约 332km，起点为宁夏某地，终点为甘肃某地。自东向西途经宁夏回族自治区中卫市、甘肃省白银市及兰州市。本管道工程设计规模为 $500 \times 10^4 t/a$，采用加热密闭输送工艺。试对本工程进行水力、热力及首末站储油罐容计算。

在进行输油管道的水力、热力计算时，一般按照如下顺序进行。

（一）基础参数

1. 油品物性

管输油品主要来自上游输油管道，其物性见表 2-6-1、表 2-6-2。

2. 沿线地温数据

沿线地温数据见表 2-6-3。

表 2-6-1　原油物性

序号	测试项目	单位	测试结果	执行标准
1	密度	g/cm³	0.8439	《原油和液体石油产品密度实验室测定法（密度计法）》（GB/T 1884—2000）
2	凝点	℃	17.5	《石油产品凝点测定法》（GB/T 510—1983）
3	倾点	℃	21.5	《石油产品倾点测定法》（GB/T 3535—2006）
4	蜡含量	%	16.8	《原油中蜡含量的测定》（SY/T 0537—2008）
5	胶质+沥青质	%	6.3	RIPP 7—1990
6	反常点	℃	23	《原油粘温曲线的测定　旋转粘度计法》（SY/T 7549—2000）
7	析蜡点	℃	34.4	《原油析蜡热特性参数的测定　差示扫描量热法》（SY/T 0545—1995）
8	初馏点	℃	81	《石油产品馏程测定法》（GB/T 255—1977）
9	水分	%	0.03	《液体石油产品水含量测定法　卡尔·费休法》（GB/T 11133—1989）
10	饱和蒸气压(40℃)	kPa	39.6	《原油饱和蒸气压的测定　参比法》（GB/T 11059—2003）
11	饱和蒸气压(65℃)	kPa	65.1	
12	开口闪点	℃	23	《石油产品闪点与燃点测定法（开口杯法）》（GB/T 267—1988）
13	闭口闪点	℃	15	《闪点的测点　宾斯基—马丁闭口杯法》（GB/T 261—2008）
14	机械杂质	%	0.016	《石油和石油产品及添加剂机械杂质测定法》（GB/T 511—2010）
15	酸值	mgKOH/g	0.064	《石油产品酸值测定法》（GB/T 264—1983）
16	硫含量	%	0.10	《石油和石油产品硫含量的测定　能量色散 X 射线荧光光谱法》（GB/T 17040—2008）
17	低位发热值	kJ/kg	42464	《石油产品热值测定法》（GB/T 384—1981）

表 2-6-2　粘温曲线数据表

剪速 s⁻¹	不同温度下的粘度，mPa·s										
	17℃	20℃	23℃	25℃	30℃	35℃	40℃	50℃	60℃	70℃	75℃
5	859	353	107	50.4	17.7	10.4	8.56	6.89	5.77	5.49	5.12
8	684	312									
12	584	286									
16	521	264									
20	486	254									

表2-6-3 沿线地温

序　号	地　名	冬　季	夏　季
1	宁夏段	2.3	20.6
2	甘肃段	4.2	17.8

3. 输油温度范围

原油出站温度不高于65℃，进站温度不低于22℃。

4. 沿线高里程

管道的高里程详见图2-6-1。

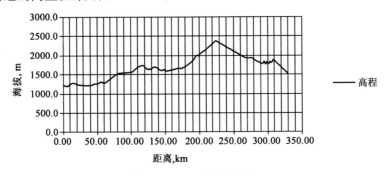

图2-6-1 管道高程图

5. 土壤导热系数

宁夏段境内主要以沙漠、缓丘地形为主，地表以角砾及碎石为主，部分地段表层为风积成因细砂，局部地下水位为-1.5～-0.5m，导热系数均取为1.314W/(m·℃)。甘肃段境内为中低山区，土壤多以粉质粘土为主，各段导热系数均取为1.617W/(m·℃)。

6. 油品比热容

本工程输送的油品比热容20℃为2000 J/(kg·℃)。

7. 管道埋深

该管道设计埋深是1.5m。

(二) 工艺方案

参照经济流速，初步筛选508mm、457mm、406.4mm三种管径，结合不同的设计压力、共进行3个方案的对比，详见表2-6-4。

表 2-6-4　工艺方案选取方案表

方　案	管径，mm	设计压力，MPa	管输工艺	备　注
方案 1	406.4	10.0/8.0	加热输送	不保温
方案 2	457	8.0	加热输送	不保温
方案 3	508/457	10.0/8.0	加热输送	不保温

(三)计算软件

本工程采用 SPS 计算软件进行管道的水力、热力计算。

(四)工艺计算

主要以方案 2 为例进行工艺计算分析。

管道设计输量下冬季输送计算结果见表 2-6-5、图 2-6-2、图 2-6-3、图 2-6-4。

表 2-6-5　设计输量下冬季输送计算结果

站名	里程 km	高程 m	站间距 km	管径 mm	流量 m³/h	温度，℃ 进站	温度，℃ 出站	压力，MPa 进站	压力，MPa 出站	热负荷，kW
首站	0	1193	—	—	—	12	40.3	0.10	3.84	9666.994
1 号热泵站	60.44	1329	60.44	457	710	23.5	43.6	0.69	7.00	6836.947
2 号热泵站	132.97	1667	72.53	457	710	22.4	40.5	0.68	5.38	6166.475
3 号热泵站	192.03	1869	59.06	457	710	23.4	43.4	1.34	6.02	6816.21
4 号热站	262.09	1985	70.06	457	710	22.9	43.0	2.22	2.06	6860.646
末站	332.33	1539	70.24	457	710	22.6	—	2.88	—	—

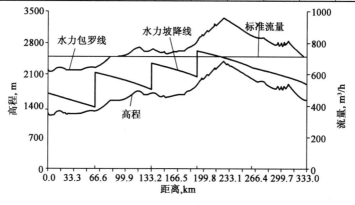

图 2-6-2　管道水力坡降图

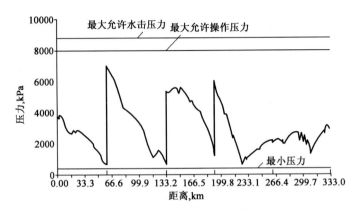

图 2-6-3　管道沿线压力图

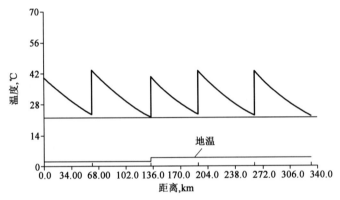

图 2-6-4　管道沿线温度图

按最高出站温度和最低进站温度计算求得最小输量，见表 2-6-6、图 2-6-5、图 2-6-6、图 2-6-7。

表 2-6-6　最小输量计算结果

站名	里程 km	高程 m	站间距 km	管径 mm	流量 m³/h	温度,℃		压力, MPa		热负荷, kW
						进站	出站	进站	出站	
首站	0	1193	—	—	—	12	50.3	0.10	2.42	8808.131
1 号热泵站	60.44	1329	60.44	457	478	22.2	65	0.55	5.73	9347.677
2 号热泵站	132.97	1667	72.53	457	478	23.2	50.7	1.12	4.45	6310.031
3 号热泵站	192.03	1869	59.06	457	478	22.3	59.3	1.66	6.00	8493.477
4 号热站	262.09	1985	70.06	457	478	22.2	58.0	3.74	3.67	8220.321
末站	332.33	1539	70.24	457	478	22.0	—	6.06	—	—

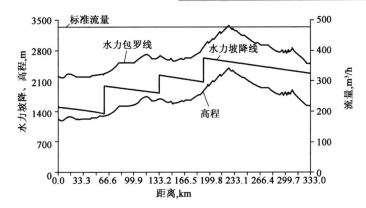

图 2-6-5　管道水力坡降图

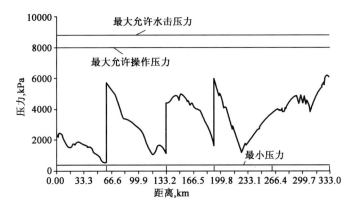

图 2-6-6　管道沿线压力图

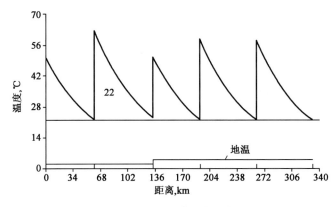

图 2-6-7　管道沿线温度图

(五)首末站库容计算

库容计算公式为：

$$V = \frac{G}{350\rho\varepsilon}k$$

计算结果见表 2-6-7。

表 2-6-7 首末站库容计算结果

站名	年运转量 G 10^4t	密度 ρ t/m^3	罐充装系数 ε	油品储备天数 K d	计算库容 V m^3
首站	500	0.8439	0.9	5	94000
末站	500	0.8439	0.9	4	75236

以上述方法计算其他工艺方案，针对各方案进行技术经济比较，确定最终设计方案。

二、输油泵有效汽蚀余量计算实例

某输油泵从油罐中外输原油，额定输量为 194m^3/h，具体安装示意图见图 2-6-8，其中主要的工艺参数如下，试计算泵的汽蚀余量。

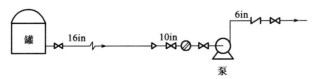

图 2-6-8 泵与油罐安装示意图

管径：406.4mm×7.92mm；

环境温度：7.7~40℃；

20℃时油品密度：740kg/m^3；

20℃时油品粘度：70cP；

从油罐到输油泵进口管线长：200m；

油罐出口和泵进口安装高度的相对高度：0.66m；

大气压：102kPa；

饱和蒸气压：62kPa。

（一）泵吸入管线的沿程摩阻损失计算

泵吸入管线沿程摩阻损失按照公式（2-2-1）计算：

$$h = \lambda \frac{L}{d} \cdot \frac{v^2}{2g}$$

$$= 0.034 \times \frac{200}{0.39} \times \frac{0.45 \times 0.45}{2 \times 9.8}$$

$$= 0.18(\text{m})$$

计算求得沿程摩阻损失为 0.18m。

（二）泵吸入管线的局部摩阻损失计算

泵吸入管线局部摩阻损失按照公式（2-2-7）计算：

$$h_\zeta = \zeta \frac{v^2}{2g} \ \text{或} \ h_\zeta = \lambda \frac{L_d}{d} \cdot \frac{v^2}{2g}$$

泵吸入管线局部摩阻计算结果见表 2-6-8。

表 2-6-8　局部摩阻计算结果

序号	数量	管件及设备	局部阻力系数	局部摩阻损失，m
1	1	16in 闸阀	0.08	0.000827
2	2	10in 闸阀	0.08	0.0088
3	2	16in×16in×16in 三通	0.1	0.00206
4	2	10in×10in×10in 三通	0.1	0.011
5	1	过滤器		2.55
6	10	16in 弯头	0.5	0.0516
7	2	10in 弯头	0.5	0.055
8	1	16in×10in 大小头	0.19	0.010
		合计		2.68

（三）有效汽蚀余量计算

泵有效汽蚀余量按照公式（2-5-5）计算：

$$(NPSH)_a = \frac{100(P_{vs} - P_v)}{\gamma} - h_{ls} - H_{gs}$$

$$= 0.66 + 14.55 - 8.54 - 0.18 - 2.68$$

$$= 3.81(\text{m})$$

三、泄压阀尺寸计算实例

某输油泵站出站设置高压泄压阀，具体安装示意图见图 2-6-8，其中主要的工艺参数如下，试计算该泄压阀尺寸。

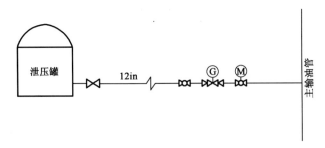

图 2-6-9　泄压阀系统安装示意图

泄压管线管径：323.9mm × 7.1mm；

环境温度：20℃；

20℃时油品密度：840kg/m³；

20℃时油品粘度：72cP；

泄压罐容积：200m³；

泄压阀设定值：6.0MPa；

泄放量：根据动态水力计算求得该泄压阀最大泄放量 500m³/h；

大气压：102kPa。

(一) 泄压能力校正系数 K_v、K_W、K_p 选取

计算时考虑泄压罐空罐，泄压阀背压为大气压，背压校正系数 $K_W = 1.0$；

该泄压阀设计时考虑超压百分数为 10，参考图 2-5-2，得到超压校正系数 $K_p = 0.61$。

泄压时泄压管道中流体的雷诺数 Re 为：

$$Re = \frac{4Q}{\pi D \nu}$$

$$= \frac{4 \times 500 \times 840 \times 10^3}{3600 \times 3.14 \times 0.3097 \times 72}$$

$$= 6665$$

参考图 2-5-1，得到粘度校正系数 $K_v = 0.97$。

(二) 泄压阀尺寸计算

泄压阀尺寸按照公式(2 - 5 - 13)计算:

$$A = \frac{Q}{7.25K_d K_w K_v K_p} \sqrt{\frac{G}{1.25p - p_b}}$$

$$= \frac{500}{7.25 \times 0.62 \times 1.0 \times 0.97 \times 0.61 \times 3600} \sqrt{\frac{0.84}{1.25 \times 6.0 - 0}}$$

$$= 0.0175 (\text{m}^2)$$

第三章 输油管道的瞬态分析和水击保护

一、水击基本概念

水击是压力管道中一种瞬态非恒定流现象。当压力管道中的流速因外界原因而发生急剧变化时，引起液体内部压强迅速交替升降的现象。这种交替升降的压强作用在管壁、阀门或其他管路元件上好像锤击一样，称为水击，有时也称为水锤。

(一)水击产生的原因及危害

管道内流体流速的变化是水击产生的直接原因。任何引起管道内流速变化的行为，如关阀、开停泵等，都是水击产生的客观原因。水击压力是由于惯性造成的，它的实质能量转换，即液体在减速的情况下将其动能转换为压能，在液流加速的情况下，压能转换为动能。由于管道中液流速度不是同时变化的，因此形成一种弹性波(又称水击波)进行传递。水击压力的大小和沿管道的传播规律与流量的变化量、流量变化的持续时间、管道长度、水击前的水力坡降和调节、保护措施等有关。

由于流体流速的瞬时变化所引起的水击压力值可按照下式计算：

$$\Delta p = \rho a(v_0 - v) \tag{3-1-1}$$

式中　　Δp——由于液流速度的瞬时变化所引起的初始水击压力，Pa；

ρ——液体密度，kg/m^3；

a——水击波在该管道中的传播速度，m/s；

v_0——正常输送时的液体速度，m/s；

v——改变后的液体速度，m/s。

由式(3-1-1)可以看出，当流体的速度突然改变时，单位时间内流速变化越大，产生的瞬时水击压力也越大，对于管道的运行来说也是越危险的。水击引发的压强升高或降低有时会达到很大的数值，甚至会达到正常压强值的几十倍，处理不当将导致管道系统发生强烈的震动，引起管道严重变形甚至爆裂。因此，在压力管道水力系统的设计中，必须进行水击压力计算，确定可能出现的最大最小水击压强值，并研究防止和削弱水击作用的措施。

在实际的运行过程中，管内的流体速度不会保持绝对的稳定，总是从一种稳态流动过程过渡到另一种稳态过程，也就是说，瞬变流动是每时每刻都存在的，水击也是每时每刻都存在的。在此，我们只关心对管道运行危害较大的水击运行工况。

此外，液体和管道都不是刚体，而是弹性体，因此在很大的水击压强作用下产生两种形变，即液体的压缩及管壁的膨胀。在分析水击时，尽管液体和管子的弹性都不大，即压缩性很小，但绝不能忽视。

引起管道系统流量变化的客观原因很多，根据目前管道运行的实际情况，在水击分析过程中，主要考虑各种事故下的水击工况，主要包括以下情况。

1. 站场常见的水击工况

(1)站场停电事故；

(2)站场进出站 ESD 关断事故；

(3)调节阀、减压阀事故；

(4)事故再启动；

(5)正常停输、投产、降量、提量。

2. 管道干线事故水击工况

(1)管道破裂；

(2)干线阀门事故关断。

以上工况将在以下部分中进行详细阐述。

(二)水击的特性

1. 管道充装

在管道水力瞬变过程中，增压波前峰经过后，管道容积和管道压力继续增加的过程为管道充装。长输管道站间压降大，管道系统发生瞬变流时，水击压力由两部分组成：一部分为流速变化产生的直接瞬变压力，另一部分为充装压力。充装压力的大小取决于稳定状态时的压降大小和扰动的剧烈程度。图 3-1-1 为管道的水击压力充装图。若管道产生扰动，上游侧的液体停止流动，产生瞬变增压力 ΔH_1，压力波沿管道向上游传播。在压力沿管道传播过程中，由于水力坡降的存在，波前峰处的压力与下游存在压力差，此压差造成下游管内压力上升 ΔH_2。在 ΔH_2 的作用下，管壁发生膨胀，液体受到压缩，又为流入的液体提供充装容积，并使剩余流动不断减小。

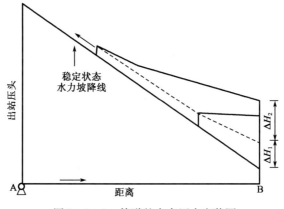

图 3-1-1　管道的水击压力充装图

2. 压力波的衰减

压力波在向上、下游推进过程中，所经之处液体仍有剩余流动。随着压力波沿管内传播，所经各点流速变化会小于扰动源处的变化值，并且随压力波传播距离的增加，流速变化会越来越小，沿线不同管道位置处产生的瞬变压力也会减小。压力波的衰减量不仅与管道沿线的压力降大小有关，而且与扰动的剧烈程度和压力波传播的距离有关。图 3-1-1 也反映了压力波衰减的过程。

3. 水击波的传播与反射

当水击产生时，水击所引起的压力波会以一定的周期周而复始地传播。随着反复的传播与反射，会在管道内产生管道充装和压力波的衰减，直至最后停止流动。

4. 水击波反射的间隔时间比较长

长输管道的泵站间距一般都在几十上百千米。以水击波传播速度为 1000m/s 估算，某站发生的水击波要经过约几十上百秒才能传到相邻的泵站，然后再发生反射，所以反射的间隔时间比较长。因此，长输管道发生水击后，沿线的压强变化比较平缓，不像短管那样水击波迅速反射，压强波动剧烈，这给调节提供了有利条件。但同时，它会使通过调节而达到新的稳态的时间延长。

5. 瞬变压力的同步和叠加

目前，输油管道均采用泵到泵的密闭输送工艺，管道沿线某处如果发生水击，压力波沿管道传播，全线都将受到影响。如果关闭管道终端阀门，上游泵站的输量则会急剧下降。进站压力迅速升高，进站压力叠加在泵压上，使得出站压力进一步升高。这种同步与叠加如此往复，将会加速破坏管道。

二、水击分析工况

(一) 站场常见的事故水击工况

对于液体管道来说，有首站、泵站、热站、减压站、分输站、注入站、末站等几种站场类型或以上几种类型的组合，不同站场发生水击对管道的影响是不同的。

1. 不同类型站场的停电事故

1) 泵站

长输管道由若干个泵站串联组成，由于站内发生事故，如停电等，导致泵站内输送泵突然停运，虽然液流不会完全停止流动，但本站通过能力明显下降。具体表现为：输送泵突然停运瞬间，泵站入口处流速不变，而输送泵可提供的输送能量迅速减小，通过泵站的输量会急剧下降。随着流量的下降，泵站的进站压力会不断增加，出站压力会不断下降，由于进出站流速的变化幅度相同，故泵站升压值和进站降压值相同。随着泵站进站压力的上升和出站压力的降低，越站单向阀（如有）自动打开，管线又恢复流动。泵站停运产生的水击对上站起增压波的作用。随着时间的延长，上段管道沿线的压力升高，上一座泵站的出站压力也会逐渐升高，如不及时采取措施，增压波会渐渐传输至首站，可能造成局部的管道超压。泵站停运产生的水击对下站起减压波的作用，随着时间的延长，下段管道沿线的压力会降低，在正常输送时管道沿线压力较低处（一般情况下为输送时的翻越点），当减压波到达时可能使此处的压力降至大气压以下，因而会使油品中的溶解气及某些轻烃析出，当压力进一步下降以致低于液体的饱和蒸气压时，管内液体会汽化，产生蒸气。管内产生的气相会形成气泡或较大的气团，这些气泡会停留、聚集在管道高点或某些顶端的局部位置，形成较大的气泡区，而液体则在气泡下流过，此种情况称为液柱分离。当低压区受到增压波作用时，气泡会破灭，两液柱相遇时有可能会产生高压，对管道产生破坏。

2）减压站

对于大落差管道，沿线可能会设有一座甚至几座减压站。减压站内最关键的设备为减压阀。各减压站都设有 UPS 电源，当减压站停电后，UPS 能保证持续供电 2h，因此短期内对管道的影响运行的影响很小。

3）其他站场

对于没有配置泵机组低负荷的站场，关键设备都采用 UPS 供电。在停电后，UPS 能保证持续供电 2h，因此短期内对管道的影响运行的影响很小。

2. 站场进出站 ESD 关断事故

当站场进出站 ESD 或其他主流程上的阀门由于误操作或其他原因突然关断后，阀门关闭瞬间，阀门处的流速突然降为零，但由于惯性作用，液体还以原有的流速流动，对关闭的阀门产生一个冲击力，阀前压力会不断增加；反之，阀后压力会不断下降。站场进出站 ESD 关断产生的水击对上段是增压波的作用，对下段是减压波的作用，这与上述泵停电事故中的后果是基本一致的。阀门行程时间对水击产生的影响是不可忽视的。

3. 调节阀、减压阀事故

当减压阀、调节阀出现事故后，减压阀、调节阀的事故状态对管道的水击影响较大，目前减压阀、调节阀一般按照事故状态下进行阀位保持的原则设置。具体表现为：当阀出现故障后，减压阀、调节阀保留事故前的阀位开度，短时间内对系统流速的影响较小，因此产生的水击也较小。误操作及其他原因引起的减压阀、调节阀关断事故，与站场进出站阀门事故关断的后果是一致的。

4. 管道再启动工况

当管道停输后再次启动时，管道内液体流速由零提高至正常流速，也会引起水击。不同的管道都按照一定的启动操作规程进行，启动过程的控制主要就是控制管道内液体在短时间内的流速变化。启动过程中的具体表现为：当某一泵站启泵时，通过泵站的输量会急剧上升。随着流量的上升，泵站的出站压力会不断增加，进站压力会不断下降，产生的水击对下站是增压波的作用，对上站是减压波的作用。管道再启动过程中，泵站的水击特点与泵站停输时正好相反。其他站场在再启动过程中，根据各站的具体操作，水击现象会有所差异，如减压站减压阀的调节、分输站的分输控制。但不论何种操作，主要目的就是控制管道内液体在单位时间内的流速变化。

5. 其他工况

管道其他一些运行工况，如投产、提量、降量、正常停输等，都会引起管道内流体流速的变化，产生增压波或减压波。

（二）管道干线事故水击工况

1. 管道破裂

管道运行过程中，若管材在一定时间内持续降解（因腐蚀或应力腐蚀破裂等）或者第三方破坏和自然灾害等原因导致管道破裂，此时大量的管内介质从破裂处涌出，管内流速发生剧烈的变化，产生水击。管道破裂处产生的水击对上下游管段都是减压波的作用，根据管道破裂处位置的不同及破裂前的水力分布，产生的减压波的强度也不同。

2. 干线阀门事故关断

当干线阀门由于误操作或其他原因突然关断后，阀门关闭瞬间，阀门处的流速突然降为零，但由于惯性作用，液体还以原有的流速流动，对关闭的阀门产生一个冲击力，阀前压力会不断增加；反之，阀后压力会不断下降。干线阀门关断产生的水击对上段是增压波的作用，对下段是减压波的作用，与泵停电事故中的后果是一致的。

三、水击模拟分析计算

在管道的水击分析过程，主要结合管道特点及长距离管道的水击特点对以上各种瞬态工况进行水力模拟分析，以提出管道瞬变流动过程的控制方法指导运行。

（一）水击分析的目的

水击分析主要是通过模拟分析，确定管道各处在水击状态下所出现的最高和最低压力，制定相应的保护措施，或校核管道设计和保护措施是否合理，根据分析结果调整系统设计或提出建议，保证管道水力系统安全运行。

（二）水击分析所需基础数据

（1）输送液体的性质，包括输送介质的种类、基本物性（如密度、凝点、粘温曲线、蒸气压等）；

（2）沿线管道数据，包括管道线路纵断面数据、各站场间距、管径、壁厚、管壁粗糙度、屈服极限、地温、土壤导热系数、线路阀室设置等；

（3）站场内工艺流程；

（4）站场内设备特性及干线阀门特性，包括泵机组、加热炉、调节阀、泄压阀、进出站阀门及线路监控截断阀等；

（5）操作原理；

（6）初始运行工况。

（三）水击数学表达式

1. 直接瞬变压力公式

直接瞬变压力公式见式（3-1-1）。

2. 波速

管内压力波的传播速度取决于液体的可压缩性和管子的弹性。液体的可压缩性越大，管子的弹性越大，压力波速越低。管子的弹性与管材、管子的几何尺寸和管子的约束条件有关。根据压力波沿管道传播时管道充装过程中液体的质量守恒原理，对于薄壁管（$D/\delta > 25$），可以推导出压力波传播速度的计算公式为：

$$a = \sqrt{\dfrac{k/\rho}{1 + \dfrac{k}{E}\dfrac{D}{\delta}C_1}} \qquad (3-1-2)$$

式中　a——压力波的传播速度，m/s；

　　　K——液体的体积弹性系数，Pa；

　　　ρ——液体密度，kg/m³；

　　　E——管材的弹性模量，Pa；

　　　D——管内径，m；

　　　δ——管壁厚度，m；

　　　C_1——管子的约束系数。

C_1 取决于管子的约束条件：若一端固定，另一端自由伸缩，$C_1 = 1 - \mu/2$；

若管子无轴向位移(埋地管段)，$C_1 = 1 - \mu^2/2$；若管子抽向可自由伸缩(如承插式接头连接)，$C_1 = 1$；其中，μ 为管材的泊松系数。

对于一般的钢质管道，压力波在油品中的传播速度大约为 1000 ~ 1200m/s，在水中的传播速度大约为 1200 ~ 1400m/s。

(四)水击模拟步骤

目前多采用计算模拟的方式进行水击模拟，常用的水击模拟软件有 SPS、Pipelinestudio、Pipephase、SSL 等软件。

水击模拟过程主要按以下几个步骤进行：

(1)建立模型，根据软件的要求编制模型，模型中应含上文所提到的基础数据内容；

(2)模型调试；

(3)根据要求建立初始稳态工况；

(4)按照上文提到各种泵站停电、阀门关断等事故工况进行模拟。

(五)水击模拟应提供的成果

水击模拟成果至少应包括泵站事故关断工况、进出站阀门关闭事故工况、线路监控截断阀室事故关断工况、调节阀(减压阀)事故关断工况、事故后再启动工况、正常的停输(投产、降量、提量)工况计算结果等。

对水击模拟的成果进行总结，对泄压保护、水击控制与保护、推荐各控制参数的设定值、工艺操作、管线和设备设计等方面提出建议措施。

四、水击保护措施和设备

(一)概述

水击现象是时刻都有可能发生的。水击保护的主要的目的一是防止在事故状态下的管道超压(包括超高压和超低压)；二是减轻管道运行参数的脉动，维持管道的平稳运行。为避免水击对管道造成大的影响，用于控制管道内水击过程的措施和设备有很多，根据其作用原理可分为两类：一类是采用必要的调控措施和设备；另一类是采用必要的保护措施和设备。调控措施和设备主要针对管道在正常的输送过程对各种引起管道内流速变化所导致的水击进行控制，避免管内流速的剧烈波动；保护措施和设备主要是针对一些非计划的、突发的事件如停电、管道泄漏及大的波动等引起的水击采取必要的保护性的控制，避免造成更严重的后果。

1. 调控措施和设备

(1)调节阀控制；

(2)泵转速控制；

(3)启动、停输控制；

(4)运行调控。

2. 保护措施和设备

(1)压力保护设备；

(2)安全性设计；

(3)超前保护措施。

在水击模拟和分析过程中，要将以上两类作用过程充分考虑，以指导设计和运行，根据分析结果来设置必要的软硬件及设备。

(二)水击调控措施和设备

针对不同的运行条件及水击触发的条件，应采用合理的调控措施应对不同水击工况。

1. 调节阀控制

管道系统中的调节阀是一种阻力可变的节流元件。通过改变阀门的开度，可以改变管道系统的工作特性，从而实现调节流量、改变压力的目的。使用调节阀调节、控制水击压力的关键是知道阀门的工作特性，通过改变阀门流通部件的外形，可得到不同的流量特性。当管道系统中介质的流速增加时，流体通过管道上的各种安装部件时产生的流体压降也会发生一系列的动态变化。作为管道流体控制主要部件的调节阀所引起的流体压降是一个很重要而又容易被忽略的因素，我们在分析与调节阀有关的系统问题时，不仅要考虑到调节阀本身的问题，而且也要考虑到调节阀的压降对系统动态平衡的影响。因此，选择调节阀时，应考虑管道系统的调节特点。

正常情况下，管道系统基本是稳定的，调节阀开度的调整很小；仅当管内流动出现扰动，管内压力超过或低于设定值时，调节阀才动作，以保证管内压力处于允许的范围。在稳定运行过程，为减小调节阀的阻力降低能耗，调节阀应位于可能的最大开度位置。

调节阀控制模式主要有压力和流量两种方式。国内外大部分液体管道都采取压力控制模式。对于所有采取流量控制的管段，其站场均采取压力保护性控制。一般情况下，泵的出口设有调节阀（变频泵可不设），用于调节流动过程中的管道系统的压力脉动，防止进站压力过低和出站压力过高，维持管道正常运行。泵站出站调节阀自动控制的原理见图3-1-2。进站与出站压力传感器监测管内压力，由压力变送器分别向各自的调节器发出信号，与各自的设定值进行比较。如果进站压力低于给定的设定值，正作用调节器会发出低值信号；如果出站压力超过给定的设定值，反作用调节器会发出低值信号。低值选择器对这两个信号进行比较后，给出调节阀的开关命令。

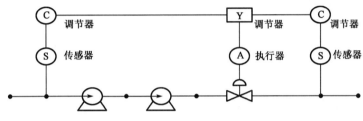

图3-1-2　泵站调节阀原理

2. 泵转速控制

根据比例定律和切割定律，改变泵的转速、改变泵结构（如切削叶轮外径法等）两种方法都能改变离心泵的特性曲线，从而达到调节流量（同时改变压头）的目的。改变离心泵的转速调节流量是常用的调节方法，通常采用改变泵转速的方式主要有变频器和液力耦合器调节，近年来高压变频调速技术日趋成熟，国内长输管道上一般采用这种方式。使用变速泵转速调节，泵的转速（或电动机转速）从 n_1 下降到 n_2，流量从 Q_1 下降到 Q_2，相应的泵扬程也发生变化。泵站调速自动控制的原理见图3-1-3。此调节方法调节效果明显、快捷、安全可靠，可以延长泵使用寿命、节约电能，另外降低转速运行还能有效地降低离心泵的汽蚀余量，使泵远离汽蚀区，减小离心泵发生汽蚀的可能性。

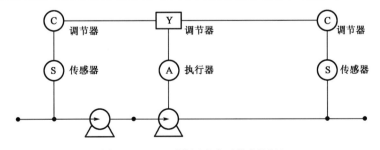

图3-1-3　泵站调速自动控制原理

变频泵的控制模式也分为压力和流量两种方式。与调节阀的控制基本一样，基本区别在于对于调节阀控制信号控制的是阀，而调速设备控制的是泵转速。

3. 启动、停输控制

管道在输送过程中，不可避免地存在管道的停输和启动控制。对于不同的管道，在停输和启动过程中应按照规范的要求，并根据各自管道的运行特点和设备配置制定不同的操作规程。停输和启动过程总的原则是：确保流程导通，启动和停输过程中在保证最小输量的情况下缓慢提量或降量。

4. 运行调控

正常运行调控应严格按照相应规程操作，在进行罐切换、泵切换、收发球作业操作时，必须遵守"先开后关"的原则，流程切换操作时必须缓开缓关，尽量避免水击现象的发生。不同管道有不同的水力特点，调控应结合管道自身特点进行。调控人员一般要经过一段时间的摸索，掌握管道特性，才能很好地进行操作。

此外，为了减少水击对管道系统的冲击，管道运行参数或泵站运行参数严重超限时就要停泵。对应不同的工况和要求，应建立相应的停泵顺序逻辑，尽量保证管道在瞬变过程中平稳过渡。

（三）水击保护措施和设备

为防止水击对管道产生大的破坏，除采用调控手段外，还应采用必要水击的保护措施。

1. 压力保护设备

通常在泵站进出站位置设有泄压阀和泄压罐，它们是管道重要的压力保护设备。此设备用于站场进出站压力超高的保护，当超压后把部分流体泄放到常压罐中，以减轻瞬变压力造成的危害。一般情况下，出站泄压阀位于泵的出口，其动作的可能性要比进站大得多。此外，在站场内可能会超压的设备和管线上还设有安全阀进行保护。

在站场内，对于有可能危及管线本身或设备的部位都要进行监控测压和自动保护测压，如在站场进出管线、泵进出口管线设置压力开关，用来报警和实现联锁保护。

2. 优化设计

优化设计主要是在流程设计和系统设计上采用的防压力扰动措施。在此主要介绍一下回流保护措施和提高线路设计压力。

回流保护措施主要用于泵站进站压力超低限的保护。由于进出站的压差大，对于泵站进站压力变化范围小、自控水平比较低的管道，回流可以迅速调整进出站压力，维持泵站正常运行。

为了减小水击对管道的危害，也可采用提高线路管线全部或局部设计压力的方法。此方法要相应地增加部分投资。

3. 超前保护措施

水击超前保护措施是在通过一些固有逻辑判断水击即将发生或水击发生后在水击波还未传播到其他站场和要害部位之前采取必要的措施，如压力调节、顺序停泵、停输，减少对管线的危害。超前保护措施实际上是利用了水击波相互叠加的特性，在管线某一部位产生水击后，在合适的位置自动造成与之相反的水击波，在传播过程中增压波与减压波互相抵消。

超前保护措施是建立在高度自动化基础上的一项保护技术。当管道发生严重扰动时，为了防止在压力波传播过程中造成管道压力超限破坏，由扰动源通过通信系统迅速向上下游泵站发出信号，让上下游泵站产生一个与传来的压力波相反的扰动，两波相遇后抵消，不至于对管道形成威胁性压力。超前保护措施要求各站能及时准确地监测、判断瞬变压力信号，通信系统要可靠。迅速发展起来的管道监控与数据采集系统（SCADA），为超前保护措施的应用提供了平台和可靠保证。对于泵站之间管道上某些特殊位置（稳定运行时，动水压力接近管道允许强度极限或动水压力最低的位置），超前保护措施可防止其超压。这种特殊位置的管道能否得到保护，取决于扰动源的位置、压力波速、信号传播速度、超前保护设施接收信号与发出指令需要的时间、保护设备的动作时间和保护点的空间位置等，即扰动源产生的压力波和保护用反向压力波传播到达保护点所需要的时间和幅值。

第二节 顺序输送及模拟分析计算

在一条管道内，按照一定批量和次序，连续地输送不同种类油品的输送方法称为顺序输送。顺序输送的油品主要是汽油、煤油、柴油等轻质油品类，以及液化石油气类和重质油品类。同类油品中不同规格或不同牌号的油品可按批量顺序输送；不同油田的、不同性质的原油，按照炼制要求也可以分批顺序输送。根据油品顺序输送的要求，不同的油品之间可以用隔离器或隔离液隔离的方法输送；也可以用相邻的不同油品直接接触的方法输送。油品一般在紊流状态下输送，流速控制在1m/s以上。

目前国内主要是在成品油和原油管道上实现了顺序输送，原油的冷热油交替输送和成品油的管网优化是时下最为关注的课题。在顺序输送的模拟分析计算中，要考虑输送的不同油品性质、站场功能及配置、输送顺序和批次、油品的分输与注入、混油界面的切割和处理等因素，通过反复的优化模拟，指导实际运行。

一、原油管道顺序输送与成品油管道顺序输送的差异

原油管道顺序输送和成品油管道顺序输送工艺同样具有输油次序确定、批次批量和罐容的优化、混油界面检测、混油切割及处理、分输和注入工艺确定等，但是由于两种顺序输送的要求不同，存在一定的差异：

（1）成品油管道输送次序确定主要考虑各种油品的物性，应以减少混油量、保证输送油品质量为主要原则；原油管道顺序输送混油量不是考虑的主要因素，而要考虑原油特定物性下对输送工艺的要求。

（2）成品油管道输送次序确定需要考虑各种油品的批量；原油管道顺序输送则可不考虑。

（3）成品油管道顺序输送的主要目的是将合格的石油产品输送到消费市场，对油品的质量要求严格，需要采取措施对混油界面进行精确检测；原油管道不需要对混油段进行精确检测。

（4）成品油管道顺序输送必须要考虑混油量对管道运行的影响，采取合理的方法控制混油量的大小，一般来说通过控制管道中的流速、优化流程、优化管道运行计划等方式来减少混油量，而在管道停输时需要将混油界面分段截断，避免密度较大的油品位于地形高处产生大量的混油；原油管道顺序输送则应在满足管道安全运行的情况下适当考虑混油的产生。

（5）成品油管道顺序输送所产生的混油是一种不合格的产品，不能直接使用，必须进行混油处理；原油管道顺序输送混入少量的其他种类原油对原油的加工工艺影响很小，因此不需要对混油单独处理。

（6）成品油管道顺序输送混油切割和混油处理方案密切相关，不同的混油处理工艺所采取的混油切割方式不同，总的原则是尽量减少混油处理的费用，必须考虑混油处理方案对管道经济运行的影响；原油管道顺序输送理无需考虑混油处理问题。

二、输送顺序

　　顺序输送中油品的排列顺序是减少混油损失的关键因素之一。相邻排列的两种油品的物理化学性质相差越大，混油量越大，处理的费用也越高，故应尽可能将密度相近、产生的混油易于处理的油品相邻排列。输送成品油的排序一般是：

　　成品油的排序：优质汽油—普通汽油—航空燃料—柴油—轻燃料油—柴油—航空燃料—普通汽油—优质汽油。

　　含有可顺序输送原油时的排序：优质汽油—普通汽油—隔离液(煤油)—柴油—轻燃料油—隔离液(柴油)—轻质原油—重质原油—轻质原油—隔离液(柴油)—轻燃料油—隔离液(煤油)—普通汽油—优质汽油。

　　对于原油管道，如果输送的各种原油均是低凝点原油，可以常温输送，则原油顺序输送工艺和成品油顺序输送工艺差别不大；当所输送原油物性存在较大的差异，特别是高凝原油顺序输送或和高凝原油与低凝原油顺序输送时，需要对原油物性进行分析，考虑管道的热力系统的优化配置，以确定原油冷热交替顺序输送的可行性。

　　顺序输送时，油品排序还应考虑输送周期和输送量。当管道输送油品种类较少时，应以混油界面和混油量少为原则，尽量降低混油损失和混油处理的费用。而且，管道投产后，管道输油可以根据市场、输送品种和质量潜力具体优化输送顺序。

　　例如，管道仅输送 0 号柴油、90 号汽油及 93 号汽油三种油品，则有两种方案：一种方案是—0 号柴油—90 号汽油—93 号汽油—；另一种方案是—0 号柴油—90 号汽油—93 号汽油—90 号汽油—。这两个排序每个批次中的混油界面数是不同的。

三、输送批次

　　成品油顺序输送批次、批量与管道各站所设的储罐容量以及混油处理费用密切相关。输送批次多，各站需要的油罐容量将减小，但产生的混油就多，使部分混油降级处理，造成经济损失；如果减少批次而增大批量，虽然混油相对减少了，但各站的储罐容量将增加，从而增加了一次性投资费用。因此，在成品油顺序输送管道设计时，应结合以下因素对输油批次和罐容进行优化，选择合理的输送批次：

    （1）输送顺序；

    （2）混油处理方式、处理混油的费用；

    （3）首末站及中间分输油库罐容一次性投资费用，包括占地费用、材料费、施工费用等；

    （4）油罐的折旧；

    （5）操作运行费用；

    （6）其他费用。

在西部成品油管道的批次和罐容优化设计计算中采用不完全投资方法，只将对优化结果有影响的部分参与比较，在管道的设计寿命期内，进行方案的动态经济分析，以确定最优的循环次数和全线需要设置的储罐总容量。

综合考虑上述各种因素，按照管道可能存在的 15～40 次/a 的输送批次对成品油管道设计输量下输送批次进行优化，不同输送批次下的费用现值见图3－2－1。

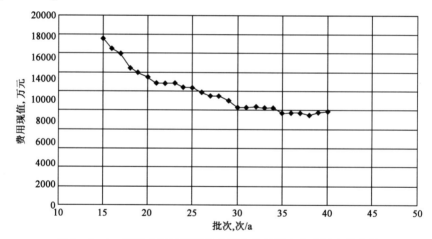

图3－2－1　西部成品油管道批次罐容优化批次和费用现值曲线

从图3－2－1可以清楚地看出，成品油管道年输送38个批次时费用现值最低，30～38个批次的费用现值较接近。考虑到90号汽油和93号汽油量较小，在年输送38个批次时，90号和93号汽油的输送时间较短，油品切换操作较为频繁，不利于管道运行，应适当减少管道输送批次，延长汽油的输送时间。因此，在设计输量下西部成品油管道的输送批次确定为30次/a。

在罐容确定的情况下，批次越少，混油所造成的损失越小，按照已确定罐容再计算各个输量台阶下的输送批次。

四、水力计算

对于复杂的油管道，可能有多个分输点和注入点，管道的水力工况也多种多样。在输送不同的油品和在不同的地点分输油品或注入油品时，管道的各站进出站压力变化大，可能导致泵站所需要提供的扬程变化也非常大(这样可能会给一些泵站的输油泵的选择带来困难)。

(1)管道沿线分输点和注入点比较少、分输量比较小时，可以按管道沿线无分输点和注入的情况进行计算，只需要计算各输量台阶下的各站间摩阻和进出站压力，如西部成品油管道、兰成渝成品油管道就可以采取此种计算方法。

(2)管道沿线分输点和注入点比较多、总量比较大时，按全线输送一种介质、各分输站和输入站按照平均分输量和注入量进行计算，需要计算各输量台阶下平均分输量和注入量时各站间摩阻和进出站压力，如大西南成品油管道就采取此种计算方法。

(3)管道沿线分输点和注入点比较多、管道可能分成几个大的区间、每个区间的单站分输量和注入量比较大或总量比较大时，按各管段的分输站集中分输进行组合计算。对于这种复杂的管道设计，工艺计算工作量比较大，有多种组合方案，如珠三角成品油管道和兰郑长成品油管道的设计计算。

五、油品的分输与注入

由于管道的分输点和注入点对管道系统有很大的影响，因此如何控制分输和注入就变得尤为重要。

管道的分输点和注入点越多，对管道系统的影响越复杂，同时给编制批次输送计划带来很大的困难；适当核减分输点和注入点，可使分输和注入计划的制订、分输量和注入量的分配及分输时间的确定更加简单合理，使分输和注入支线的设计更加合理。

如果条件允许，在大的分输点和注入点应考虑建设储罐，采用开式流程。在充分保证管道安全输送基础上，根据成品油输送的特点，结合管道全线水力特性、设备选型，将管道划分为几个水力系统，重新组织批次输送，并可分输混油。从输送工艺上可实现上一段管道、下一段管道独立输送。

分输和注入的控制一般采取以下原则：

(1)各分输站采取集中分输方式进行分输作业。

(2)各分输站分输时避开混油段，只分输纯净的成品油。各分输站分输油品时，要在混油界面到达该站前一段时间或者在混油界面通过该站后一段时间再进行分输作业。

(3)流量尽量满足沿线的站场分输量要求；不能满足的，可以适当调整流量。首站外输流量，必要时可考虑注入站保证注入总量基础上变流量运行，以满足混油界面过站时管道安全运行要求。同时，必须控制分输流量和注入流量，以确保干线和分输支线、注入支线输送安全。

(4)若分输站分输量比较大，为了满足分输需求和下游管段的最小输量，在一些情况下(特别是输量低时)，当此站分输时，其下游管段将停输。

(5)对于顺序输送的成品油管道，若某个输入站仅有一种油品注入管道，为了让下游避开混油段和保证其他输入站注入量，在批次计划时间内要考虑各段流量总和满足输送计划总量要求。

(6)某些分输站控制相对比较复杂，一个批次的油品要多次分输才能完成，而且不同时段流量值不相同，建议总体上采用控制分输流量。

对一个管道系统的分输和注入进行控制时，要考虑多方面的因素，如注入油品的柴汽比差别比较大，由于受到站场泵的工作范围的限制，导致沿途注入量波动较大，等等。具体的分输计划安排应根据管道输油的实际情况和分输站油品需求量等各种因素来综合考虑。

(7)应尽量合并相邻的注入点和分输点，采取二次转运的方式，以减少注入点和分输点对管道系统的影响。

图3-2-2为兰郑长管道2015年油品顺序输送及批次计划油品运移图。图中斜线代表0号柴油，反斜线代表93号汽油，点代表90号汽油。横坐标为时间轴，表示在一个油品批次循环周期内各油品经过分输站场的时间；纵坐标表示分输站的位置；站间距中的斜折线表示两种性质的油品界面在管道内的运行轨迹。图中各分输站的粗实线为该站分输相对应的油品的分输和停分输操作时间，起点为开始分输时刻，终点为完成分输时刻，线条的粗细程度表示分输流量的大小。从图中可以看出，该管道时刻在进行分输和注入操作，全线运行控制比较复杂。

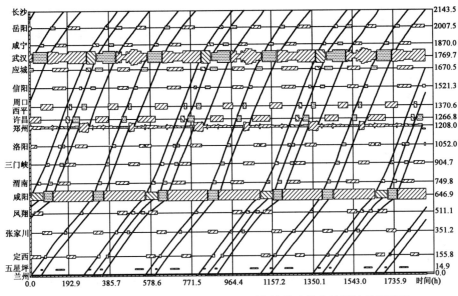

图 3-2-2 兰郑长管道 2015 年油品顺序输送及批次计划油品运移图

六、混油

在顺序输送管道中，当两种油品交替时，在接触区内两种油品混合，会形成一段混油。产生混油的因素主要有：油品在管道中运移时，由于相邻油品的物性不同会因对流和扩散而产生混油；混油界面经过泵站时，会由于泵的搅动而增大混油；首站进行油品切换也会造成一段初始混油；混油界面通过弯头、阀门及管道时，其中的杂物也会使混油增加；停输也会造成混油的增加，尤其是在山区起伏地段。成品油管道在顺序输送时，要尽量减少混油损失。

总的说来，混油规律为：

（1）同一管径，随着输量的提高，混油体积减小；

（2）随着输送距离的增大，混油量增长减慢，如图 3-2-3 所示，在一定距离后混油量曲线趋于平缓；

（3）随着距离和流速的增加，线路地形高差对混油的影响越来越小。

成品油管道有计划停输是经常的，停输会造成混油量增加，尤其是高差影响的重力混油。所以在高差起伏地区的成品油管道，停输时要控制混油段所处位置，保证轻油在上、重油在下。要合理进行管道的运行调度，以减少

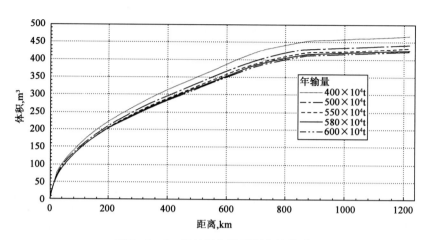

图 3-2-3　混油量与输送距离的关系

因停输而产生的重力混油。

　　此外，管道内输送顺序的不同，对产生混油的影响也很大。相邻排列的两种油品的密度差越大，混油量也越大。

　　为了减少成品油顺序输送时所造成的混油损失，必须对混油进行处理。一般来说，混油输主要由两种处理方式，即掺混处理和拔头处理，应针对成品油管道的具体情况，经过分析比较，采取较为经济合理的处理方案。兰成渝管道采用掺混处理和拔头处理两种方式相结合的混油处理方式；西部管道将混油在兰州末站交与兰州炼厂进行处理；兰郑长管道在郑州分输泵站和长沙末站分别建设了拔头处理装置。

第三节　综合实例分析

一、管道实例

　　本节以 1 条长 100km 原油管道进行分析。此管道设有 1 座首站、1 座末站，中间仅设 1 座监控线路截断阀室。管道基本参数如下。

　　管道长度：100km；管外径：323.9mm；管壁厚：6.4mm。

　　管线设计压力：9MPa。

首站设置：首站设输油主泵 2 台（1 用 1 备），$q_v = 400 \text{m}^3/\text{h}$，$H = 1120\text{m}$。

二、水击工况

用 SPS 软件对中间阀室关断进行了模拟。首先调试模型，以流量 $400\text{m}^3/\text{h}$ 建立稳态初始工况，然后对管线无保护措施和有保护措施进行了模拟。

(一)初始工况

初始工况为流量 $400\text{m}^3/\text{h}$ 稳定输送时的工况，初始工况的水力坡降见图 3－3－1。

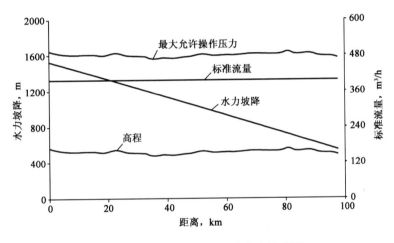

图 3－3－1　初始工况的稳态水力坡降图

(二)线路截断阀事故关断(无保护措施)

当中间线路阀室关断后，在不同时间点（t_1、t_2、t_3、t_4）的水力坡降见图 3 －3－2、图 3－3－3、图 3－3－4 和图 3－3－5。

在时间为 t_3 时，由图 3－3－4 可看出，首站出站压力超过设计压力。

在时间为 t_4 时，由图 3－3－5 可看出，截断阀前的管道压力超过设计压力。

图 3－3－6 为中间线路截断阀事故关断后阀前阀后压力随时间的变化图，由图可以看出，阀前压力超过了设计压力。

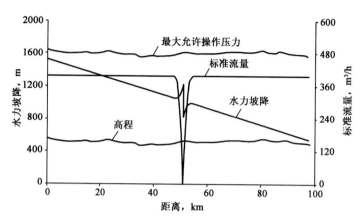

图 3-3-2　线路截断阀事故关断后的水力坡降图(t_1)

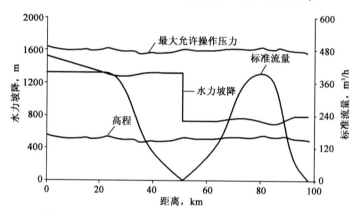

图 3-3-3　线路截断阀事故关断后的水力坡降图(t_2)

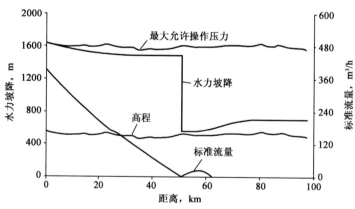

图 3-3-4　线路截断阀事故关断后的水力坡降图(t_3)

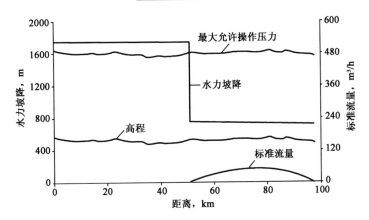

图 3-3-5　线路截断阀事故关断后的水力坡降图(t_4)

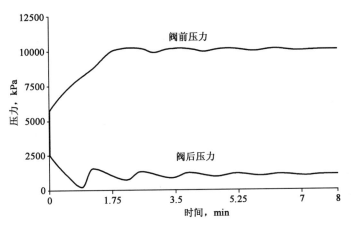

图 3-3-6　事故阀门的阀前阀后压力图

(三)线路截断阀事故关断(设压力保护措施)

根据以上模拟分析可见,若不采取保护措施,阀前管道超过设计压力。若在首站出站设置压力保护,当出站压力达到8.6MPa时,联锁停泵。设置压力保护后,当线路截断阀事故关断后,在不同时间点(t_1、t_2、t_3)的水力坡降图如图3-3-7、图3-3-8和图3-3-9所示。

在时间为t_2时,首站出站压力达到8.6MPa,此时首站联锁停泵。

图3-3-10为线路截断阀事故关断后的阀前阀后压力随时间的变化图,由图可以看出,阀前压力未超过设计压力。

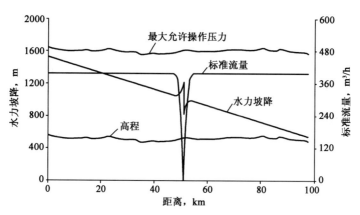

图 3-3-7　线路截断阀事故关断后的水力坡降图(t_1)

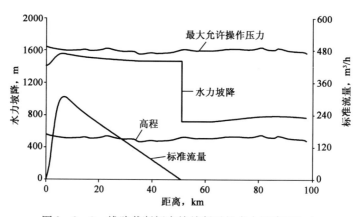

图 3-3-8　线路截断阀事故关断后的水力坡降图(t_2)

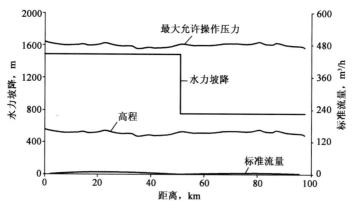

图 3-3-9　线路截断阀事故关断后的水力坡降图(t_3)

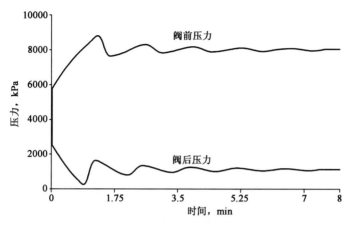

图 3-3-10　线路截断阀事故关断后的水力坡降图

（四）中间阀室关断事故（采取超前保护措施）

管道设置超前保护系统，当检测到线路截断阀处于非正常状态（非开启或已关闭）状态后，在一定时间内自动采取关闭首站泵机组等方式，起到保护管线的作用。

当中间线路阀室关断后，在不同时间点（t_1、t_2、t_3）的水力坡降图见图 3-3-11、图 3-3-12 和图 3-3-13。

在时间为 t_2 时，控制系统根据线路截断阀的阀位检测情况，发出停首站泵机组的命令。

图 3-3-14 为中线路截断阀事故关断后的阀前阀后压力随时间的变化图，由图可以看出，阀前压力未超过设计压力。

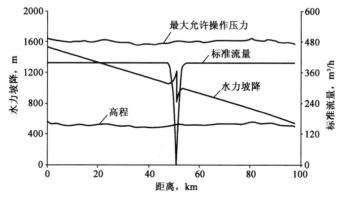

图 3-3-11　线路截断阀事故关断后的水力坡降图（t_1）

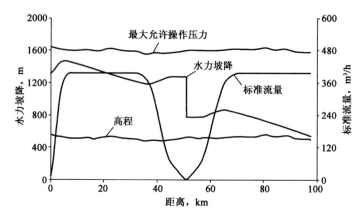

图 3 - 3 - 12　线路截断阀事故关断后的水力坡降图(t_2)

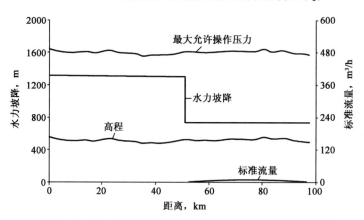

图 3 - 3 - 13　线路截断阀事故关断后的水力坡降图(t_3)

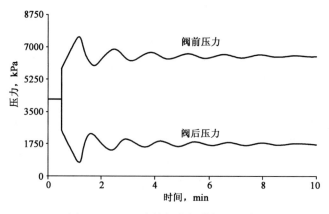

图 3 - 3 - 14　事故阀的阀前阀后压力图

第四章 输油站场工艺及主要设备

第一节 站 场 工 艺

一、工艺站场的选址原则

(1)根据设计委托和合同，按照国家对工程建设的有关规定，并结合当地建设规划进行选址，设置站场。

(2)应满足管道线路走向和路由的要求，满足工艺设计的需求；应符合国家现行的安全防火、环境保护、工业卫生等法律法规的规定，应满足居民点、厂矿企业、铁路、公路等的相关要求。

(3)应节约用地，不占或少占良田、耕地，努力扩大土地利用率；贯彻保护环境和水土保护等相关法律法规。

(4)站场址应选定在地势平缓、开阔，避开人工填土、地震断裂带，具有良好地形、地貌、工程和水文地质条件并且交通连接便捷，供电、供水、排水及生活和社会依托均比较方便的地方。

(5)选定的站址应保证站场有足够的安全及施工操作的场地面积，并适当留有发展余地。

(6)应会同建设方和地方政府有关职能部门的代表，共同现场踏勘，多方考察比较，合理确定具体位置，形成文件纳入设计依据。

二、各种工艺站场的设置方法及推荐做法

(一)输油泵站设置

管道在输油过程中要克服由于地形高程所需要的位能，同时要克服油品

沿管路流动过程中的摩擦及撞击阻力(即摩阻损失)。输油泵站是不断地向管路中泵入一定量的具有一定压力的油品,即给油流供应一定的压力能,实现油品在管路中的输送。

输油泵站的设置方法为:

(1)确定工艺参数。

(2)进行水力计算及系统分析,根据水力系统分析结果,确定管道沿线需要设置的泵站数量(常温输送)。

(3)在管道沿线纵断面图上进行布站,初定站址。

(4)到现场进行调研,在泵站的可能布置区内,确认所选站址是否适合建站,包括地质、交通、供电和供水等条件。

(5)根据现场调研结果,对站场位置进行适当的调整,重新进行水力核算。

(二)加热站设置

易凝、高粘油品管道输送时,因为油品的凝点远高于管道周围的环境温度,或在环境温度下油品的粘度很高,必须采取降凝、降粘措施。加热输送是目前最常用的方法,即将油品加热后输入管路。加热站就是不断地向管路中的油品提供热能,以降低油品的粘度,提高输油温度,防止凝管,实现油品的安全输送。热油在输送过程中存在着两方面的能量损失,即摩阻损失和散热损失,这两种能量供应是相互影响的。

加热站的设置方法为:

(1)确定工艺基础参数。

(2)根据油品的物性确定油品的最高出站温度、最低进出温度。对于采用先炉后泵流程的输送工艺,油品加热温度不应高于初馏点,以免影响泵的吸入;进站温度应高于凝点 $3 \sim 5℃$。

(3)进行热力计算,确定加热站的数量。

(4)进行水力计算,确定泵站数量。

(5)初步确定热站和泵站数量后,尽可能合并设站。

(6)对不同加热站和泵站数量的设计方案进行技术和经济比选,确定最优的方案。

(7)在管道沿线纵断面图上进行布站,初定站址。

(8)到现场进行调研,确认所选站址是否适合建站,包括地质、交通、供电和供水等条件。

（9）根据现场调研结果，对站场位置进行适当的调整，重新进行水力和热力核算。

（三）清管站设置

输油管道每隔一定的间距应设置清管站，以完成管道在投产初期、运行期间清管及检测的需求。影响清管站设置间距的主要影响因素是管道对清管器的磨损及清管器内电池的带电时间。

1. 清管器的磨损

管径越大，清管器的磨损越小；管径越小，磨损越大。成品油管道对清管器的磨损要大于原油管道对清管器的磨损。

2. 清管器内电池的带电时间

根据国内几家清管操作公司提供的信息，目前电池带电时间可靠，智能清管器电池带电时间约150h，如果按照管道流体的流速为1m/s计算，清管距离可以达到540km。非智能清管器电池带电时间可以达到750h。

目前已经建成的输油管道清管站间距如下：

（1）西部原油管道工程，管径813mm，最大清管站间距284.46km；

（2）苏丹6区输油管道工程，管径610mm，最大站清管间距275km；

（3）苏丹1/2/4区输油管道工程，管径711mm，最大清管站间距310.39km；

（4）兰郑长成品油管道工程，管径508mm，最大清管站间距352km；

（5）科洛尼尔成品油管道，管径1016mm，管线的最大清管站间距为580km。

因此，清管站间距要根据输送油品、管径等实际情况进行确定。一般清管站间距为200~300km。

（四）减压站设置

减压站的功能是降低管道的动压或静压，以满足管道运行要求。减压站主要是根据管道沿线的地形及运行压力来设置的。在大落差管道设计中，为了降低管道停输时造成的管道静压超高，通常需设置减压站以降低静压；如果油品在进站前存在翻越点或大落差，导致进站压力过高，需设置减压站来降低动压，同时在管道停输时还可截断静压。

（五）分输站、注入站设置

长输管道工程的分输站、注入站的设置根据沿线资源和市场的供应和分配情况确定。

三、各类站场功能

（一）首站的主要功能

（1）接收来油进罐；
（2）油品切换；
（3）加热/增压外输；
（4）站内循环；
（5）压力泄放；
（6）清管器发送。

必要时，首站还应具有反输和交接计量流程。成品油首站还应设置油品界面检测系统。

（二）输油泵站的主要功能

（1）增压外输；
（2）清管器接收、发送或转发；
（3）压力越站；
（4）全越站；
（5）压力泄放；
（6）泄压罐油品回注。

必要时，输油泵站还应设反输流程。

（三）加热站的主要功能

（1）加热外输；
（2）清管器接收、发送或转发；
（3）热力越站；
（4）全越站。

必要时，加热站还应设反输流程。

（四）清管站的主要功能

（1）越站外输；

（2）清管器接收、发送。

（五）减压站的主要功能

（1）减压/加热外输；

（2）压力泄放；

（3）调压分输；

（4）清管器接收、发送；

（5）压力泄放；

（6）泄压罐油品回注。

（六）分输站、输入站的主要功能

1. 分输站的主要功能

（1）加热/增压外输；

（2）调压、分输；

（3）计量、标定；

（4）清管器接收、发送或转发；

（5）压力/热力越站；

（6）全越站；

（7）压力泄放；

（8）泄压罐油品回注。

成品油分输站还应设置油品界面检测系统。

2. 输入站的主要功能

（1）接收来油进罐；

（2）油品切换；

（3）加热/增压外输；

（4）调压输入；

（5）站内循环；

（6）压力泄放；

（7）泄压罐油品回注。

（8）清管器接收、发送或转发。

成品油输入站还应设置油品界面检测系统。

(七)末站的主要功能

根据输送油品的不同，输油末站主要分为单一油品末站和多种油末站。根据末站的外输功能不同，输油末站外输应包括管道转输、油品装火车/汽车、装船等。末站的主要功能如下：

(1)清管器接收；

(2)接收来油进罐；

(3)油品切换；

(4)油品转输；

(5)站内循环；

(6)压力泄放；

(7)油品计量交接；

(8)流量计标定；

(9)油品掺混。

必要时，末站还应设反输流程。成品油末站还应设置油品界面检测系统。

四、站场工艺及设备控制原理

(一)输油泵

轴油泵包括给油泵、输油主泵、转油泵、注入泵、污油泵、反输泵。

1. 输油泵系统的构成

输油泵系统包括输油泵机组、进口截断阀和出口截断阀。

2. 一般要求

(1)输油泵系统控制和检测仪表设置应满足就地手动、站控自动和调度控制中心远程控制操作要求；

(2)当输油泵系统远控程序启动具备条件时，可实现在站控系统和调度控制中心一键启动，当条件不具备时应给出提示信息。

3. 联锁保护

1)输油主泵轴承温度设有两级保护

(1)第一级为高报警，当输油主泵轴承温度达到高报警值时报警，并应切换输油泵；

（2）第二级为高高报警，当轴承温度达到高高报警时，应立即联锁停泵。

2）输油主泵机械密封泄漏设有两级保护

（1）第一级为高报警，当输油主泵机械密封泄漏达到高报警保护值时报警，并应切换输油泵；

（2）第二级为高高报警，当机械密封泄漏达到高高报警时，应立即联锁停泵。

3）输油主泵机组振动设有两级保护

（1）第一级为高报警，当输油主泵机组振动达到高报警保护值时报警，并应切换输油泵；

（2）第二级为高高报警，当泵机组振动达到高高报警时，应立即联锁停泵。

4）输油主泵电动机轴承温度设有两级保护

（1）第一级为高报警，当输油主泵电动机轴承温度达到高报警值时报警，并应切换输油泵；

（2）第二级为高高报警，当输油主泵电动机轴承温度达到高高报警时，应立即联锁停泵。

5）输油主泵电动机定子温度设有两级保护

（1）第一级为高报警，当输油主泵电动机定子温度达到高报警值时报警，并应切换输油泵；

（2）第二级为高高报警，当输油主泵电动机定子温度达到高高报警时，应立即联锁停泵。

6）输油主泵泵壳温度设有两级保护

（1）第一级为高报警，当输油主泵泵壳温度达到高报警值时报警，并应切换输油泵；

（2）第二级为高高报警，当泵壳温度达到高高报警时，应立即联锁停泵。

7）输油泵进口低压保护

在输油泵进口汇管设有低压保护开关，并与输油泵机组联锁。

（1）当并联运行的输油泵机组进口低压开关报警时，应联锁停所有的并联输油泵；

（2）当串联运行的输油泵机组进口低压开关报警时，应联锁顺序停泵；

(3)为防止输油泵进口压力瞬时异常变化引起输油泵停泵，低压开关报警后可适当延时再联锁停泵。

8)输油泵机组出口高压保护

在输油泵出口汇管设有高压保护开关，并与输油泵机组联锁。

(1)当并联运行的输油泵机组出口高压开关报警时，应联锁停所有的并联输油泵；

(2)当串联运行的输油泵机组出口高压开关报警时，应联锁顺序停泵。

9)出站高压保护

在出站设有高压保护开关，并与输油泵机组联锁。

(1)当输油泵机组并联运行、出站高压开关报警时，应联锁停所有的并联输油泵；

(2)当输油泵机组串联运行、出站高压开关报警时，应联锁顺序停泵。

4. 输油主泵启停

1)输油主泵程序启动条件

程序启动输油主泵时应同时具备以下条件：

(1)输油主泵机组电源正常；

(2)进出口电动阀门处于远控状态；

(3)进口电动阀门为全开状态；

(4)出口电动阀门为全关状态；

(5)进出口电动阀门为非故障状态；

(6)泵进口压力正常；

(7)泵机组检测变量正常。

当上述条件之一不具备时，输油主泵不能启动，并显示故障。

2)现场就地启动输油主泵应同时具备的条件

(1)输油主泵机组电源正常；

(2)出口电动阀门处于就地操作状态；

(3)进口电动阀门为全开状态；

(4)出口电动阀门为全关状态；

(5)进出口电动阀门为非故障状态；

(6)泵进口压力正常；

(7)泵机组检测变量正常。

3）输油主泵机组程序启动操作

在第一次启动输油主泵前，应人工打开输油主泵放空阀进行排气。远控程序启动输油主泵时的操作顺序如下：

（1）输油主泵启动条件符合要求；

（2）选定要启动的输油主泵；

（3）输油主泵出口阀门开度设定在 $x\%$（根据具体情况调整）；

（4）启动输油主泵；

（5）t 秒（根据具体情况确定）后，打开出口阀门；

（6）输油主泵启动完成。

4）输油主泵程序自动顺序停泵操作

（1）根据指令关泵出口阀至 $x\%$（根据具体情况调整）；

（2）t 秒（根据具体情况调整）后，自动停泵；

（3）停泵 t 秒（根据具体情况调整）后，关闭泵出口阀。

5）输油主泵机组紧急停泵操作

（1）根据信号停泵；

（2）输油主泵停泵时关闭出口阀门。

（二）加热炉

1. 加热炉系统的构成

目前管道上常用的加热炉有两种形式：一种是直接式加热炉，一种是间接（热媒）式加热炉。

加热炉的控制系统主要有：自动点火和停炉程序、报警与停炉联锁保护、炉出口温度控制、燃油压力控制、燃油流量控制、燃烧控制、烟道气含氧控制等。

2. 直接式加热炉的报警与联锁保护系统

（1）油品出炉温度高限报警，超高限停炉；

（2）油品出炉压力高限报警，超高限停炉；

（3）油品出入炉压差高限报警，超高限停炉；

（4）入炉原油流量低限报警，超低限停炉；

（5）若原油双管入炉，两管流量偏差高限报警，超高限停炉；

（6）燃油压力低限报警，超低限停炉；

(7)燃油温度低限报警，超低限停炉；

(8)炉膛温度高限报警，超高限停炉；

(9)烟气压力高限报警，超高限停炉；

(10)空气压力低限报警、停炉；

(11)送风机启动失败报警、联锁停炉；

(12)火焰故障报警、联锁停炉；

(13)其他报警。

3. 间接式加热炉的报警与联锁保护系统

(1)换热器原油出口温度高限报警、停炉；

(2)换热器原油出口温度低限报警、停炉；

(3)炉出口热媒温度高限报警、停炉；

(4)燃油温度高限报警、停炉；

(5)燃油温度低限报警、停炉；

(6)燃油压力低限报警、停炉；

(7)烟气温度高限报警、停炉；

(8)炉壁温度高限报警，超高限停炉；

(9)风机压力低限报警、停炉；

(10)热媒膨胀罐液位高限报警、停炉；

(11)热媒膨胀罐液位低限报警、停炉；

(12)雾化风压力高限报警、停炉；

(13)雾化风压力低限报警、停炉；

(14)火焰故障报警、联锁停炉；

(15)循环泵故障报警、联锁停炉；

(16)其他报警。

4. 加热炉控制要求

(1)加热炉装置采用单炉独立的控制系统，该系统作为站控制系统的子系统，具备站控和现场就地启停炉功能；

(2)电气柜应具有手动、自动控制功能；

(3)控制系统提供的人机界面触摸屏设置在加热炉仪表控制柜上；

(4)控制柜应提供与站控系统连接的通信接口，主要硬件设备包括过程控制单元、液晶触摸显示屏等。

5. 加热炉操作和运行控制

加热炉控制系统对加热炉的所有变量进行自动检测、控制，并执行报警和自动停炉的保护功能；根据需要将系统的运行变量、状态、报警信号等数据传送到调度控制中心，接受调度控制中心的紧急停炉 ESD 信号和正常停炉信号。

(三)换热器

输油管道上常用的换热器为管壳式。换热器的控制要求包括：

(1)进口油品温度和压力的监控；

(2)出口油品温度和压力的监控。

(四)储罐

输油管道上常用的大型储罐有拱顶油罐、内浮顶油罐、外浮顶油罐。油罐的检测、报警和联锁控制要求包括：

(1)液位：高、低限报警，超高限、超低限联锁保护。当液位超高限或超低限时，发出信号进行流程切换；当液位超高高限或超低低限时，联锁关闭油罐进罐阀门或停泵，避免溢罐或输油泵抽空。

(2)油温(高凝点原油)：油温低报警并启动加热系统(电伴热)或加大进油罐底部盘管的蒸汽量，油温高报警停止加热系统(电伴热)或减少关闭油罐底部加热盘管。

(五)压力/流量调节系统

1. 出站调压阀控制要求

(1)出站调压阀的控制由调控中心或站控系统完成；

(2)出站调压阀应具有自动逻辑调节和强制阀位调节两种模式；

(3)出站调压阀自动逻辑调节由站控系统完成；

(4)出站调压阀宜设置为泵进口压力和出站压力的选择性调节，既能控制出站压力，又能控制输油泵进口压力；

(5)出站调压阀的控制应参与全线的水击超前保护系统。

(6)出站调压阀应为故障保持模式。

2. 减压系统控制要求

(1)减压系统的控制由调控中心或站控系统完成；

(2)减压阀下游的截断阀应是严密无泄漏的，应能保证在管道停输时完全隔断静压；

(3)减压系统应具有自动逻辑调节和强制阀位调节两种模式；

(4)减压系统自动逻辑调节由站控系统完成；

(5)减压系统应控制上游背压；

(6)减压系统宜设置为选择性保护调节，既控制进站背压，同时对下游压力进行监控；

(6)减压系统的控制应参与全线的水击超前保护系统。

3. 分输调节阀控制要求

(1)分输调节阀的控制可由调控中心或站控系统完成；

(2)分输调节阀应具有自动逻辑调节和强制阀位调节两种模式；

(3)分输调节阀自动逻辑调节由站控系统完成；

(4)分输调节阀宜采用流量调节；

(5)分输调节阀宜设置为选择性保护调节，既控制分输流量，同时对下游压力进行监控。

(六)泄压系统

(1)泄压罐设有液位检测仪表；

(2)安全阀泄放管线宜接入泄压罐；

(3)泄压阀下游管线上应设置流量开关，以判断泄压阀是否开启泄放；

(4)泄压罐应设高/低液位报警、高高/低低液位开关，并与回注泵联锁启停；

(5)回注泵和出口压力报警联锁，当出口压力达到高报警值时应延时联锁停泵。

(七)过滤器

(1)在清管器接收筒支管、减压阀前、流量计前、分输调压阀前、输油泵进口应设置过滤器；

(2)过滤器的结构和滤网目数应满足设备要求；

(3)过滤器应设置差压报警检测仪表，并在上游管道上设置就地压力检测仪表；

(4)过滤器差压报警设定值设置应考虑工艺条件以及过滤器滤网的承压能力；

（5）过滤器发生故障或差压开关报警时，应立即切换到备用过滤器，并对故障过滤器进行检修和清理工作；

（6）在过滤器切换时，必须在备用过滤器上下游截断阀处于全开位置时，故障过滤器上下游截断阀才能关闭；

（7）备用过滤器切换不宜设置为逻辑自动切换；

（8）减压系统前过滤设施宜采用集中过滤形式；

（9）减压系统前过滤设施应能满足减压阀正常工作需要，必要时可设置多级过滤设施。

（八）清管器收发系统

1. 清管器发送系统

1）清管器发送系统构成

清管器发送系统主要包括清管器发送筒、工艺阀门、排污系统、放空系统等。

2）联锁保护

当进行清管器发送作业时，清管器发送筒出口阀门、支管阀门和出站阀门应设置为联锁状态。

（1）清管器发送筒出口阀门和支管阀门均不在全开位置时，不能关闭出站阀门；

（2）出站阀门不在全开位置时，清管器发送筒进口阀门和支管阀门均不能关闭。

2. 清管器接收系统

1）清管器接收系统构成

清管器接收系统主要包括清管器接收筒、工艺阀门、排污系统、放空系统等。

2）联锁保护

当进行清管器接收作业时，清管器接收筒进口阀门、支管阀门和进站阀门应设置为联锁状态。

（1）清管器接收筒进口阀门和支管阀门均不在全开位置时，不能关闭进站阀门；

（2）进站阀门不在全开位置时，清管器接收筒进口阀门和支管阀门均不能关闭。

五、输油站工艺流程图及仪表自控流程图的设计方法

（一）工艺流程图及仪表自控流程图的设计方法

1. 工艺流程图（PFD）和仪表自控流程图（PID）的作用

输油站的工艺流程是指油品在站内的流动过程，它是由站内管道、管件、阀门、输油设备（如泵机组、加热炉、油罐、过滤器和清管器收发系统等）相连的输油管道系统。该系统决定了油品在站内可能流动的方向、输油站的性质和所承担的任务。

（1）在输油站设计过程中，PFD 和 PID 指导站内各单元单体工程的设计，使工程设计做到总体上协调一致，有利于设计的系统性、完整性。在施工过程中，PFD 和 PID 指导各单体安装之间的连接关系。

（2）在投产和生产过程中，PFD 和 PID 指导合理选用作业流程，保证各项操作运行的顺利完成；同时，在生产过程中通过仪表自控系统的监测，随时了解和掌握各环节生产运行的工况变化，当出现不平稳生产时，可通过检测控制系统及时调整生产参数，使其工况平稳，保证安全生产。

（3）在生产过程中一旦有突发性事故发生时，PFD 和 PID 可指导对事故的处理和控制。

2. PFD 和 PID 的设计方法

（1）根据设计委托的要求内容和批复的可行性研究报告中所确定的工程内容及初步工艺原理，进行输油站工艺流程图的设计；在施工图设计阶段，对初步设计的输油站工艺流程进行完善和深化，完成施工图阶段的工艺流程图。

（2）输油站工艺流程图采取平面流程（流程中的设备、容器等布局方式宜与平面布置相对应）。工艺流程图可不按比例，以表达清楚、易懂为主。

（3）仪表自控流程图是根据工程的自控水平和输油工艺提出检测、控制等内容要求，制定自控仪表的检测、控制方案，并在工艺流程图上绘制出检测点和控制系统，标注出文字代号、位号和功能等内容。仪表自控流程图一般由自控仪表专业和工艺专业共同完成，也可以由自控仪表专业独自完成。

3. PFD 和 PID 设计考虑的原则

（1）满足输送工艺及各生产环节（试运投产、正常输油、停输再启动等）的要求。输油站的主要操作包括：①来油与计量；②正输；③反输；④越站输送，包括全越站、压力越站、热力越站；⑤收发清管器；⑥站内循环或倒罐；

⑦停输再启动等。

以上操作并不是每个输油站都需要，应根据站场的功能具体选择。

（2）便于事故处理及设备检修。泵站的突然停电、管道穿孔或破裂、加热炉紧急放空和定期检修、阀门的更换等，在输油生产中并非罕见，流程的设置要方便这类事故的处理及设备检修。

（3）采用先进工艺技术及设备，提高输油水平。

（4）在满足以上要求的前提下，流程应尽量简单，尽可能少用阀门、管件，力求减少管道及其长度，充分发挥设备性能，节约投资，减少经营费用。

（5）根据输油站流程的特点和各参数对生产操作的影响，确定工艺参数的测量、调节、控制方式，选择适用的仪表。

4. PFD 和 PID 设计中注意的问题

（1）流程中不允许流体倒流的地方，应装设止回阀。

（2）多台输油泵或多台加热炉并联使用时，管路的管径和长度应尽可能地做到流量分配均匀，以保证输油泵的良好吸入，避免因分配不均而引起加热炉偏流结焦。

（3）压力、温度是反映输油站内各种设备、管线工作情况的，站内的机泵、容器和进出油管线一般都安装压力、温度测量仪表。如需要检测油品质量，应在适当位置设置取样口或质量检测仪表。

（4）由于多方面因素可能引起憋压、造成事故的容器和管线，应装设安全阀或者泄压阀。

（5）根据所输不同物性的油品，在工艺流程设计时，还必须考虑辅助工艺流程，如事故处理时的放空、扫线、凝油顶挤等操作，设置必要的截断阀、放空阀、扫线阀及顶挤泵等。

（6）工艺自控流程设计时要注意选用的仪表品种规格不宜过多，要力求统一，同时要选用成熟已定型的、使用可靠的仪表，并对选用的调节阀和减压阀进行必要的计算。

5. PFD 和 PID 的内容和深度要求

（1）PFD 和 PID 不按比例绘制，但泵机组、加热炉、储罐、清管收发装置及阀组等的相对位置宜与平面布置相吻合，要求各操作区内的设备平面布置、管线的排列顺序及走向对单体安装和站区管网设计起指导作用。

（2）在图上的机泵、设备、储罐、阀门等，应编号并列于图中的设备（材料）表栏中，注明名称、型号、规格、单位、数量等。

（3）图中的各种管道要标明管内介质、流向、管线规格（$\phi \times \delta$）；阀门应标注公称压力和公称直径；设备、容器和装置的进出口管线上应用箭头标注介质的流向。

（4）图中应表示各种设备、容器、装置等需要显示、控制、调节的流量、压力、温度的取值点和自控内容或控制系统，并且标明其位号、功能，并应附图例说明。

（5）绘制流程图时，其图幅、线型、标注、图例符号等应符合《石油天然气工程制图标准》（SY/T 0003—2003）的要求及有关规定。

（6）图纸说明栏中要叙述主要工艺流程走向，一般分为正常生产流程、辅助工艺流程、事故状况下处理流程、投产试运流程等。

（二）各种典型流程图示例

1. 首站

输油首站输油工艺有油品的常温输送、加热输送、顺序输送等。输送工艺不同，流程也不相同。

图4-1-1为"泵串联运行、罐区单管"的常温输送首站典型工艺流程图，流程功能：接收来油进罐、增压外输、站内循环、清管器发送、压力泄放。图4-1-2为"泵并联运行、罐区双管"的常温输送首站典型工艺流程图，流程功能：接收来油进罐、增压外输、站内循环、清管器发送、压力泄放。

图4-1-3为"泵并联运行、油品掺混"的顺序输送首站典型工艺流程图，流程功能：接收来油进罐、油品切换、增压外输、站内循环、清管器发送、压力泄放、油品掺混。图4-1-4为"泵串联运行、油品掺混"的顺序输送首站典型工艺流程图，流程功能：接收来油进罐、油品切换、增压外输；站内循环、清管器发送、压力泄放、油品掺混。

图4-1-5为"泵串联运行、直接加热炉"的加热输送首站典型工艺流程图，流程功能：接收来油进罐、增压外输/加热、站内循环、热力越站、清管器发送、压力泄放。图4-1-6为"泵并联运行、热媒炉"的加热输送首站典型工艺流程图，流程功能：接收来油进罐、增压外输/加热、热力越站、站内循环、清管器发送、压力泄放。图4-1-7为"直接加热炉、带反输"的加热输送首站典型工艺流程图，流程功能：接收来油进罐、外输增压/加热、热力越站、清管器发送、站内循环、接收反输来油进罐、压力泄放。图4-1-8为"直接加热炉、带交接计量"的加热输送首站典型工艺流程图，流程功能：接收来油进罐、增压外输/加热、热力越站、站内循环、外输计量、清管器发送、压力泄放。图4-1-9为"直接加热炉、热处理"的加热输送首站典型工艺流程图，流程功能：接收来油进罐、外输增压/加热、热力越站、站内循环、油品热处理、清管器发送、压力泄放。

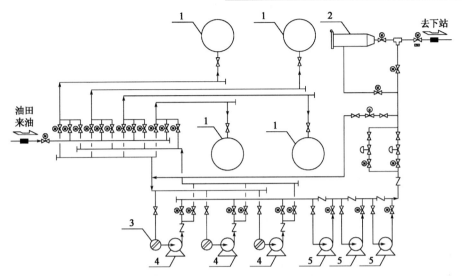

图 4－1－1　常温输送首站典型工艺流程图（泵串联运行、罐区单管）

1—储罐；2—清管器发送筒；3—过滤器；4—给油泵；5—外输主泵

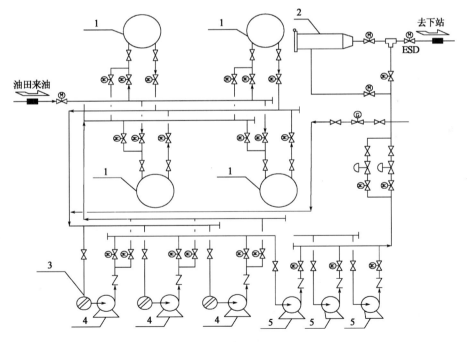

图 4－1－2　常温输送首站典型工艺流程图（泵并联运行、罐区单管）

1—储罐；2—清管器发送筒；3—过滤器；4—给油泵；5—外输主泵

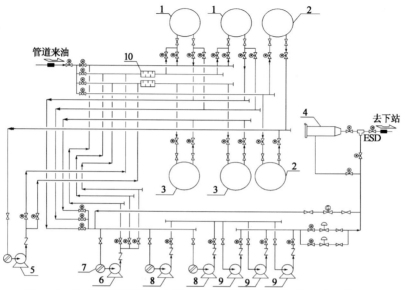

图 4-1-3　顺序输送首站典型工艺流程图（泵并联运行、油品掺混）

1—油品 A 罐；2—混油罐；3—油品 B 罐；4—清管器发送筒；5—油品掺混泵；6—倒油泵；
7—过滤器；8—给油泵；9—外输主泵；10—混合器

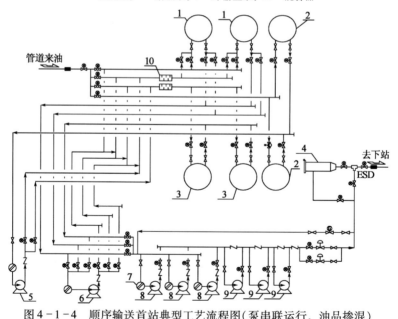

图 4-1-4　顺序输送首站典型工艺流程图（泵串联运行、油品掺混）

1—汽油罐；2—混油罐；3—柴油罐；4—清管器发球筒；5—油品掺混泵；6—倒油泵；7—过滤器；
8—给油泵；9—外输主泵；10—混合器

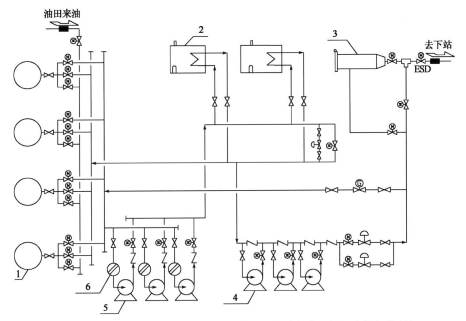

图 4-1-5　加热输送首站典型工艺流程图(泵串联运行、直接加热炉)

1—储罐；2—加热炉；3—清管器发送筒；4—外输主泵；5—给油泵；6—过滤器

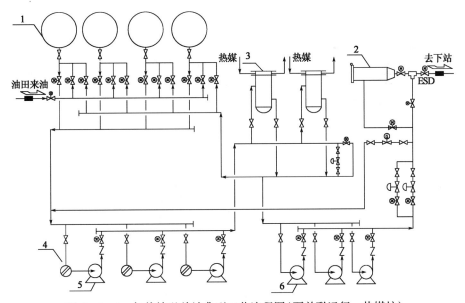

图 4-1-6　加热输送首站典型工艺流程图(泵并联运行、热媒炉)

1—储罐；2—清管器发送筒；3—热媒换热器；4—过滤器；5—给油泵；6—外输主泵

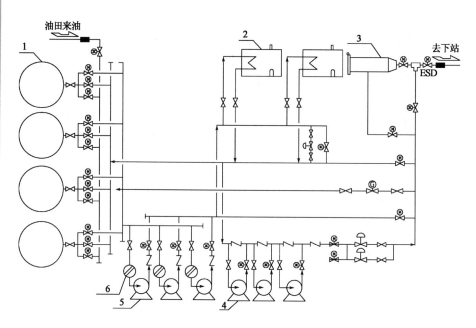

图 4-1-7　加热输送首站典型工艺流程图(直接加热炉、带反输)

1—储罐；2—加热炉；3—清管器发送筒；4—外输主泵；5—给油泵；6—过滤器

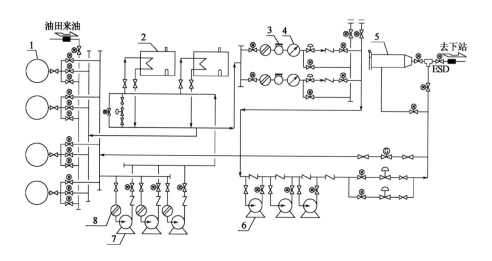

图 4-1-8　加热输送首站典型工艺流程图(直接加热炉、带交接计量)

1—储罐；2—加热炉；3—消气器；4—流量计；5—清管器发送筒；

6—外输主泵；7—给油泵；8—过滤器

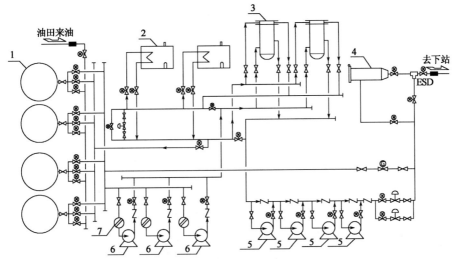

图 4 - 1 - 9　加热输送首站典型工艺流程图（直接加热炉、热处理）

1—储罐；2—加热炉；3—换热器；4—清管器发送筒；5—外输主泵；6—给油泵；7—过滤器

2. 中间泵站

中间泵站根据输油泵的运行方式和清管功能的不同，工艺流程也不相同。

图 4 - 1 - 10 为"泵并联运行、清管器收发"的中间泵站典型工艺流程图。流程功能：增压外输、清管器接收、清管器发送、压力越站、全越站、压力泄放、泄压罐油品回注。图 4 - 1 - 11 为"泵串联运行、清管器越站"的中间泵站典型工艺流程图，流程功能：增压外输、清管器越站、压力越站、全越站、压力泄放、泄压罐油品回注。

3. 中间加热站

中间加热站根据加热方式及清管功能的不同，工艺流程也不相同。

图 4 - 1 - 12 为"直接加热炉、清管器越站"的中间加热站典型工艺流程图，流程功能：加热外输、清管器越站、全越站、热力越站。图 4 - 1 - 13 为"直接加热炉、反输"的中间加热站典型工艺流程图，流程功能：加热外输、热力越站、全越站、反输加热。图 4 - 1 - 14 为"热媒加热炉、反输、清管器收发"的中间加热站典型工艺流程图，流程功能：加热外输、清管器接收、清管器发送、全越站、热力越站、反输加热。

4. 中间热泵站

中间热泵站根据输油泵的运行方式和清管功能及加热方式的不同，工艺流程也不相同。

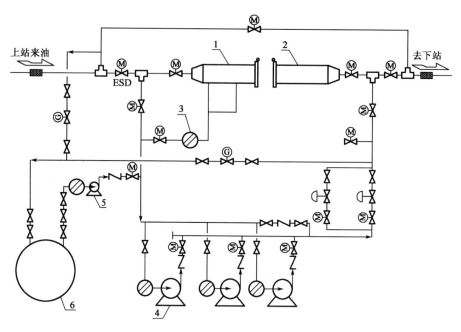

图 4-1-10　中间泵站典型工艺流程图(泵并联运行、清管器收发)

1—清管器接收筒；2—清管器发送筒；3—过滤器；4—外输主泵；5—注油泵；6—泄压罐

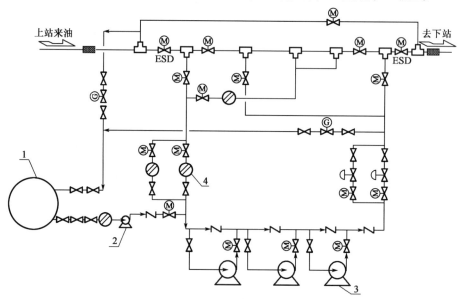

图 4-1-11　中间泵站典型工艺流程图(泵串联运行、清管器越站)

1—泄压罐；2—注油泵；3—外输主泵；4—过滤器

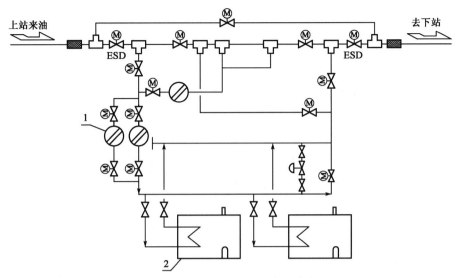

图 4-1-12　中间加热站典型流程图（直接加热炉、清管器越站）
1—过滤器；2—加热炉

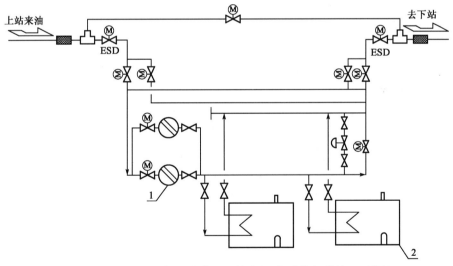

图 4-1-13　中间加热站典型工艺流程图（直接加热炉、反输）
1—过滤器；2—加热炉

　　图 4-1-15 为"泵并联运行、热媒加热炉、清管器越站"的中间热泵站典型工艺流程图，流程功能：增压外输/加热、清管器越站、压力越站、热力越站、全越站、压力泄放、泄压罐油品回注。图 4-1-16 为"泵串联运行、直接加热炉、清管器收发"的中间热泵站典型工艺流程图，流程功能：增压外

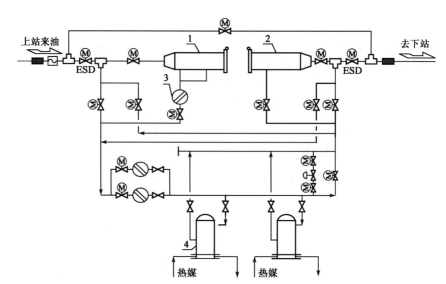

图 4-1-14　中间加热站典型工艺流程图(热媒炉、反输、清管器收发)

1—清管器接收筒；2—清管器发送筒；3—过滤器；4—换热器

输/加热、清管器接收、清管器发送、压力越站、热力越站、全越站、压力泄
放、泄压罐油品回注。图 4-1-17 为"泵串联运行、直接加热炉、带反输"
的中间热泵站典型工艺流程图，流程功能:增压外输/加热、清管器接收、清
管器发送、压力越站、热力越站、全越站、压力泄放、泄压罐油品回注、增
压反输/加热。

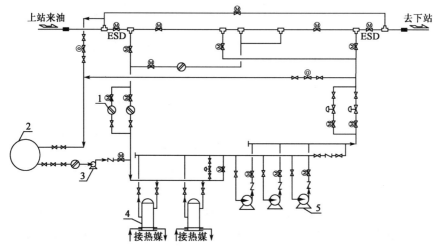

图 4-1-15　中间热泵站典型工艺流程图(泵并联运行、热媒加热炉、清管器越站)

1—过滤器；2—泄压罐；3—注油泵；4—换热器；5—外输主泵

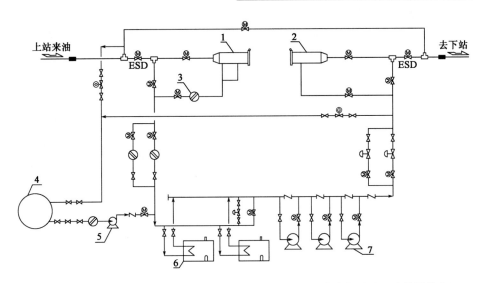

图 4-1-16　中间热泵站典型工艺流程图(泵串联运行、直接加热炉、清管器收发)
1—清管器接收筒；2—清管器发送筒；3—过滤器；4—泄压罐；5—注油泵；6—加热炉；7—外输主泵

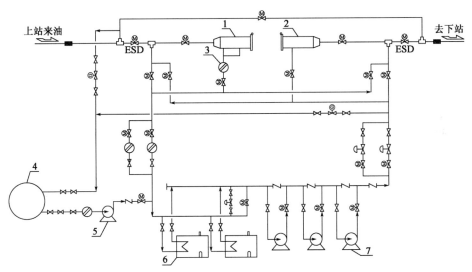

图 4-1-17　中间热泵站典型工艺流程图(泵串联运行、直接加热炉、带反输)
1—清管器接收筒；2—清管器发送筒；3—过滤器；4—泄压罐；5—注油泵；6—加热炉；7—外输主泵

5. 中间分输站

图 4-1-18 为"泵串联运行、清管器收发"的中间分输站典型工艺流程图，流程功能:增压外输、清管器接收、清管器发送、调压分输、全越站、压

力泄放、泄压罐油品回注。图4-1-19为干线分输计量站典型工艺流程图，流程功能:调压计量分输、流量计标定。图4-1-20为支线分输计量站典型工艺流程图，流程功能:调压计量、流量计标定。

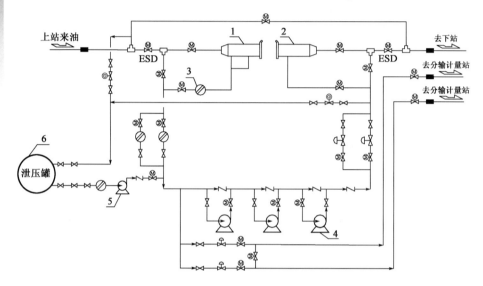

图4-1-18 中间分输泵站典型工艺流程图(泵串联运行、清管器收发)

1—清管器接收筒；2—清管器发送筒；3—过滤器；4—外输主泵；5—注油泵；6—泄压罐

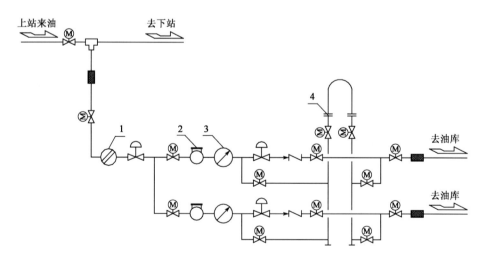

图4-1-19 干线分输计量典型工艺流程图

1—过滤器；2—消气器；3—流量计；4—标准体积管

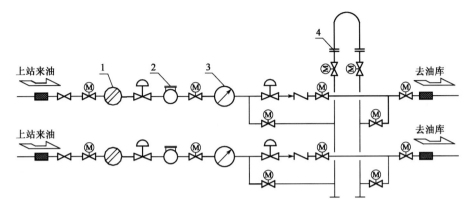

图 4-1-20　支线分输计量典型工艺流程图
1—过滤器；2—消气器；3—流量计；4—标准体积管

6. 中间输入站

图 4-1-21 为"泵并联运行、不带储罐"的中间输入站典型工艺流程图，流程功能：增压外输、清管器接收、清管器发送、调压输入、全越站、压力泄放、泄压罐油品回注。图 4-1-22 为"泵串联运行、带储罐"的中间输入站典型工艺流程图，流程功能：接收来油进罐、油品切换、增压外输、站内循环。

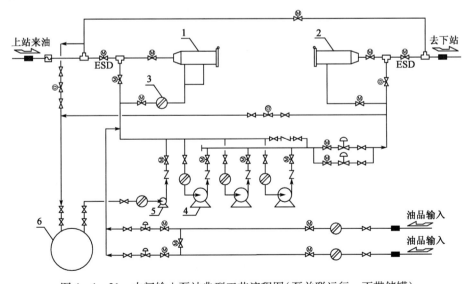

图 4-1-21　中间输入泵站典型工艺流程图（泵并联运行、不带储罐）
1—清管器接收筒；2—清管器发送筒；3—过滤器；4—外输主泵；5—注油泵；6—泄压罐

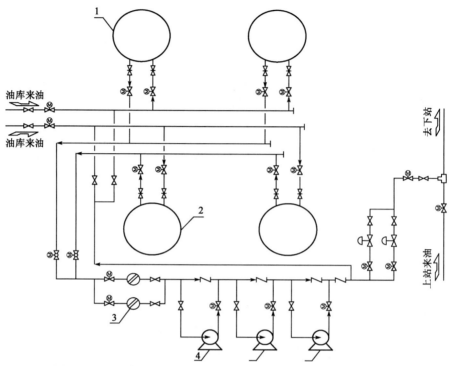

图 4-1-22　中间输入泵站典型工艺流程图（泵串联运行、带储罐）

1—汽油储罐；2—柴油储罐；3—过滤器；4—输入泵

7. 减压站

图 4-1-23 为"带分输"的减压站工艺流程图，流程功能：清管器接收、清管器发送筒、减压、调压分输泵、压力泄放、泄压罐油品回注。对于独立的减压站，应取消分输部分。

8. 末站

图 4-1-24 为"管输"的单一油品末站典型工艺流程图，流程功能：接收来油进罐、接收清管器、油品转输、油品计量交接、流量计标定、站内循环、压力泄放。图 4-1-25 为"管输、带反输"的单一油品末站典型工艺流程图，流程功能：接收来油进罐、清管器接收、油品转输、油品计量交接、流量计标定、站内循环、增压反输/加热、压力泄放。图 4-1-26 为"装火车"的单一油品末站典型工艺流程图，流程功能：接收来油进罐、清管器接收、油品装火车、站内循环、压力泄放。图 4-1-27 为"装船"的单一油品末站典型工艺流程图，流程功能：接收来油进罐、清管器接收、油品装船、装船计量、流量计标定、站内循环、压力泄放。

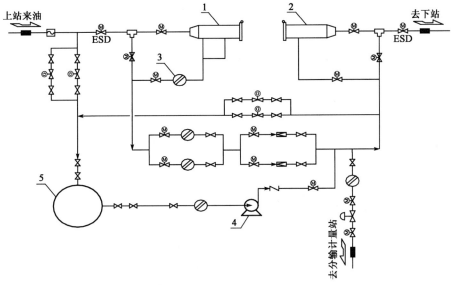

图 4 - 1 - 23　减压站典型工艺流程图(带分输)

1—清管器接收筒；2—清管器发送筒；3—过滤器；4—注油泵；5—泄压罐

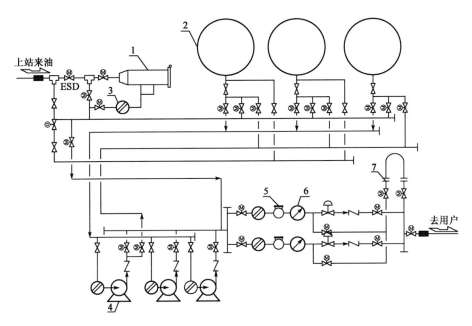

图 4 - 1 - 24　单一油品末站典型工艺流程图(管输)

1—清管器接收筒；2—储罐；3—过滤器；4—转油泵；5—消气器；6—流量计；7—标准体积管

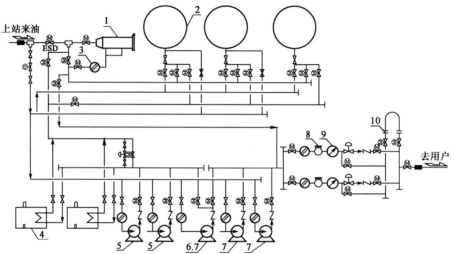

图4-1-25　单一油品末站典型工艺流程图(管输、带反输)

1—清管器接收筒；2—储罐；3—过滤器；4—加热炉；5—反输泵；6—倒罐泵；7—转输泵；

8—消气器；9—流量计；10—标准体积管

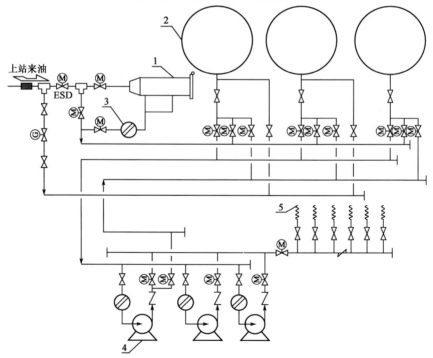

图4-1-26　单一油品末站典型工艺流程图(装火车)

1—清管器接收筒；2—储罐；3—过滤器；4—装车泵；5—装车鹤管

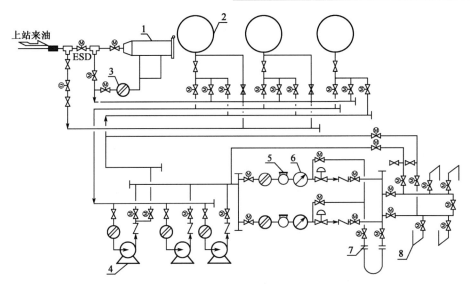

图 4-1-27　单一油品末站典型工艺流程图(装船)

1—清管器接收筒；2—储罐；3—过滤器；4—装船泵；5—消气器；
6—流量计；7—标准体积管；8—输油臂

图 4-1-28 为"管输、油品掺混"的多种油品末站典型工艺流程图，流程功能:接收来油进罐、油品切换、油品转输、站内循环、油品计量交接、流量计标定、清管器接收、压力泄放、油品掺混。图 4-1-29 为"装火车、装汽车、油品掺混"的多种油品末站典型工艺流程图，流程功能:接收来油进罐、油品切换、油品装火车、油品装汽车、站内循环、清管器接收、压力泄放、油品掺混。图 4-1-30"装船、油品掺混"的多种油品末站典型工艺流程图，流程功能:接收来油进罐、油品切换、油品装船、装船计量、流量计标定、站内循环、清管器接收、压力泄放、油品掺混。

9. RTU 阀室

RTU 阀室典型工艺流程见图 4-1-31，其功能是可以远程对阀门进行操作。

10. 普通阀室

普通阀室典型工艺流程见图 4-1-32，其功能是手动操作阀门截断管线。

11. 单向阀室

单向阀室典型工艺流程见图 4-1-33，其功能是防止管道内的油品倒流。

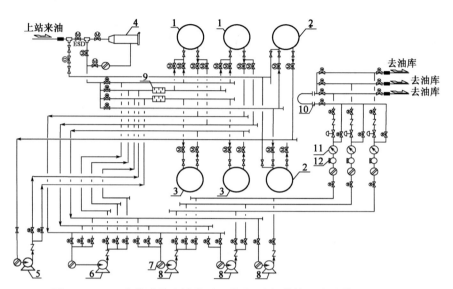

图 4-1-28　多种油品末站典型工艺流程图(管输、油品掺混)

1—A 储罐；2—混油罐；3—B 油罐；4—清管器收球筒；5—油品掺混泵；6—倒油泵；
7—过滤器；8—转输泵；9—混合器；10—标准体积管；11—流量计；12—消气器

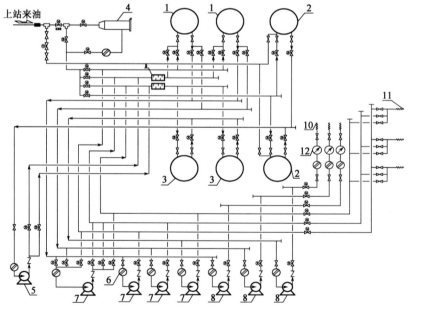

图 4-1-29　多种油品末站典型工艺流程图(装火车、装汽车、油品掺混)

1—A 油罐；2—混油罐；3—B 油罐；4—清管器接收筒；5—油品掺混泵；6—过滤器；7—装车泵(火车)；8—装车泵(汽车)；9—混合器；10—装车鹤管(汽车)；11—装车鹤管(火车)；12—流量计

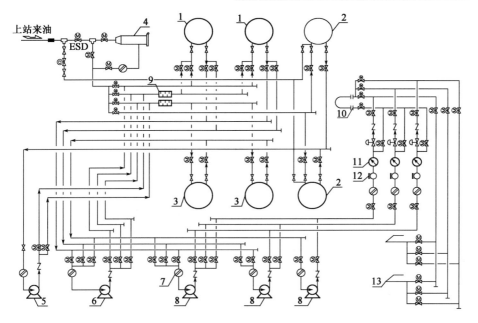

图 4-1-30　多种油品末站典型工艺流程图(装船、油品掺混)

1—汽油储罐；2—混油罐；3—柴油罐；4—清管器收球筒；5—油品掺混泵；6—倒油泵；7—过滤器；
8—装船泵；9—混合器；10—标准体积管；11—流量计；12—消气器；13—输油臂

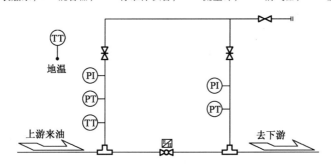

图 4-1-31　RTU 阀室典型工艺流程

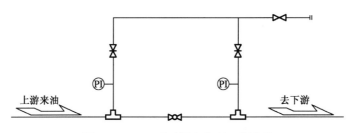

图 4-1-32　手动阀室典型工艺流程

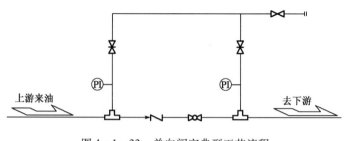

图 4 - 1 - 33　单向阀室典型工艺流程

第二节　主要设备、材料及选型

一、输油泵机组

(一) 输油泵的分类

根据泵的工作原理和结构形式，将泵分类如表 4 - 2 - 1 所示。

(二) 输油管道常用几种典型泵的特点及要求

1. 离心式油泵

(1) 离心式油泵的工作性能和效率受液体粘度影响较大；

(2) 离心式油泵在启泵前，壳体内一定要充满液体，由于汽蚀的影响，一般情况下，大排量、高扬程的离心泵还要求正压(20 ~ 30m 液柱)进泵；

(3) 对于串联组合运行的离心泵，泵壳、进出口及机械密封应满足串联时最后一台泵的出口承压能力；

(4) 对于并联组合运行的离心泵，泵的进口及机械密封的承压能力要能满足密闭输油的要求。

2. 管道泵

管道泵一般安装于罐区，可直接露天安装于管道上，占地面积小，安装、操作使用方便。

表4－2－1 泵 的 分 类

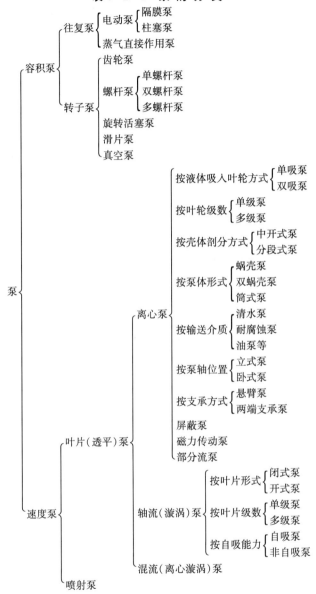

3. 螺杆泵

对于粘度较高油品的输送，采用离心泵时如果泵效率降得很低，可选用螺杆泵。螺杆泵可输送高达 $40000mm^2/s$ 以上的粘性液体，输送流量可达 $2000m^3/h$，输送压力可达 10MPa。

螺杆泵属于容积泵，在某一转速下，其出口压力与输量变化很小，而且它的出口压力只与出口管路的背压有关，与转速无关，低流量也可保持高的排出压力。螺杆泵满负荷时总效率在60%以上。螺杆泵启动时需打开出口阀。

1）主要特点

（1）运行稳定无脉动。在泵的工作过程中，泵体内形成密封腔。随着螺旋的回转运动，密封腔里的液体随着密封腔一起作轴向运动，平稳而又连续地输送到泵的出口处。由于泵在工作过程中密封腔容积恒定不变，所以不会产生脉动、无过流及搅拌等现象。

（2）自吸能力。由于泵的特殊结构设计，保证泵工作时介质轴向速度相对较小，停泵时泵内能存有足够的介质，因此泵的必需汽蚀余量值很小。即使在吸入管道内的液体全部排空的状况下，泵仍然具有很好的自吸能力。

（3）噪声低。螺旋两端处于同一压力腔，轴向力可以自动平衡。特殊的结构特点使泵运转平稳，确保泵运行时产生的噪声低、振动小。

（4）输送介质广。螺杆泵输送介质粘度可达 $1 \sim 10000 \text{mm}^2/\text{s}$，特别适用于高粘原油的输送，有良好的吸入能力，并允许含有少量微小固体颗粒，适合含一定水或气的油品。

（5）结构简单、拆装、维修方便，安全可靠。螺杆泵结构简单、拆装、维修方便；泵体自带安全阀，当出口压力高于正常工作压力时，安全阀自动打开。

2）螺杆泵的轴功率计算

螺杆泵的轴功率可按下式计算：

$$P_{\text{b}} = \frac{(p_{\text{d}} - p_{\text{s}})q_{\text{v}}}{36.7\eta} \qquad (4-2-1)$$

式中　P_{b}——泵轴功率，kW；

p_{s}——泵入口压力，bar（1bar = 0.1MPa）；

p_{d}——泵出口压力，bar；

q_{v}——泵排量，m^3/h；

η——泵效率。

（三）各种类型泵的使用范围和特性

图4-2-1所给出的3种泵的曲线都体现了在世界范围内现在可以大批供应的泵压力与排量的上限。

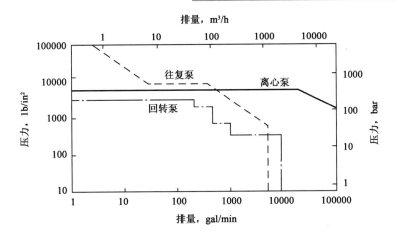

图 4-2-1　三种类型泵的压力与排量范围

（四）输油泵的选用

1. 长输管道对泵性能的要求

油田开发的特点往往是开发初期生产规模小，中期规模大，后期规模又变小。连接油田与用户之间的输油管道，也是运行初期输油量小，中期输油量大，后期输油量又变小。因此，对输油泵的要求是：流量在较宽范围内变化时，输油泵仍保持较高的效率特性。

随着输油用钢管制造水平的提高和高强度钢管的采用，管道输送压力也随之提高，输送距离加长，对单台泵的承压能力也相应提高。另外，在特定条件下，需加大站距，尽量减少泵站数量。如管道穿过无水区、沼泽区，可能要求泵扬程提高到 1000m 以上。

2. 输油泵机组的选用原则

（1）输油管道主泵一般选用离心泵。输油泵机组特性与管道特性曲线交汇点处的排量应与管道的设计输量一致。

（2）当输油量变化很大或管道翻越高山，泵的扬程主要用于克服静压差时，输油主泵宜采用并联方式；当输油主泵主要用于克服管道摩阻损失且输量变化小时，宜采用串联方式。一般情况下，每座泵站泵机组至少设置 2 台，但不宜多于 4 台，其中 1 台备用。

（3）液体中溶解或夹带气体量大于 5%（体积）时，不宜选用离心泵。

3. 输油泵机组的选型

输油管道中按照功能及用途一般将泵分为输油主泵和输油辅助泵。其中，输油辅助泵包括循环泵、装车泵、装船泵、给油泵、污油泵、燃料油泵等。

1）输油主泵

a. 输油主泵机组的配置方案

输油主泵机组的配置通常有以下几个方案进行比选：

（1）按近期输量选择输油主泵，远期更换为大排量主泵；

（2）按近期输量选择输油主泵，兼顾远期，近期处于低效运行；

（3）通过更换输油主泵的叶轮以满足近期和远期输量要求；

（4）采用变频调速装置。

通过水力计算，各站应按不同输量工况下的进出站压力及所需扬程，综合配置输油主泵。离心式输油主泵一般要求正压(20～30m 液柱)进泵。

b. 输油主泵的选型要求

输油主泵的选型必须符合以下要求：

（1）流量、压力平稳，工作时振动小，连续运转寿命至少 3 年；

（2）运行安全可靠，可以实现各站间的密闭输油；

（3）能和电动机直接连接，在高速、大排量下效率高；

（4）构造简单，一般选用水平中开式离心泵，拆卸维修方便；

（5）泵高效工作区范围要宽。

2）输油辅助泵

（1）循环泵、装车泵、装船泵、给油泵：一般选用水平中开式低扬程、效率高的离心泵，要求拆卸方便，并具有一定的吸入能力；给油泵必须高效，能长期连续可靠运转，并且能够与输油主泵相匹配。

（2）污油泵：推荐选用立式液下泵，以保证将污油池中的油抽出。

（3）燃料油泵：流量小，供油压力要求稳定，一般选用齿轮泵。

4. 输油泵驱动装置的选择

输油泵驱动装置的选取应根据输油泵的性能参数、原动机的特点、能源供应情况、管道输送工艺等因素而定。可供输油泵配用的原动机种类有电动机、柴油机和燃气轮机。

输油泵的原动机按下列原则选用：

（1）电力充足地区应首先采用电动机。

（2）在无电或缺电地区，需经技术经济论证后确定动力机型。可选原动机类型有原油发动机、柴油发动机。在有天然气作燃料时，可选用燃气发动机或燃气轮机等驱动输油主泵（主要组成：驱动机+齿轮箱+输油主泵），也可以建输电线路选用电动机。

（3）需要调速时，经技术经济比较后，可选用调速装置或可调速的原动机。

二、储油罐

（一）储罐的类型

储罐按照建造的特点可分为地上储罐和地下储罐两种类型。地上储罐大多采用钢板焊制而成，由于它的投资较少、建设周期短、日常的维护及管理比较方便，因而输油站场中的储罐绝大多数为地上式。地下储罐20世纪80年代前多采用钢板或钢筋混凝土两种材料建造，由于整个储罐建在地下，所以储存介质的温度比较稳定，气体蒸发的损耗小；但这种储罐存在投资较高、建设周期长、施工难度较大、操作及维护不如地上储罐方便等缺点，现地下钢筋混凝土油罐已被淘汰。

输油管道一般采用地上储罐，地上储罐主要类型包括立式圆筒形储罐、卧式圆筒形储罐。

1. 立式圆筒形储罐

这种储罐由罐底、罐壁及罐顶组成。罐壁为立式圆筒形结构。根据罐顶结构的特点，一般可分为固定顶储罐、浮顶储罐、内浮顶储罐三种型式。

1）固定顶储罐

固定顶储罐的罐顶结构有多种型式，目前使用最普遍的为拱顶。这种罐顶为球缺形，球缺的半径一般为罐直径的0.8~1.2。拱顶本身是承重的构件，有较强的刚性，能够承受一定的内部压力。拱顶储罐的承受压力一般为2kPa，由于受到自身结构及经济性的限制，储罐的容量不宜过大，容量大于$2 \times 10^4 m^3$时，多采用网架式拱顶储罐，目前拱顶储罐的最大容量已达$4 \times 10^4 m^3$。

2）浮顶储罐

浮顶储罐的罐顶是一个浮在液面上并随液面升降的盘状结构。浮顶分为双盘式及单盘式两种。双盘式由上、下两层盖板组成，两层盖板之间被分隔成若干个互不相通的隔舱。单盘式浮顶的周边为环形分隔的浮舱，中间为单层钢板。浮顶外缘的环板与罐壁之间有 200～300mm 的间隙，其间装有固定在浮顶上的密封装置。密封装置的结构种类较多，有机械式、管式及弹性填料式等。管式和弹性填料式是目前应用较为广泛的密封装置。这种密封装置主要采用软质材料，所以便于浮顶的升降，严密性能较好。为了进一步降低物料静止储存时的蒸发损耗，可在上述单密封的基础上再增加一套密封装置，称之为二次密封。

浮顶结构储罐的容量较大，目前国内已使用最大浮顶储罐的容量达 $15 \times 10^4 \mathrm{m}^3$。

3）内浮顶储罐

内浮顶储罐的结构特点是：在拱顶储罐内加一个覆盖在液面上、可随储存介质的液面升降的浮盘，浮盘有钢制和铝制的，目前设计一般采用铝制浮盘。同时，在罐壁的上部增加通风孔，这种储罐与拱顶罐储一样，受自身结构及经济性的限制，储罐的容量也不宜过大。

2. 卧式圆筒形储罐

这种储罐由罐壁及端头组成，罐壁为卧式圆筒形结构，端头为椭圆形封头。卧式圆筒形储罐多用于要求承受较高的正压和负压的场合。由于卧式圆筒形储罐受结构限制，容量不大，因而便于在工厂里整体制造，质量也易于保证，运输及现场施工都比较方便。卧式圆筒形储罐的主要不足在于单位容积耗用的钢材较多，占地面积也较大。

（二）储罐的选用

1. 选用原则

管道站场油罐应采用钢制油罐。油罐的设计应符合国家现行油罐设计规范的要求。选用油罐类型应符合下列规定：

（1）储存甲类和乙A类油品的地上立式油罐，应选用浮顶油罐或内浮顶油罐，浮顶油罐应采用二次密封装置。

（2）储存甲类油品的覆土油罐和人工洞油罐，以及储存其他油品的油罐，宜选用固定顶油罐。

（3）容量小于或等于 $100\mathrm{m}^3$ 的地上油罐，可选用卧式油罐。

2. 常用几种类型油罐的使用说明

1) 拱顶储罐

这种结构的储罐使用较为广泛，通常情况下多用于闪点大于60℃的石油化工产品。它既可用于储存常温状态下的介质，还可以储存温度较高的介质。

2) 浮顶储罐

罐顶覆盖在储存介质的液面上，并随液面升降，浮顶与液面之间基本上没有气体空间，从而大大地降低了气体的蒸发损耗，同时也减少了气体对周围环境的污染程度。由于罐顶的侧面与罐壁之间存在着一定的间隙，少量的雨雪及风沙有可能渗入罐内，所以仅适于储存一些对防水及防尘要求不是十分严格的轻质（闪点小于45℃）油品。这种结构更适用于容积大于$1 \times 10^4 m^3$的储罐。对于需选用大容量储罐的轻柴油，当拱顶储罐的容量不能满足要求时，应选用浮顶储罐。受密封系统结构的限制，介质的操作温度一般不高于70℃。

3) 内浮顶储罐

内浮顶储罐是在拱顶储罐内增加一个浮动顶，除可以降低油品的蒸发损耗、减少气体对周围环境的污染外，与浮顶储罐相比较，内浮顶储罐的防水、防尘性能比较好，因而更适合于储存对产品质量要求较为严格的油品。当油品的闪点低于45℃、储罐的容积小于$3 \times 10^4 m^3$时，宜选用内浮顶结构的储罐。

不同油品的油罐选型参照表4-2-2。

表4-2-2 储罐选型表

储 存 介 质	选用储罐结构
原油、汽油、溶剂油以及性质类似的油品	浮顶储罐、内浮顶储罐
航空汽油、喷气燃料油、-35号柴油	内浮顶储罐
灯用煤油	内浮顶储罐、固定顶储罐
柴油、重油、润滑油及性质类似的油品	固定顶储罐

4) 卧式圆筒形储罐

卧式圆筒形储罐常用于储存油气放空系统中回收的残液、化学试剂以及真空系统中的储罐。

三、加热设备

（一）加热方式的选择及要求

目前原油管道上输油站内对原油进行加热的方式有直接加热和间接加热两种。

1. 直接加热

直接加热方式是用加热炉直接加热原油。这种加热方式设备简单，投资省；但原油在炉内直接加热，一旦断流或偏流，容易因炉管过热结焦而造成事故。为确保安全，应设置防偏流、断流、结焦的自控保护系统；另外，应在露点以上运行，以避免对流管管壁造成低温露点腐蚀。

2. 间接加热

间接加热方式是用加热炉加热热媒，加热后的热媒通过换热器将热量传给原油，由热媒加热炉、换热器、热媒循环泵、膨胀罐组成。热媒炉系统见图4-2-2。

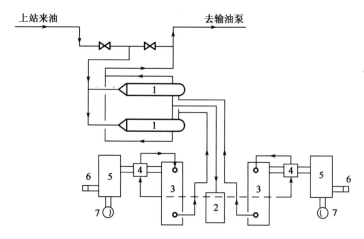

图4-2-2　热媒炉系统

1—热媒原油换热器；2—热媒膨胀罐；3—热媒炉；4—热媒预热器；
5—空气预热器；6—鼓风机；7—烟囱

间接加热方式的最大优点是：由于热媒进炉温度达121℃，使对流炉管管壁温度在露点以上，完全避免了低温露点腐蚀；热媒不结焦，对金属无腐蚀作用，运行比较安全。但间接加热系统占地面积大，约为直接加热系统的5～

6 倍；投资大约为直接加热系统的 2 ~ 3 倍。间接加热系统中的膨胀罐要求氮封，使热媒不与空气接触，并配备安全阀和相应的仪表，这是因为热媒温度超过 60℃ 与空气接触即发生氧化，严重影响使用。热媒温度每升高 100℃，体积约膨胀 70%。热媒罐的设置就是为了防止因热媒体积膨胀而引起超压。

3. 导热油组成及选择

导热油由四氢萘、甲基萘、乙基萘、丙基萘、二甲苯基甲烷、三乙基联苯氢化三联苯等组成。

不同品牌的导热油因化学成分不同，使其性能指标、使用条件和功能也各不相同，故在选择导热油为传热介质时，必须考虑热稳定性、安全性、经济性及环保、节能等因素。

(二) 常用加热炉

1. 管式加热炉的选用

管式加热炉的选用应执行《石油工业用加热炉型式与基本参数》（SY/T 0540—2006）。管式加热炉的设计、制造、检验、验收的基本要求应符合《管式加热炉规范》（SY/T 0538—2004）。

管式加热炉是轻型快装式加热设备，广泛用于对油田集输和原油管道的原油加热，常用的有卧式圆筒管式加热炉及立式圆筒管式加热炉。

2. 热载体加热炉的选用

热载体加热炉的选用应执行《有机热载体炉》（GB/T 17410—2008）标准。有机热载体炉炉体设计计算压力为工作压力加 0.3MPa，且不低于 0.6MPa。管路连接选用焊接和管法兰连接。液相炉管法兰应采用公称压力不小于 1.6MPa 的凹凸面或凸面带颈平焊钢制管法兰；气相炉管法兰采用公称压力不小于 2.5MPa 的锥槽面或凹凸面带颈平焊（对焊）钢制管法兰。垫片应采用金属缠绕石墨垫片或柔性石墨复合垫片。

有机热载体炉主要是通过对热载体进行加热，然后送到换热设备进行换热，再回到加热炉进行加热的间接加热装置，具有操作压力低、液相传热温度高达 350℃ 以上等优点。加热炉采用可编程控制器，实现操作全自动化，热负荷变化率 50% ~ 100%，热载体温度控制精度 ±1℃，并具有熄火保护等多重报警系统。

有机热载体炉的分类与命名、技术要求、试验方法、检验规则、标志、包装、运输和储存，应符合国家标准《有机热载体炉》（GB/T 17410—2008）

的要求。

有机热载体炉常用的有立式盘管间接加热炉(图4-2-3)、卧式盘管间接加热炉(图4-2-4、图4-2-5)。

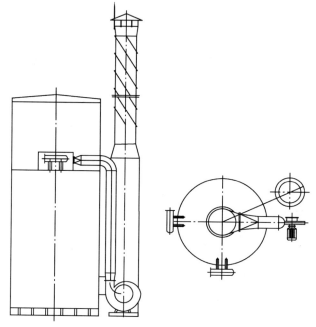

图4-2-3　立式盘管间接加热炉外形图

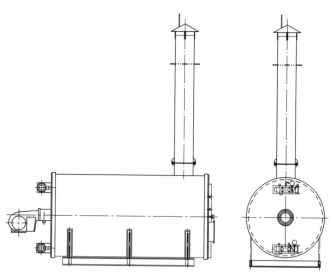

图4-2-4　卧式盘管间接加热炉外形图(350~3500kW)

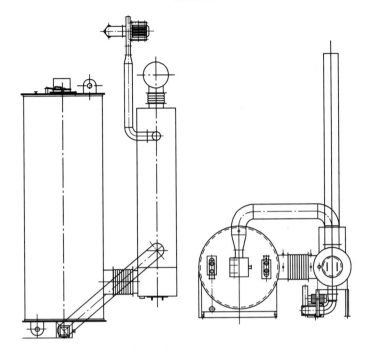

图 4 - 2 - 5 卧式盘管间接加热炉外形图(4000~8000kW)

(三)换热器

1. 换热器结构的选择

换热器的结构形式很多,输油站最常用的换热器为管壳式。为了便于检修和清洗,选用一端管板能够自由伸缩的浮头式换热器。

2. 换热器流体流道的选择

由于原油粘度大、较脏,为了便于清洗,原油走壳程。一般在输油管道的首站、末站靠近油田或炼厂,可设换热器,常用的热介质为水蒸气,依托油田或炼厂。在设计计算时,原油走壳程,蒸汽走管程。

四、清管设施

长输管道中应设清管设施以清除管道内沉积物,检测管内腐蚀、泄漏、变形,提高管道的输送效率。清管器通过的管道两端应设有清管器的发送与接收装置,若清管器通过中间站不取出,该站应设有清管器转发设施。

(一)清管工艺系统的设计要求

(1)装有清管设施的干线上需安装与干线同直径的阀门,一般采用球阀或带导流孔的平板闸阀。

(2)干线与支线相接时,应设带挡条的清管三通或清管三通。

(3)管线弯头曲率半径大于等于2.5DN,具体要求应根据清管器或检测器的结构要求确定。

(二)清管器收发装置

1. 清管器收发装置设置

清管器收发装置的设置见图4-2-6,它由快开盲板、筒体、偏心大小头、短节、可通清管器的阀门、带挡条的清管三通、清管指示器、旁通管及旁通阀、放空阀、排污阀、安全阀、压力表等部件组成。

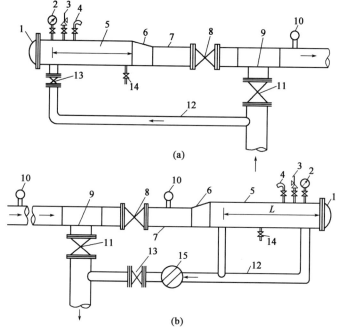

图4-2-6 清管器收发装置示意图

(a)发送;(b)接收

1—快开盲板;2—压力表;3—安全阀;4—放空阀;5—收发筒;6—偏心大小头;

7—短节;8—直通阀;9—带挡条的清管三通;10—清管指示器;11—干管旁通阀;

12—旁通管;13—收发筒旁通阀;14—排污阀;15—过滤器

2. 设计要求

1）筒体

筒体直径至少比输油管直径大 50mm，一般比管道直径至少大 10%。清管器发送筒的尺寸一般取最长清管器长度（取多个清管器的累积长度）的 1.5~2 倍，清管器接收筒一般取最长清管器长度的 2~2.5 倍，并应能满足收发多功能智能清管器的要求。对于大型清管器（大于 800mm），宜附设接收笼及清管器接收架。清管器发送筒宜倾斜安装，以利用清管器的重力自动从筒体投入管道中，推荐的最佳倾斜角见表 4-3-3。

表 4-2-2　筒体最佳倾斜角度

公称直径，mm	发送筒体倾斜角度，（°）
100~200	15
250~500	10
550~1200	5

2）快开盲板

结合我国实际情况，当管道直径不大于 250mm 时，宜选用螺纹型快开盲板；当管道直径大于 250mm 时，宜选用环锁型快开盲板。

3）清管三通

开口大于 30% 主管直径的三通必须设置挡条，用泡沫清管器或带弹性刷的机械清管三通宜用带孔眼或孔槽的套筒式三通。

4）短节

偏心大小头与可通清管器的阀门之间应装短节，其目的是使清管器与阀门之间有缓冲的余地，防止直接冲撞阀门及快开盲板。短节的长度加上筒全长应考虑到能放进清管检测器。

5）旁通管线

旁通管线的最小直径一般不小于干线直径的 40%；输送粘性油品的，可大于干线直径的 50%。

6）清管指示器

清管指示器用来确定清管器是否已通过某特定位置。国内常用的清管指示器为计时式指示器、簧片式指示器。清管指示器的安装位置见图 4-2-7。

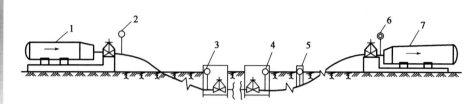

图 4-2-7　清管指示器的安装位置

1—清管器发送筒；2—清管器出站清管指示器；3—清管器到达线路截断阀前清管指示器；

4—清管器通过线路截断阀后清管指示器；5—清管器进站前 1km 清管指示器；

6—清管器进站清管指示器；7—清管器接收筒

7）清管器装卸工具

当管道直径大于 500mm、清管器总质量超过 45kg 时，清管设施中应配备有提升机械，如吊架或起重机（吊车和起重汽车），也可采用具有将清管器推进/拉出功能的清管小车。

8）快开盲板前清管器的操作场地

考虑到管道经过长时期使用后，需要对管道内部进行腐蚀及变形或内部缺陷的测定，需要通入管道检测清管器，该清管器比常用标准式清管器要长得多，因此，为了操作上的需要，应在快开盲板前留出至少 8m 的空地。

五、阀门

管道常用阀门有：闸阀、截止阀、球阀、旋塞阀、蝶阀、节流阀、止回阀、调节阀、安全阀、减压阀、泄压阀、排污阀等。

（一）常用阀门的特点

1. 闸阀

1）闸阀的用途

闸阀是截断阀的一种，使用范围较宽。其作用原理为：闸板在阀杆的带动下，沿阀座密封面升降而达到启闭目的。

闸阀的流动阻力小，启闭省力，广泛用于各种管道的启闭。当闸阀部分开启时，在闸板背面产生涡流，易引起闸板的侵蚀和震动，也易损坏阀座的密封面，维修很困难，因此一般不用做节流阀。

2）闸阀的种类

闸阀有如下类型：

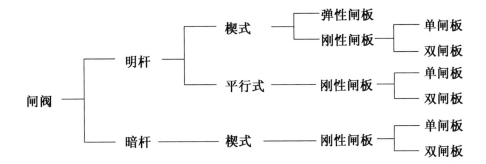

3）闸阀的特点

（1）闸阀的共同特点是：高度大；启闭时间长；在启闭过程中，密封面容易被冲蚀；修理比截止阀困难；不适用于含悬浮物和析出结晶的介质；也难以用非金属耐腐蚀材料来制造。

（2）与截止阀相比，闸阀流阻小，启闭力小，密封可靠，是最常用的一种阀门。

（3）与球阀和蝶阀相比，闸阀开启时间较长，结构尺寸较大，不宜用于直径较大的情况。

（4）可双向流动。

4）闸阀的结构

闸阀主要由阀体、阀盖、支架、阀杆、手轮、阀杆螺母、闸板、阀座、填料函、密封填料、填料压盖及传动装置组成，见图4-2-8。

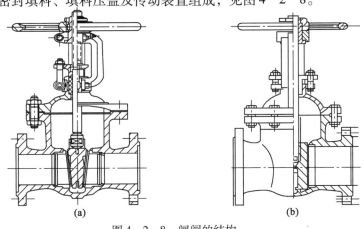

图4-2-8　闸阀的结构

（a）楔式；（b）平行式

2. 截止阀

1) 截止阀的用途

截止阀是截断阀的一种,一般通径较小。小通径的截止阀多采用外螺纹连接、卡套连接或焊接连接,较大口径的截止阀采用法兰连接或焊接。其作用原理为:阀瓣在阀杆的带动下,沿阀座密封面的轴线升降而达到启闭目的。

2) 截止阀的种类

截止阀有如下类型:

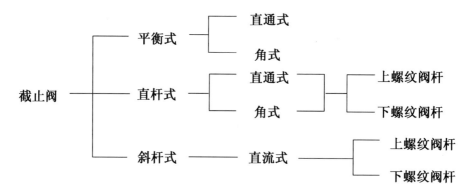

3) 截止阀的特点

(1)截止阀的动作特性是关闭件(阀瓣)沿阀座中心线移动。其主要功能是切断,也可粗略调节流量,但不能作为节流阀使用。

(2)开闭过程中,密封面间摩擦力小,比较耐用;开启高度不大;制造容易,维修方便;不仅适用于中低压,而且适用于高压、超高压。

(3)截止阀只允许介质单向流动,安装时有方向性。

(4)截止阀结构长度大于闸阀,同时流体阻力较大,长期运行时密闭可靠性不强。

(5)与闸阀相比,截止阀具有一定的调节作用,故常用于调节阀组的旁路。

(6)截止阀在关闭时需要克服介质的阻力,因此其最大直径仅到350mm左右。

(7)对要求有一定调节作用的开关场合(如调节阀旁路)和输送液化石油气、液态烃介质的场合,宜选用截止阀代替闸阀。

4) 截止阀的结构

截止阀主要由阀体、阀盖、支架、阀杆、手轮、阀杆螺母、阀瓣、阀座、填料函、密封填料、填料压盖及传动装置组成，见图4-2-9。

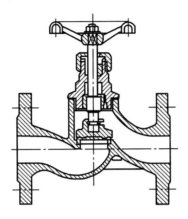

图4-2-9　截止阀的结构

3. 球阀

1) 球阀的用途

直通球阀用于截断介质，已广泛应用于长输管道。多通球阀可改变介质流动方向或进行介质分配。其作用原理是：球体绕垂直于通道的轴线旋转而启闭通道。

球阀一般用于需要快速启闭或要求阻力小的场合，可用于水、汽油等介质，也适用于浆液和粘性液体的管道。球阀还可用于高压管道和低压力降的管道。

2) 球阀的种类

球阀有如下类型：

（1）浮动式球阀:球体是可以浮动的，在介质压力作用下，球体被压紧到出口侧的密封圈上，使其密封。这种结构简单，单侧密封，密封性能好，但密封面承受力很大，故启闭力矩也大。一般适用于中低压、中小口径的球阀，$DN \leqslant 200mm$。

（2）固定式球阀:球体是由轴承固定的，只能转动，不能产生水平移动。为了保证密封性，必须有能够产生推力的浮动阀座，使密封紧压在球体上。其结构较复杂，外形尺寸大，启闭力矩小，适用于高压力、大口径的球阀，$DN \geqslant 200mm$。

球阀阀体结构有整体式、两开式及三开式 3 种。整体式阀体一般用于较小口径的球阀，两开式及三开式阀体适用于中大口径的球阀。

3）球阀的特点

（1）球阀的最大特点是在众多的阀门类型中流体阻力最小，流动特性最好。

（2）对于要求快速启闭的场合，一般选用球阀。

（3）与蝶阀相比，其重量较大，结构尺寸也较大。

（4）球阀与旋塞阀相比，开关轻便，相对体积小，所以可以支撑很大口径的阀门。

（5）球阀密封可靠，结构简单，维修方便，密封面与球面常处于闭合状态，不宜被介质冲蚀。

（6）球阀启闭迅速，便于实现事故紧急切断。由于节流可能造成密封件或球体的损坏，一般不用球阀节流。全通道球阀不适于调节流量。

（7）介质流动方向不受限制。

4）球阀的结构

球阀主要由阀体、球体、手轮、阀座及传动装置组成，见图 4-2-10。

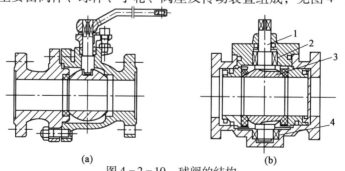

图 4-2-10　球阀的结构

（a）浮动式球阀；（b）固定式球阀

1—阀杆；2—上轴承；3—球体；4—下轴承

4. 旋塞阀

1）旋塞阀的用途

旋塞阀一般用于中低压、小口径、温度不高的场合，用于截断、分配和改变介质流向。其作用原理是：塞子绕其轴线旋转而启闭通道。直通式旋塞阀主要用于截断介质流动；三通式旋塞阀和四通式旋塞阀多用于改变介质流向和进行介质分配。当用于高温场合时，可采用提升式旋塞阀，旋塞顶端设有提升机构。开启旋塞阀时，先提起旋塞，与阀体密封面脱开。旋零阀扭矩小，密封免磨损小，寿命长。

2）旋塞阀的种类

旋塞阀有如下类型：

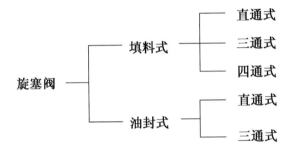

3）旋塞阀的特点

（1）旋塞阀结构简单，外形尺寸小，重量轻；流体直流通过，阻力降小；启闭方便、迅速（塞子旋转1/4圈就能完成开闭动作）。

（2）旋塞阀在管道中主要用于切断、分配和改变介质流动方向。

（3）介质流向不受限制。

（4）旋塞阀的缺点是启闭力矩大，密封面为锥面，密封面较大，宜磨损，锥面加工（研磨）困难，难以保证密封，且不易维修。

4）旋塞阀的结构

旋塞阀主要由阀体、塞子等组成，见图4-2-11。

5. 蝶阀

1）蝶阀的用途

蝶阀可用于截断介质，也可以用于调节流量，多用于低压和中大口径。其作用原理是：蝶板在阀体内绕固定轴旋转而启闭通道。

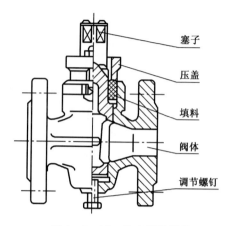

图 4-2-11　旋塞阀的结构

2）蝶阀的种类

蝶阀有如下类型：

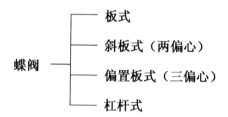

3）蝶阀的特点

（1）蝶阀具有轻巧的特点，与其他阀门相比要节省许多材料，且结构简单、开闭迅速（只需旋转 90°），调节性能好。

（2）切断和节流都能用。

（3）流体阻力小，操作省力。

（4）密封性能不如闸阀可靠，在某些需要调节的工况下可以代替闸阀。能够使用蝶阀的地方，最好不要使用闸阀，因为蝶阀比闸阀要经济，而且调节流量性能也好。对于设计压力较低、管道直径较大、要求快速启闭的场合，一般选用蝶阀。

（5）使用压力和工作温度范围较小。

4）蝶阀的结构

蝶阀主要由阀体、阀杆、蝶板、密封圈和转动装置组成，见图 4-2-12。

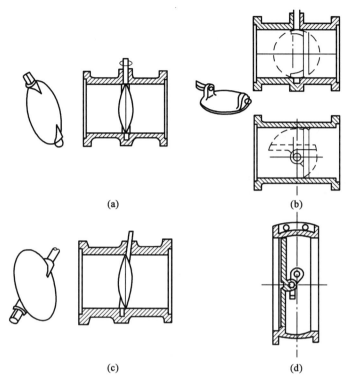

图 4 - 2 - 12 蝶阀的结构

(a)板式;(b)偏心板式;(c)斜板式;(d)杠杆式

6. 节流阀

1)节流阀的用途

节流阀用于调节介质流量和压力,其作用原理为:通过阀瓣改变通道截面积而调节流量和压力。

2)节流阀的种类

节流阀有如下类型:

3）节流阀的特点

（1）截止型适用于小口径，调节范围较大，较精确；旋塞型适用于中小口径；蝶形适用于大口径。

（2）节流阀不宜作为截断阀使用。

4）节流阀的结构

通常所说的节流阀一般指截止型节流阀。节流阀与截止阀的结构基本一样，所不同的是节流阀的阀瓣可起调节作用，通常将阀杆和阀瓣制成一体，截止型节流阀的阀瓣有窗形、塞形、针形。窗形用于较大口径；塞形用于较小口径；针形用于很小口径。节流阀的结构见图4－2－13。

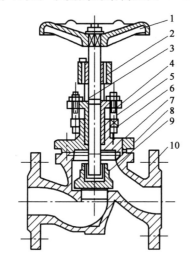

图4－2－13　节流阀的结构

1—手轮；2—阀杆螺母；3—阀杆；4—填料压盖；

5—T形螺栓；6—填料；7—阀盖；8—垫片；

9—阀瓣；10—阀体

7. 止回阀

1）止回阀的用途

止回阀用于阻止介质逆向流动，其作用原理为：启闭件（阀瓣）借介质的作用力，自动阻止介质逆向流动。

2）止回阀的种类

止回阀有如下类型：

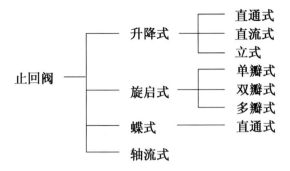

3）止回阀的特点

（1）升降式止回阀：阀瓣沿着阀座中心线升降，阀体与截止阀阀体完全一样，可以通用。升降式止回阀流体阻力较大，只能安装在水平的管道上；其优点是介质压力越高，密封性能越好。

（2）旋启式止回阀：阀瓣呈圆盘状，阀瓣绕阀座通道外固定轴旋转。其优点为：阀门通道为流线型，流体阻力小。

（3）蝶式止回阀：蝶式止回阀形状与蝶阀相似，阀座是倾斜的。其结构简单，密封性差，只能安装在水平管道上。

（4）轴流式止回阀：结构单体重量轻，刚性好，便于维护；弹簧的推力使阀瓣在无介质压力作用时也能处于关闭位置；良好的支承方式使阀门无论处于什么安装位置时阀瓣和阀座均能良好对中，故阀门可任意角度安装。

4）止回阀的结构

升降式止回阀主要由阀体、阀盖、阀瓣、阀体组成，见图4-2-14。

旋启式止回阀主要由阀体、阀盖、阀瓣和摇杆组成，见图4-2-15。

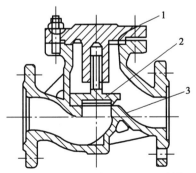

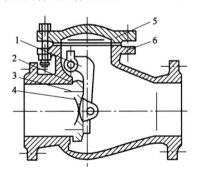

图4-2-14　升降式止回阀的结构
1—阀盖；2—阀瓣；3—阀体

图4-2-15　旋启式止回阀的结构
1—摇杆；2—密封圈；3—螺钉；
4—阀瓣；5—阀盖；6—阀体

轴流式止回阀主要由阀体、阀座、阀瓣及阀瓣轴、缓冲弹簧等组成，见图 4-2-16。

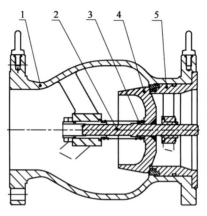

图 4-2-16　轴流式止回阀的结构
1—阀体；2—阀瓣轴；3—缓冲弹簧；
4—阀瓣；5—阀座

8. 调节阀

调节阀是一种主要的调节机构，是自动控制系统的终端控制元件之一。从流体力学的观点看，它是一种局部阻力可以变化的节流元件。它安装在工艺管道上，直接与被调介质接触，接受执行机构的操纵，改变阀芯与阀座间的流通面积，调节流体的流量。

调节阀有正作用和反作用两种。

调节阀根据阀芯的动作方式，分为直行程式和角行程式两大类。直行程式的阀有直通单座阀、直通双座阀、笼式（套筒阀）等；角行程式的阀有蝶阀、偏心旋转阀、球阀（O 形、V 形）等。

9. 安全阀

1）安全阀的用途

安全阀能防止管道、容器等承压设备介质压力超过允许值，以确保设备及人身安全。其作用原理为：当管道、容器及设备内介质压力超过规定值时，启闭件（阀瓣）自动开启泄放；介质压力低于规定值时，启闭件（阀瓣）自动关闭。

2）安全阀的种类

安全阀有如下类型：

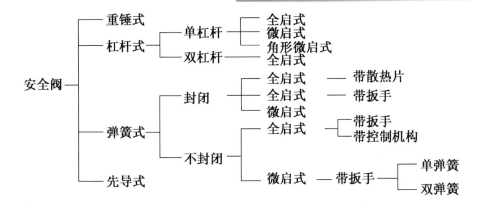

3）安全阀的特点

输油管道上一般采用弹簧封闭微启式安全阀和先导式安全阀。

（1）弹簧封闭微启式安全阀：通过作用在阀瓣上的弹簧力来控制阀瓣的启闭，具有结构紧凑、体积小、重量轻、启闭动作可靠、对振动不敏感等优点，其缺点是作用在阀瓣上的荷载随开启高度而变化，对弹簧的性能要求很严，制造困难。

（2）先导式安全阀：主要由主阀和副阀（导阀）组成，下半部叫主阀，上半部叫副阀，借副阀的作用带动主阀动作；主要用于大口径、大排量和高压力的场合。

4）安全阀的结构

（1）弹簧封闭微启式安全阀主要由阀体、阀盖、阀瓣、弹簧、调节环等组成，见图4－2－17。

（2）先导式安全阀：主阀主要由阀体、主阀座、主阀瓣、活塞缸等组成；副阀（导阀）主要由隔膜、副阀瓣、弹簧与弹簧座组成，见图4－2－18。

10. 减压阀

减压阀用于需要将介质压力降低到某确定压力的场合。减压阀的作用是通过启闭件的节流，将进口压力降低到某一预定的出口压力，并借助阀后压力的直接作用，使阀后压力自动保持在一定的范围内。

输油管道使用过的国外减压阀有迷宫式减压阀（兰成渝管道）、轴流式减压阀（库鄯管道）、套筒式减压阀（西部管道）。应根据减压压差的大小选用不同形式的减压阀。减压阀的结构见图4－2－19。

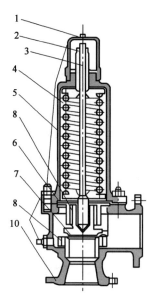

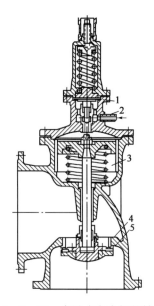

图 4-2-17　弹簧封闭微启式安全阀的结构
1—保护罩；2—调整螺杆；3—阀杆；4—弹簧；
5—阀盖；6—导向套；7—阀瓣；8—衬套；
9—调节环；10—阀体

图 4-2-18　先导式安全阀的结构
1—隔膜；2—副阀瓣；3—活塞缸；4—主阀座；
5—主阀瓣

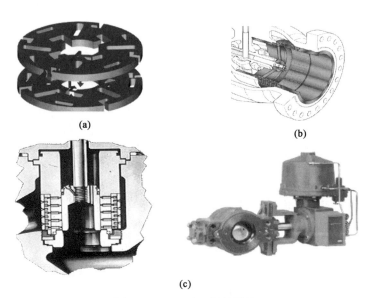

(a)

(b)

(c)

图 4-2-19　减压阀的结构
(a)迷宫式减压阀；(b)轴流式减压阀；(c)套桶式减压阀

11. 泄压阀

管道系统由于瞬变流产生的异常压力波动及水击压力超过系统设计压力时，会对管道系统及设备产生破坏。泄压阀用于使系统压力迅速泄放，以保证管线安全。

泄压阀有两种：一种是外接能源控制型（即氮气控制）；另一种是先导式自力控制型。

当输送介质含泥沙颗粒较多或粘稠度较高时，推荐采用外接能源控制型；当输送含泥沙颗粒量低或粘稠度低的介质时，推荐采用先导式自力控制型。

12. 排污阀

输油管道上常用的排污阀为阀套式排污阀。它是截止阀的一种，采用阀座浮动连接，阀芯和阀座采用硬、软双质密封。阀套式排污阀具有耐冲蚀、排污性能好等特点，见图4-2-20。

图4-2-20　阀套式排污阀的结构

（二）阀门的选用

1. 阀门选用的影响因素

（1）输送液体的性质。

（2）阀门的功能。选用阀门时还要考虑阀门的功能，是用于切断还是需要调节流量。若只是切断用，则还需要考虑有无快速启闭的要求。

（3）阀门的尺寸。根据流体的流量和允许的压力损失来决定阀门的尺寸，一般应与工艺管道的尺寸一致。

（4）阻力。管道内的压力损失有相当一部分是由于阀门所造成的。有些阀门的阻力大，而有些阀门阻力小，但各种阀门都有其固有的功能特性。同一种形式的阀门有的阻力大，有的阻力小，选用时要认真考虑。

（5）温度和压力。应根据阀门的工作温度和压力来决定阀门的材质和压力等级。

（6）阀门的材质。当阀门的压力、温度等级和流体特性决定后，就应选择合适的材质。阀门的不同部位，如阀体、阀盖、阀瓣、阀座等，可能是由好几种不同材质组成的，应仔细选择以获得最佳效果。

2. 阀门选用的一般原则

（1）不通清管器的管线可采用缩径阀门。

(2)油气管线一律采用钢阀。

(3)油气管线一般采用闸阀、球阀，油库可采用蝶阀。

(4)两种不同介质或不同压力的管线相接处的阀门，应按较高要求者选用。

(5)具有清管作业的管线应选用与管径相同的球阀或带导流孔的平板阀。

(6)泵的出口管线的截断阀宜选用可调节型的阀门。

(7)需要防止流体逆向流动的场合，如泵和压缩机出口等，应装止回阀。

(8)在垂直的管线上不允许选用升降式止回阀，可选用旋启式止回阀，但介质流向必须自下而上，在其上部应设放净阀。安装止回阀时，介质流动方向应与止回阀上的箭头方向一致。

(9)蒸汽管线一般选用截止阀；取压口阀门应选用截止阀；系统排液/排气阀门应选用截止阀。

(10)泵入口阀门不应选用截止阀；具有双流向操作的管线不应采用截止阀。

(11)加热炉燃烧器燃料油入口处的阀门宜采用针型阀。

(12)在事故情况下，有可能超压的设备和管线应设安全阀，如往复式压缩机各段出口，往复泵、齿轮泵、螺杆泵等容积式泵的出口，顶部压力大于 0.07MPa 的压力容器，可燃气体或液体受热膨胀，可能超过设计压力的设备和管线等。安全阀一般选用弹簧封闭微启式安全阀。

(13)由于安全阀入口不宜受脉动压力的影响，故在往复式压缩机或往复泵出口处宜选用先导式安全阀，并应在阀门上的取压管加装脉冲衰减器。

(14)液化石油气设备及管线上的阀门应选用液化石油气专用阀门。阀门选用应按系统设计压力提高一级，且不应低于 $PN25MPa$。

(15)液化石油气储罐与管线接口处应设双阀，即一个紧急切断阀和一个切断阀。阀门法兰应采用对焊法兰(凹凸面或榫槽面)、金属缠绕式垫片和高强度(低合金钢)螺栓紧固件。

(16)液化石油气安全阀与储罐之间的切断阀不应选用截止阀。安全阀选用弹簧封闭全启式安全阀。

(17)疏水器宜选用热动力式疏水器。热动力式疏水器宜安装在水平位置。当疏水器本体没有过滤器时，疏水器进口前应装有 Y 形过滤器。

(18)疏水器主要依据凝结水量、蒸汽温度、压力(最低压力)、凝结水回收系统的最高压力、蒸汽加热设备或管道的操作特点(连续或间歇)、疏水器安装位置及其他要求等，按凝结水量的 2~3 倍作为最大排水量，切勿根据凝结水管管径或设备接口的尺寸选用。疏水器的出口压力不得超过进口压力的 50%。

（19）容器液面计阀门应选用闸阀，口径为 $DN20mm$ 或 $DN50mm$；排液（放净）阀应选用闸阀，口径为 $DN20mm$；检查阀应选用闸阀，口径 $DN20mm$。

（20）当阀门口径较大时，宜选用齿轮传动的阀门，以便于启闭。

（21）大口径或高压力、操作频繁、要求快速启闭或远距离操作、有自动化控制要求的阀门，应选用电动阀。电动阀的型号和防爆等级、防护等级、启闭扭矩和时间应根据使用场合和要求确定。

六、管子、管件及管道附件

（一）管子

管子按照用途不同可以分为输送用管和传热用管（例如流体输送用管、长输管道用管、石油裂化用管等）、结构用管（例如普通结构用管、高强度结构用管、机械结构用管子等）、特殊用途用管（例如钻井用管、高压气体容器用管等），按照材质不同又可分为金属管（包括铁管、铸铁管、钢管和有色金属管）和非金属管（包括橡胶管、塑料管和钢骨架复合管）。

对于长输油气管道来说，输送的往往是易燃、易爆、有毒、有温度、有压力的介质，通常均选用流体输送用钢管。

本节内容只针对输油（气）管道和石油化工装置设备所用钢管进行说明。

1. 钢管的分类

钢管分类如下：

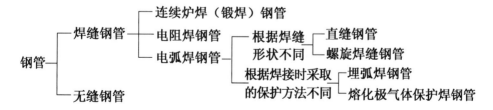

2. 钢管的选用

石油化工装置设备和管道的操作条件多处于高温（低温）、高压状态，运输、使用和生产的物质多为可燃、易爆物。为了减少和防止火灾、爆炸发生，正确选择设备和管道的材料是至关重要的。

长输油气管道和石油化工装置设备所用钢管在材料的选用中应遵循以下原则：

（1）温度超过350℃并伴有腐蚀的条件下，必须使用耐腐蚀钢管；

（2）温度超过350℃且没有腐蚀的条件下，应使用高温、高压钢管；

（3）温度在 -20 ～ -40℃的条件下，不宜采用碳素钢管；

（4）温度在 -40 ～ -70℃的条件下，不宜采用低合金钢管；

（5）温度在 -70 ～ -196℃的条件下，不宜采用一般合金钢管；

（6）温度低于 -196℃的条件下，不宜采用低碳素普通不锈钢管。

长输油气管道和石油化工装置设备所用钢管在类型的选用中应遵循以下原则。

1）焊接钢管

（1）连续炉焊（锻焊）钢管在管道中仅用于低压水和压缩空气系统，且设计温度为 0 ～ 100℃，设计压力不超过 0.6MPa；

（2）电阻焊钢管不宜用于重要的场合和高温情况；

（3）在经过适当的热处理和无损检查之后，电弧焊直缝钢管可达无缝钢管的使用条件而取代无缝钢管。

2）无缝钢管

无缝钢管是长输油气管道和石油化工生产装置中运用最多的钢管，生产工艺比较成熟，选用时有具体的国家和行业标准可遵循。

石油化工生产装置中常用的碳素钢无缝钢管标准有《输送流体用无缝钢管》（GB/T 8163—2008）、《石油裂化用无缝钢管》（GB 9948—2006）、《高压化肥设备用无缝钢管》（GB 6479—2000）、《低中压锅炉用无缝钢管》（GB 3087—2008）、《高压锅炉用无缝钢管》（GB 5310—2008）五种标准。其中，《流体输送用无缝钢管》（GB/T 8163—2008）标准是应用最多的钢管制造标准。石油天然气输送管道应用最广泛的标准是《石油天然气工业 输送钢管 交货技术条件 第 1 部分：A 级钢管》（GB/T 9711.1—1997）、《石油天然气工业 输送钢管 交货技术条件 第 2 部分：B 级钢管》（GB/T 9711.2—1999）、《石油天然气工业 输送钢管 交货技术条件 第 3 部分：C 级钢管》（GB/T 9711.3—2005）。

（二）管件

管件是用来改变管道方向、改变管径大小、管道分支、局部加强、实现特殊连接等作用的管道元件。

1. 管件的种类

管件的种类较多，有弯头、异径管、三通、四通、管箍、活接头、管嘴、螺纹短节、管帽、堵头内外丝等，其按用途可分为以下几类：

(1)直管与支管连接，如活接头、管箍等；

(2)改变走向，如弯头、弯管等；

(3)分支，如三通、四通、平头螺纹管接头等；

(4)变径，如异径管(大小头)、异径短节等；

(5)封闭管端，如管帽、堵头(丝堵)、封头等。

2. 管件的选用

管件的选用主要是根据操作介质的性质、操作条件以及用途来确定，一般公称压力表示其等级，并按照其所在的管道设计压力、温度来确定其压力、温度等级。

管件选用一般遵循以下原则：

(1)DN50mm 及以上的管道一般多采用对焊连接管件；

(2)DN40mm 及以下的管道一般多采用锥管螺纹或承插焊接连接管件。

(三)管道附件

管道附件主要由法兰、法兰盖、紧固件以及垫片组成。

1. 管道附件的种类

1)法兰及法兰盖的种类

管道法兰按与管子的连接方式分为平焊、对焊、螺纹、承插焊和松套法兰五种基本类型。常用的法兰除螺纹法兰外，其余均为焊接法兰。

法兰盖又称盲法兰，设备、机泵上不需要接出管道的管嘴一般用法兰盖封住，在管道上则用在管道端部与管道上的法兰相配合作封盖用。

2)紧固件及材料

紧固件通常有单头螺栓(或六角头螺栓)、双头螺栓和全螺纹螺栓。

3)垫片

常用垫片有非金属垫片、半金属垫片和金属垫片。非金属垫片通常只是在操作温度较低、操作压力不高的管道上使用；常用的半金属垫片有缠绕式垫片和金属包垫片，它比非金属垫片承受的温度、压力范围广；金属垫片一般用在半金属垫片所不能承受的高温高压管道上。

2. 管道附件的选用

1）法兰的选用

选用法兰应遵循以下原则：

(1)平焊法兰多用于介质条件比较缓和的情况，与公称压力不超过 2.5MPa 的碳素钢管连接，工艺物料、可燃介质管道不得采用板式平焊法兰；

(2)对焊法兰是最常用的一种，可以承受较苛刻的条件；

(3)在可能发生间隙腐蚀、严重腐蚀条件下，不得采用螺纹法兰；

(4)承插焊法兰常用于 $PN \leqslant 10.0MPa$、$DN \leqslant 40mm$ 的管道，不得使用在可能发生间隙腐蚀或严重腐蚀处；

(5)松套法兰常用于介质温度和压力都不高而介质腐蚀性较强的情况；

(6)公称压力小于或等于 2.0MPa 的标准法兰采用缠绕式垫片或金属垫片时，宜选用对焊法兰或松套法兰。

2）垫片的选用

选用垫片时应使所需的密封负荷与法兰的设计压力、密封面、法兰强度及其螺栓连接相适应，垫片的材料应适应流体性质及工作条件。

选用垫片应遵循以下原则：

(1)缠绕式垫片常用在 $PN2.0MPa \sim PN10MPa$ 压力条件下；

(2)用于全平面型法兰的垫片应为全平面非金属垫片；

(3)石棉橡胶板垫片适用于一般工艺介质管道法兰密封；

(4)聚四氟乙烯(PTFE)包覆垫片常用于耐腐蚀、防粘结和要求干净的场合下。

(5)铁包式垫片的密封性能不如缠绕式垫片，常用在换热器封头等大直径的法兰连接密封面上；

(5)金属垫片常用在高压力等级法兰上。

3）紧固件的选用

管道用紧固件应选用国家现行标准中的标准紧固件。用于法兰连接的紧固件材料应符合国家现行的法兰标准规定，并与垫片类型相适应。选择法兰连接用紧固件材料时，应同时考虑管道操作压力、操作温度、介质种类和垫片类型等因素。

选用紧固件应遵循以下原则：

(1)六角头螺栓与平焊法兰和非金属垫片配合用于操作条件比较缓和的工况下；

(2)双头螺栓常与对焊法兰配合使用于操作压力比较苛刻的工况下；

(3)法兰连接用紧固件螺纹的螺距不宜大于 3mm，直径 30mm 以上的紧固件可采用细牙螺纹；

(4)碳钢紧固件应符合国家现行法兰标准中规定的使用温度；

(5)金属管道组成件上采用直接拧入螺柱的螺纹孔时，应有足够的螺纹深度。

第三节　综合实例分析

某原油管道工程管道设计输量 $1000 \times 10^4 t/a$，启输量为 $550 \times 10^4 t/a$，全线采用加热密闭输送工艺，输送油品为北疆油、哈油、塔里木油。各种油品的粘度参数见表 4-3-1。管道的各种油品各种工况的工艺计算结果表明：工程首站输量范围为 $(550 \sim 1000) \times 10^4 t/a$，北疆油流量范围在 $772 \sim 1403 m^3/h$，塔里木油流量范围在 $755 \sim 1373\ m^3/h$，哈油流量范围在 $789 \sim 1435 m^3/h$，输量变化较大，进出站压力以及所需扬程不同，具体结果见图 4-3-1，试对首站泵机组进行配置并选型。

表 4-3-1　油品的物性

油　　　品		塔　里　木　油	哈　　油	北　疆　油
不同温度下的粘度 mPa·s	10℃	40.15	14.507	142
	20℃	21.07	9.523	40.9
	30℃	14.36	5.874	19.5
	40℃	10.04	4.361	14.0
	50℃	8.47	3.56	9.98

首站输油主泵流量扬程范围见图 4-3-1。

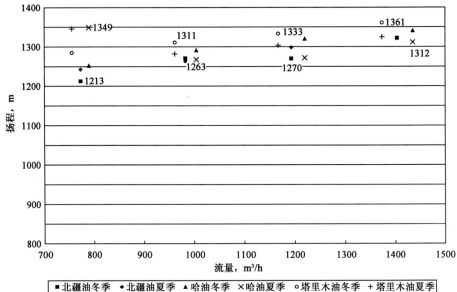

图 4-3-1 首站输油主泵流量扬程范围示意图

一、输油泵选型

根据该管道所输油品粘温数据可以看出：哈油和塔里木油粘度都较小；北疆油设计时考虑进站温度不低于14℃，当温度大于14℃时粘度也较小。考虑到该管道所输油品粘度情况，输油泵选择离心泵。水平中开式离心泵具有效率高、维修简单方便等优点，是长输管道普遍采用的泵型。因此，本工程输油泵全部采用水平中开式卧式双蜗壳离心泵。

二、输油泵配置

（一）配泵方案

根据图 4-3-1，首站泵选型主要进行了 4 种配泵方案的比较，各种配置见表 4-3-2。

表4-3-2　首站输油主泵方案比选

站名	方案	序号	用途	额定排量 m³/h	额定扬程 m	效率 %	台数 台	备　注
首站	一	1	输油主泵	480	1280	79.9	4	并联
	二	1	输油主泵	1450	420	81.1	3	串联、换叶轮
		2	输油主泵	1450	420	82	1	换叶轮
	三	1	输油主泵	1450	320	80.6	5	串联、换叶轮
	四	1	输油主泵	725	800	83.2	3	并联
		2	输油主泵	1450	250	82.4	3	串联、换叶轮

方案一:并联泵,采用4台泵(3用1备)并联;

方案二:串联泵方案1,通过更换泵叶轮满足低输量的要求;

方案三:串联泵方案2,与方案二相比,单台泵的扬程降低,泵的数量增加1台,同时要求当流量为772 m³/h时,扬程大于400m;

方案四:串并联联合方案,采用3台泵(2用1备)并联,然后再串联3台泵(2用1备)的方式。

(二)方案比选

对4种方案进行费用现值的比较,考虑因素有设备投资,年维护费用和年耗电量。首站输油主泵方案比选见4-3-3。4种方案的优缺点比较表4-3-4。

表4-3-3　首站输油主泵方案经济比选

站　　名	方　　案	方　案　一	方　案　二	方　案　三	方　案　四
首站	台数	4	4	5	6
	不完全投资 万元	2815	3083	3308	3576
	费用现值 万元	19648	19746	20150	19935

表4-3-4　首站输油主泵方案优缺点比较

站名	方 案		描　　述
首站	方案一	优点	(1)新增投资少; (2)运行稳定,在泵切换及故障时不会停输
		缺点	(1)泵的效率偏低; (2)泵的关死点扬程较高
	方案二	优点	泵的效率略高
		缺点	(1)泵启动采用先启后停的方式时,最后1台泵的泵后压力将超过15MPa,泵后压力等级采用Class1500;泵启动采用先停后启的方式时,易造成管道的停输。 (2)1台泵停运时,管道将停输
	方案三	优点	(1)泵的效率略高; (2)1台泵停运后单台泵扬程提高,降量但不停输
		缺点	(1)泵死点扬程高,曲线不平缓,波动大; (2)没有工程应用经验
	方案四	优点	泵的效率高
		缺点	数量较多,设备投资高,操作不方便

由表4-3-3可知,方案一的费用现值最低,有利于运营,综合考虑各方案的优缺点,首站推荐方案一。

第五章　输气管道工艺计算及分析

第一节　概　　述

一、管输天然气的组成及标准

(一)气体组成

天然气是由多种可燃和不可燃气体组成的混合气体，以小分子和饱和烃类气体为主，并含有少量非烃类气体。在烃类气体中，甲烷占绝大部分，乙烷、丙烷、丁烷和戊烷含量不多，庚烷以上(C_{5+})烷烃含量极少。非烃类气体一般为硫化氢、二氧化碳、氮和水汽，以及微量的氦(He)、氩(Ar)等稀有气体。其中，气田气主要成分是甲烷，一般占90%以上；而油田伴生气则含乙烷和乙烷以上的烃类较多。我国几个主要天然气产区天然气组成详见表5-1-1。

表5-1-1　我国主要气田外输天然气组成

	CH_4 %	C_2H_6 %	C_3H_8 %	iC_4H_{10} %	nC_4H_{10} %	iC_5H_{12} %	nC_5H_{12} %	H_2S mg/L	CO_2 %	N_2 %	He %
重庆（两路口）	97.56	0.57	0.10	0.08	0.04	0.02	0.01	≤20	0.62	0.98	0.02
克拉2	98.08	0.56	0.05	0.01	0.01	0	0	≤1	0.64	0.59	0.01
靖边	96.09	0.621	0.079	0.009	0.009	0.004	0.002	≤20	3.0	0.159	0.023
涩北	99.2	0.29	0.01						0.5		

(二)天然气标准

1. 管输天然气

我国管输天然气的气质要求在《输气管道工程设计规范》（GB 50251—2003）中作了明确规定："进入输气管道的气体必须清除机械杂质；水露点应比输送条件下最低环境温度低5℃；烃露点应低于最低环境温度；气体中的硫化氢含量不应大于 20mg/m³。"

为了延长天然气长输管道的使用寿命，保证长输管道的安全运行，中国石油天然气股份公司 2001 年组织制定了《天然气长输管道气质要求》企业标准（Q/SY 30—2002）。该标准对长输管道输送的天然气气质在氧含量和水露点指标上提出更严格的要求，具体技术指标见表 5-1-2。

表 5-1-2　Q/SY 30—2002 规定的天然气长输管道气质的技术指标

项　目	气 质 指 标
高位发热量，MJ/m³	>31.4
总硫（以硫计），mg/m³	≤200
硫化氢，mg/m³	≤20
二氧化碳，%	≤3.0
氧气，%	≤0.5
水露点，℃	在最高操作压力下，水露点应比最低输送环境温度低5℃

注：(1)在管道工况条件下，应无液态烃析出。
(2)天然气中固体颗粒含量应不影响天然气的输送和利用，固体颗粒的直径应小于 5μm。
(3)气体体积的标准参比条件是 101.325kPa，20℃。

2. 商品天然气标准

为适应我国天然气工业的发展需要，保证输气管道的全运行和天然气的安全使用，我国制定了管道输送的商品天然气标准《天然气》（GB 17820—1999），规定了天然气的技术指标，把商品天然气按硫和二氧化碳含量分为一类、二类和三类（表 5-1-3）。其中，一类或二类可供作为民用燃料气；三类气主要用作工业燃料或原料。进入长输管道的气一般都可能要作民用燃料，所以应符合一、二类气的标准。《城镇燃气设计规范》（GB 50028—2006）中对天然气质量规定：发热量、总硫和硫化氢含量和水露点指标应符合《天然气》（GB 17820—1999）的一类气或二类气；在天然气交接点的压力和温度条件下天然气烃露点应比最低环境温度低5℃，天然气中不应有固态、液态或胶状物质。

表 5 - 1 - 3　天然气的技术指标

项　目	一　类	二　类	三　类
高位发热量，MJ/m³	>31.4		
总硫(以硫计)，mg/m³	≤100	≤200	≤460
硫化氢含量，mg/m³	≤6	≤20	≤460
二氧化碳体积分数，%	≤3		

注：(1)在天然气交接点的压力和温度条件，天然气的水露点应比最低环境温度低5℃。

(2)本标准中气体体积的标准参比条件是101.325kPa，20℃。

(3)本标准实施前建立的天然气输送管道，在天然气交接点的压力和温度条件下，天然气中应无游离水。无游离水是指天然气经机械分离设备分不出游离水。

二、主要输送工艺参数

(一)输气量

输气管道的输气量是指年输气量或日输气量。当用年输气量时，一般按350天计算。

(二)设计压力

设计压力指在相应的设计温度下，用以确定管道、计算壁厚及选择其他元件尺寸的压力值。该压力为管道的内部压力时称为设计内压力，为外部压力时称设计外压力。

(三)供气压力

输气管道沿途或末端向用户供气，供气合同中要求确定的交气压力称为供气压力。管输天然气应满足这些压力要求，并以此压力作为管道设计条件。

(四)输气温度

天然气在输送过程中，由于与土壤传热和压力降低产生焦—汤效应，温度会降低。由于管道沿程各点温度都会发生变化，因此输送温度除了对输气工艺计算产生影响外，对于天然气水、烃露点温度也会产生影响。

(五)输送距离

输送距离一般指管道长度。输气管道设计时，一般气源和用户是事先确

定的。根据线路走向方案，确定天然气管道的长度。从天然气管道起点到天然气用户交气点的管道长度即为输送距离。

（六）天然气组成

天然气组成由气源厂（处理厂）或气田给定。不同的天然气组成会有不同的密度及物性参数。天然气组成是工艺计算必要的参数。

三、输送方式

天然气管道输送的方式应根据上述的主要输送工艺参数以及下游用户的用气压力需求来共同确定，主要有以下两种。

（一）不加压输送

直接利用天然气已具有的原始压力不加压输送，满足用户的用气需求。该方式主要用于天然气压力较高而输送距离较短的工况。

（二）加压输送

直接在起点设置增压装置来满足用户的用气需求。该方式主要在管输距离不是很长，而天然气已具有的原始压力又低于用户用气需求，或者直接利用该原始压力输送不能满足用户需求的情况下使用。

利用天然气已具有的原始压力不加压输送一定的距离后，再在管线的中间设置增压装置以满足用户的用气需求，该方式主要用于天然气压力较高但输送距离较长时的输气管道工程。

若上述两种情况同时存在，则需在管道的起点以及若干中间点设置增压装置，以满足用户的用气需求。

第二节　输气管道的水力计算

一、水平输气管

对于平坦地区的输气管道，若输气管道沿线的相对高差小于或等于 200m

且不考虑高差影响，管线输气量按下列基本公式计算：

$$q_v = 1051 \left[\frac{(p_1^2 - p_2^2)d^5}{\lambda Z \gamma T L} \right]^{0.5} \qquad (5-2-1)$$

式中　q_v——气体的流量，m^3/d（工程标准状况 $p_0 = 0.101325MPa$，$T = 293K$ 条件下）；

p_1——输气管计算段的起点绝对压力，MPa；

p_2——输气管计算段的终点绝对压力，MPa；

d——输气管道内直径，cm；

λ——水力摩阻系数；

Z——气体的压缩因子；

γ——气体的相对密度；

T——输气管内气体的平均温度，K；

L——输气管的计算段长度，km。

计算段长度应为输气管实长和局部摩阻损失当量长度之和。在无实测资料时，平原丘陵地区取管道长度的 1.03～1.05 作为计算段长度；山区管道取 1.06～1.08 作为计算段长度。

由公式(5-2-1)可导出管径、起点及终点压力的计算公式：

$$d = 6.19 \times 10^{-2} q_v^{0.4} \left(\frac{\lambda Z \gamma T L}{p_1^2 - p_2^2} \right)^{0.2} \qquad (5-2-2)$$

$$p_1 = \sqrt{p_2^2 + \frac{q_v^2 \lambda Z \gamma T L}{1051^2 d^5}} \qquad (5-2-3)$$

$$p_2 = \sqrt{p_1^2 - \frac{q_v^2 \lambda Z \gamma T L}{1051^2 d^5}} \qquad (5-2-4)$$

二、地形起伏地区输气管

对地形起伏大、高差大于 200m 的输气管道，应考虑高差对输气量的影响，并按下列公式计算：

$$q_v = 1051 \left\{ \frac{[p_1^2 - p_2^2(1 + a\Delta h)]d^5}{\lambda Z \gamma T L \left[1 + \frac{a}{2L} \sum_{i=1}^{n} (h_i + h_{i-1}) L_i \right]} \right\}^{0.5} \qquad (5-2-5)$$

式中　a——系数，$a = 0.0683\dfrac{\gamma}{ZT}$，$\text{m}^{-1}$；

$\quad\quad\Delta h$——输气管终点和起点的标高差，m；

$\quad\quad n$——输气管沿线高差变化所划分的计算段数；

$\quad\quad h_i$，h_{i-1}——各计算管段终点和起点的标高，m；

$\quad\quad L_i$——各分管段长度，km。

地形起伏输气管计算简图如图5–2–1所示。

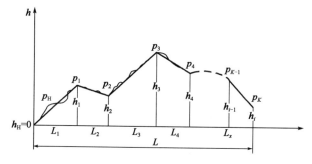

图5–2–1　地形起伏输气管计算简图

三、水力摩阻系数

（一）雷诺数

雷诺数 Re 可按下式计算：

$$Re = 1.777 \times 10^{-3}\frac{q_v\gamma}{d\mu} \qquad (5-2-6)$$

式中　q_v——气体流量，m^3/d；

$\quad\quad\gamma$——气体相对密度；

$\quad\quad d$——输气管内径，cm；

$\quad\quad\mu$——气体的动力粘度，$\text{N}\cdot\text{s}/\text{m}^2$。

流体在管路中的流态可划分为层流和紊流。紊流又分为三个区：光滑区、混合摩擦区、阻力平方区。输气管雷诺数高达 $10^6 \sim 10^7$。长距离输气干线一般都在阻力平方区，不满负荷时在混合摩擦区。城市配气管道多在水力光滑区。

当 $Re < 2000$ 时，为层流；

当 $Re > 3000$ 时，为紊流。

工作区可用下列两个临界雷诺数公式来判断：

$$Re_1 = \frac{59.7}{\left(\dfrac{2k}{d}\right)^{8/7}} \qquad (5-2-7)$$

$$Re_2 = \frac{11}{\left(\dfrac{2k}{d}\right)^{1.5}} \qquad (5-2-8)$$

式中　k——管内壁的当量粗糙度（当量粗糙度考虑了管道形状损失的影响，一般比绝对粗糙度大 $2\% \sim 11\%$），mm。

当 $Re < Re_1$ 时，为水力光滑区；

当 $Re_1 < Re < Re_2$ 时，为混合摩擦区；

当 $Re > Re_2$ 时，为阻力平方区。

如已知管径 D 和流量 q_v，可利用图 5-2-2 来确定输气管中气体的流态。

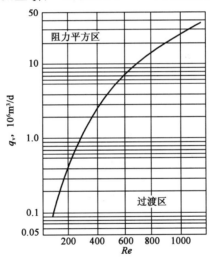

图 5-2-2　确定天然气在干线输气管中的流态

（二）管内壁粗糙度

管内壁绝对粗糙度随管型（无缝管、直缝管与螺缝管）、管子的新旧程度以及管道使用的情况而异。许多国家在手册与文献中提出不尽相同的管子内表面绝对粗糙数值。

(1)美国文献《烃类气体和液体的管道设计》：

①新的干净的裸管，取 $12.7 \sim 19\mu m$；

②在大气中暴露 12 个月的裸管，取 $31.8\mu m$；

③有内涂层的，取 $7.6 \sim 12.7\mu m$。

(2)苏联天然气工业部《干线输气管道设计规范》（ОНТП 51-1-85）：裸管，取 $30\mu m$。

(3)法国煤气工业协会《天然气输配手册　第九分册——天然气输送管道的设计与施工》：

①清除后的裸管，取 $20 \sim 50\mu m$；

②未清除的裸管，取 $30 \sim 50\mu m$；

③有内覆盖层的，取 $5 \sim 10\mu m$。

(4)加拿大努发公司西气东输内涂技术课题组《天然气管道减阻内涂工艺的研究》：

①裸管，取 $19.1\mu m$；

②大气中暴露 12 个月，取 $36\mu m$；

③有内涂层的，取 $6.4\mu m$。

（三）水力摩阻系数

层流区摩阻系数按下式计算：

$$\lambda = \frac{64}{Re} \qquad (5-2-9)$$

临界区(又称临界过渡区)摩阻系数按下式计算：

$$\lambda = 0.0025 \sqrt[3]{Re} \qquad (5-2-10)$$

紊流区适于紊流三个区(光滑区、混合摩擦区、阻力平方区)的摩阻系数按下式计算：

$$\frac{1}{\sqrt{\lambda}} = -2.011g\left(\frac{k}{3.7065d} + \frac{2.52}{Re\sqrt{\lambda}}\right) \qquad (5-2-11)$$

式中　λ——水力摩阻系数；

k——钢管内壁等效绝对粗糙度，m；

d——钢管内径，m；

Re——雷诺数。

四、输气管道流量常用计算公式

(一) 威莫斯公式

当输气管道近似于水平管时，公式如下：

$$q_v = 5033.11D^{8/3}\left(\frac{p_1^2 - p_2^2}{Z\gamma TL}\right)^{0.5} \qquad (5-2-12)$$

当输气管道为起伏管时，公式如下：

$$q_v = 5033.11D^{8/3}\left\{\frac{p_1^2 - p_2^2(1 + a\Delta h)}{Z\gamma TL\left[1 + \dfrac{a}{2l}\sum\limits_l^k (h_i + h_{i-1})L_i\right]}\right\}^{0.5} \qquad (5-2-13)$$

由于威莫斯公式管内壁粗糙度的选值较大，更适用于矿场采气和集气管道的各种管径的流量计算。对于长距离输气管道，特别是对于大口径、长距离、高压力的天然气输气管道，由于采用威莫斯公式计算结果比实际输量偏差较大，所以许多国家已不再采用这一公式，我国也一样。

(二) 潘汉德尔 B 式

当输气管道沿线相对高差不大于 200m 且不考虑高差影响时，采用如下公式计算：

$$q_v = 11522Ed^{2.53}\left(\frac{p_1^2 - p_2^2}{ZTL\gamma^{0.961}}\right)^{0.51} \qquad (5-2-14)$$

式中　　q_v——气体($p_0 = 0.101325\text{MPa}$，$T = 293\text{K}$)的流量，m^3/d；

　　　　d——输气管内直径，cm；

　　　　p_1——输气管计算段起点绝对压力，MPa；

　　　　p_2——输气管计算段终点绝对压力，MPa；

　　　　Z——气体的压缩因子；

　　　　T——气体的平均绝对温度，K；

　　　　γ——气体的相对密度；

L——输气管道计算管段的长度，km；

E——输气管的效率系数。

当管道公称直径为 300 ~ 800mm 时，E 为 0.8 ~ 0.9；当管道公称直径大于 800mm 时，E 为 0.91 ~ 0.94。

当考虑输气管道沿线的相对高差影响时，采用如下公式计算：

$$q_v = 11522Ed^{2.53}\left\{\frac{p_1^2 - p_2^2(1 + a\Delta h)}{ZTL\gamma^{0.961}\left[1 + \frac{a}{2L}\sum_{i=1}^{n}(h_i + h_{i-1})L_i\right]}\right\}^{0.51}$$

$$(5-2-15)$$

$$a = \frac{2\gamma}{ZR_aT}$$

式中　a——系数，m^{-1}；

R_a——空气的气体常数，在标准状况下（$p_0 = 0.101325MPa$，$T = 293K$），$R_a = 287.1m^2/(s^2 \cdot K)$；

Δh——输气管道计算段的终点对计算段起点的标高差，m；

n——输气管道沿线计算的分管段数；

h_i——各计算分管段终点的标高，m；

h_{i-1}——各计算分管段起点的标高，m；

L_i——各计算分管段的长度，km。

计算分管段的划分是沿输气管道走向，从起点开始，当相对高差在 200m 以内同时不考虑高差对计算结果影响时，可划作一个计算分管段。

（三）柯列勃洛克公式

$$q_v = 1051\left\{\frac{[p_1^2 - p_2^2(1 + a\Delta h)]d^5}{\lambda z\gamma TL\left[1 + \frac{a}{2L}\sum_{i=1}^{n}(h_i + h_{i-1})L_i\right]}\right\}^{0.5}$$

$$(5-2-16)$$

式中　q_v——气体（$p_0 = 0.101325MPa$，$T = 293K$）的流量，m^3/d；

p_1——输气管道计算段的起点绝对压力，MPa；

p_2——输气管道计算段的终点绝对压力，MPa；

d——输气管道直径，cm；

Z——气体的压缩系数；

γ——气体的相对密度；

T——气体的平均温度，K；

L——输气管道计算段的长度，km；

a——系数，m^{-1}，$a = 0.0683(\gamma/ZT)$；

Δh——输气管道终点和起点的标高差，m；

n——输气管道沿线高差变化所划分的计算段数；

h_i，h_{i-1}——各分管段终点和起点的标高，m；

L_i——各分管段长度，km；

λ——水力摩阻系数。

水力摩阻系数采用柯列勃洛克(Colebrook)计算公式：

$$\frac{1}{\sqrt{\lambda}} = -2.01\lg\left(\frac{k}{3.71d} + \frac{2.51}{Re\sqrt{\lambda}}\right) \qquad (5-2-17)$$

式中　k——管内壁当量粗糙度，m；

d——管内径，m；

Re——雷诺数。

柯列勃洛克公式是至今为止世界各国在众多领域中广泛采用的一个经典公式。它是普朗德半经验理论发展到工程应用阶段的产物，有较扎实的理论基础和实验基础。随着国内计算机的普及，该公式已被广泛应用在长输管道的设计计算中，这也符合中国加入 WTO 以后技术上和国际接轨的需要，符合今后广泛开展国际合作的需要。

由于柯列勃洛克公式是一个"隐函数"公式，无法用常规的代数式求解，需要用"迭代法"求解。此公式计算准确，适应面宽，是使用计算机进行水力计算时的首选公式。

使用本公式的关键是根据实际情况合理选择管内壁当量粗糙度。管壁粗糙度是一种难以用机械测量方法准确测量的数值。它是高低参差不齐的极其微观的几何量，而且对于工程计算又必须将沿管道长度的不同几何量以及焊缝、管件等产生的粗糙作用综合考虑在内，作为水力计算用的管壁粗糙度。

（四）前苏联全苏天然气研究所（ВНИИГАЗ）近期输气管流量计算公式

水平输气管（$\Delta h \leqslant 200m$）输气量按下式计算：

$$q_v = 6775.6\alpha\psi Ed^{2.6}\left(\frac{p_1^2 - p_2^2}{Z\gamma TL}\right)^{0.5} \qquad (5-2-18)$$

式中　α——流态修正系数，当流态处于阻力平方区时，$\alpha=1$，如偏离阻力平方区，可按图 $5-2-2$ 确定流态，根据管径和流量由图 $5-2-3$ 查得流态修正系数；

　　　ψ——管路中垫环修正系数，垫环间距为 12m 时 $\psi=0.975$，垫环间距为 6m 时 $\psi=0.95$，无垫环时 $\psi=1.0$；

　　　E——输气管效率系数，无内壁涂层的新输气管道 $E=1.0$，有内壁涂层的输气管道 $E>1.0$。

地形起伏地区 $(\Delta h > 200\text{m})$ 输气管的输气量按下式计算：

$$q_v = 6775.6\alpha\psi Ed^{2.6}\left\{\frac{p_1^2 - p_2^2(1+a\Delta h)}{ZTL\gamma\left[1+\dfrac{a}{2L}\displaystyle\sum_{i=1}^{n}(h_i+h_{i-1})L_i\right]}\right\}^{0.5} \qquad (5-2-19)$$

式中　α——系数，m^{-1}，$\alpha=0.0683\dfrac{\gamma}{ZT}$。

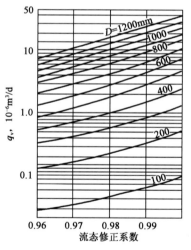

图 $5-2-3$　流态修正系数

五、用图示法估算输气管的通过能力

输气管的通过能力可利用图 $5-2-4$、图 $5-2-5$ 进行估算。

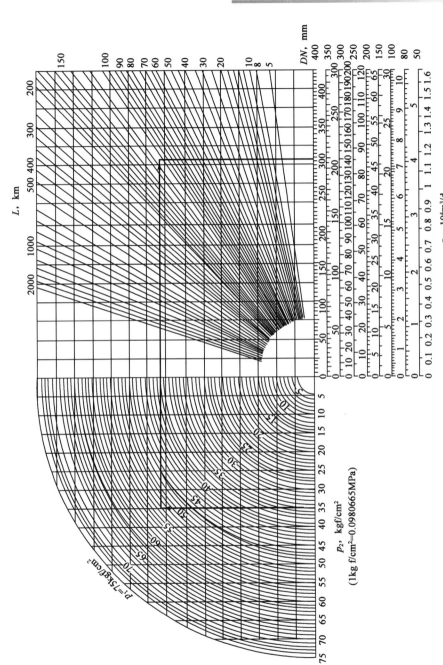

图5-2-4　输气管道通过能力计算图(φ50mm～φ400mm)

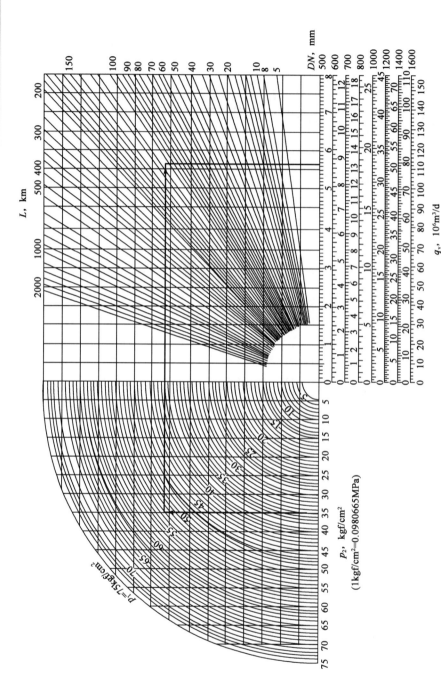

图5-2-5　输气管道通过能力计算图(ϕ500mm~ϕ1600mm)

L, km

p_2, kgf/cm^2
(1kgf/cm^2=0.0980665MPa)

p_1=75kgf/cm^2

q_v, 10^{8}m^3/d

DN, mm

六、输气管流量计算公式基本参数分析

流量计算公式基本参数 d、L、T、p_1 和 p_2 对输气管流量的影响是不相同的，以公式 $(5-2-14)$ 为基础，现简述当其中一个参数变化而其他条件不变时对输气量的影响。

（一）管径 d 对流量的影响

$$\frac{q_{v1}}{q_{v2}} = \left(\frac{d_1}{d_2}\right)^{2.53}$$

即输气管流量与直径的 2.53 次方成正比。如直径增大 1 倍，$d_2 = 2d_1$，则流量是原来流量的 5.78 倍：

$$q_{v2} = 2^{2.53}q_{v1} = 5.78q_{v1}$$

所以，加大直径是增加输气管流量的主要措施。

（二）管道长度 L 对流量的影响

$$\frac{q_{v1}}{q_{v2}} = \left(\frac{L_2}{L_1}\right)^{0.51}$$

即输气管的流量与管道长度的 0.51 次方成反比。若管道长度缩小一半，即 $L_2 = \frac{1}{2}L_1$，则 $q_{v2} = 1.42q_{v1}$，即输气量增加 42%。

（三）起点压力 p_1 和终点压力 p_2 对流量的影响

设起点压力增加 Δp，则：

$$(p_1 + \Delta p)^2 - p_2^2 = p_1^2 + 2p_1\Delta p + \Delta p^2 - p_2^2$$

又设终点压力减少 Δp，则：

$$p_1^2 - (p_2 - \Delta p)^2 = p_1^2 + 2p_2\Delta p - \Delta p^2 - p_2^2$$

两式右端相减得：

$$2\Delta p(p_1 - p_2) + 2\Delta p^2 > 0$$

由此可见，提高起点压力 p_1 后的压力平方差大于降低终点后的压力平方差，所以提高起点压力比降低终点压力更有利于增加输气量。

(四) 温度 T 对流量的影响

$$\frac{q_{v1}}{q_{v2}} = \left(\frac{T_2}{T_1}\right)^{0.51}$$

即输气管的流量与绝对温度的 0.51 次方成反比。也就是说，输气管中的气体的温度越低，输气量就越大。因此，冷却气体也是目前增加输气量的措施之一。但是，冷却气体对输气量的增加并不显著（除非深冷或冷至液化，并辅以高压）。

例如，为使流量增加 5%，应使 $t_{cp1} = 50℃$ 的气体冷却到什么温度？由上可知：

$$\frac{1}{1.05} = \left(\frac{273 + t_{cp2}}{273 + t_{cp1}}\right)^{0.51} = \left(\frac{273 + t_{cp2}}{273 + 50}\right)^{0.51}$$

$$t_{cp2} = 20.5℃$$

即需要把气体从 50℃ 冷却到 20.5℃ 才能使流量增加 5%。因此，如要采取冷却气体的措施来提高输气量，必须从经济上论证是否合理可行。

若在压气站出口由于天然气经过压缩而使其温度升高到高于管道防腐绝缘层所能承受的温度，管道温度应力过大，或输气管在永冻土地段，应在压气站出口对气体进行冷却。

七、复杂输气管工艺计算

(一) 简单管

直径不变、流量一致的单一管道称为简单管，与此不同的其他管道或管道系统称为复杂管，一切复杂管都可以用简单公式或转变为简单管计算。平行输气管指有相同起点和终点的若干条输气管道，其长度及起终点压力是一样的，见图 5-2-6。

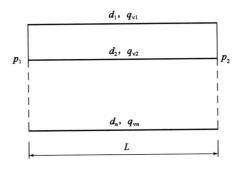

图 5-2-6　平行输气管

多条输气管的输气量按下式计算：

$$q_{\text{v}} = A\sqrt{\frac{p_1^2 - p_2^2}{L}} \sum_{i=1}^{n} \sqrt{\frac{d_i^5}{\lambda_i}} \qquad (5-2-20)$$

式中，$A = \dfrac{1051}{\sqrt{Z\gamma T}}$。

如用一条大直径的输气管，在其他条件不变的情况下，使它能通过上述 n 条平行输气管所能通过的流量，称这样的输气管为当量输气管。

设当量输气管的内径为 $d_э$，其流量为：

$$q_{\text{v}} = A\sqrt{\frac{p_1^2 - p_2^2}{L}} \sqrt{\frac{d_э}{\lambda_э}} \qquad (5-2-21)$$

由式(5-2-20)和式(5-2-21)可得：

$$\sum_{i=1}^{n} \sqrt{\frac{d_i^5}{\lambda_i}} = \sqrt{\frac{d_э}{\lambda_э}} \qquad (5-2-22)$$

设流态均在阻力平方区，采用：

$$\lambda = 0.067\left(\frac{2k}{d}\right)^{0.2} \qquad (5-2-23)$$

代入式(5-2-22)得：

$$d_э^{2.6} = \sum_{i=1}^{n} d_i^{2.6}$$

如 $d_1 = d_2 = d_3 = \cdots = d_n = d$，则：

$$d_э^{2.6} = nd^{2.6}$$

即：

$$d_{\text{当}} = n^{0.384}d \qquad (5-2-24)$$

采用流量系数法，把复杂输气管化为简单输气管。设所要计算的输气管流量为 q_v，将其与标准输气管流量 q_{v0} 相比，q_v 应为 q_{v0} 的 K_p 倍：

$$q_v = K_p q_{v0} \qquad (5-2-25)$$

式中 K_p——输气管的流量系数。

如果知道 K_p，就很容易求输气管（简单的或复杂的）的流量。

设流态在阻力平方区，标准输气管和所要计算的输气管的当量粗糙度 k 值是相等的，则简单输气管的流量系数按下式计算：

$$K_p = \left(\frac{d}{d_0}\right)^{2.6} \qquad (5-2-26)$$

当标准输气管的内径 $d_0 = 1\text{m}$ 时，各种不同直径、不同壁厚的简单输气管的流量系数列于表 5-2-1。

表 5-2-1　简单管的流量系数（$d_0 = 1\text{m}$）

输气管外径 mm	管壁厚，mm										
	6	7	8	9	10	11	12	13	14	15	16
219	0.0167	0.0162	0.0158	0.0154	0.0150	0.0146	0.0142				
273	0.0304	0.0298	0.0292	0.0286	0.0280	0.0275	0.0269				
325	0.0488	0.0480	0.0472	0.0464	0.0456	0.0448	0.0440	0.0433	0.0426	0.0418	0.0411
377	0.0728	0.0717	0.0707	0.0697	0.0687	0.0677	0.0667	0.0657	0.0648	0.0638	0.0629
426	0.1010	0.0997	0.0985	0.0927	0.0960	0.0948	0.0935	0.0923	0.0911	0.0900	0.0888
529	0.1799	0.1781	0.1763	0.1745	0.1728	0.1710	0.1693	0.1675	0.1658	0.1641	0.1624
630	0.2861	0.2837	0.2813	0.2790	0.2766	0.2743	0.2719	0.2696	0.2673	0.2650	0.2627
720	0.4075	0.4045	0.4015	0.3985	0.3956	0.3927	0.3897	0.3868	0.3840	0.3811	0.3782
820	0.5745	0.5708	0.5671	0.5635	0.5598	0.5562	0.5526	0.5490	0.5454	0.5418	0.5382
920	0.7781	0.7736	0.7692	0.7648	0.7604	0.7560	0.7516	0.7473	0.7429	0.7386	0.7343
1020	1.0209	1.0157	1.0104	1.0052	1.0000	0.9948	0.9896	0.9845	0.9793	0.9742	0.9691
1220	1.6345	1.6274	1.6204	1.6134	1.6065	1.5995	1.5926	1.5857	1.5788	1.5719	1.5650

平行输气管的流量系数等于各管流量系数之和，即：

$$K_p = \sum_{i=1}^{n} K_{pi} \qquad (5-2-27)$$

求得流量系数后，按下式求得流量或平方差：

$$q_{v} = q_{v0}K_{p} = A\left[\frac{(p_1^2 - p_2^2)d_0^5}{\lambda_0 L}\right]^{0.5} K_{p} \qquad (5-2-28)$$

式中，$A = \dfrac{1051}{\sqrt{Z\gamma T}}$。

(二) 变径管

变径管各段流量相等，全线的压力平方差等于各段压力平方差之和。变径管组成的输气管见图 $5-2-7$。

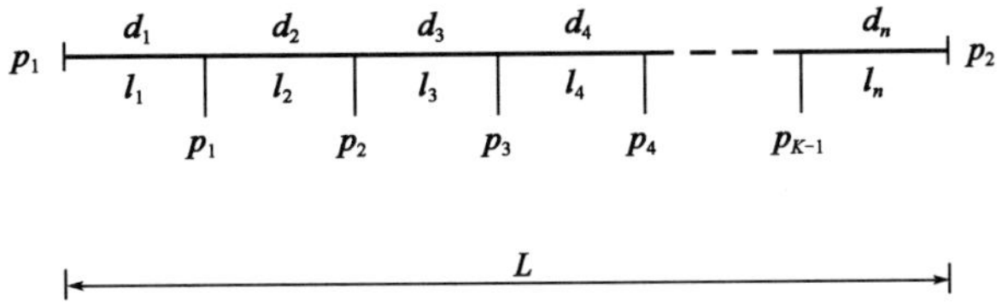

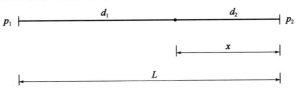

图 $5-2-7$　由 n 段变径管组成的输气管

不同直径管段组成的输气管流量系数按下式计算：

$$K_{p} = \left(\frac{L}{\sum\limits_{i=1}^{n} \dfrac{l_i}{K_{pi}^2}}\right)^{0.5} \qquad (5-2-29)$$

不同直径管段组成的单线输气管的流量按下式计算：

$$q_{v} = q_{v0}K_{p} = q_{v0}\left(\frac{L}{\sum\limits_{i=1}^{n} \dfrac{l_i}{K_{pi}^2}}\right)^{0.5} \qquad (5-2-30)$$

式中

$$q_{v0} = A\sqrt{\frac{p_1^2 - p_2^2}{L}}\sqrt{\frac{d_0^5}{\lambda_0}} \qquad (5-2-31)$$

设有一个变径管段的输气管，见图 $5-2-8$。

图 $5-2-8$　有一变径管段的输气管

若已知输气管长度为 L，管径为 d_1，流量为 q_{v1}，为使流量 q_{v1} 变为 q_{v2}，变径管 d_2 的长度按下式计算：

$$x = \frac{L\left[\left(\dfrac{q_{v1}}{q_{v2}}\right)^2 - 1\right]}{\left(\dfrac{K_{p1}}{K_{p2}}\right)^2 - 1} \qquad (5-2-32)$$

若已知变径管长度 x、管径 d_2，变径后的流量按下式计算：

$$q_{v2} = \frac{q_{v1}}{\left\{1 + \left[\left(\dfrac{d_1}{d_2}\right)^{5.2} - 1\right]\dfrac{x}{L}\right\}^{0.5}} \qquad (5-2-33)$$

若已知变径管长度为 x、变径后的流量 q_{v2}，变径管直径 d_2 按下式计算：

$$d_2 = \frac{d_1}{\left\{1 + \left[\left(\dfrac{q_{v1}}{q_{v2}}\right)^2 - 1\right]\dfrac{L}{x}\right\}^{0.192}} \qquad (5-2-34)$$

（三）有副管的输气管

1. 多线副管

多线副管见图 5-2-9。

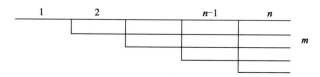

图 5-2-9　多线副管

多线副管的流量系数按下式计算：

$$K_p = \left[\frac{L}{\displaystyle\sum_{i=1}^{n} \frac{l_i}{\left(\displaystyle\sum_{j=1}^{m} K_{pij}\right)^2}}\right]^{0.5} \qquad (5-2-35)$$

例如，某多线副管由三个管段组成，第 1 段有 1 条管线，第 2 段有 2 条管线，第 3 段有 3 条管线，见图 5-2-10。按式（5-2-35）得出流量系数的公式为：

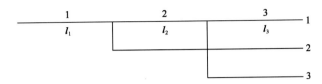

图 5 - 2 - 10　由三个管段组成多条副管的输气管

$$K_{\mathrm{p}} = \left[\cfrac{l_1 + l_2 + l_3}{\cfrac{l_1}{K_{\mathrm{p}1}^2} + \cfrac{l_2}{(K_{\mathrm{p}21} + K_{\mathrm{p}22})^2} + \cfrac{l_3}{(K_{\mathrm{p}31} + K_{\mathrm{p}32} + K_{\mathrm{p}33})^2}} \right]^{0.5} \qquad (5 - 2 - 36)$$

求出流量系数后可按式(5 - 2 - 28)求得流量。

2. 有副管的单线输气管

有副管的单线输气管见图 5 - 2 - 11。

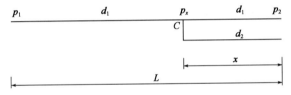

图 5 - 2 - 11　有副管的单线输气管

敷设副管前的流量 q_{v1} 为:

$$q_{v1} = q_{v0} K_{\mathrm{p}1} = A \sqrt{\frac{p_1^2 - p_2^2}{L}} \sqrt{\frac{d_0^5}{\lambda_0}} K_{\mathrm{p}1} \qquad (5 - 2 - 37)$$

敷设副管后的流量 q_{v2} 为:

$$q_{v2} = A \sqrt{\frac{p_1^2 - p_2^2}{L}} \sqrt{\frac{d_0^5}{\lambda_0}} \frac{K_{\mathrm{p}1}}{\sqrt{1 + \frac{x}{L} \left[1 - \left(\frac{K_{\mathrm{p}1}}{K_{\mathrm{p}1} + K_{\mathrm{p}2}} \right)^2 \right]}} \qquad (5 - 2 - 38)$$

以公式(5 - 2 - 37)除公式(5 - 2 - 38)得:

$$\left(\frac{q_{v1}}{q_{v2}} \right)^2 = 1 - \frac{x}{L} \left[1 - \left(\frac{K_{\mathrm{p}1}}{K_{\mathrm{p}1} + K_{\mathrm{p}2}} \right)^2 \right] \qquad (5 - 2 - 39)$$

根据公式(5 - 2 - 39)和不同已知条件,可分别求得副管长度 x、副管直径 d_2、增设副管后的输气量 q_{v2}。

（1）已知副管直径 d_2 和 q_{v2}，按下式计算副管长度 x：

$$x = \frac{L\left[1 - \left(\dfrac{q_{v1}}{q_{v2}}\right)^2\right]}{1 - \left(\dfrac{K_{p1}}{K_{p1} + K_{p2}}\right)^2} \qquad (5-2-40)$$

如副管与主管的直径相同，则 $K_{p1} = K_{p2}$，副管长度为：

$$x = \frac{4}{3}L\left[1 - \left(\frac{q_{v1}}{q_{v2}}\right)^2\right] \qquad (5-2-41)$$

（2）已知副管长度为 x，增设副管后的流量为 q_{v2}，副长直径 d_2 按下式计算：

$$d_2 = d_1\left[\frac{1}{\sqrt{1 - \dfrac{L}{x}\left[1 - \left(\dfrac{q_{v1}}{q_{v2}}\right)^2\right]}} - 1\right]^{\frac{1}{2.6}} \qquad (5-2-42)$$

（3）已知副管直径 d_2 和副管长度 x，增设副管后的流量 q_{v2} 按下式计算：

$$q_{v2} = \frac{q_{v1}}{\sqrt{1 - \dfrac{x}{L}\left[1 - \left(\dfrac{K_{p1}}{K_{p1} + K_{p2}}\right)^2\right]}} \qquad (5-2-43)$$

（四）有分气或进气支线的输气管

有分气或进气支线的输气管见图 $5-2-12$。

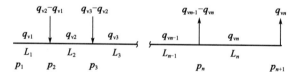

图 $5-2-12$　有分气或进气支线的输气管

1. 同径输气管

为确定输气管直径，按潘汉德尔公式（$5-2-14$）分段列出方程式：

$$q_{v1} = Kd^{2.53}\left(\frac{p_1^2 - p_2^2}{L_1}\right)^{0.51}$$

即：

$$q_{v1}^{1.96} L_1 = K^{1.96} d^{4.96} (p_1^2 - p_2^2)$$

同理有：

$$q_{v2}^{1.96} L_2 = K^{1.96} d^{4.96} (p_2^2 - p_3^2)$$

$$q_{v3}^{1.96} L_3 = K^{1.96} d^{4.96} (p_3^2 - p_4^2)$$

将 $1 \sim n$ 管段各方程式相加得：

$$\sum_{i=1}^{n} q_{vi}^{1.96} L_i = K^{1.96} d^{4.96} (p_1^2 - p_{n+1}^2)$$

$$d = \left[\frac{\displaystyle\sum_{i=1}^{n} q_{vi}^{1.96} L_i}{K^{1.96} (p_1^2 - p_{n+1}^2)} \right]^{0.202} \tag{5-2-44}$$

式中，$K = \dfrac{11522E}{(ZT\gamma^{0.961})^{0.51}}$。

2. 变径输气管

各支管节点压力按下式计算

$$\Delta p_i = \frac{L_i}{L} (p_1 - p_{n+1}) \tag{5-2-45}$$

式中　Δp_i——该管段的压力降，MPa；

　　　　L——输气管道总长，km；

　　　　L_i——管段长度，km；

　　　　p_1——输气管起点绝对压力，MPa；

　　　　p_{n+1}——输气管终点绝对压力，MPa。

节点压力求出后，各管段直径按下式计算

$$d_i = \left[\frac{q_{vi}^{1.96} L_i}{K^{1.96} (p_i^2 - p_{i+1}^2)} \right]^{0.202} \tag{5-2-46}$$

式中　q_{vi}——沿该管通过的气体流量，m³/d；

　　　　L_i——该管段的长度，km；

　　　　p_i——该管段起点绝对压力，MPa；

　　　　p_{i+1}——该管段终点绝对压力，MPa。

例如，输气管总长 400km，起点绝对压力 6.5MPa，终点绝对压力 4.5MPa，天然气相对密度 0.6，气体温度 20℃，平均压缩系数为 0.9，$E=0.9$，沿线有气量流进、流出，如图 5-2-13 所示。试计算：(1)输气管采用同径管时，直径的大小；(2)采用变径管时，各管段管径的大小。

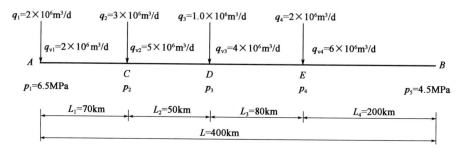

图 5-2-13　计算图例

(1)输气管线用同径管时，按式(5-2-44)计算，见表 5-2-2。

表 5-2-2　输气管线采用同径管时的计算

管　段	q_{vi}，m^3/d	L_i，km	$q_{vi}^{1.96}$，m^3/d	$q_{vi}^{1.96}L_i$，$km \cdot m^3/d$
AC	2×10^6	70	2.24×10^{12}	156.8×10^{12}
CD	5×10^6	50	13.5×10^{12}	675×10^{12}
DE	4×10^6	80	8.7×10^{12}	696×10^{12}
EB	6×10^6	200	19.28×10^{12}	3856×10^{12}
合计	$\sum\limits_{i=1}^{4} q_{vi}^{1.96}L_i = 5383.8 \times 10^{12}\ km \cdot m^3/d$			

$$K = \frac{11522E}{(ZT\gamma^{0.961})^{0.51}} = \frac{11522 \times 0.9}{(0.9 \times 293 \times 0.6^{0.961})^{0.51}} = 775.77$$

$$d = \left[\frac{\sum\limits_{i=1}^{4} q_{vi}^{1.96}L_i}{K^{1.96}(p_1^2 - p_5^2)}\right]^{0.202} = \left[\frac{5383.8 \times 10^{12}}{775.77^{1.96}(6.5^2 - 4.5^2)}\right]^{0.202}$$

$$= 57.86(cm)$$

(2)输气管采用变径管时，各节点压力按式(5-2-45)计算，见表5-2-3、表5-2-4。

表 5 - 2 - 3　输气管线采用变径管时各管段压力

管　段	$\Delta p_1 = \dfrac{L_i}{L}(p_1 - p_{n+1})$
AC	$\Delta p_1 = \dfrac{70}{400} \times (6.5 - 4.5) = 0.35\,(MPa)$
CD	$\Delta p_2 = \dfrac{50}{400} \times (6.5 - 4.5) = 0.25\,(MPa)$
DE	$\Delta p_3 = \dfrac{80}{400} \times (6.5 - 4.5) = 0.4\,(MPa)$
EB	$\Delta p_4 = \dfrac{200}{400} \times (6.5 - 4.5) = 1.0\,(MPa)$

表 5 - 2 - 4　输气管线采用变径管时各节点压力

节　点	$p_{i+1} = p_i - \Delta p_i$
A	$p_1 = 6.5\ MPa$
C	$p_2 = 6.5 - 0.35 = 6.15\,(MPa)$
D	$p_3 = 6.15 - 0.25 = 5.9\,(MPa)$
E	$p_4 = 5.9 - 0.4 = 5.5\,(MPa)$
B	$p_5 = 4.5\ MPa$

按式(5 - 2 - 46)求出各管段直径，见表 5 - 2 - 5。

表 5 - 2 - 5　输气管线采用变径管时各管段直径

管段	q_{vi} m³/d	L_i km	p_i MPa	p_{i+1} MPa	$d = \left[\dfrac{q_{vi}^{1.96}}{K^{1.96}(p_i^2 - p_{i+1}^2)}\right]^{0.202}$
AC	2×10^6	70	6.5	6.15	$d_1 = \left[\dfrac{(2 \times 10^6)^{1.96} \times 70}{775.77^{1.96} \times (6.5^2 - 6.15^2)}\right]^{0.202} = 39.15\,(cm)$
CD	5×10^6	50	6.15	5.9	$d_2 = \left[\dfrac{(5 \times 10^6)^{1.96} \times 50}{775.77^{1.96} \times (6.15^2 - 5.9^2)}\right]^{0.202} = 56.83\,(cm)$
DE	4×10^6	80	5.9	5.5	$d_3 = \left[\dfrac{(4 \times 10^6)^{1.96} \times 80}{775.77^{1.96} \times (5.9^2 - 5.5^2)}\right]^{0.202} = 52.61\,(cm)$
EB	6×10^6	200	5.5	4.5	$d_4 = \left[\dfrac{(6 \times 10^6)^{1.96} \times 200}{775.77^{1.96} \times (5.5^2 - 4.5^2)}\right]^{0.202} = 63.43\,(cm)$

八、输气管沿线压力分布

（一）输气管的压力计算

1. 输气管的压力变化

输气管中的气流，随着压力下降，体积和流速不断增加，摩阻损失随速度的增加而增加，因此压力降落也加快，所以它的水力坡降线是一条抛物线，如图 5-2-14 所示。如把图 5-2-14 中的纵坐标 p 改为 p^2，则输气管的压降曲线就成了直线，因为 p^2 与 x 的关系为直线关系，如图 5-2-15 所示。

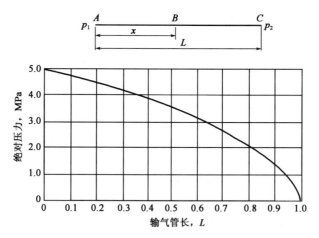

图 5-2-14　输气管道中压力变化曲线

水平输气管沿线任一点压力 p_x 可按下式计算：

$$p_x = \sqrt{p_1^2 - (p_1^2 - p_2^2)\frac{x}{L}} \qquad (5-2-47)$$

地形起伏地区输气管见图 5-2-16，沿线任意点压力 p_x 可按下式计算：

$$p_x = \left\{ \frac{p_1^2(1+B) + p_2^2 A - \left[p_1^2 - p_2^2(1 + a\Delta h) \right]\frac{x}{L}}{(1 + a\Delta h_x) + c} \right\}^{0.5} \qquad (5-2-48)$$

$$A = \frac{a}{2L}\sum_{i=1}^{m_x}(h_i + h_{i-1})L_i$$

$$B = \frac{a}{2L} \sum_{m_{x+1}}^{k} (h_i + h_{i-1}) L_i$$

$$C = A + B = \frac{a}{2L} \sum_{i=1}^{k} (h_i + h_{i-1}) L_i$$

式中　Δh_x——任意点 x 与起点的高差。

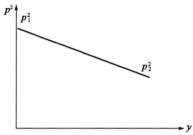

图 5-2-15　输气管压力平方直线

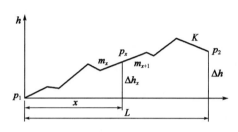

图 5-2-16　地形起伏地区输气管

2. 输气管的平均压力及储气能力

1）输气管的平均压力

当输气管停输时，管中高压端的气体逐渐流向低压端，起点压力 p_1 下降，终点压力 p_2 上升，最终达到平均压力 p_m。平均压力可按下式计算：

$$p_m = \frac{2}{3}\left(p_1 + \frac{p_2^2}{p_1 + p_2}\right) \qquad (5-2-49)$$

由式（5-2-49）可以看出，输气管的平均压力大于算术平均压力：

$$p_m > \frac{p_1 + p_2}{2}$$

公式（5-2-47）表示了输气管中压力变化规律，靠近起点的管段压力降落比较缓慢，距起点越远，压力下降低越快。在前 3/4 管段上，压力损失约占一半，另一半消耗在后面 1/4 的管段上。因此，高压输送气体是有利的，输气管压气站间终点压力不能降得太低，否则是不经济的。

输气管的压降曲线或压力平方直线对判断输气管道的运行状况具有重要意义。实测的压降曲线和理论计算的压降曲线相比较，可以发现输气管的内部状态（是否有脏物、凝析液等），大致确定堵塞或漏气位置。

2）输气管的储气能力

$$V = V_0 \frac{p_m}{Z p_0} \cdot \frac{T_0}{T_m} = V_0 \frac{p_m}{0.101325 Z} \cdot \frac{293}{T_m}$$

$$= 2891.69 \frac{V_0 p_m}{Z T_m} \qquad (5-2-50)$$

式中　V——输气管中储气的气体量，m^3；

　　　　V_0——输气管的几何容积，m^3；

　　　　p_m——输气管平均绝对压力，MPa；

　　　　T_m——输气管气体平均温度，K；

　　　　Z——气体压缩系数。

3. 输气管的压力平衡现象

当输气管停气时，高压端的气体逐渐流向低压端，起点压力 p_1 降至平均压力 p_m，而终点压力 p_2 则上升至 p_m，即发生所谓的压力平衡现象。

停输前管线中压力为 p_m 处距起点的距离按下式计算：

$$x_0 = \frac{p_1^2 - p_m^2}{p_1^2 - p_2^2} L \qquad (5-2-51)$$

停输后输气压力平衡时间按下式计算：

$$t = \frac{1}{a} \ln \frac{p_1 + \sqrt{p_1^2 - p_m^2}}{p_m} \qquad (5-2-52)$$

$$a = \frac{4}{L} \sqrt{\frac{dZRT_m}{\lambda x_0}}$$

式中　t——压力平衡时间，s；

　　　　p_1——输气管起点绝对压力，MPa；

　　　　p_2——输气管终点绝对压力，MPa；

　　　　p_m——输气管平均绝对压力，MPa；

　　　　d——管子内径，m；

　　　　λ——水力摩阻系数；

　　　　R——气体常数，$J/(kg \cdot K)$；

　　　　T_m——输气管平均温度，K；

　　L——输气管长度，m；

　　Z——气体的平均压缩系数。

九、有内壁涂层的输气管

　　输气干线中气体的流态几乎都处于阻力平方区，而该区水力摩阻系数 λ 只是粗糙度 k 的函数。k 值越大，λ 值越大，因此流量变小；反之，k 值小，λ 也小，流量变大。输气管道增加了内壁涂层，管壁粗糙度 k 显著减小。根据经验，取新钢管无锈表面的粗糙度 $k = 0.018$mm，在空气中堆放 $6 \sim 24$ 个月以后 $k = 0.028 \sim 0.04$mm。如在管内壁涂以厚为 0.045mm 的胺固化环氧树脂涂层后，取 $k = 0.0065 \sim 0.0073$mm。

　　根据输气管流量计算的基本公式，可得如下关系式：

$$\frac{q_{v2}}{q_{v1}} = \sqrt{\frac{\lambda_1}{\lambda_2}} \qquad (5-2-53)$$

式中　q_{v1}，q_{v2}——加内涂层前和后的流量；

　　　λ_1，λ_2——加内涂层前和后的水力摩阻系数。

　　λ 与 k 的函数关系如采用全苏天然气研究所的公式：

$$\lambda = 0.067 \left(\frac{2k}{d} \right)^{0.2} \qquad (5-2-54)$$

　　将公式($5-2-54$)代入公式($5-2-53$)后，可得粗糙度 k 与流量 q_v 的关系式：

$$\frac{q_{v2}}{q_{v1}} = \left(\frac{k_1}{k_2} \right)^{0.1} \qquad (5-2-55)$$

　　如取涂层前的 $k_1 = 0.03$mm，涂层后的 $k_2 = 0.007$mm，则流量将增加，即：

$$q_{v2} = \left(\frac{0.03}{0.007} \right)^{0.1} q_{v1} = 1.16 q_{v1}$$

　　如保持流量不变，则可获得站间距与粗糙度 k 值的关系式：

$$\frac{L_2}{L_1} = \left(\frac{k_1}{k_2} \right)^{0.2} \qquad (5-2-56)$$

设涂层前 $k_1 = 0.03\,\mathrm{mm}$，涂层后 $k_2 = 0.007\,\mathrm{mm}$，则站间距可增加，即：

$$L_2 = \left(\frac{0.003}{0.007}\right)^{0.2} L_1 = 1.337 L_1$$

十、输气管道常用工艺计算软件

由于我国近年来天然气管道建设突飞猛进，天然气的气源以及用户也越来越多元化，各气源所能提供的气量的条件各不相同，各用户的用气需求也不尽相同，加之管网系统构成复杂，因此在项目研究和设计阶段对工艺系统分析的要求是越来越高，计算也越来越复杂。若继续沿用常规的解析法来进行工艺计算，则存在着计算时间长且计算结果误差较大的问题。

利用计算机对天然气管网进行动、稳态计算是目前满足越来越高的工艺系统分析要求的重要手段。它具有计算结果精确且计算时间短两大优点，大大地提高了工作效率和工作质量。

（一）常用软件

国内目前流行的计算机离线模拟软件主要有两个：Pipeline Studio 软件是美国 Energy Solution International 公司开发的软件产品；Stoner Pipeline Simulation 软件是由美国 Stoner 公司开发的软件产品。

（二）软件的应用领域

（1）应用在管道设计中：在输气管道设计过程中，稳态模拟可以帮助工艺设计工程师进行计算，确定工艺设计方案；瞬态模拟可以针对不同工艺设计方案进行多种典型工况条件（如调峰、管道发生断裂事故等）下的非稳态工况计算，从而为设计方案优选提供数据。

（2）应用在管道运行中：在输气管道运行管理过程中，模拟软件可以制定和优化运行方案，预测管道的运行状态，事故后果，评价事故应急方案的效果等。在正常运行条件下，输气管道的非稳态工况往往是由于用气流量随时间变化而引发的，因而在输气管道运行管理过程中，模拟软件的最主要用途是调峰过程中的模拟，根据模拟结果来进行调峰方案评价与优选。如陕京线2003 年冬季调峰方案模拟就使用了 Pipeline Studito 中的 TGNET 模块。

（3）用于操作人员培训：利用模拟软件进行人员培训是 20 世纪 90 年代兴起的。这种培训方式是利用专门的模拟培训软件在计算机网络上进行的，与在实际管道上进行的传统培训方式相比，它可以丰富培训内容、提供培训深度、增加培训兴趣和灵活性，而且不会干扰实际管道的运行。

第三节 输气管道的热力计算

一、不考虑气体的节流效应时沿输气管长任意点的温度计算

输气管沿管长任意点的温度可按舒霍夫公式计算：

$$t_x = t_0 + (t_1 - t_0) e^{-ax} \qquad (5-3-1)$$

$$a = \frac{225.256 \times 10^6 KD}{q_v \gamma c_p}$$

式中 t_x——距输气管起点 x 处气体温度，℃；

       t_0——输气管平均埋设深度的土壤温度，℃；

       t_1——输气管计算段起点处的气体温度，℃；

       x——输气管计算段起点至沿管线任意点的长度，km；

       K——输气管中气体至土壤的总传热系数，W/(m² · K)（根据有关实测数据计算）；

       D——输气管外直径，m；

       q_v——输气管气体通过量($p = 0.101325\text{MPa}$，$T = 293.15\text{K}$)，m³/d；

       γ——气体的相对密度；

       c_p——气体的比定压热容，J/(kg · K)。

当管长为 L 时，输气管中气体的平均温度按下式计算：

$$t_m = t_0 + \frac{t_1 - t_0}{aL}(1 - e^{-aL}) \qquad (5-3-2)$$

此时终点温度为：

$$t_2 = t_0 + \frac{t_1 - t_0}{e^{aL}} \qquad (5-3-3)$$

式中 t_m——输气管中气体的平均温度，℃；

t_2——输气管计算段终点处气体的温度，℃；

L——输气管长度，km。

二、考虑气体的节流效应时沿输气管长任意点的温度计算

由于真实气体的节流效应，输气管中气体的实际温度比公式(5-3-3)的计算结果要略低。当考虑气体的节流效应时，沿输气管长任意点的温度可按下式计算：

$$t_x = t_0 + (t_1 - t_0)e^{-ax} - \frac{\alpha \Delta p_x}{ax}(1 - e^{-ax}) \qquad (5-3-4)$$

式中　α——焦耳—汤姆逊效应系数，℃/MPa，以甲烷为主的天然气可按表5-3-1查得；

　　　Δp_x——x 长度管段压降，MPa。

当管长为 L 时，输气管中气体的平均温度按下式计算：

当 $aL \geqslant 10$ 时，

$$t_m = t_0 + \frac{t_1 - t_0}{aL} - \frac{\alpha \Delta p_x}{aL}\left(1 - \frac{1}{aL}\right) \qquad (5-3-5)$$

当 $aL < 10$ 时，

$$t_m = t_0 + \frac{1 - e^{-aL}}{aL}\left[(t_1 - t_0) - \frac{\alpha \Delta p_x}{aL}\right] - \frac{\alpha \Delta p_x}{aL} \qquad (5-3-6)$$

表5-3-1　以甲烷为主的天然气焦耳—汤姆逊效应系数

温度，℃ ＼ α ℃/MPa ＼ 压力 MPa	0.098	0.51	2.53	5.05	10.1
-50	6.9	6.6	5.9	5.1	4.1
-25	5.6	5.5	5.0	4.5	3.6
0	4.8	4.7	4.3	3.8	3.2
25	4.1	4.0	3.6	3.3	2.7
50	3.5	3.4	3.1	2.8	2.5
75	3.0	3.0	2.6	2.4	2.1
100	2.6	2.6	2.1	2.1	1.9

注：表中温度与压力系指管段的平均温度与平均压力。

甲烷、乙烷节流效应系数见表5-3-2、表5-3-3。

表5-3-2　甲烷节流效应系数

节流效应系数 ℃/MPa　压力 MPa 温度,℃	0.098	0.51	2.53	5.05	10.1
-50	7.04	6.73	6.02	5.2	4.18
-25	5.71	5.61	5.10	4.59	3.67
0	4.89	4.79	4.38	3.87	3.26
25	4.18	4.08	3.67	3.37	2.75
50	3.57	3.47	3.16	2.86	2.55
75	3.06	3.06	2.65	2.45	2.14
100	2.65	2.65	2.35	2.14	1.94

表5-3-3　乙烷节流效应系数

节流效应系数 ℃/MPa　压力 MPa 温度,℃	0.1	0.69	1.38	2.07	2.75	3.45	4.14
21.1	9.6	10.5	11.6	12.9	14.2	15.5	—
37.8	8.4	9.1	10.0	10.8	11.6	12.4	13.2
54.4	7.5	8.0	8.6	9.1	9.6	10.1	10.6
71.1	6.6	7.0	7.4	7.8	8.2	8.5	8.7
87.8	5.8	6.1	6.4	6.7	6.9	7.1	7.2
104.4	5.0	5.2	5.5	5.8	6.0	6.0	6.0

三、埋地输气管道总传热系数 K 值的计算

管内气体与周围介质间的总传热系数可按下式计算:

$$\frac{1}{Kd} = \frac{1}{\alpha_1 d} + \sum_{i=1}^{n} \frac{\ln \dfrac{d_{i+1}}{d_i}}{2\lambda_i} + \frac{1}{\alpha_2 D} \qquad (5-3-7)$$

式中　K——总传热系数,W/(m²·K);

α_1——管内气流至管内壁的放热系数,W/(m²·K);

d——管子内直径，m；

D——管道的最外直径，m；

d_i——管子、绝缘层等内径，m；

d_{i+1}——管子、绝缘层等外径，m；

λ——管材、绝缘层等的导热系数，W/(m²·K)；

α_2——管道外表面至周围介质的放热系数，W/(m²·K)。

对于直径较大的管道，公式(5-3-7)可简化为：

$$\frac{1}{K} = \frac{1}{\alpha_1} + \sum_{i=1}^{n} \frac{\delta_i}{\lambda_i} + \frac{1}{\alpha_2} \qquad (5-3-8)$$

当 $Re > 10^4$ 时，可按下列准则方程计算：

$$\alpha_1 = \frac{Nu\lambda}{d} \qquad (5-3-9)$$

$$Nu = 0.021Re^{0.8}P_r^{0.43} \qquad (5-3-10)$$

$$P_r = \frac{\mu c_p}{\lambda} \qquad (5-3-11)$$

$$\alpha_2 = \frac{2\lambda_s}{D\ln\left[\frac{2h}{D} + \sqrt{\left(\frac{2h^2}{D}\right) - 1}\right]} \qquad (5-3-12)$$

式中　δ_i——管壁、绝缘层等的厚度，m；

λ——平均温度下气体的导热系数，W/(m·K)或J/(m·s·K)；

α_1——内部放热系数，W/(m²·K)；

α_2——外部放热系数，W/(m²·K)；

Nu——努谢尔准数；

Re——雷诺数，见公式(5-2-6)；

P_r——普朗特准数；

c_p——平均温度下气体的比定压热容，J/(kg·K)；

μ——平均温度下气体的动力粘度，Pa·s或kg/(m·s)；

h——地表面至管道中心线的深度，m；

λ_s——地壤的导热系数，W/(m·K)，应按实测数据计算，当无实测
数据量时，初步计算可按表5-3-4或图5-3-1选取。

表 5 - 3 - 4　有关介质的导热系数

介 质 名 称	温度,℃	导 热 系 数	
		kcal/(m·h·℃)	W/(m·K)
空气	0	21.0	24.42
氮气	0	21.0	24.42
甲烷	−50	20.8	24.19
	0	26.0	30.24
	50	32.0	37.22
乙烷	0	15.7	18.26
一氧化碳	0	19.8	23.03
二氧化碳	0	11.0	12.79
水蒸气	100	20.4	23.73
氢气	0	118.0	137.23
氦气	0	122.0	141.89
氧气	0	20.0	23.26
15 号碳素钢	0	46.8	54.43
30 号碳素钢	0	43.2	50.24
15 Mn	0	36.0	41.87
20 Mn	0	11.0	12.79
沥青	0.30	0.52 ~ 0.64	0.6 ~ 0.74
纸	20	0.12	0.14
超细玻璃棉	36	0.026	0.03
玻璃棉毡	28	0.037	0.043
玻璃丝	35	0.05 ~ 0.06	0.058 ~ 0.07
聚氯乙烯	30	0.12 ~ 0.13	0.14 ~ 0.15
黄沙	30	0.24 ~ 0.29	0.28 ~ 0.34
湿土	20	1.08 ~ 1.42	1.26 ~ 1.65
干土	20	0.43 ~ 0.54	0.5 ~ 0.63
普通土	20	0.71	0.83
粘土	20	0.6 ~ 0.8	0.7 ~ 0.93
石灰岩	0	1.63 ~ 2.06	1.9 ~ 2.4
水	0	0.474	0.55
冰	0	0.90	1.05

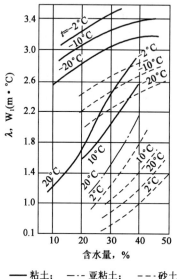

图 5 - 3 - 1 土壤的导热系数

——粘土; — · — 亚粘土; - - - 砂土

天然气在管道中的流态几乎都在紊流状态，气体至管壁的内部放热系数比层流大得多，热阻很小，在工程设计中可忽略不计，常用下式计算 K 值：

$$\frac{1}{K} = \frac{\delta_j}{\lambda_j} + \frac{1}{\alpha_2} \qquad (5-3-13)$$

式中 δ_j——绝缘层的厚度，m；
　　　 λ_j——绝缘层的导热系数，W/(m·K)。

四、输气管道分输节流压降分析

在输气管道经过的地区，存在大量下游用户，这就需要在这些用户较为集中的地方设置分输站。天然气输送到分输站后，需进行调压。根据城市门站及城市煤气管网设计压力综合技术经济分析，确定经济合理的长输管道在分输站的压降，尽量减少不必要的能量浪费。

第四节 输气管道适应性分析

一、管道系统的最大输气能力分析

对于长距离输气管道，可计算出理论最大输气能力，即在管道起点按管道最高允许操作压力。终点按供气合同提供城市门站最低供气压力。如中间分输站的分输气量保持不变，计算的输气量即是长距离输气管道的最大输气能力。

二、管道设计工况、初期工况、中间工况、近远期增输工况的适应性分析

输气管道设计，存在很多不确定因素。例如，设计输量不是从管道建成

投产后就一成不变的，而是取决于气田资源的落实情况、管道沿线市场的发育程度。一般地，管道设计工况是输气管道在建成投产后长期稳定运行的一种工况。初期工况和中间工况是管道投产运行后的两种过渡工况，一般来说运行时间较短、输量较小、输送压力较低。对于一些区域性支线管道，考虑市场和资源的不确定性较大，管道的设计输量不能完全满足用气需求，可能存在近远期增输工况，来满足用户的最终用气需求。因此，一般管道在设计阶段，结合资源、市场情况，会给出不同年份的不同输送工况。结合不同的工况，进行分析计算，提出合理的管径和压缩机布站方案。

三、管道事故工况适应性分析

通常长距离输气管道的设计计算需要进行事故工况分析。通过一些假定的事故工况，分析拟建管道的适应能力和应急能力。事故工况主要有两类：管道断裂和压气站失效。在工艺系统分析中，一般根据工程的实际情况选择一些典型点假设管道断裂，分析对终点用户供气压力和供气量的影响。压气站失效分析是模拟压气站失效后，尽量利用其余压气站的备用功率，计算压气站失效后长输管道的实际输量相对于设计输量减少了多少，由此判断该失效压气站对整条长输管道的影响。

第五节　综合实例分析

陕京输气系统作为全国输气动脉联络着西气东输一二线管道、冀宁线管道、永唐秦线管道，不但是实现国家骨干管网之间天然气调配的重要通道，也是确保环渤海经济带安全供气的重要通道。陕京输气系统包括陕京一线、陕京二线、陕京三线三条输气干线，详见图 5-5-1。作为一个大型输配气网络系统，陕京输气网络系统基本具备对下游市场进行季节调峰的能力，与之联网的地下储气库现状如下：已建地下储气库共6座，位于天津大港，分别是大张坨储气库、板876储气库、板中北储气库、板中南储气库、板808储气库和板828储气库，工作气量 $17.2 \times 10^8 m^3$，仅占调峰需求 $52.3 \times 10^8 m^3$ 的33%。2010年初，利用华北油田废弃油气藏改建而成的京58储气库群(京58、京51、永22)已建成，设计工作气量 $7.54 \times 10^8 m^3$，目前正在注气中。此外，还有两座 LNG 接收站正在建设中，即唐山曹妃甸和江苏 LNG 接收站，详见图 5-5-1 和表 5-5-1。

表 5-5-1　管道系统参数表

管道名称	管径，mm	长度，km	设计压力，MPa	设计输量，$10^8 m^3/a$
陕京一线	660	847	6.3	36
陕京二线	1016	966	10	170
陕京三线	1016	920	10	150
西气东输一线	1016	3894	10	120
西气东输二线	1219	4911	10	300
冀宁线	1016	910	10	112
永唐秦线	1016	320	10	90

陕京输气系统的气源主要来自于长庆、塔里木和中亚天然气，主要供给山西、河北及京津地区用户，在安平还可以经冀宁联络线供山东、江苏地区用气，在永清与大港储气库相连，可对沿途用户进行季节调峰。

一、对管网系统工艺模拟分析及设计方案优化

陕京三线设计时，陕京二线、冀宁线、永唐秦线、西气东输一线已经建成，西气东输二线正在建设中。在建设陕京三线时，必须使原有供气系统继续发挥已有的能力，同时也要考虑对事故工况的应急调气能力，以提高系统供气可靠性。这就要求上述管道必须形成一个有机结合的供气管网系统，进行多方案优化，达到既能满足新老管线系统安全可靠供气，又要达到新建系统投资最省、运营费用最低的效果。

鉴于陕京三线与陕京二线基本并行敷设，且两条管道设计输气能力基本相当，设计压力也一致。为便于两条管道互相备用、互相保安以及便于今后的运营维护，提出以下设计原则：

（1）在条件允许的情况下，压气站合建，共用备用机组；

（2）在条件允许的情况下，分输站合建。

根据上述原则，压气站的布置与陕京二线基本相同，除临县站由于线路走向与陕京二线的兴县站不在同一地点外，其余压气站均与陕京二线的压气站合建。

根据 $320 \times 10^8 m^3/a$ 的均月均日数据，通过前期方案比选，我们总结经验，对方案进行多次调整优化，推荐如下三种典型方案进行比较：

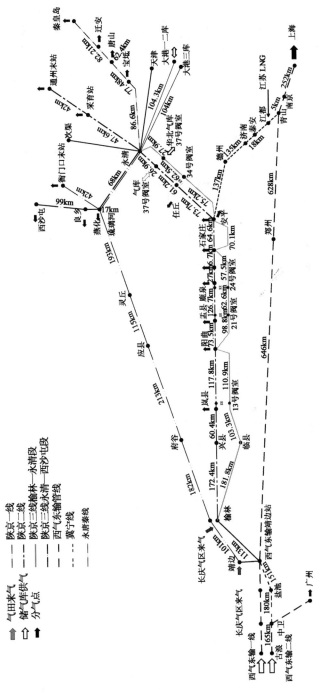

图5-5-1 我国中东部地区供气骨干管网管网示意图

方案一是完全联合运行工况(图5-5-2),即在阳曲压气站、石家庄站进出站联合运行,榆林首站进站分开、出站联合,大的分输节点安平和永清也进行联合。陕京二线的榆林首站主要用于对长庆地区的天然气进行增压,陕京三线的榆林首站主要用于对塔里木和中亚的天然气(即通过西气东输二线中卫来气)进行增压。

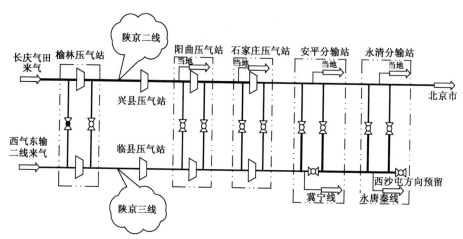

图5-5-2 完全联合运行工况系统简图

方案二是压气站联合运行工况(图5-5-3),即在榆林压气站出站联合(同方案一),阳曲压气站进出站联合运行,陕京二线、陕京三线石家庄进站连通,出站分开,陕京三线主要负担冀宁线和永唐秦线的天然气高压输送,陕京二线主要负担沿途用户分输和向北京供气。

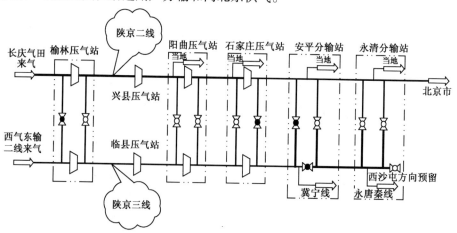

图5-5-3 压气站联合运行工况系统简图

方案三是压气站独立运行工况(图5－5－4)。首先是考虑陕京二线和陕京三线基本独立运行，只在榆林首站的出站联合(同方案一)，石家庄进站联合，而且各大分输站(如安平、永清)也不进行连通。通过水力分析计算，由于本工程供气原则导致在独立运行时两条线的输送量分别是$180 \times 10^8 \mathrm{m}^3/\mathrm{a}$ 和 $140 \times 10^8 \mathrm{m}^3/\mathrm{a}$，这样的分输量造成总有一条管线的榆林—阳曲段压气站计算功率超出装机功率，因此无法实现完全独立。故压缩机站独立运行工况是考虑各压气站采用独立运行(榆林站除外)，在石家庄进站连通，以调节两条管线的输气量。

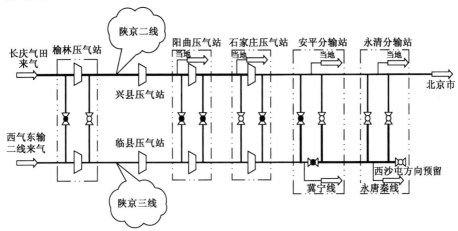

图5－5－4　压气站独立运行工况系统简图

三种运行工况的水力计算结果见表5－5－2。其中，榆林压气站-2 指原陕京二线的榆林压气站，榆林压气站-3 指原陕京三线的榆林压气站；石家庄压气站-2 指原陕京二线的石家庄压气站，石家庄压气站-3 指原陕京三线的石家庄压气站。若压气站联合运行(即进出站均连通)，计算结果就是该站陕京二线和三线合计流量和功率，如阳曲(二、三线合计)。

完全联合运行工况计算结果见表5－5－2、表5－5－3。从表可以看出，在这种运行方式下，陕京二线分配流量 $161 \times 10^8 \mathrm{m}^3/\mathrm{a}$，陕京三线分配流量 $158 \times 10^8 \mathrm{m}^3/\mathrm{a}$；压气站总计算功率228MW。由于本方案考虑在石家庄、安平和永清等节点是连通的，即陕京二线和陕京三线在石家庄以后仍然是一个水力系统，为了保证泰安的压力尽量高于6MPa(实际只有4.97MPa)，将导致北京的压力达到8.45MPa以及永唐秦线秦皇岛的压力达到8.52MPa，压力偏高。

表 5 - 5 - 2　站场计算结果表

站场名称	处理量 $10^8 m^3/a$	压缩机进口压力 MPa	压缩机出口压力 MPa	进站温度 ℃	出站温度 ℃	计算功率 MW
榆林压气站-2	165.00	3.95	9.85	29.39	55.00	65.98
榆林压气站-3	153.90	5.47	9.85	15.06	55.00	34.94
兴县压气站	160.92	6.78	9.85	25.39	54.94	23.37
临县压气站	157.98	6.93	9.85	25.65	53.50	21.57
阳曲压气站 (陕京二线、陕京三线合计)	299.46	6.57	9.85	24.47	55.00	47.35
石家庄压气站 (陕京二线、陕京三线合计)	265.91	6.99	9.85	23.41	50.41	34.92
岚县分输站	1.38	8.73		42.61		
阳曲分输站	18.06	6.72		25.05		
盂县分输站	3.88	8.67		40.10		
鹿泉分输站	4.00	7.73		29.74		
正定分输站	8.13	7.23		25.82		
石家庄分输站	17.54	7.14		23.99		
安平分输站	2.40	9.07		36.95		
任丘分输阀室	1.00	8.89		22.15		
37 号分输阀室	0.00	8.73		16.89		
永清分输站	29.70	8.62		16.17		
北京采育	22.07	8.46		14.05		
北京通州	22.07	8.45		13.27		
德州	3.40	7.32		20.66		
济南	1.70	5.29		11.16		
泰安	133.91	4.98		10.17		
宝坻	0.00	8.57		13.00		
唐山	0.00	8.52		13.00		
秦皇岛	0.00	8.52		13.00		
良乡	27.59	8.49		13.74		
西沙屯	22.07	8.46		13.01		

表 5 - 5 - 3　气源节点参数

名　　称		气量，$10^8 m^3/a$	压力，MPa	出站温度，℃
长庆气田来气		165.00	4.10	30.00
西气东输二线来气	盐池	155.00	9.80	50.00
	靖边	0.00	7.65	15.56
	榆林	0.00	5.62	55.00

　　压气站联合运行工况计算结果见表 5 - 5 - 4、表 5 - 5 - 5。从表可以看出，在这种运行方式下，陕京二线分配流量 $161 \times 10^8 m^3/a$，陕京三线分配流量 $158 \times 10^8 m^3/a$，与方案一相同；压气站总计算功率 211MW。由于本方案考虑在石家庄出站分开、安平和永清等节点不连通，即陕京二线和三线在石家庄以后是两个水力系统，在保证泰安的压力尽量高于 6MPa（实际只有 4.81 MPa）的情况下，北京的压力在 5.20MPa，适合向北京市城市管网供气，永唐秦管线的压力也在 5MPa 左右。这样没有造成能源的浪费，也不需要增加站场调压改造的费用。

表 5 - 5 - 4　站场计算结果表

站场名称	处理量 $10^8 m^3/a$	压缩机进口压力 MPa	压缩机出口压力 MPa	进站温度 ℃	出站温度 ℃	计算功率 MW
榆林压气站-2	165.00	3.95	9.85	29.39	55.00	65.98
榆林压气站-3	153.90	5.47	9.85	15.06	55.00	34.94
兴县压气站	160.92	6.78	9.85	25.39	54.94	23.37
临县压气站	157.98	6.93	9.85	25.65	53.50	21.57
阳曲压气站（陕京二线、陕京三线合计）	299.46	6.57	9.85	24.47	55.00	47.35
石家庄压气站-2	126.90	6.99	6.99	24.42	24.42	0.00
石家庄压气站-3	139.01	6.99	9.85	22.36	49.30	18.16
岚县分输站	1.38	8.73		42.61		
阳曲分输站	18.06	6.72		25.05		
盂县分输站	3.88	8.67		40.10		
鹿泉分输站	4.00	7.73		29.74		
正定分输站	8.13	7.23		25.82		

站场名称	处理量 $10^8 m^3/a$	压缩机进口 压力 MPa	压缩机出 口压力 MPa	进站温度 ℃	出站温度 ℃	计算功率 MW
石家庄分输站	17.54	7.14		24.99		
安平分输站	2.40	6.08		18.09		
任丘分输阀室	1.00	5.80		14.20		
37 号分输阀室	0.00	5.56		12.80		
永清分输站	29.70	5.42		12.39		
北京采育	22.07	5.22		12.13		
北京通州	22.07	5.20		12.77		
德州	3.40	7.21		20.00		
济南	1.70	5.14		10.68		
泰安	133.91	4.81		9.69		
宝坻	0.00	5.42		13.00		
唐山	0.00	5.37		13.00		
秦皇岛	0.00	5.37		13.00		
良乡	22.07	5.26		12.45		
西沙屯	27.59	5.18		12.87		

表 5-5-5 气源节点参数

名　　称		气量，$10^8 m^3/a$	压力，MPa	出站温度，℃
长庆气田来气		165.00	4.10	30.00
西气东输二线来气	盐池	155.00	9.80	50.00
	靖边	0.00	7.65	15.56
	榆林	0.00	5.62	55.00

　　压气站独立运行工况计算结果见表 5-5-6、表 5-5-7。从表可以看出，在这种运行方式下，陕京二线分配流量 $173 \times 10^8 m^3/a$，陕京三线分配流量 $146 \times 10^8 m^3/a$；压气站总计算功率 214MW。由于本方案考虑在石家庄出站分开，在保证泰安的压力尽量高于 6MPa（实际只有 4.81MPa）的情况下，北京的压力为 5.29MPa。

表 5-5-6　站场计算结果表

站场名称	处理量 $10^8 m^3/a$	压缩机进口压力 MPa	压缩机出口压力 MPa	进站温度 ℃	出站温度 ℃	计算功率 MW
榆林压气站-2	165.00	3.95	9.85	29.39	55.00	65.98
榆林压气站-3	153.90	5.47	9.85	15.06	55.00	34.94
兴县压气站	172.71	6.21	9.85	24.85	55.00	31.48
临县压气站	146.19	7.39	9.85	25.74	48.38	16.06
阳曲压气站-2	153.27	5.97	9.85	24.55	55.00	30.56
阳曲压气站-3	146.19	7.16	9.85	22.25	47.22	17.62
石家庄压气站-2	126.90	7.04	7.04	24.32	24.32	0.00
石家庄压气站-3	139.01	7.04	9.85	20.28	46.51	17.55
岚县分输站	1.38	8.59		42.84		
阳曲分输站	18.06	6.12		25.15		
盂县分输站	3.88	8.68		40.08		
鹿泉分输站	4.00	7.77		29.74		
正定分输站	8.13	7.28		25.84		
石家庄分输站	17.54	7.19		24.90		
安平分输站	2.40	6.14		18.07		
任丘分输阀室	1.00	5.88		14.19		
37号分输阀室	0.00	5.64		12.82		
永清分输站	29.70	5.51		12.52		
北京采育	22.07	5.31		12.18		
北京通州	22.07	5.29		12.78		
德州	3.40	7.23		19.16		
济南	1.70	5.18		10.34		
泰安	133.91	4.86		9.40		
宝坻	0.00	5.46		13.00		
唐山	0.00	5.41		13.00		
秦皇岛	0.00	5.41		13.00		
良乡	27.59	5.30		12.43		
西沙屯	22.07	5.25		12.93		

表5-5-7 气源节点参数

名　称		气量，$10^8 m^3/a$	压力，MPa	出站温度，℃
长庆气田来气		165.00	4.10	30.00
西气东输二线来气	盐池	155.00	9.80	50.00
	靖边	0.00	7.65	15.56
	榆林	0.00	5.62	55.00

以上三种工况计算结果对比见表5-5-8。从表可以看出，在 $320 \times 10^8 m^3/a$ 均月均日工况下，采用方案二的运行方式所需功率最低，而且能保证秦皇岛站和泰安站的压力尽量高些，北京的通州压力在 5.0 MPa 左右。方案一由于通州等分输站压力过高，目前站内设施无法将天然气节流到 4.5MPa，需要对站场进行适应性改造。方案三总功率较方案二高，但方案二节约了投资和年运行费用。因此，方案二能耗最低，更为优化，故本设计推荐采用方案二的运行模式(即压气站联合运行，石家庄出站分开)。

表5-5-8 各种方案水力计算结果汇总表

	方案一 （完全联合）	方案二 （压气站联合）	方案三 （压气站独立）
压气站计算总功率 MW	228	211	214
北京通州压力，MPa	8.45	5.20	5.29
泰安压力，MPa	4.98	4.81	4.86
秦皇岛压力，MPa	8.52	5.37	5.41

二、推荐工艺方案计算结果

根据比选，确定了陕京二线和陕京三线榆林压气站出站联合，阳曲压气站进出站联合运行，石家庄压气站进站联合，陕京二线和陕京三线机组分开运行方式；全线在适当的阀室与陕京二线进行跨接；55℃的出站输气温度；榆林采用燃驱，其余采用电驱；各站采用机组备用方式，合建站场与陕京二线共用备用机组。具体站场设置及机组配置见表5-5-9。

表 5-5-9 推荐方案站场设置及机组配置

站 场 名 称		里程，km	高程，m	机组配置，台	功率等级	驱动方式
榆林首站(陕京二线)		—	1185	4+1	20MW 等级	电驱
榆林首站(陕京三线)		0	1185	2+1	30MW 等级	燃驱
兴县压气站(陕京二线)		—	925	2+1	17.2MW	电驱
临县压气站(陕京三线)		182	1180	2+1	18MW 等级	电驱
阳曲压气站(陕京二线)		—	1265	2+1	20MW	电驱
阳曲压气站(陕京三线)		369	1265	2+0	20MW	电驱
石家庄压气站(陕京二线)		—	60	2+1	15.7MW	电驱
石家庄压气站(陕京三线)		588	60	2+0	16MW 等级	电驱
陕京二线和陕京三线合计	燃驱机组合计	—		3	—	—
	电驱机组合计	—		21	—	—
陕京三线新增机组	燃驱机组合计	—		3	—	—
	电驱机组合计	—		7	—	—

注:陕京二线的压气站机组已经配置，正在建设中。

第六章　储气系统的储气能力及调峰分析

第一节　管道储气能力分析

一、稳定输送工况下的管道储气能力

　　长距离输气管道的末段(从输气管道的最后一座压气站到末站或配气门站),在设计时要通常根据日用气量的波动情况赋予一定的储气能力,借以进行负荷调节。没有中间压缩机站的输气管道,全线都可以储气。当管道的终点压力在一定范围波动时,管内气体的平均压力也相应有一个最高值和最低值。如果适当地选择储气管段的始终点压力波动范围和管段容积,可使管道具有适当的储气能力。末段起点的最高压力应等于最后一个压气站出口的最高工作压力,末段终点的最低压力应不低于配气站所要求的供气压力,末段起点、终点压力的变化就决定了末段输气管道的储气能力。

　　由于管道末段储气具有储气灵活和储气量有限的特征,因此也可用来缓解大工业直供用户的调峰(如调峰电厂)和城市用气的部分日调峰。

　　中间各管段起点与终点的流量相同的,即属于稳流工况,因此可利用第五章稳态水力公式进行计算。而输气管末段与其他各站间管段在工况上有很大区别,气体的流动属于不稳定流动(流量随时间而变),应采用不稳定流动方程进行计算,但是不稳定流计算复杂,因此在工程计算中通常还是近似地按稳定流动的计算方法来计算,其结果比实际小10%～15%。

(一)输气管末段储气能力的计算

　　输气管的储气量是按平均压力计算,因此,必须知道储气开始时管道中

气体的平均压力和储气终了时的平均压力。

储气开始时，起点、终点压力都为最低值，其平均压力按下式计算：

$$p_{m2} = \frac{2}{3}\left(p_{1min} + \frac{p_{2min}^2}{p_{1min} + p_{2min}}\right) \qquad (6-1-1)$$

储气终了时，起点、终点压力都为最高值，其平均压力按下式计算：

$$p_{m1} = \frac{2}{3}\left(p_{1max} + \frac{p_{2max}^2}{p_{1max} + p_{2max}}\right) \qquad (6-1-2)$$

式中　p_{m1}——储气终了时的平均绝对压力，MPa；

　　　p_{m2}——储气开始时的平均绝对压力，MPa；

　　　p_{1min}——储气开始时的起点绝对压力，MPa；

　　　p_{2min}——储气开始时终点绝对压力，MPa；

　　　p_{1max}——储气终了时起点绝对压力，MPa；

　　　p_{2max}——储气终了时终点绝对压力，MPa。

储气开始和结束的时候，可近似认为是稳定流动。根据流量公式可得：

$$p_1^2 - p_2^2 = KLq_v^2 \qquad (6-1-3)$$

$$K = \frac{\lambda Z\gamma T}{C^2 d^5} \qquad (6-1-4)$$

为便于计算，式中各参数压力单位采用 Pa，长度 L 单位采用 m，管径 d 单位采用 m，流量 q_v 单位采用 m^3/s，则 $C = 0.03848$。

储气开始时，p_{2min} 已知，故：

$$p_{1min} = \sqrt{p_{2min}^2 + KL_zq_v^2} \qquad (6-1-5)$$

储气结束时，p_{1max} 已知，故：

$$p_{2max} = \sqrt{p_{1max}^2 - KL_zq_v^2} \qquad (6-1-6)$$

式中　L_z——末段管道的长度，m。

根据输气管末段中储气开始和结束时的平均压力 p_{mmin} 和 p_{mmax}，求得开始和结束末段管道中的存气量为：

$$V_{min} = \frac{p_{mmin}VZ_0T_0}{p_0Z_1T_1} \qquad (6-1-7)$$

$$V_{max} = \frac{p_{mmax}VZ_0T_0}{p_0Z_2T_2} \qquad (6-1-8)$$

式中　V_{min}——储气开始时末段管道中的存气量，m^3；

　　　V_{max}——储气结束时末段管道中的存气量，m^3；

　　　V——末段管道的几何容积，m^3；

Z_1，Z_2——压力为 p_{m1} 和 p_{m2} 时的压缩系数；

T_1，T_2——储气开始和结束时末段的平均温度，K；

p_0——标准状态下的压力，101325Pa；

T_0——标准状态下的温度，293.15K；

Z_0——p_0、T_0 下的压缩系数，$Z_0 = 1$。

输气管末段的储气能力是储气结束与储气开始时管中存气量之差，近似认为 $Z_1 \approx Z_2 \approx Z$，$T_1 \approx T_2 \approx T$，故末段管的储气能力按下式计算：

$$V_s = V_{max} - V_{min} = \frac{\pi d^2}{4} \cdot \frac{p_{mmax} - p_{mmin}}{p_0} \cdot \frac{T_0}{TZ} L_z \qquad (6-1-9)$$

所需末段长度按下式计算：

$$L_z = \frac{p_{1max}^2 - p_{2min}^2}{2Kq_v^2} \qquad (6-1-10)$$

式中，$K = \dfrac{\lambda Z \gamma T}{C^2 d^5}$。

所需管径按下式计算：

$$d = \left\{ \frac{V_{smax} q_v^2}{A\left[p_{1max}^3 + p_{2min}^3 - \frac{\sqrt{2}}{2}(p_{1max}^2 + p_{2min}^2)^{1.5} \right]} \right\}^{1/7} \qquad (6-1-11)$$

式中，$A = \dfrac{\pi C_2}{6} \dfrac{T_0}{p_0 T^2 Z^2 \lambda \gamma}$。

（二）输气管末段长度和管径的确定

输气管流量公式可写为：

$$q_v = (KL_2)^{-0.5}(p_1^2 - p_2^2)^{0.5} \qquad (6-1-12)$$

平均压力为：

$$p_m = \frac{2}{3}\left(p_1 + \frac{p_2^2}{p_1 + p_2} \right) = \frac{2}{3}\left(\frac{p_1^2 + p_1 p_2 + p_2^2}{p_1 + p_2} \right) \qquad (6-1-13)$$

式（6-1-13）除以式（6-1-12），得：

$$\frac{3p_m}{2q_v \sqrt{KL_z}} = \frac{\varepsilon^2 + \varepsilon + 1}{(\varepsilon + 1)\sqrt{\varepsilon^2 - 1}} = \varphi(\varepsilon) \qquad (6-1-14)$$

式中，$\varepsilon = \dfrac{p_1}{p_2}$。

为便于计算，根据公式$(6-1-14)$作出了$\dfrac{3p_{\mathrm{m}}}{2q_{\mathrm{v}}\sqrt{KL_z}}$

即$\varphi(\varepsilon)$与ε的关系数图表，见图$6-1-1$和表$6-1-1$。

计算出$\dfrac{2p_{\mathrm{m}}}{2q_{\mathrm{v}}\sqrt{KL_z}}$值后，由图$6-1-1$和表$6-1-1$查出$\varepsilon$

值，从而按下列公式确定末段的起点压力、终点压力，验证事先确定的末段长度和管径是否满足需要：

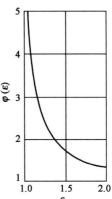

$$p_2 = \sqrt{\frac{KLq_{\mathrm{v}}^2}{\varepsilon^2 - 1}} \qquad (6-1-15)$$

$$p_1 = \varepsilon p_2 = \varepsilon\sqrt{\frac{KLq_{\mathrm{v}}^2}{\varepsilon^2 - 1}} \qquad (6-1-16)$$

图$6-1-1$　$\varphi(\varepsilon)$
与ε的关系曲线

表 6-1-1　$\varphi(\varepsilon)$ 与 ε 的关系表

ε	0	1	2	3	4	5	6	7	8	9
1.0	∞	10.633	7.538	6.170	5.357	4.803	4.396	4.080	3.826	3.616
1.1	3.440	3.288	3.156	3.040	2.936	2.844	2.761	2.685	2.616	2.553
1.2	2.494	2.440	2.390	2.344	2.300	2.259	2.221	2.185	2.151	2.119
1.3	2.088	2.060	2.032	2.006	1.981	1.958	1.935	1.914	1.893	1.873
1.4	1.854	1.836	1.818	1.802	1.785	1.770	1.755	1.740	1.726	1.713
1.5	1.699	1.687	1.674	1.663	1.651	1.640	1.629	1.619	1.608	1.599
1.6	1.589	1.580	1.571	1.562	1.553	1.545	1.537	1.529	1.521	1.513
1.7	1.506	1.499	1.492	1.485	1.478	1.472	1.465	1.459	1.453	1.447
1.8	1.411	1.436	1.430	1.425	1.419	1.414	1.409	1.404	1.399	1.394
1.9	1.390	1.385	1.380	1.376	1.372	1.367	1.363	1.359	1.355	1.351

例如，某管道依靠地层压力输气，中间没有压气站，管径为$630\mathrm{mm}$，壁厚$7\mathrm{mm}$，全长$150\mathrm{km}$，起点最高工作绝对压力$p_{1\mathrm{max}}=2.5\mathrm{MPa}$，终点最高绝对压力$p_{2\mathrm{max}}=1.4\mathrm{MPa}$，终点最低绝对压力$p_{2\mathrm{min}}=0.7\mathrm{MPa}$，求该管道内最多能储气量。

解：（1）求起点最低压力p_{min}。

根据公式$(6-1-3)$可知：

$$p_{1\mathrm{max}}^2 - p_{2\mathrm{max}}^2 = p_{1\mathrm{min}}^2 - p_{2\mathrm{min}}^2$$

$$p_{1\min} = \sqrt{p_{1\max}^2 - p_{2\max}^2 + p_{2\min}^2} = \sqrt{2.5^2 - 1.4^2 + 0.7^2} = 2.186(\text{MPa})$$

(2)管道的几何容积为:

$$V = \frac{\pi}{4}d^2 L = \frac{\pi}{4} \times 0.616^2 \times 150 \times 1000 = 44703.6(\text{m}^3)$$

(3)开始储气时的平均压力为:

$$p_{m\min} = \frac{2}{3} \times \left(2.186 + \frac{0.7^2}{2.186 + 0.7}\right) = 1.57(\text{MPa})$$

(4)储气结束时的平均压力为:

$$p_{m\max} = \frac{2}{3} \times \left(2.5 + \frac{1.4^2}{2.5 + 1.4}\right) = 2.0(\text{MPa})$$

(5)管道内最大储气量为:

$$V_s = V \cdot \frac{p_{m\max} - p_{m\min}}{p_0} \cdot \frac{T_0}{TZ}$$

近似取 $T_0 = T$，$Z = 1$，则:

$$V_s = 44703.6 \times \frac{2.0 - 1.57}{0.101325} = 189711.8(\text{m}^3)$$

又如，某设计任务规定向某城市每昼夜输送天然气 $5 \times 10^6 \text{m}^3$，要求最大储气量为 $2 \times 10^6 \text{m}^3$（为日输气量的40%）。原设计方案采用大量的储气罐，压气站布置和计算结果见图 6-1-2。现要求不用储气罐，而改用末段储气。试计算输气管末段长度、末段管径、末段起点的最低压力 $p_{1\min}$ 和末段终点的最高压力 $p_{2\max}$。

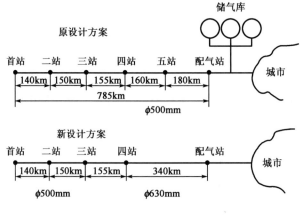

图 6-1-2　两个方案示意图

已知天然气相对密度 $\rho = 0.58$，输气温度 $T = 278K$，压缩系数 $Z = 0.93$，输气管总长 785km，到城市前的最低绝对压力 $p_{2min} = 10^6 Pa$，末段起点最高绝对压力不得超过压气站出口的最高绝对压力 $5.5 \times 10^6 Pa$，摩阻系数 $\lambda = 0.0119$。原设计方案压气站出口绝对压力为 $5.1 \times 10^6 Pa$，管径为 500mm。

解：（1）为满足储气需要，计算所需管径和末段长度。

按公式（6-1-11）计算所需管径：

$$q_v = \frac{5 \times 10^6}{24 \times 3600} = 57.87 (m^3/s)$$

$$A = \frac{\pi \times 0.03848^2}{6} \times \frac{293}{101325 \times 278^2 \times 0.93^2 \times 0.0119 \times 0.58}$$

$$= 4.8595 \times 10^{-9}$$

$$d = \left\{ \frac{V_{smax} q_v^2}{A \left[p_{1max}^3 + p_{2min}^3 - \frac{\sqrt{2}}{2} (p_{1max}^2 + p_{2min}^2)^{1.5} \right]} \right\}^{1/7}$$

$$= \left\{ \frac{2 \times 10^6 \times 57.87^2}{4.8595 \times 10^{-9} \times \left[5.5^3 \times 10^{18} + 10^{18} - \frac{\sqrt{2}}{2} (5.5^2 \times 10^{12} + 10^{12})^{1.5} \right]} \right\}^{1/7}$$

$$= 0.61 (m)$$

按公式（6-1-10）计算末段长度：

$$K = \frac{0.0119 \times 0.93 \times 0.58 \times 278}{0.02848^2 \times 0.61^5} = 14268.67$$

$$L_z = \frac{5.5^2 \times 10^{12} - 10^{12}}{2 \times 14268.67 \times 57.87^2} = 306059 (m) = 306.1 (km)$$

显然，原设计方案的末段管径和长度不能满足储气要求。

（2）取末段长度为 $180 + 160 = 340 (km)$，也就是取消原的有第五个压气站，并设末段管径为 630mm，壁厚6mm。

储气开始时按公式（6-1-5）计算末段起点最低压力 p_{1min}：

$$K = \frac{0.0119 \times 0.93 \times 0.58 \times 278}{0.03848^2 \times 0.618^5} = 13368.73$$

$$p_{1min} = \sqrt{10^{12} + 13368.73 \times 57.87^2 \times 340000} = 4027673 (Pa)$$

储气开始时的平均压力按公式（6-1-1）计算：

$$p_{m2} = \frac{2}{3} \times \left(4027673 + \frac{10^{12}}{4027673 + 10^6}\right) = 2817715 (\text{Pa})$$

储气开始时管道内的存气量按公式(6-1-7)计算:

$$V = \frac{\pi}{4}d^2 L_Z = \frac{\pi}{4}0.618^2 \times 340000 = 101987.2 (\text{m}^3)$$

$$V_{\min} = \frac{101987.2 \times 2817715 \times 293}{101325 \times 0.93 \times 278} = 3214148.9 (\text{m}^3)$$

储气终了时应有的存气量为开始时的存气与应储气量之和:

$$V_{\max} = 3214148.9 + 2 \times 10^6 = 5214148.9 (\text{m}^3)$$

储气终了时的平均压力按公式(6-1-8)计算:

$$p_{\text{mmax}} = \frac{V_{\max}p_0 ZT}{VT_0} = \frac{5214148.9 \times 101325 \times 0.93 \times 278}{101987.2 \times 293}$$

$$= 4571034.5 (\text{Pa})$$

由公式(6-1-14)得:

$$\frac{3p_{\text{mmax}}}{2q_v \sqrt{KL_Z}} = \frac{3 \times 4571034.5}{2 \times 57.87 \times \sqrt{13368.73 \times 340000}} = 1.757$$

由表2-4-2查得 $\varepsilon = 1.46$。

由公式(6-1-15)、式(6-1-16)计算末段终点和起点的最高压力:

$$p_2 = \sqrt{\frac{13368.73 \times 340000 \times 57.87^2}{1.46^2 - 1}} = 3667680.9 (\text{Pa})$$

$$p_1 = \varepsilon p_{2\max} = 1.46 \times 3667680.9 = 5354814.2 (\text{Pa}) < 5.5\text{MPa}$$

通过计算,末段长度340km,管径630mm,壁厚6mm能满足储气要求。

二、瞬态输送工况下的管道储气能力

瞬态输送工况下管道的储气能力计算公式和计算方法与稳态输送工况基本相同,只是稳态输送工况下管道的储气能力是取一段相对较长的时间作为计算取值点。随着目前计算机和工艺计算软件的日益普及,根据项目对计算精度的要求,可以计算在相当短的时间段(如10min、1h等)管道平均压力,由此计算出不同时间段内管道储气量,即为瞬态输送工况下的管道储气能力。

第二节　输气管道调峰分析计算

一、构造调峰数据

调峰能力是指气源供给系统与管道输送系统对用户用气量变化的适应能力，也就是供给与需求的平衡能力。在供给与需求的矛盾中，需求处于主动方面，它随市场条件而变化；供给能力处于被动方面，受多种条件制约，供给能力只能在市场需求出现后才能建设。

引起用气市场变化的主要因素如下：

(1)天然气价格与其他能源价格对比，特别是与煤、油、电价格的比较；

(2)下游供气管网及市场发育程度；

(3)用户的用气不均匀程度、气候的变化和人们的生活习惯等。

对于系统的调节能力，既要考虑长期用量变化(季节调峰量)，又要考虑在一定用量条件下用量随时间而变化的影响(日时调峰量)。

各类用户不均匀用量的计算与市场分配结构和各自的不均匀系数相关性很强。因此，在确定目标市场各类用户各月不均匀用气量时，首先要根据对目标市场用户的结构进行测算，然后根据确定的典型的月不均匀系数和日高峰系数对市场各类用户的用气量进行不均匀测算。

二、设计输量下的动态运行工况计算

在工程中，通常首先根据资源和市场分析确定管道的设计输量。针对这个设计输量，通过市场分析预测确定季节不均匀用气系数或日不均匀用气系数与管道设计输量(即平均日输量)相乘，计算出管道的不均匀用气量。根据夏季低峰月日用气平衡计算，按剩余用气全部注入气库确定整条管道的注气能力需求。根据冬季高峰月日用气平衡计算，确定储气库采气能力需求。根据小时不均衡用气动态计算，计算出管道储气最高储气压力，并计算出储气库外输压力变化范围。

第三节　调峰方式

一、储气库调峰

天然气运输和消费体系不同于其他燃料，有自身的特殊性。一方面，在天然气供应和消费之间存在时间不均衡的固有矛盾，如季节不均衡性、月不均衡性、日不均衡性、气量相差可以达到 10～20 倍；另一方面，为保证安全可靠连续供气，还需要对意外的事故、战争等进行战略储备。随着天然气国际贸易和边远气田的开发、输气距离的增加，天然气这种供、产、销矛盾在最近几年有加剧的趋势。通常的解决方法有提高管线的输送压差、建立各类高低压储存球罐。采用以上两种方式只能小范围解决用气不均，对于城镇中型或全国范围内的大型燃气系统都无一例外地需要一定规模的储气措施。在用气高峰，由储气设施补充供给；在用气低谷，将多余的气体储存起来。20世纪燃气工业的一项主要技术成就是利用开采后的枯竭油气田、地下含水层、含盐层或废矿井来建造天然气地下储气库，以最大限度地满足城市用气，保障供气稳定可靠，削峰填谷，平抑供气峰值波动，优化供气系统。目前建造地下储气库是对城市用气进行季节性调峰的最合理、有效的方式之一。

截至 2008 年年底，我国已建 6 座地下储气库（大张坨、板 876、板中北、板中南、板 808、板 828），工作气量 $17.2 \times 10^8 \mathrm{m}^3$，占总调峰需求的 33%；正在建设的地下储气库有 5 座（京 58、京 51、永 22、金坛、刘庄），设计工作气量 $27.1 \times 10^8 \mathrm{m}^3$，以保障华北、华东、华南等地区的用气需要。综合考虑，中国战略储备规模为全年进口气量的 8.3% 较适合，即能储备一个月的进口气量；储气库规模应为年总用气量的 16%～19%，预计 2015 年中国与输气管道系统配套的地下储气库总有效工作气量为 $93.9 \times 10^8 \mathrm{m}^3$。

二、储气库注采系统分析

储气库地面工程作为储气库的一部分，建设不仅受长输管道运行压力和管输量的影响，而且受储气库运行压力（最高与最低注采压力）、注采气周期、最大采气量、采出气的温度和组分等诸多因素的影响，每个因素的变化都将带来建设规模和建设方案的改变。可以说下游天然气市场调峰的需求和建库的地质条件将确定储气库最终规模和建设方案，同时也将影响未来储气库的运行成本。

储气库地面集输系统是储气库组成的重要部分。储气库建成后更多的要靠经济合理的布局、优化的运行参数来提高储气库的使用率，降低运营成本。因此，根据不同的地下构造，配套建设经济合理的地面集输设施，地上地下整体优化，降低储气库综合运营成本十分必要。

地下储气库地面系统主要由注采气管网、注采气站、压气站及输气管线组成，具有以下特点：

（1）注入气无需净化处理。

天然气通过长输管线输送至地下储气库，在注入前，已经经过了天然气生产系统的脱酸、脱水、轻烃回收等净化工艺，因此无需进一步净化处理。

但是，由于天然气经过长距离的输气管线，输气管线内可能会存在腐蚀产物等杂质，要求在天然气进入压缩机前应当设置分离过滤器，处理后的天然气应符合压缩机对气质的技术要求。

（2）注采气管网差异大。

由于一般采用注采合一，因此注采气管网为一套。但是，由于注气工艺与采气工艺具有较大的差别，注气时运行时间较长，注气速率低于采气速率。如对于某单井最大日注气量最高为 $37.5 \times 10^4 \mathrm{m}^3/\mathrm{d}$，采气量最高达到 $88.89 \times 10^4 \mathrm{m}^3/\mathrm{d}$。

不同的地下储气库类型，注气需要的压力、速率等差别较大，地面系统的差别也较大。

（3）注气压缩机的配置需要适应压力条件的变化。

注气时，初期注气量小，压力低；高峰期注气量最大，压力升高；末期注气量减少，压力达到最高。采气时，初期采气量小，压力最高；末期采气量减小，压力达到最低值。注气压缩机的配置需要适应压力条件的变化。

（4）采出气要进行净化处理。

根据采出气携带组分不同，应采用不同露点控制工艺。不同类型储气库采出气携带的组分见表 6 - 3 - 1。枯竭油藏需要对采出气的烃露点和水露点进行控制，含水层、盐穴需要对采出气的水露点进行控制。

表6-3-1　不同类型储气库采出气携带的组分

储气库类型	采出气携带组分
油藏	水、凝析液、黑油
含水层	水
盐穴	水、盐

三、其他气源调峰

(一)LNG

液化天然气(以下简写为LNG)是优质、高效、安全的清洁燃料。LNG可作为汽车燃料，也可用作城市燃气调峰，还可用作燃料发电、市场化工业原料等。目前，我国LNG项目正在快速发展，一批项目将在广东、福建、浙江、上海、山东、江苏、河北和辽宁等地建设。

上海LNG储配站可储存液态LNG约 $2 \times 10^4 \mathrm{m}^3$，保证浦东地区 $10 \sim 12 \mathrm{d}$ 的供气量。

(二)利用缓冲用户

发展工业用户，提高工业用气量。大力推广在夏季城市燃气低峰时使用直燃机空调装置，利用低谷价的经济杠杆方法来减弱峰值，调节用气量。

(三)高压储罐

利用天然气高压球罐的压差进行储气。高压球罐储气技术在国内外均已成熟，球罐容积一般为 $1000 \sim 10000 \mathrm{m}^3$。

在长输管道工程设计中，储气库的实际工作气量有可能与预测需求工作气量不一致，无法满足管道沿线所有城市的调峰，部分城市的调峰需求仍依靠城市煤气公司协调用户用气需求并建设相应的储气设施来完全满足。

第四节　综合实例分析

陕京输气系统主要目标市场是环渤海经济带，包括北京、天津、河北、山东、山西和辽宁6省市。环渤海经济带是太平洋西岸日益活跃的东北亚经济区的中心部分。该区域不仅地域辽阔、资源丰富、市场潜力巨大、工业技术完备，更是中国和世界上城市群、工业群、港口群最为密集的区域之一，又是我国典型的冬、夏季用气量落差巨大的"北方型"用气市场。在设计中，市场分析预测不均匀系数见表6-4-1。

表6-4-1　各省市用气不均匀系数表

省市名称	高月均日系数	低月均日系数
北京市	1.785	0.513
天津市	1.729	0.521
山西省	1.084	0.823
山东省	1.168	0.784
河北省	1.327	0.801
辽宁省	1.553	0.843

一、2020年高月均日工况

2020年，陕京系统输量为$320 \times 10^8 m^3/a$（即设计输量），该年高月均日工况是在年最冷月平均气温（6℃）条件下，各分输站的分输气量是根据各省市的高月均日的不均匀用气系数（表6-4-1）计算，计算结果详见表6-4-2、表6-4-3。

表6-4-2　2020年推荐方案的高月均日工况站场计算结果表

站场名称	处理量 $10^8 m^3/a$	压缩机进口压力 MPa	压缩机出口压力 MPa	进站温度 ℃	出站温度 ℃	计算功率 MW
榆林压气站-2	165.00	3.95	9.85	29.39	55.00	65.98
榆林压气站-3	153.96	5.57	9.85	10.15	55.00	32.90
兴县压气站	160.95	6.82	9.85	21.44	55.00	22.49
临县压气站	158.01	6.97	9.85	21.69	55.00	20.77
阳曲压气站(陕京二线、陕京三线合计)	296.08	6.67	9.85	18.70	55.00	43.48
石家庄压气站-2	99.63	7.24	7.24	18.33	18.33	0.00
石家庄压气站-3	154.04	7.24	9.85	16.31	40.04	17.28
岚县分输站	1.63	8.75		37.46		

续表

站 场 名 称	处理量 $10^8 m^3/a$	压缩机 进口压力 MPa	压缩机 出口压力 MPa	进站 温度 ℃	出站温度 ℃	计算功率 MW
阳曲分输站	21.26	6.82		19.31		
盂县分输站	4.57	8.73		33.98		
鹿泉分输站	5.10	7.92		23.57		
正定分输站	10.37	7.47		19.65		
石家庄分输站	22.37	7.39		18.92		
安平分输站	3.19	6.70		12.10		
任丘分输阀室	1.27	6.58		7.84		
37号分输阀室	0.00	6.44		9.58		
永清分输站	77.63	6.24		11.16		
北京采育	40.89	5.87		8.04		
北京通州	40.89	5.81		6.75		
德州	3.97	6.66		11.99		
济南	1.99	3.80		1.22		
泰安	148.07	3.26		1.00		
宝坻	0.00	6.24		6.00		
唐山	0.00	6.19		6.00		
秦皇岛	0.00	6.19		6.00		
良乡	40.89	5.69		8.58		
西沙屯	51.11	5.45		11.57		

表 6-4-3　2020 年推荐方案的高月均日工况气源点参数

名称		气量 $10^8 m^3/a$	压力 MPa	出站温度 ℃
长庆气田来气		165.00	4.10	30.00
西气东输 二线来气	盐池	155.00	9.80	50.00
	靖边	0.00	7.68	15.56
	榆林	0.00	5.72	55.00
任丘气库		5.25	6.58	13.00
37号气库		42.00	6.44	13.00
永清气库		108.99	6.24	13.00

二、2020 年低月均日工况

2020 年，陕京系统输量为 $320 \times 10^8 \mathrm{m}^3/\mathrm{a}$，该年低月均日工况是在年最热月平均气温条件下（20℃），各分输站的分输气量是根据各省市的低月均日的不均匀用气系数（表 6 - 4 - 1）计算，各站计算结果见表 6 - 4 - 4、表 6 - 4 - 5。

表 6 - 4 - 4　2020 年推荐方案的低月均日工况站场计算结果表

站　场　名　称	处理量 $10^8 \mathrm{m}^3/\mathrm{a}$	压缩机进口压力 MPa	压缩机出口压力 MPa	进站温度 ℃	出站温度 ℃	计算功率 MW
榆林压气站-2	165.00	3.95	9.85	29.39	55.00	65.98
榆林压气站-3	153.83	5.37	9.85	20.05	55.00	37.07
兴县压气站	161.07	6.73	9.85	29.22	55.00	24.32
临县压气站	157.77	6.90	9.85	29.50	55.00	22.23
阳曲压气站（陕京二线、陕京三线合计）	302.65	6.51	9.85	28.72	55.00	50.03
石家庄压气站-2	99.30	6.81	6.81	28.81	28.81	0.00
石家庄压气站-3	176.45	6.81	9.85	27.35	55.00	25.52
岚县分输站	1.15	8.73		44.24		
阳曲分输站	15.03	6.66		29.29		
盂县分输站	3.23	8.63		42.21		
鹿泉分输站	3.19	7.61		33.57		
正定分输站	6.49	7.06		30.03		
石家庄分输站	14.00	6.96		29.37		
安平分输站	1.92	6.20		23.69		
任丘分输阀室	0.80	5.53		20.15		
37 号分输阀室	7.00	7.68		23.62		
永清分输站	38.13	4.65		17.69		
北京采育	10.46	4.52		19.32		
北京通州	10.46	4.52		19.97		
德州	2.67	7.42		25.81		

站 场 名 称	处理量 $10^8 m^3/a$	压缩机进口压力 MPa	压缩机出口压力 MPa	进站温度 ℃	出站温度 ℃	计算功率 MW
济南	1.34	6.47		19.85		
泰安	92.79	6.34		19.46		
宝坻	0.00	7.63		20.00		
唐山	0.00	7.58		20.00		
秦皇岛	0.00	7.58		20.00		
良乡	10.46	4.63		12.99		
西沙屯	13.07	4.64		13.16		
任丘气库	2.80	8.04		30.34		
37 号气库	14.00	4.91		18.19		
永清气库	69.86	7.68		23.62		

表 6-4-5   2020 年推荐方案的低月均日工况气源点参数

名 称		气量 $10^8 m^3/a$	压力 MPa	出站温度 ℃
长庆气田来气		165.00	4.10	30.00
西气东输二线来气	盐池	155.00	9.80	50.00
	靖边	0.00	7.62	15.56
	榆林	0.00	5.52	55.00

从上述计算分析可知,陕京系统预测需求气库最大注气工作气量为 $88.66 \times 10^8 m^3/a$,最大采气工作气量为 $156.24 \times 10^8 m^3/a$。输气管道沿途用户这种季节不均匀用气变化的调节,可由陕京输气系统和与之相连的储气库共同承担。

第七章 输气站场工艺及主要设备

第一节 输气站场工艺

一、工艺站场的设置原则

输气站是输气管道工程中各类工艺站场的总称，按输气站在输气管道中所处的位置分为输气首站、输气末站和中间站(中间站又分为压气站、接收站、分输站、清管站等)三大类型，按功能可分为调压计量站、清管分输站、配气站和压气站等。输气站场的设置应考虑以下主要因素。

(一)位置

满足系统工艺设计要求，所选位置应符合当地城镇的总体规划，服从输气干线的宏观走向，并考虑交通、供电、给排水、通信、社会依托条件等；输气站与附近城镇、工业企业、仓库、车站、变电所及其他公用设施的安全距离必须符合现行《原油和天然气工程设计防火规范》(GB 50183—2004)中的有关规定。

(二)占地面积

所选站址(含放空区)的占地面积应使站内各建筑物之间能留有符合防火规范规定的安全间距，必要时应考虑站场的发展余地，近、远期结合，统筹规划。

(三)地形条件

选择的站址应地势开阔、平缓，应在地势相对较高处，以利于场地防洪、排水和放空点位置的选择，尽量减小平整场地的土石方工程量。

二、各种工艺站场的设置方法及推荐做法

(1)输气首站一般设在净化气源附近。

(2)分输站选址主要考虑靠近用户的地理位置。

(3)清管站尽量与压气站、分输站合建。清管站的站间距选择主要考虑不应超过清管器的最大运行距离。

(4)压气站布局涉及末段长度、首站位置和各中间站间距三方面内容。站间距与管道的运行压力和压比有关,根据管道设计输量,以及管道投产后数年内输量变化的预测,对不同的增压输送方案进行优化比选,根据工艺计算确定压气站的布站。

(5)阴极保护站的间距受最大保护距离的限制,在布站时需综合考虑这些因素,站间距可以几十或上百千米。阴极保护站宜与输气站场合并建设。

三、各类站场工艺功能介绍

(一)输气首站

输气首站设在输气管道起点的站场,一般具有分离、计量、清管发送、气体组分分析等功能。当进站压力不能满足输送要求时,首站还具有增压功能。

(二)输气末站

输气末站设在输气管道终点的站场,一般具有分离、调压、计量、清管接收及配气功能。

(三)输气中间站

输气中间站设在输气管道首站和末站之间的站场,一般分为压气站、气体接收站、气体分输站、清管分离站等几种类型。

(1)压气站:设在输气管道沿线的站,用压缩机对管输气体增压。

(2)气体接收站:设在输气管道沿线,为接收输气支线来气而设置的站场,一般具有分离、调压、计量和清管器收发等功能。

(3)气体分输站:设在输气管道沿线,为分输气体至用户而设置的站场,一般具有分离、调压、计量、清管器收发、配气等功能。当与清管站合建时,

即为清管分输站。

(4)清管分离站：清管分离站应尽量与其他的输送站场相结合，但当输气管道太长又无合适的站场可结合时，可根据具体情况设中间清管分离站。一般清管分离站可按 80～150km 间隔考虑设置。在地形起伏较大的管段，可适当缩短站间距。

四、站场工艺及设备控制原理

输气管道建成后，其工艺操作包括线路截断阀室及各类输气站场内的对相关工艺设备的操作。输气管道站场的工艺操作主要是对清管器发送及接收，气体的分离、计量及调压装置，压缩机及辅助系统，工艺站场站内放空及排污辅助系统等的操作。

(一)工艺站场控制要求

1. 设备控制要求

(1)电动/气动/气液联动球阀：开、关阀控制及阀门状态数据采集。

(2)电动调节阀：阀门开度控制及阀门状态数据采集。

(3)气动调节阀：阀门开度控制。

(4)计量设备：温度、压力、流量及设备(流量计和流量计算机等)状态数据采集。

(5)调压设备：调压设备(自力式调压器和电动调节阀等)出口压力/限流控制及设备状态数据采集。

(6)压缩机组：在必要的基本条件(如吸入压力、仪表、供风、润滑油压、油温、交直流电源等)满足的情况下，能独立完成自动启动、加速、加载、按设定的工况运行等功能，并可在控制室机组表板手动启动机组和现场手动关闭机组；运行中一旦偏离设定工况(如过压、超温、过震动)能够自动调整到最佳状态，能有效实施防喘振监控；当发生异常情况时，可启用后备继电器安全停车系统(机组 ESD)控制机组完成紧急停车。

每套机组在控制室内设机组控制盘，通过内置的热冗余 PLC 对整个机组进行逻辑控制、报警和监视。机组控制盘的基本功能如下：

①根据站控系统命令，自动进行机组启停；

②根据站控系统负荷分配值，自动进行并联机组的负荷分配；

③启动、停车逻辑控制；

④加载、卸载逻辑控制；

⑤压缩机参数监测及显示；

⑥驱动设备(变速电动机)参数监测及显示；

⑦数据处理；

⑧机组报警及紧急停车保护；

⑨与机组启停和运行相关阀门控制及状态监视；

⑩转速、温度(轴承)、振动及轴位监控；

⑪干气密封及滑油系统监控；

⑫机组防喘振控制；

⑬机组火警与单机消防控制。

2. 主要控制参数和保护定值的设置

(1)分输站/末站出站压力：出站压力由调压设备进行控制，其保护定值根据相关规范要求进行设定。

(2)压气站出站压力及流量：出站压力及流量由压缩机组控制系统进行控制，压力及流量的保护定值根据相关规范及站场运行要求进行设定。

3. 主要联锁保护

(1)分输站/末站出站超压保护；

(2)站内自用气调压系统超压保护；

(3)压气站的压缩机组紧急停车保护；

(4)水套炉联锁保护；

(5)全站紧急停车(站 ESD)保护。

(二)站场主要工艺操作

(1)线路阀室的干线截断及放空；

(2)站场进出站截断阀的开启与截断；

(3)站内分离设备的使用、维护及排污、放空等操作；

(4)站内调压、计量设备的使用及维护；

(5)工艺压缩机的开车、停车及维护；

(6)站内压缩空气等辅助设备的使用及维护；

(7)站内紧急停车(ESD)系统的操作。

(三)站场事故保护控制要求

在站场超压、设备(压缩机组等)故障、天然气泄漏和火灾等情况发生时，应对站场进行有效、及时和可靠的事故保护控制。

1. 事故保护控制的总体要求

通过自控系统的自动联锁程序在超压、设备故障、天然气泄漏和火灾等情况发生时进行事故保护控制，实现对站场设备及人员的安全保护。输气站场应采用安全仪表系统完成事故保护控制。

2. 事故保护控制的设计原则

根据站场的安全评估确定站场的安全度等级，由安全度等级确定安全仪表系统(ESD 系统)的配置及控制方案。

安全仪表系统的设计应符合《工业生产过程中安全仪表系统的应用》(SY/T 10045—2003)、《石油化工安全仪表系统设计规范》(SH/T 3018—2003)等相关规范的规定。

3. 主要事故保护控制程序简介

1)分输站/末站出站超压保护

出站超压时，紧急关闭调压系统内的安全切断阀。

2)站内自用气调压系统超压保护

自用气调压系统出口超压时，紧急关闭调压系统安全切断阀。

3)压气站的压缩机组紧急停车

压缩机组超速、轴振动过大等偏离正常运行状态时，压缩机厂房内 2 台或以上可燃气体探测器同时高报警、火焰探测器报警或触发机组手动紧急停车按钮时，紧急停运压缩机组。

4)全站紧急停车(站 ESD)

站场出现火灾等紧急事故，触发"站 ESD"按钮，或接收到调度控制中心发出的"站 ESD"命令时，紧急关闭站进出口切断阀，关闭自用气调压系统安全切断阀，紧急停运压缩机组，关闭机组燃料气供气切断阀(燃驱压缩机组)，并打开站场放空阀。

五、各种典型流程图示例

图 7-1-1 为输气干线首站工艺流程(不带压气站)，图 7-1-2 为输气干线首站工艺流程(带压气站)，图 7-1-3 为输气干线分输站流程，图 7-1-4 为输气干线末站工艺流程，图 7-1-5 为输气干线清管站工艺流。

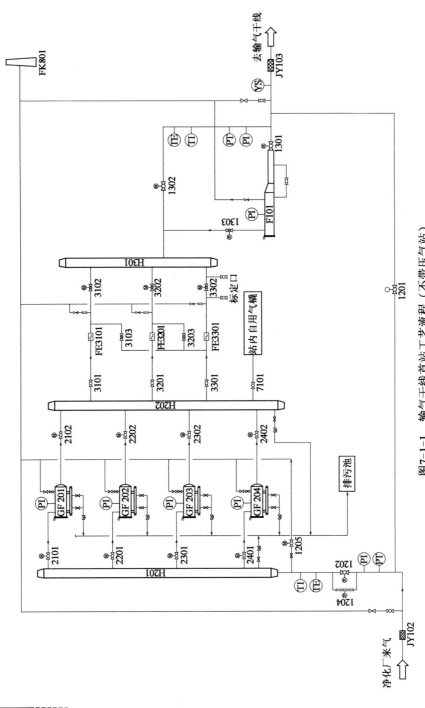

图7-1-1 输气干线首站工艺流程（不带压气站）

JY102、JY103—绝缘接头；H201、H202、H301—汇气管；GF201、GF202、GF203、GF204—过滤分离器；F101—清管器发送装置；FK801—放空立管

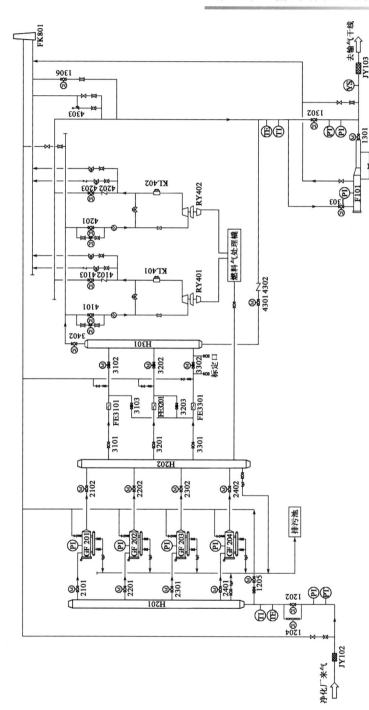

图7-1-2　输气干线首站工艺流程（带压气站）

JY102、JY103—绝缘接头；H201、H202、H301—汇气管；GF201、GF202、GF203、GF204—过滤分离器；FE3101、FE3201、FE3301—超声波流量计；RY401、RY402—燃气驱动压缩机组；KL401、KL402—空气冷却器；4303—安全阀；F101—清管器发送装置；FK801—放空立管

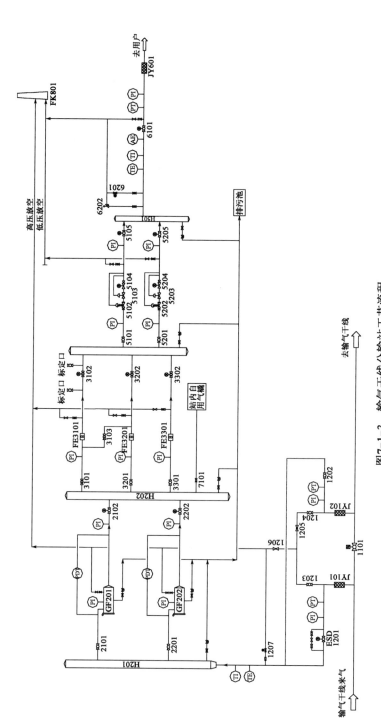

图7-1-3 输气干线分输站工艺流程

JY101、JY102、JY601—绝缘接头；H501、H201、H202、H301—汇气管；GF201、GF202—过滤分离器；FE3101、FE3201、FE3301—涡轮流量计；5102、5103、5104、5203、5204—调节阀；6202—安全阀；FK801—放空立管

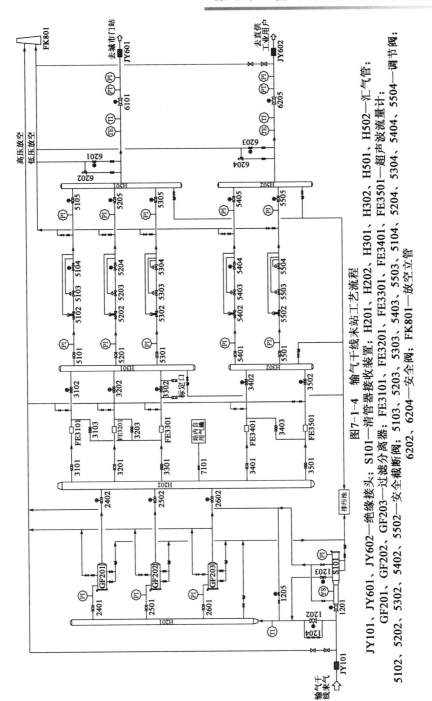

图7-1-4　输气干线末站工艺流程

JY101、JY601、JY602—绝缘接头；S101—清管器接收装置；H201、H202、H301、H302、H501、H502—汇气管；
GF201、GF202、GF203—过滤分离器；FE3101、FE3201、FE3301、FE3401、FE3501—超声波流量计；
5102、5202、5302、5402、5502—安全截断阀；5103、5203、5303、5403、5503、5104、5204、5304、5404、5504—调节阀；
6202、6204—安全阀；FK801—放空立管

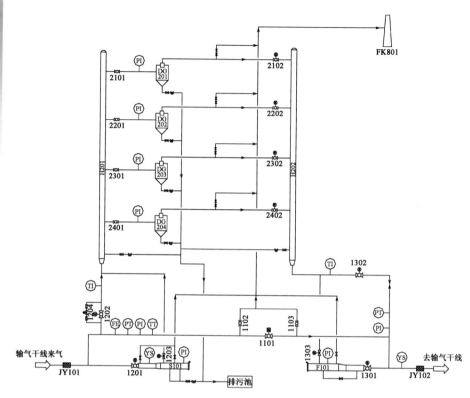

图 7-1-5　输气干线清管站工艺流程

JY101、JY102—绝缘接头；S101—清管器接收装置；H201、H202—汇气管；
DG201、DG202、DG203、DG204—多管干式除尘器；F101—清管器发送装置；FK801—放空立管

第二节　输气站场主要工艺设备

一、压缩机及附属设备

（一）压缩机

长输管道压缩机主要采用离心式压缩机和往复式压缩机。往复式压缩机适用于低排量、高压比的工况；而离心式压缩机正好相反，适用于大排量、

低压比的工况。

1. 往复式压缩机

往复式压缩机的压力范围大，压缩机的气缸有单作用和双作用两种。单作用气缸只有气缸一侧有进、排气阀，活塞经过一次循环只能压缩一次气体。双作用气缸两侧都有进、排气阀，活塞往返运动时都可以压缩气体。往复式压缩机也分为单级或多级压缩。在结构型式上，目前天然气增压用往复式压缩机多为对置式压缩机和对称平衡式压缩机。

1) 往复式压缩机的结构

图 7-2-1 为往复式压缩机的结构示意图，它主要由三大部分组成：运动机构(曲轴、轴承、连杆、十字头、皮带轮或联轴器等)、工作机构(气缸、活塞、气阀等)和机身主体，此外还有三个辅助系统，即润滑油系统、冷却系统及调节系统。运动机构是一种曲柄连杆机构，把曲轴的旋转运动变为十字头的往复运动；驱动机经联轴器带动曲轴旋转，曲轴与连杆的大头相连，连杆的小头与十字头连接，而十字头则被限定水平滑道内，只能作往复运动；旋转的曲轴使连杆作平面摆动，传到十字头则变为往复运动，十字头再通过活塞杆带动活塞在气缸内作往复运动。机身用来支承和安装整个运动机构和工作机构，又兼作润滑油箱用，曲轴用轴承支承在机身。工作机构是实现压缩机工作原理的主要部件。气缸呈圆筒形，两端都装有若干吸气阀与排气阀，活塞在气缸中间作往复运动。

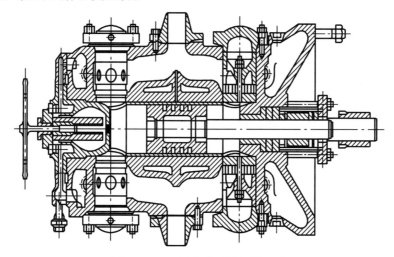

图 7-2-1　活塞式压缩机剖面图

2) 往复式压缩机的工作原理

曲轴旋转一周，活塞左右往复一次，气缸容积内完成一个循环。气缸上布置有吸气阀及排气阀，这些气阀控制气流只作单向流动。吸气阀只能吸气，排气阀只能排气，二者不能同时动作。气阀的启闭是依靠缸内外压力差来实现的。但一般吸气或排气管道内的压力是维持恒定的。因此，依靠活塞的往复运动，改变了缸内容积，从而使缸内气体压力发生变化。往复式压缩机的简单工作原理是：活塞在气缸内的来回运动与气阀相应的开闭动作相配合，使缸内气体依次实现膨胀、吸气、压缩、排气四个过程，不断循环，将低压气体升压而源源输出。

3) 往复式压缩机的特点

往复式压缩机为容积式压缩机，对流量的适应范围较宽。流量变化范围为 40%~120%。压缩机绝热效率较高，在设计工况点下，可达 80%~84%。往复式压缩机适用于小流量、流量变化幅度较大、压比高的工况。对中小气量、不确定性较多的管道压气站，往复式压缩机组较为灵活。

往复式压缩机需定期更换磨损件，如活塞环等，一般在 12~18 个月需更换，日常维修工作量大，维护费用高。运行中有往复运动，由于动力不平衡性和气流的脉动作用，设备基础和配管等需采取防振动措施，噪声较大。往复式机组热效率高，在相同输量和压比下，往复式机组燃气耗量小于离心式机组。往复式压缩机结构复杂，体积大，功率小，所需台数多，辅助设施、配管多，占地面积稍大。

4) 往复式压缩机的品牌介绍

目前我国输气管道压气站所用的往复式压缩机有进口和国产机组。国外生产往复式压缩机的主要生产厂家为美国库伯（Cooper）能源公司、Arial 公司、德莱—赛兰（Dresser-Rand）等公司。国内生产往复式压缩机的主要生产厂家有江汉油田第三机械厂、四川新星机械厂等。表 7-2-1 为库伯能源公司的天然气压缩机系列。

表 7-2-1　库伯能源公司的天然气压缩机系列

型号	MH62	MH64	MH66	WH62	WH64	WH66	WG62	WG64	WG66	WG72	WG74	WG76
气缸数	2	4	6	2	4	6	2	4	6	2	4	6
功率，kW	1343	2685	4027	1343	2685	4027	2238	4476	6714	1679	3730	5595
转速范围 r/min	600~1200	600~1200	600~1200	600~1200	600~1200	600~1200	700~1200	700~1200	700~1200	600~1000	600~1000	600~1000

续表

型号	MH62	MH64	MH66	WH62	WH64	WH66	WG62	WG64	WG66	WG72	WG74	WG76
冲程，mm	152	152	152	152	152	152	152	152	152	178	178	178
活塞速度 m/s	6.1	6.1	6.1	6.1	6.1	6.1	6.1	6.1	6.1	5.9	5.9	5.9

注：WG72、WG74 和 WG76 型的功率和活塞速度为转速为 1000r/min 时的值，其他类型的功率和活塞速度则为 1200r/min 时的值。

2. 离心式压缩机

离心式压缩机适用于吸气量为 14 ~ 5660m³/min（吸入状态下的体积流量）的情况，每级的最高压比受出口温度的限制（205 ~ 232℃）。为了提高压比，离心式压缩机需做成多级叶轮，最多达 6 ~ 8 级，每级压比在 1.1 ~ 1.5 之间。小型离心式压缩机最高出口压力可达 68MPa，大型机一般可达到 17 ~ 20MPa。

1）离心式压缩机的结构

图 7 - 2 - 2 为输气管线用的单级离心式压缩机，图 7 - 2 - 3 为输气管道用的多级离心式压缩机，由图 7 - 2 - 3 可知，该压缩机由一个带有三个叶轮的转子和与其配合的固定元件所组成，其主要构件有：

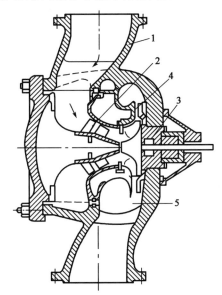

图 7 - 2 - 2　单级离心式压缩机

1—进气缸；2—叶轮；3—涡轮盘、轴；4—扩压器；5—出口室（扩压器）

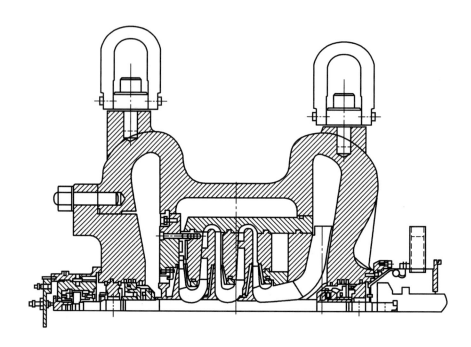

图 7 - 2 - 3　多级离心式压缩机

(1) 叶轮：是离心压缩机中唯一的做功部件。由于叶轮对气体做功，增加了气体的能量，使得气体流出叶轮时的压力和速度都有明显的增加。

(2) 扩压器：是离心压缩机中的转能装置。气体从叶轮流出的速度很大，为了将速度能有效地转变为压力能，便在叶轮出口后设置流通截面逐渐扩大的扩压器。

(3) 弯道：位于扩压器后的气流通道，其作用是将扩压后的气体由离心方向改为向心方向，以便引入下一级叶轮继续进行压缩。

(4) 回流器：其作用是为了使气流以一定方向均匀地进入下一级叶轮入口。在回流器中一般都装有导向叶片。

(5) 吸气室：其作用是将进气管中的气体均匀地导入叶轮。

(6) 蜗壳：其主要作用是将从扩压器 (或直接从叶轮) 出来的气体收集起来，并引出机器。在蜗壳收集气体的过程中，由于蜗壳外径及通流截面的逐渐扩大，因此它也起着降速扩压的作用。

除了上述组件外，为了减少气体向外泄漏，在机壳两端还安装有轴封装置；为减少内部泄漏，在隔板内孔和叶轮轮盖进口外圆面上还分别装有迷宫密封装置；为了平衡轴向力，在机器的一端装有平衡盘等。在离心压缩机中，习惯将叶轮与轴的组合称为转子；而将扩压器、弯道、回流器、吸气室和蜗壳等称为固定元件或定子。

2）离心式压缩机的工作原理

气体由吸气室吸入，通过叶轮对气体做功后，使气体的压力、速度、温度都得到提高，然后再进入扩压器，将气体的速度能转变为压力能。当通过一个叶轮对气体做功、扩压后不能满足输送要求时，就必须把气体引入下一级继续进行压缩。为此，在扩压器后设置了弯道、回流器，使气体由离心方向变为向心方向，均匀地进入下一级叶轮进口。至此，气体流过了一个"级"，再继续进入第二级、第三级压缩后，最后由排出管输出。气体在离心式压缩机中是沿着与压缩机轴线垂直的半径方向流动的。

3）离心式压缩机的特点

离心式压缩机属于速度型压缩机，压缩机组的流量是压比、转速的函数，压缩机组的流量、出口压力可以通过调节转速来实现。但离心式压缩机具有喘振和阻塞工况特性，流量变化幅度较小。随着压比增加，压缩机叶轮级数增多，流量范围更窄。在设计点下，压缩机组的运行效率为80%~84%；在偏离设计工况时，效率降低较多。离心式压缩机适用于大排量、流量变化幅度较小、压比低的工况，单台功率较大；流量变化范围为70%~120%。对输气量大、工况相对确定的管道压气站，离心式压缩机机组经济性能优异。

离心式压缩机结构简单，摩擦部件和易损件少，运转可靠，使用寿命长，运转中无往复式运动，工作平稳，噪声小，无流量脉动现象，日常维修工作量低于往复式压缩机。离心式压缩机结构紧凑、体积小、重量轻、功率大，所需台数少，辅助设施、配管等少，占地面积小。

4）离心式压缩机品牌介绍

目前在我国输气管道上所用的离心式压缩机大多为国外机组。国外生产离心式压缩机的主要厂家有德莱—赛兰（Dresser-Rand）公司、罗尔斯—罗伊斯（Rolls-Royce）公司、索拉（Solar）公司、通用电气新比隆（GE-Nuovo Pignone）公司、德国 Man 集团 ManTurbo 公司和日本的三菱重工（Mitsubishi）公司等。表7-2-2和表7-2-3分别列出了罗尔斯—罗伊斯公司和索拉公司的离心式压缩机的主要技术指标。

表7-2-2　罗尔斯—罗伊斯公司的离心式压缩机系列

型号	RCBB14	RFBB20	RFA24	RFBB30	RFBB36	RFA36	RFBB42
最高工作压力, MPa	10.3	10.3	10.3	9.9	15.5	12.4	9.9
进出口法兰直径, mm	360	510	610	760	910	910	1070
级数	1~3	1~4	1	1~4	1~5	1	1~5
最大功率, kW	5600	11200	13400	29800	33600	333600	33600
设计转速范围, r/min	9000~13800	9000~11000	9000~13800	3600~6666	3600~6666	3600~6666	3600~6666
效率, %	85.0	85.0	87.5	85.0	85.0	87.5	84.0
叶轮直径, mm	254~495	254~660	610~1232	610~1170	610~1170	610~1220	610~1170
最大设计流量, m³/h	11276	21600	43000	52300	77100	102800	106700
质量, kg	7294	9988	27000	29500	43100	27200	52200

表7-2-3　索拉公司离心式压缩机性能参数简表

型号	C401	C402	C404A	C404B	C406A	C406B	C451	C452	C651	C652
级数	1	1~2	1~4	1~5	2~6	2~6	1	1~2	1	1~2
壳体承压, MPa	11.04	11.04	13.8	17.24	13.8	17.24	12.41	12.41	11.04	11.04
入口流量范围 m³/min	34~269	42~269	23~255	23~255	23~255	23~255	79~453	100~255	113~566	141~566
最大能头, kJ/kg	57	96	170	170	254	254	66	90	57	96
法兰直径, mm	500	500	406	406	406	406	610	610	762	762

3. 压缩机选型

对于气量较大且气量波动幅度不大，压比较低的情况，宜选用离心式压缩机。当流量小时，相应的离心压缩机的叶轮窄，加工制造困难，工作情况不稳定。特别是在多级压缩的情况下，由于气体被压缩，后几级叶轮的流量更小。因此，离心式压缩机的最小流量受到限制。此外，由于离心式压缩机是先使气体得到动能，然后再把动能转化为压力能，因此，比空气密度小的气体要得到同样的压缩比，必须使气体的速度更高，而这样必然导致摩擦损失的增加，故离心压缩机压缩小分子的气体是不利的。

在高压和超高压压缩时，一般采用往复式压缩机。往复式压缩机的压比通常是3:1~4:1。在理论上往复式压缩机压比可以无限制，但太高的压比会使热效率和机械效率下降，较高的排气温度会导致温度应力增加。往复式压缩机综合绝热效率为0.75~0.85。由于往复压缩机具有效率高、出口压力范围宽、流量调节方便等特点，在气田内部集输和储气库上得到广泛应用，在输气管线上也有使用。

各种压缩机的适用范围如图7-2-4所示。

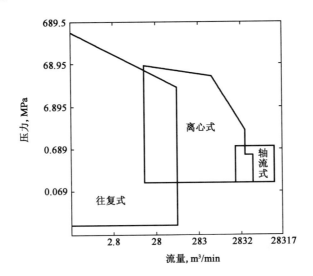

图7-2-4　各种压缩机适用范围

4. 压缩机轴功率计算

1）离心式压缩机

$$N = 9.807 \times 10^{-3} q_{\mathrm{g}} \frac{k}{k-1} RZT_1 \left(\varepsilon^{\frac{k-1}{k}} - 1 \right) \frac{1}{\eta} \qquad (7-2-1)$$

$$Z = \frac{Z_1 + Z_2}{2} \qquad (7-2-2)$$

$$k = cP/cV$$

式中　N——压缩机轴功率，kW；

T_1——压缩机进口气体温度，K；

R——气体常数，J/(kg·K)；

Z——气体平均压缩因子；

Z_1，Z_2——压缩机进、排气条件下气体压缩因子；

ε——压比；

η——压缩机效率；

q_g——天然气流量，kg/s；

k——气体热容比；

cP——比定压热容；

cV——比定容热容。

2）往复式压缩机

$$N = 16.745 p_1 Q_v \frac{k}{k-1} (\varepsilon^{\frac{k-1}{k}} - 1) \frac{Z_1 + Z_2}{2Z_1} \frac{1}{\eta} \qquad (7-2-3)$$

式中　N——理论功，kW；

ε——压比，$\varepsilon = p_2/p_1$；

k——气体绝热指数；

η——压缩机功率；

Q_v——气体在吸入状态下的体积流量，m³/min。

压缩机实际所需功率为：

$$N_s = N/(\eta_g \eta_c) \qquad (7-2-4)$$

式中　N_s——压缩机实际所需功率；

η_g——机械效率，大中型压缩机 $\eta_g = 0.9 \sim 0.95$，小型压缩机 $\eta_g = 0.85 \sim 0.9$；

η_c——传动损失，皮带传动 $\eta_c = 0.96 \sim 0.99$，齿轮传动 $\eta_c = 0.97 \sim 0.99$，直联 $\eta_c = 1.0$。

单一气体的绝热指数可从天然气的物理化学性质中查得，混合气体的绝热指数可按下式计算：

$$\frac{1}{k-1} = \sum \frac{y_i}{k_i - 1} \qquad (7-2-5)$$

式中　k——混合气体绝热指数；

k_i——混合气体中 i 组分的绝热指数；

y_i——混合气体中 i 组分的分子成分。

在高于大气压力的情况下，气体吸入状态的体积流量应按下式进行修正：

$$V_1 = \frac{T_b p_0 Z V_0}{T_0 p_1} \qquad (7-2-6)$$

式中　V_1——进口状态下体积流量，m^3/min；

　　　V_0——基准准态下体积流量，m^3/min；

　　　p_0——基准状态的压力，MPa；

　　　T_0——基准状态温度，K；

　　　T_b——进口状态温度，K；

　　　Z——进口状态时的压缩因子。

当往复式压缩机为多级压缩时，由于压比较高，通常要采用中间冷却，可根据冷却后的进气温度分段计算理论功率，然后再求其总功率。

（二）驱动设备选择

1. 往复式压缩机驱动设备

往复式压缩机通常采用天然气发动机或电动机驱动方式。在天然气管道中，通常要求压缩机在一定条件下变工况运行，主要是排气量的改变，一般天然气发动机和电动机均可满足要求，但因连续调节转速的交流电动机不但价格昂贵而且运行经济性差，加上部分地区电源难于保证，因此通常选用天然气发动机。天然气发动机驱动往复式压缩机组分为整体式机组和分体式机组。整体式机组具有可靠性好、气缸效率高等优点，但其体积庞大、造价高，目前仅用于油气田小型增压。

分体式机组的发动机转速为1000r/min以上，为中速发动机。压缩机和发动机是独立的，由发动机直接驱动压缩机。发动机功率为2~6MW，效率高，体积较整体式机组小，20世纪90年代以来在管道输送、天然气净化处理、海洋平台、注气、气举均有广泛的应用。天然气发动机热效率较高，可达37%~40%。在一般现场，机组热效率和功率不受高程和气温的影响而降低。

天然气发动机优点是热效率高，最高可达40%，燃料气消耗低，可直接和往复式压缩机连接而不需变速，调节方便；缺点是机器笨重，结构复杂，安装和维修费用高，辅助设备繁杂，运行振动大，噪声大，单机功率比燃气轮机小，不好与离心式压缩机匹配，因此只宜在压比要求高的中小型压气站或储气库中用来驱动往复式压缩机。图7-2-5为天然气发动机与往复式压缩机的连接示意图。

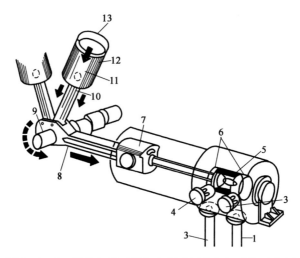

图 7 - 2 - 5　天然气发动机与往复式压缩机组连接示意图

1—燃气入口；2—燃气出口；3—进气阀；4—排气阀；5—压缩机活塞；
6—压缩机气缸内壁；7—十字头；8—主连杆；9—曲轴；10—副连杆；
11—发动机活塞；12—空气入口；13—燃料气入口

2. 离心式压缩机驱动设备

离心式压缩机可选用的驱动机有燃气轮机、电动机、汽轮机等。天然气长输管道用大功率离心式压缩机主要采用燃气轮机和变频电动机驱动。燃气轮机驱动方案需配相应的燃料气、辅助系统和一套较小容量的输/配/变电系统。该种驱动方式的转动和活动部件较多，主要部件受高温及气质腐蚀的影响，日常维护工作量较大。电动机驱动方案通常为变频调速电动机＋变频调速装置＋离心式压缩机，并配相应的输/配/变电系统。

1) 燃气轮机

燃气轮机是由蒸汽轮机演变过来的，它的作用原理都是把气体的内能转化成机械能，只不过蒸汽轮机的工质——蒸汽由外界供给，而燃气轮机的工质——燃烧后的气体是由燃气轮机本身的燃烧室所产生。燃气轮机是目前输气管道中使用最为广泛的原动机，由于它能把气体内能直接转化为使机器旋转的机械能，所以具有比其他类型的热机更简单的结构、更小的重量和体积；另外，气温较低时功率反而增大，这正和用气需求的季节变化相适应，由于不需要冷却机组本身，只需少量冷却水冷却润滑油，适合缺少水源的地区使用。燃气轮机转速高，可和离心式压缩机直接连接，辅助设备较燃气发动机少，且易于实现自动控制；其缺点是热效率低，没有废热利用的小型机一般在 26% 以下，有回热利用的可达 26% ~ 30%。

燃气轮机的主要组成部分有：空气过滤器、空气压缩机、燃烧室、高压涡轮和低压涡轮。高压涡轮带动轴流式空压机，低压涡轮带动离心式压缩机。它的结构如图 7 - 2 - 6 所示。这是一种有回热装置双轴燃气轮机，空气经空气过滤器吸入轴流式压缩机，增压后的空气进入回热器预热(热介质是低压涡轮出来的废气)，再进入燃烧室与燃料混合燃烧。燃烧所产生的高温高压气体先进入高压涡轮做功，再进低压涡轮推动离心式压缩机，然后经回热器由烟道排入大气。另有燃料气系统和启动气系统，启动气有的用压缩空气，也有的直接用高压天然气作为启动气。

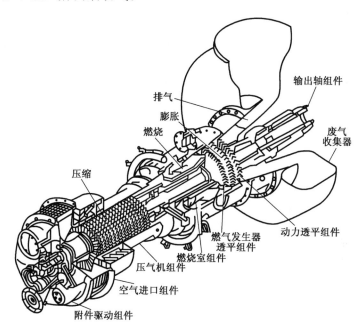

图 7 - 2 - 6 索拉公司燃气轮机组组成结构图

燃气轮机按结构型式可分为双轴式和单轴式。双轴式的天然气离心压缩机和低压涡轮连成一轴，另一轴连接高压涡轮和轴流式空压机，高低压涡轮之间没有机械连接。双轴的好处是可实现轴流风机和离心压缩机的单独调节，当离心式压缩机的工况发生变化时，轴流风机不受影响，可以保证燃烧室的空气供给量，并且能实现全压启动和停车，加载过程较平稳，可提高压缩机的抗喘振性能，因此在输气管道中普遍采用双轴式机组。单轴式燃气轮机和离心式压缩机转轴机械地连在一起，由于轴流式风机的可调范围比离心式压缩机窄得多，因此使得整个机组的调节幅度变窄了，但这种机组相对双轴式结构简单，安装费用和造价也较低，适合在工况变化不大的场合使用。

燃气轮机原先都是固定型重型结构，自从出现由航空发动机改型的机组后，就分为工业型和航空改进型。由于航空改进型机组重量只有工业型的 $1/3 \sim 1/2$，所以称为轻型结构。近年来由于技术进步，轻型机组的重量轻、体积小、功率大等优点更为突出，且易于安装和整体更换，已越来越多地被输气管道所采用。

燃气轮机厂家有罗—罗（R-R）公司、西门子（Siemens）公司、通用电气新比隆（GE-Nuovo Pignone）公司、索拉（Solar）公司、美国普惠（Pratt & Whitney）公司、三菱重工、ABB-Alstom 公司等。表 7-2-4 给出了索拉公司的燃气轮机性能参数，表 7-2-5 为罗—罗公司的 RB211 系列燃气轮机的性能参数。

表 7-2-4　索拉公司燃气轮机性能参数简表

型 号	Saturn 20	Centaur40	Centaur50	Taurus60	Taurus70	Mars90	Mars100	Titan130
额定功率，MW	1.185	3.505	4.570	5.740	7.690	9.695	11.185	14.8
热效率压，%	24.5	27.9	30.0	32.0	34.8	33.1	34.0	35.7
热耗率，kJ/(kW·h)	14670	12909	11958	11265	10340	10881	10598	9990
动力轴转速，r/min	22300	15500	16500	14300	12000	9500	9500	8856
发动机压缩机压缩比	6.2:1	10.3:1	10.3:1	12.2:1	16:1	16:1	17.4:1	16.1:1
排气流量，kg/s	23410	68635	67880	77875	95630	141000	152280	180100
排气温度，℃	520	446	515	510	495	464	486	485

表 7-2-5　罗—罗公司 RB211 系列燃气轮机性能参数简表

型 号	RB211-6556	RB211-6562	RB211-6762	RB211-6761
额定功率，MW	26.02	29.524	30.381	33.177
热效率压，%	35.8	38.0	37.6	40.0
热耗率，kJ/(kW·h)	10.41	9.483	9.285	8.896
转速，r/min	4950	4800	4800	4850
发动机压缩机压缩比	20:1	21:1	21.5:1	21.5:1
排气流量，kg/s	92	94.5	95.5	94.0
排气温度，℃	488	491	492	503

2）电动机

电动机的优点明显，如结构紧凑，投资省（总投资只相当于装备燃气轮机压缩站的 1/2 ～ 2/3），可以制作成任意大小，操作简单，运转平稳，寿命长（可达 150000h），安装维修费用低，工作可靠性高，但对电网的依赖性大。

电动机厂家有罗—罗（R-R）公司、西门子（Siemens）公司等。

变频电动机驱动方式调速范围宽，由于输气量与转速成正比，压力与转速平方成正比，而轴功率与转速立方成正比，所以调速运行时，不但可以方便地适应输气管道变工况运行，而且可以节约大量电能，从而大大降低运行成本。但 10000kW 以上的大型变频器国内目前还不能生产，主要靠国外生产厂家如 Siemens、ABB、GE、Robicon 等公司。

目前输气管道上也有的采用定速电动机 + 行星齿轮液力耦合器变速的驱动装置，通过液力耦合器变速，满足工艺输送的要求。该组合为机械变速装置，投资远小于变频驱动装置，但由于实际使用经验较少，还有待于进一步验证。

3. 驱动设备的确定

无论是往复式机组，还是离心式机组，驱动设备一般都分为天然气驱动和电动机驱动。

天然气驱动方案：压缩机 + 燃气驱动设备，并配相应的燃料气系统和辅助系统和较小容量的输/配/变电系统。

电动机驱动方案：压缩机 +（变频调速装置）+ 电动机，并配相应的辅助系统及输/配/变电系统。

天然气驱动和电动机驱动的主要性能比较如下：

表 7 - 2 - 6　天然气驱动和电动机驱动的主要性能比较

序号	项　　目	燃气轮机、燃气发动机	（变速）电动机
1	效率	压缩机负荷减小，效率降低	压缩机负荷减小，对电动机效率影响较小
2	输出功率	燃气轮机受环境条件（海拔、温度）影响较大；燃气发动机受环境条件较小	环境条件影响可略
3	速度调节范围	燃气轮机 50% ～ 105%；燃气发动机 75% ～100%	变频电动机 10% ～100%；恒速电动机不可调
4	速度调节精度	一般	变频电动机较高

续表

序号	项 目	燃气轮机、燃气发动机	(变速)电动机
5	污染物排放	有，需满足国家排放标准：$NO \leqslant 25\mu g/g$；$CO \leqslant 20\mu g/g$	无
6	运行可靠性	较高	高
7	开车到满载时间	约30min	瞬时
8	维修	维修量较大，约30000h需进行返厂大修	维修量较小，可进行现场维修
9	动力源	原料天然气自有，不受供电条件制约，运行成本受气价影响	由供电部门供电，受供电部门制约，运行成本受电价制约
10	对电网影响	无	对电网影响较大

无论是采用电动机驱动，还是采用燃气驱动，在技术上都可以满足输送工况的要求。燃气驱动设备消耗的能源为管输天然气，故对外界的依赖性很小；而电动机驱动方案与外部供电条件密切相关，电动机驱动消耗的能源需从外电网中取得，故对电网的依赖性较大。因此，通过技术经济比选，无电或供电条件一般的地区应采用燃气轮机驱动的方案，有电且供电可靠性高、电价便宜的地区则考虑采用电动机驱动的方案。

(三)工艺后空冷器的配置

空气冷却器是以环境空气作为冷却介质，通过空气横掠翅片管外使管内高温天然气流体得到冷却或冷凝的设备，简称空冷器。

空冷器冷却效率直接取决于传热介质之间的温差，空冷器出口温度设置最佳温度为高于环境温度$10 \sim 20℃$，一般站场出口温度控制在$50 \sim 60℃$。站场最佳出口温度应对全线压气站能耗、空冷器能耗和空冷器投资进行技术经济比较后确定。

1. 空冷器结构形式及分类

空冷器通常可以按以下几种形式进行分类：

(1)按管束布置方式分为：水平式、立式、圆环式、斜顶式、V式等。

(2)按通风方式分为：鼓风式、引风式和自然通风式。

(3)按冷却分为方式分为：干式空冷、湿式空冷、干湿联合空冷。

(4)按工艺流程分为：全干空冷、前干空冷后水冷、前干空冷后湿空冷、干湿联合空冷。

(5)按安装方式分为：地面式、高架式、塔顶式。

（6）按风量控制方式分为：停机手动调角风机、不停机自动调角风机、自动调角风机和自动调整风机、百叶窗调节式。

（7）按循环方式分为：热风内循环式、热风外循环式。

空冷器的基本部件如下：

（1）管束——由管箱、翅片管和框架组合构成。需要冷却或冷凝的流体在管内通过，空气在管外横掠流过翅片管束，对流体进行冷却或冷凝。

（2）轴流风机——一个或几个一组的轴流风机驱使空气流动。

（3）构架——空气冷却器管束及风机的支承部件。

（4）附件——如百叶窗、蒸气盘管、梯子、平台等。

2. 空冷器适用条件

（1）当地难以取得作为冷却用水的水源；

（2）天然气冷却后的终温与当地夏季最热月日平均气温间有不低于5℃的温度差值；

（3）使用空冷器的工程建设费用和运行费用低于其他冷却方式。

3. 空冷器热负荷计算

$$H_0 = q_v c_p (t_1 - t_2) \tag{7-2-7}$$

式中　H_0——空冷器热负荷，kJ/h；

q_v——介质流量，kmol/h；

c_p——介质的比定压热容，kJ/(kmol·K)；

t_1——介质的进口温度，K；

t_2——介质的出口温度，K。

4. 空冷器工艺设计条件的选择

1）空气设计温度

空气设计温度指空冷器设计时所采用的空气入口的干球温度。建议采用按当地最热月的日最高气温的月平均值再加上 3～4℃来确定空气的设计温度。

采用湿式空冷器时，将干式空冷器的设计温度作为干球温度，然后按相对湿度查出湿球温度，该温度即为湿式空冷器的设计温度。

2）热流介质的入口温度

热流介质的入口温度越高，对数平均温差越大，因而所需的换热面积越小，这是比较经济的。但考虑能量回收的可能性，入口温度不宜过高，一般控制在 120～130℃。超过此温度的那部分热量应尽量采用换热方式进行回收。

3）热流介质的出口温度与接近温度

接近温度指热流出口温度与空气设计温度的差值。通常情况下，干式空冷器接近温度应不低于15℃，否则不经济。

5. 空冷器选择

空冷器的选择应满足工艺冷却要求，即要求设备在所安装地点的气候条件下，将天然气冷却到需要的出口温度，且天然气压降在允许范围内（天然气压力降不宜超过0.05MPa）。此外，空冷器的选择应经济合理，即综合考虑设备投资和正常运行时的能耗。空冷器的选择步骤大致如下：

（1）根据天然气工艺参数和工程地点的气象资料，确定适合的空冷器结构型式，同时估算所需换热面积的大小，参照厂家资料，初选空冷器的结构参数和设计参数。

（2）计算空冷器的管内外膜传热系数和天然气压力降。若计算压力降超过允许值，则应调整管程数、管长、并联片数等参数。

（3）计算空冷器的总传热系数和传热温差，校核换热面积余量能否满足要求。如果面积余量远小于要求值，应根据管内压力降决定是否增加并联数或管排数。若面积余量与要求值相差不大，如果可以采用通过调整管程数来提高传热系数，则调整管程数；否则，应通过增加管排数或调整其他参数来提高传热面积，然后重复前面步骤。

（4）计算风机的轴功率和电动机功率。

通过对空冷器的计算及选型，同时参照厂家样本，选择能满足工艺冷却要求的设备。

空冷器的详细设计计算可参考由刘巍等著、中国石化出版社出版的《冷换设备　工艺计算手册》。

二、分离器

目前，输气站场中经常采用的除尘设备有旋风分离器、导叶式旋风子多管干式除尘器、过滤器、过滤分离器等。

（一）除尘设备设计

1. 旋风分离器设计

旋风分离器是利用旋转的含尘气体所产生的离心力，将粉尘从气流中分离出来的一种干式气—固分离装置，对于捕集 $5\sim10\mu m$ 以上的粉尘效率较高

（高效型旋风分离器在 95% 以上，高流量型为 50% ~ 80%，介于两者之间的通用型为 80% ~ 95%），被广泛应用于化工、石油、冶金、建筑、矿山、机械、轻纺等工业部门。

旋风分离器结构简单，器身无运动部件，无需特殊的附属设备，制造安装投资较少；操作维护简便，压力损失小，运转维护费用较低；性能稳定，不受含尘气体的浓度、温度限制；无需更换部件。

1）旋风分离器的结构及工作原理

旋风分离器的结构见图 7 - 2 - 7，内部气体流动状况（二次涡流）见图 7 - 2 - 8。当含尘气流以 10 ~ 25m/s 的速度由进气管进入旋风除尘器时，气流将由直线运动变为圆周运动。旋转气流的绝大部分沿器壁自圆筒体呈螺旋形向下，朝锥体流动，通常称此为外旋流。含尘气体在旋转过程中产生离心力，将密度大于气体的尘粒甩向器壁。尘粒一旦与器壁接触，便失去惯性力而靠入口速度的动量和向下的重力沿壁面下落，进入排灰管。旋转下降的外旋气流在到达锥体时，因圆锥形的收缩而向分离器中心靠拢。根据"旋转矩"不变原理，其切向速度不断提高。当气流到达锥体下端某一位置时，即以同样的旋转方向从旋风分离器中部由下反转而上，继续作螺旋形流动，形成内旋气流。最后，净化气经排气管排出器外，一部分未被捕集的尘粒也由此被带走。

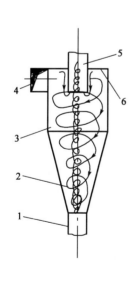

图 7 - 2 - 7　旋风分离器结构

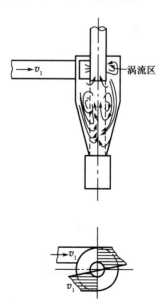

图 7 - 2 - 8　旋风除尘器内部气体流动图

自进气管流入的另一小部分气体，则向旋风分离器顶盖流动，然后沿排气管外侧向下流动。当达到排气管下端时，即反转向上随上升的中心气流一同从排气管排出。分散在这一小部分气流中的尘粒也被上旋气流带走。

2）旋风分离器的结构尺寸

a. 旋风分离器进口

a）旋风分离器进口型式与进口管型式

旋风分离器有两种主要的进口型式——切向进口和轴向进口。切向进口又分为螺旋面进口、渐开线进口及切向进口，见图7-2-9。

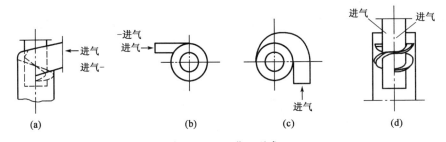

图7-2-9　进口型式

(a)螺旋面进口；(b)切向进口；(c)渐开线进口(蜗壳进口)；(d)轴向进口

切向进口为最普通的一种进口型式，制造简单。这种进口的旋风分离器外形尺寸紧凑，使用广泛。

进口管可以制成矩形和圆形两种。由于圆形进口管与旋风分离器器壁只有一点相切，而矩形进口管在整个高度上均与筒壁相切，故一般多采用矩形进口管。一般矩形进口管的高度 a 与宽度 b 之比为：

$$\frac{a}{b} = 2 \sim 3$$

水平进口管的位置通常有两种(图7-2-10)：一种与旋风分离器的顶盖相平，有利于消除上旋流；另一种与顶盖有一段距离，可使细粉尘富集在顶盖下面的上旋流中，通过旁室将其送入旋流进一步分离，以减少短路机会。

b）旋风分离器进口管气速

在一定范围内，进口气速越高，除尘效率也越高。但气速太高会使粗颗粒粉碎变成

图7-2-10　水平进口管的位置

细粉尘的量增加，对有凝聚性质的粉尘起分散作用而降低分离效果。同时，流速过高会增加旋风除尘器的压力损失和加速分离器本体的磨损，降低其使用寿命。因此，在设计旋风分离器的进口截面时，必须使进口气速为一适宜的值。一般的进口气速为 $10 \sim 25 \mathrm{m/s}$。

c）旋风分离器进口截面积

旋风分离器进口截面积按下式计算：

$$F_1 = a \times b = \frac{q}{v_1} \tag{7-2-8}$$

$$q = \frac{p_0 T Z q_{\mathrm{v}}}{86400 T_0 p} \tag{7-2-9}$$

式中　F_1——旋风分离器进气口截面积，m^2；

　　　a——矩形进气口高度，m；

　　　b——矩形进气口宽度，m；

　　　q——操作条件下气体的流量，m^3/s；

　　　v_1——旋风分离器进口管气体速度，$\mathrm{m/s}$；

　　　q_{v}——标准状况下（$p_0 = 0.101325\mathrm{MPa}$，$T_0 = 293.15\mathrm{K}$）气体的流量，$\mathrm{m}^3/\mathrm{d}$；

　　　p_0——标准状况下气体的绝对压力，MPa；

　　　T_0——标准状况下气体的绝对温度，K；

　　　T——操作条件下气体的绝对温度，K；

　　　p——操作条件下气体的绝对压力，MPa；

　　　Z——气体压缩系数。

b. 旋风分离器圆筒体结构尺寸

a）圆筒体直径 D_0

一般旋风分离器的直径越小，旋转半径越小，粉尘颗粒所受的离心力越大，旋风分离器的除尘效率也就越高。但筒体直径过小，由于旋风分离器器壁与排气管太近，可造成直径较大的颗粒反弹至中心气流而被带走，使除尘效率降低。另外，筒体太小，容易引起堵塞，尤其对于粘性物料。工程上常用的旋风分离器的筒体直径在 200mm 以上。旋风分离器的圆筒体直径与其进口管（矩形进口）的宽度 b 和高度 a 有以下比例关系：

$$\frac{b}{D_0} = 0.2 \sim 0.25$$

$$\frac{a}{D_0} = 0.4 \sim 0.75$$

b)圆筒体高度 h

通常除尘效率较高的旋风分离器都有较大的长度比例。这不但使进入筒体的尘粒停留时间增长,有利于分离,且能使尚未到达排气管的颗粒有更多的机会从旋流核心中分离出来,减少二次夹带,以提高除尘效率。足够长的旋风分离器可避免旋转气流对灰斗顶部的磨损。

旋风分离器的圆筒体段高度 h 为:

$$h = (1.5 \sim 2.0)D_0 \qquad (7-2-10)$$

c. 旋风分离器的圆锥体结构尺寸

旋风分离器的圆锥体可以在较短的轴向距离内将外旋流变为内旋流。在"自由旋流区"采用圆锥形结构,旋转半径可逐渐变小,使切向速度不断提高,离心力随之增大,这样,除尘效率将会随离心力的增加而提高。圆锥体的另一个作用,是将已分离出来的粉尘微粒集中于旋风除尘器中心,以便将其排入贮灰斗中。

a)圆锥体的高度 $(H-h)$

$$H - h = (2.0 \sim 2.5)D_0 \qquad (7-2-11)$$

b)排灰口直径 D_2

在旋风分离器内的气流中,"自由旋流"的轴线通常是偏的。这个偏心度根据实验所测大约为排气管直径 (d_e) 的1/4。为防止由于核心旋流与锥壁接触时将已分离下来的粉尘重新卷入核心旋流而造成二次夹带,要求排灰口直径 D_2 不得小于 $d_e/4$。对于较大的旋风分离器,在处理粉尘浓度较高的情况下,应考虑使粉尘顺利排出,即通过排灰口的粉尘的质量流速不宜过大,这就需要设计较大的排灰口直径。但排灰口直径增大,则会有较多的气体进入灰斗形成激烈的旋转气流,反而容易将已捕集的粉尘重新卷起,影响除尘效率。设计推荐 D_2 值为:

$$D_2 = (0.5 \sim 0.8)d_e \qquad (7-2-12)$$

或

$$D_2 = (0.15 \sim 0.4)D_0 \qquad (7-2-13)$$

c)圆锥体的半锥角 α

当圆锥体的高度一定而锥体角度较大时,由于气流旋流半径很快变小,很容易造成核心气流与器壁撞击,使沿锥壁旋转而下的尘粒被内旋流带走,影响除尘效率，所以半锥角不宜过大。另外，半锥角还取决于粉尘颗粒的物理性质，一般 $\alpha \leqslant 30°$，或小于等于 $90°$ 减去粉尘的内摩擦角。设计推荐值为 $13° \sim 15°$。

　　d. 旋风分离器排气管

　　常见的排气管有两种型式，见图 $7-2-11$。在相同的排气管直径 d_e 下，下端采用收缩型式，既不影旋风分离器的除尘效率，又可以降低阻力损失。所以在设计分离较细粉尘的旋风除尘器时，可考虑设计成这种型式的排气管。

　　a）排气管直径 d_e

　　在一定范围内，排气管直径越小，旋风分离器的除尘效率越高，压力损失也越大；反之，除尘器的效率越低，压力损失也越小。这可由图 $7-2-12$ 得以证实。从图中可以看出，当 $D_0/d_e = 2.5 \sim 3$ 时，除尘效率达到最高点；如再增加 D_0/d_e（即减小排气管直径），除尘效率提高缓慢，但阻力系数急剧上升。所以，在设计旋风分离器时，需控制 D_0/d_e 在一定的范围内，即排气管直径不能取得过小，一般取：

$$d_e = (0.3 \sim 0.5)D_0 \qquad (7-2-14)$$

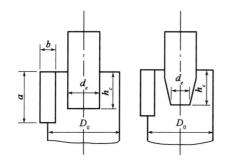

图 $7-2-11$　排气管的基本型式

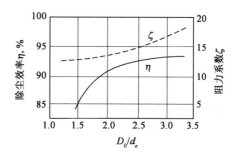

图 $7-2-12$　排气管直径对除尘效率与阻力系数的影响

　　b）排气管的插入深度 h_c

　　由于旋流在排气管与器壁之间运动，因此，排气管的插入深度 h_c 直接影响旋风分离器的性能。插入深度过大，缩短了排气管与锥体底部的距离，减少了气体的旋转圈数 N，同时也增加了二次夹带机会，还会增加表面摩擦，增大压力损失；插入深度过小，会造成正常旋流核心的弯曲，同时也易造成气流短路而降低除尘效率。因此，插入深度需适当，一般为 $h_c \geqslant 0.8a$。设计推荐值为：

$$h_c = (0.3 \sim 0.75)D_0 \qquad (7-2-15)$$

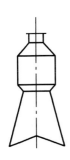 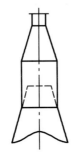

图 7 - 2 - 13　常见的灰斗型式

e. 灰斗

在分离器的锥度处，气流接近高湍流，而粉尘也正是由此排出，因此二次夹带的机会更多。因旋流核心为负压，如果设计不当，造成灰斗漏气，就会使二次飞扬加剧，影响除尘效率。常用的旋风分离器的灰斗型式有两种，见图 7 - 2 - 13。图 7 - 2 - 14 为常用旋风分离器几何尺寸的比例关系。

项目	比例关系
b	$(0.2 \sim 0.25)D_0$
a	$(0.4 \sim 0.75)D_0$
d_e	$(0.3 \sim 0.5)D_0$
h_c	$(0.3 \sim 0.75)D_0$
h	$(1.5 \sim 2.0)D_0$
$H - h$	$(2.0 \sim 2.5)D_0$
D_2	$(0.15 \sim 0.4)D_0$
α	$13° \sim 15°$

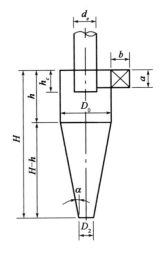

图 7 - 2 - 14　常见旋风分离器几何尺寸的比例关系

f. 旋风分离器的压力损失计算

旋风分离器的压力损失按公式(7 - 2 - 16)计算：

$$\Delta p = 9.81 \times 10^{-6} \xi \frac{v_1^2}{2g} \rho \qquad (7 - 2 - 16)$$

$$\xi = k \frac{ab}{d_e^2}$$

$$\rho = \frac{T_0 p \rho_0}{p_0 T Z}$$

$$\rho_0 = 1.205\gamma$$

式中　Δp——压力损失，MPa；

　　　ξ——阻力系数；

　　　k——参数，标准切向进口无进口叶片的 $k = 16$，有进口叶片的 $k = 7.5$，螺旋面进口 $k = 12$；

　　　g——重力加速度，m/s^2；

　　　ρ——操作条件下气体的密度，kg/m^3；

　　　ρ_0——标准状况下气体的密度，kg/m^3；

　　　γ——标准状况下气体的相对密度。

综上所述，旋风分离器设计步骤为：

（1）确定旋风分离器的进口速度 v_1：根据前面推荐的气速范围，就 $10 \sim 25$m/s 选取一适中的值。

（2）确定旋风分离器的几何尺寸：

①根据公式计算进口截止面积。

②根据进口管的高度 a 与宽度 b 之比 $a/b = 2 \sim 3$，计算 a、b。

③根据高度 a、宽度 b 与筒体直径 D_0 的比例关系（图 7 - 2 - 14），计算筒体直径 D_0。

④根据筒体直径 D_0 与锥体长度 $H - h$、排灰口直径 D_2 的比例关系（图 7 - 2 - 14），计算锥体长度和排灰口直径。

⑤根据筒体直径 D_0 与出口管直径 d_e 及插入深度 h_e 的比例关系，计算出口管直径及插入深度。

⑥在 $13° \sim 15°$ 范围内选取圆锥体的半锥角 α。

（3）计算旋风分离器的压力损失 Δp，见公式（7 - 2 - 16）。

2. 多管干式除尘器设计

多管干式除尘器是一种适用于输气站场的高效除尘设备。它适用于气量大、压力较高、含尘粒度分布很广的干天然气的除尘。它的除尘效率高（达 $91\% \sim 99\%$ 以上）而稳定、操作弹性大、噪声小、承压外壳磨损小。

1）多管干式除尘器的结构及工作原理

多管干式除尘器是由若干个导叶式旋风子呈数圈同心圆均布排列组合在一个壳体内，有总的进气管、排气管和灰斗，见图 7 - 2 - 15。导叶式旋风子分圆锥型和直筒型，见图 7 - 2 - 16、图 7 - 2 - 17。导向叶片形状为等宽缩厚近似抛物面型。导向叶片的入口角为 $90°$，出口角为 $25° \sim 40°$。

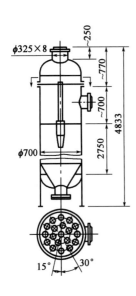

图 7-2-15　多管除尘器

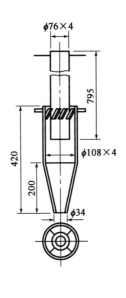

图 7-2-16　圆锥型
导叶式旋风子

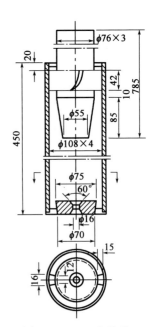

图 7-2-17　直筒型
导叶式旋风子

含尘气体由进气总管进入气体分布室，随后进入旋风子外管与导向叶片之间的环形空隙。导向叶片使气体产生旋转并使粉尘分离出来，被分离的粉尘经排灰口进入总灰斗。被净化的气体经旋风子排气管进入排气室，由总排气口排出。

2) 多管干式除尘器的设计

a. 导叶式旋风子设计

a) 旋风子的型式

旋风子的型式分为圆锥型和直筒型。对细尘的分离，圆锥型的除尘效率稍高；当尘粒粒度分布很宽时，使用直筒型的除尘器大粒粉尘带出量可大大减少。两者压降相近，直筒型稍低些。当粉尘较粗时，圆锥型的锥部有回转灰带而加剧磨损；直筒型的磨损在排尘底板处。所以，对于细尘可用圆锥型，对于粒度分布较宽的粉尘宜用直筒型。

b) 导向叶片

导向叶片展开示意图见图 7-2-18。导向叶片的设计特点是：

(1) 叶片入口角 $\alpha = 90°$，以免气流进入时的冲击，且小段导流段让气体平稳地轴向进入叶片。

（2）叶片宽度不变，而叶片厚度则从入口处的5mm逐渐减薄到出口处的3.0~3.5mm。

（3）叶片面上任意宽度线都垂直于芯管的中心轴，且指向该处圆心。也就是说，叶片是空间扭曲的。

（4）在叶片内、外侧圆柱面的展开图上，从叶片入口角α到出口角β之间，可用近似抛物线或三心圆弧线使之平滑过渡。

（5）叶片出口角β对除尘性能的影响较大，应慎重选择：对细粉尘，β宜为25°左右；对粗粉尘，β宜为40°左右；对粒径分布很宽的粉尘，β宜为30°~32°。

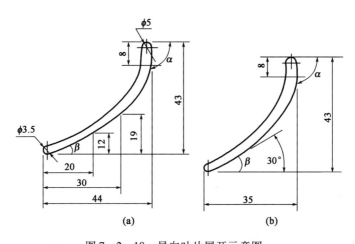

图7-2-18　导向叶片展开示意图

(a)ϕ100mm圆柱面叶片展开图；(b)ϕ75mm圆柱面叶片展开图

（6）每个旋风子所用的导向叶片数一般以8为宜。相邻两叶片要互相覆盖住，以保证气流全部沿叶片出口角喷出而形成旋流。常取每个叶片的回转角为50°~60°，尽可能取大些。

c）旋风子的直径

两种旋风子的主要结构尺寸见图7-2-19。

（1）外管直径。旋风子直径增大，细尘的分离效率下降，而大粒带出量减小。旋风子的直径应根据气体的含尘情况确定，一般外径可在100~200mm范围内选用。

对细尘，宜选取用小直径的旋风子；对粗尘，可用大直径的旋风子；对粒度分布很宽的天然气粉尘，推荐采用ϕ100mm旋风子。

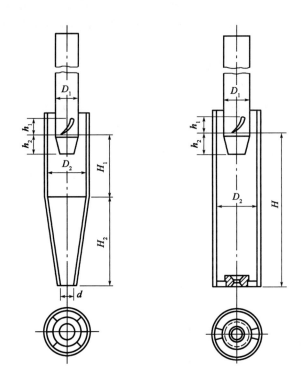

图 7 - 2 - 19　两种旋风子的主要尺寸

（2）内管外径与外管内径之比。从导叶式旋风子分离细尘的特点出发，内管外径与外管内径之比（D_1/D_2）应适当选大些，这样，可使极限粒径减小，分离效率提高。但 D_1/D_2 值过大，径向气流的影响增大，而且大粒粉尘因回弹而被带出的概率增加，推荐采用：

$$\frac{D_1}{D_2} = 0.71 \sim 0.77$$

d）旋风子的高度 H

对直筒型旋风子，一般宜按下式选用：

$$\frac{H}{D_2} = 3.5 \sim 4.0$$

对圆锥型旋风子，圆筒部分高度 H_1（从叶片出口处算起）一般宜按下式选用：

$$\frac{H_1}{D_2} = 1.8 \sim 2.0$$

圆锥型旋风子下部圆锥体的锥角不宜过大，否则粉尘易在该处形成回转灰带，加剧磨损。圆锥体高度 H_2 一般以符合下式为宜：

$$\frac{H_2}{D_2} = 2.0 \sim 2.2$$

圆锥型旋风子底部排尘口的直径 d 宜取：

$$d = (0.4 \sim 0.5)D_1 \qquad (7-2-17)$$

排气管插入深度（叶片出口到排气管下端的距离）一般宜按下式选用：

$$\frac{h_2}{D_2} = 0.9 \sim 1.0$$

排气管下端加缩口可提高除尘效率，缩口内径 D_3 推荐选用：

$$D_3 = 0.8D_1 \qquad (7-2-18)$$

e）旋风子的排尘底板

在直筒型旋风子中，排尘底板的结构型式对粗、细粉尘的分离性能均有较大的影响。根据试验，推荐如图 7-2-19 所示的两种结构型式。

（1）A 型排尘底板。A 型排尘底板是效率高而结构最简单的一种排尘底板型式，它的主要特点是中心孔带喇叭口。各部分尺寸的确定原则推荐如下：

中心孔直径（最小直径处）D_4 为：

$$D_4 = (0.15 \sim 0.17)D_2 \qquad (7-2-19)$$

中心孔上部扩为 60° 的喇叭口，外直径 D_5 为：

$$D_5 = (1.6 \sim 1.8)D_4 \qquad (7-2-20)$$

中心孔下部喇叭口无特殊要求可酌情考虑。

排尘孔为径向开孔，两个排尘孔面积约为中心孔横截面积的 1 倍。

中央凸圆台的直径约为旋风子排气管内径大小或稍大些。

（2）B 型排尘底板。B 型排尘底板是效率最高的一种排尘底板，对粗、细粉尘均有很高的分离效率，只是结构复杂些。它主要的特点是在喇叭口中心孔上方加水滴状导流锥。导流锥尺寸及与喇叭口距离要与中心也尺寸有适宜的匹配，可参考图 7-2-20 的尺寸。

一般，天然气除尘采用 A 型排尘底板已可满足要求。

b. 多管干式除尘器设计

对于由若干个尺寸已定的导叶式旋风子组成的多管除尘器，设计中的主要问题是：使各旋风子进气分配均匀，灰斗内粉尘的飞扬尽量减少，从而尽可能减小串流返混现象。

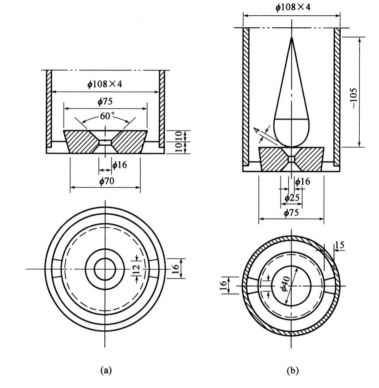

图 7-2-20　排尘底板

（a）A 型；（b）B 型

a）旋风子个数的计算

（1）旋风子轴向进气速度 v_1。根据试验，天然气压力在 $1.0 \sim 2.0 \mathrm{MPa}$ 之间，对 $\phi 100 \mathrm{mm}$ 旋风子，一般最适宜的旋风子轴向进气速度 v_1 可控制在下列范围；

直筒型旋风子：$14 \sim 24 \mathrm{m/s}$；

圆锥型旋风子：$12 \sim 20 \mathrm{m/s}$。

气速选用过高，灰斗飞扬严重，除尘效率下降，而且磨损加剧，压降过大；气速选用过低，处理量变小，效率也会降低。

上述气速范围主要适用于叶片出口角 $\beta = 25° \sim 40°$。当 β 角小时，宜用较小的 v_1 值，以免压降过大；β 角大时，宜用较大的 v_1 值，可提高除尘器的处理量。

天然气压力低于 1MPa 时，上述 v_1 值范围仍可适用。若天然气压力在 $2 \sim 4 \mathrm{MPa}$ 之间或更高，为了防止压降过大，则应选用上述 v_1 值的低限，或可再低些，如 $v_1 = 10 \sim 12\text{m/s}$。

若需控制压降 Δp 值，则可根据压降计算公式推算出旋风子的轴向进气速度 v_1，即：

$$v_1 = 26.037 \sqrt{\frac{\Delta p}{\xi \rho_0}} \sqrt{\frac{TZ}{p}} \qquad (7-2-21)$$

式中　v_1——旋风子轴向进气速度，m/s；

$\quad\quad \Delta p$——多管干式除尘器的允许压降，MPa；

$\quad\quad \xi$——阻力系数，见后面压降计算；

$\quad\quad \rho_0$——标准状况下气体的密度，kg/m^3；

$\quad\quad T$——操作条件下气体的绝对温度，K；

$\quad\quad Z$——气体压缩系数，见第二章第二节；

$\quad\quad p$——操作条件下气体的绝对压力，MPa。

用公式(7-2-21)计算出的 v_1 值最好是在上述适宜 v_1 值范围内，否则应适应调整 Δp 值，使算出的 v_1 值不要偏离上述适宜范围太远。

(2)旋风子个数 N。旋风子的个数 N 可根据处理来确定，即

$$N = \frac{q}{v_1 F_1} \qquad (7-2-22)$$

$$F_1 = \frac{\pi}{4}(D_2^2 - D_1^2) - n\delta \frac{D_2 - D_1}{2} \qquad (7-2-23)$$

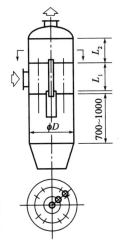

式中　q——操作条件下气体的流量，m^3/s，

$\quad\quad v_1$——旋风子的轴向进气速度，m/s；

$\quad\quad F_1$——旋风子的轴向进气面积，m^2；

$\quad\quad D_2$——旋风子外管内直径，m；

$\quad\quad D_1$——旋风子内管外直径，m；

$\quad\quad n$——旋风子的导向叶片数，一般取 $n=8$；

$\quad\quad \delta$——旋风子导向叶片进气口端部的厚度，m，$\delta = 0.005\text{m}$。

b)多管干式除尘器直径的确定

多管干式除尘器宜用圆筒形，其总体结构及尺寸见图7-2-21。器内旋风子一般呈同心圆排列。旋风子间距不能太小，否则，排尘时容易互相干扰而加剧返混，且不便安装。一般推荐两个相邻旋风子的最小中心距取(1.4~1.5)D_2。最外圈的旋风子中心与除尘器筒壁之间的距离

图7-2-21　多管干式除尘器总体结构及尺寸图

要大些,以便旋风子进气分配均匀些,并减小气流对筒壁的冲蚀,此距离最好大于 D_2。

为了初步估算所需的除尘器直径,按两种排管方案列估算方法见表7-2-7。

表7-2-7　多管干式除尘器直径估处表

	中心	第1圈	第2圈	第3圈	第4圈	第5圈	…	第 n 圈	n 圈总根数
每圈可排根数	1	6	12	18	24	30	…	$6n$	$N = 3n(n+1)+1$
最外圈旋风子中心圆最小直径 D'		$2.8D_2$	$5.4D_2$	$8.1D_2$	$10.8D_2$	$13.4D_2$	…	$\dfrac{1.4D_2}{\sin\dfrac{30}{n}}$	
每圈可排根数	0	3	9	15	21	27	…	$3+6(n-1)$	$N = 3n^2$
最外圆旋风子中心圈最小直径 D'		$1.61D_2$	$4.1D_2$	$6.72D_2$	$9.4D_2$	$12D_2$	…	$\dfrac{1.4D_2}{\sin\dfrac{60}{2n-1}}$	

根据公式(7-2-14)算出的所需旋风子个数 N,从表7-2-2算出排管的圈数 n,之后得出最外圈旋风子中心圆最小直径 D',于是多管干式除尘器的最小内径便为:

$$D = D' + 2D_2 \qquad (7-2-24)$$

根据算出的 D 值,再按容器标准规格圆整,并具体画排管图。若不易凑成标准尺寸,则可选用大一级直径,而在除尘器进口管附近不排管。这样可使设计灵活且有弹性,而且也有利于各旋风子的进气量分配均匀。

若以 $\phi100\text{mm}$ 导叶子旋风子为例,则可按表7-2-8来设计多管干式除尘器。表中指的是可排的最多根数,实际设计时可灵活确定具体根数。

表7-2-8　多管干式除尘器($\phi100\text{mm}$ 旋风子)排管方案

除尘器直径 D mm	400	500	600	700~720	900	1000	1140~1200	1300	1400	1500~1540	1700
可排旋风子根数(最多)	3~5	7	12	19	27	37	48	61	75	91	108

c)多管干式除尘器高度的确定

多管干式除尘器各部分的高度(或净空)尽可能大些,以利于进气分配均匀。进气室高度的选择尤为重要。

一般进气室高度(旋风子进气口到上管板的距离) L_1 在可能条件下力求大

些，至少应为：$L_1 = 0.8D$，且不小于 700mm；排气室高度（上管板到封头焊缝的距离）L_2 可取：$L_2 = 0.8D$，且不小于 600mm；灰斗高度（旋风子底板以下的除尘器直筒部分高度）L_3 需视排灰周期长短而定，一般可按除尘器直径大小取 700～1000mm。

灰斗下部可设计一段截锥体，以便排灰，其尽寸需视排灰机构的型式而定。如粉尘中含 FeS 较多，可在灰斗上部设计一洒水管，以湿润 FeS 粉尘，以免干粉尘排出后在空气中自燃。

d）多管干式除尘器的进、出口管

（1）进、出口管直径。除尘器的进、出口管直径按下式计算：

$$d_1 = \sqrt{\frac{q}{0.785u_1}} \qquad (7-2-25)$$

$$d_2 = \sqrt{\frac{q}{0.7845u_2}} \qquad (7-2-26)$$

式中　d_1——进口管直径，m；

　　　d_2——出口管直径，m；

　　　u_1——进口管内气体流速，m/s；

　　　u_2——出口管内气体流速，m/s。

（2）进、出口管内气体流速。除尘器的进、出口管内的气体流速最好小些，这样有利于进气分配均匀，所以推荐进、出口管内气体流速为 10～15m/s。根据式（7-2-25）、式（7-2-26）计算选取管径后，应核算在对应的最大流量（q_{max}）和最小流量（q_{min}）情况下进、出口管内流速是否在上述范围内。

（3）进、出口管的布置。进口管尽量靠近上管板布置；出口管可设在顶部中央，也可设在侧边，但必须在进口管的对侧，且尽量靠上。

为防止大块物进入除尘器，引起旋风子堵塞或损坏，需在进口管内装粗过滤网，网孔应小于旋风子叶片的宽度。

e）多管干式除尘器处理量计算

在选定旋风子轴向进气速度 v_1 后，多管干式除尘器的处理量 q_v 可按下式计算：

$$q_v = 2.500 \times 10^8 \frac{pNv_1F_1}{TZ} \qquad (7-2-27)$$

式中　q_v——标准状况下（$p_0 = 0.101325MPa$，$T_0 = 293.15K$）气体流量，m³/d；

　　　p——操作条件下气体绝对压力，MPa；

　　　T——操作条件下气体绝对温度，K；

Z——气体压缩系数。

若需控制总压降 Δp，则可按下式计算：

$$q_v = 6.508 \times 10^9 NF_1 \sqrt{\frac{\Delta p}{\xi \rho_0}} \sqrt{\frac{p}{TZ}} \qquad (7-2-28)$$

f) 多管干式除尘器总压降

多管干式除尘器总压降按下式计算：

$$\Delta p = 9.81 \times 10^{-6} \xi \frac{\rho v_1^2}{2g} \qquad (7-2-29)$$

式中　Δp——多管除尘器总压降，MPa；

　　　ρ——操作条件下气体的密度，kg/m^3，计算见公式(7-2-18)；

　　　v_1——旋风子的轴向进气速度，m/s；

　　　g——重力加速度，m/s^2；

　　　ξ——阻力系数。

对导向叶片出口角 $\beta = 30°$、$\phi100$mm 或 $\phi76$mm 圆锥型导叶式旋风子，$\xi = 13.2$；对直筒型导叶式旋风子，$\xi = 12.7$，也可用下式近似计算：

$$\xi = 2 + a\left[1.37\hat{r}^{2n} + \frac{1}{n}(\hat{r}^{2n} - 1)\right]\alpha_1^2 \qquad (7-2-30)$$

式中　n——气流速度旋转指数。

n 可估算如下：

$$n = \frac{\lg \dfrac{\hat{r}\widetilde{F}}{\widetilde{F} + \alpha_1 \lambda \hat{r}\widetilde{H}'}}{\lg \hat{r}} \qquad (7-2-31)$$

$$\widetilde{F} = \frac{F_1}{F_e}, H' = \frac{H_1 + H_2 - h_2}{r_1}$$

$$\alpha_1 = (1 + \hat{r})\frac{\cos\beta_1}{\sin\beta_1 + \hat{r}\sin\beta_2} \qquad (7-2-32)$$

$$\lg\beta_2 = \frac{r_1}{r_2}\tan\beta_1 \qquad (7-2-33)$$

式中　F_1——每个旋风子轴向进气面积，m^2；

　　　F_e——每个旋风子排气管内横截面积，m^2；

　　　H_1——旋风子叶片出口以下圆筒部分长度，m；

　　　H_2——旋风子圆锥部分轴长度，m；

h_2——旋风子叶片出口以下排气管长度，m；

λ——气流与器壁的摩擦系数，对于含尘浓度较低的天然气，可近似取

　　$\lambda = 0.005$；

α_1——叶片出口处切向速度系数；

β_1——叶片内侧出口角，即一般给定的叶片出口角；

β_2——叶片外侧出口角；

r_1——旋风子排气管外半径，m；

r_2——旋风子外管内半径，m。

例如：已知天然气流量 $q_v = 700 \times 10^4 \mathrm{m}^3/\mathrm{d}$，操作压力 $p = 2.1 \mathrm{MPa}$（绝对压力），操作温度 $T = 293 \mathrm{K}$，临界压力 $p_C = 4.5 \mathrm{MPa}$，临界温度 $T_C = 192.26 \mathrm{K}$，天然气的相对密度 $\gamma = 0.5686$。试进行多管干式除尘器设计计算。

解：（1）基本参数计算。

①计算压缩系数。

对比压力 p_r：

$$p_r = \frac{p}{p_C} = \frac{2.1}{4.6} = 0.456$$

对比温度 T_r：

$$T_r = \frac{T}{T_C} = \frac{293}{192.26} = 1.524$$

由 p_r、T_r 得 $Z = 0.95$。

②计算天然气在标准状况的密度：

$$\rho_0 = 1.205\gamma = 1.205 \times 0.5686 = 0.685 (\mathrm{kg/m}^3)$$

③计算旋风子的轴向进气面积 F_1。

选用 $\phi 108\mathrm{mm} \times 76\mathrm{mm}$ 旋风子（直筒型），旋风子外管为 $\phi 108\mathrm{mm} \times 4\mathrm{mm}$ 无缝钢管，内管为 $\phi 76\mathrm{mm} \times 4\mathrm{mm}$ 无缝钢管。旋风子的阻力系数 $\xi = 12.7$，旋风子叶片数 $n = 8$ 片，旋风子导向叶片进气口端部的厚度 $\delta = 0.005\mathrm{m}$。

旋风子的外管内径 D_2：

$$D_2 = 0.108 - 0.004 \times 2 = 0.1 (\mathrm{m})$$

旋风子的轴向进气面积 F_1 由公式（7 - 2 - 15）计算：

$$F_1 = \frac{\pi}{4}(D_2^2 - D_1^2) - n\delta\left(\frac{D_2 - D_1}{2}\right)$$

$$= \frac{\pi(0.1^2 - 0.076^2)}{4} - 8 \times 0.005 \times \frac{0.1 - 0.076}{2}$$

$$= 0.00284 (\mathrm{m}^2)$$

④旋风子轴向进气速度 $v_1 = 12 \mathrm{m/s}$。

(2)计算旋风子个数 N。

由公式(7-2-14)得：

$$N = \frac{q}{v_1 F_1} = \frac{p_0 T Z q_v}{86400 T_0 p v_1 F_1}$$

$$= \frac{0.101325 \times 293 \times 0.95 \times 700 \times 10^4}{86400 \times 293 \times 2.1 \times 12 \times 0.00284}$$

$$= 109$$

(3)计算所需除尘器台数 A。

由表7-2-8多管干式除尘器排管方案选除尘器直径 $D = 90 \mathrm{mm}$，可排 27 根旋风子，以此计算：

$$A = \frac{N}{27} = \frac{109}{27} = 4.04(台)$$

取4台。

(4)核算旋风子的流速和压降。

①核算旋风子的流速 v_1：

$$v_1 = \frac{q}{N F_1} = \frac{p_0 T Z q_v}{86400 T_0 p N F_1}$$

$$= \frac{0.101325 \times 293 \times 0.95 \times 700 \times 10^4}{86400 \times 293 \times 2.1 \times 4 \times 27 \times 0.00284}$$

$$= 12.11(\mathrm{m/s})$$

②核算多管干式除尘器的总压降 Δp。

由公式(7-2-20)得：

$$\Delta p = 9.81 \times 10^{-6} \xi \frac{\rho v_1^2}{2g} = 9.81 \times 10^{-6} \xi \frac{T_0 p \rho_0 v_1^2}{2 T p_0 Z g}$$

$$= 9.81 \times 10^{-6} \times 12.7 \times \frac{293 \times 2.1 \times 0.685 \times (12.11)^2}{2 \times 293 \times 0.101325 \times 0.95 \times 9.8}$$

$$= 0.041(\mathrm{MPa})$$

由上述计算可见，选择直径 $D = 900 \mathrm{mm}$、27 管除尘器(共4台)是合理的。

(5)除尘器进、出口直径计算。

①取除尘器进、出口流速 $u_1 = u_2 = 10\text{m/s}$，则：

$$d_1 = d_2 = \sqrt{\frac{q}{0.785u_1}} = \sqrt{\frac{p_0 TZq_v}{86400 \times 0.785 T_0 p u_1}}$$

$$= \sqrt{\frac{0.101325 \times 293 \times 0.95 \times 700 \times 10^4}{86400 \times 0.785 \times 293 \times 2.1 \times 10 \times 4}}$$

$$= 0.344(\text{m})$$

②取除尘器进、出口流速 $u_1 = u_2 = 15\text{m/s}$，则：

$$d_1 = d_2 = \sqrt{\frac{0.101325 \times 293 \times 0.95 \times 700 \times 10^4}{86400 \times 0.785 \times 293 \times 2.1 \times 15 \times 4}}$$

$$= 0.281(\text{m})$$

故选 $\phi 325\text{mm} \times 8\text{mm}$（内径 $d = 0.309\text{m}$）作为除尘器进、出管直径。

3. 过滤除尘器设计

过滤除尘器是使含尘气体通过一定的过滤材料达到分离气体固体粉尘的一种高效除尘设备。除尘效率达 95%～99%，除尘粒径最小可达 0.5μm。

1）过滤除尘器的结构及工作原理

过滤除尘器是由数个过滤元件组合在一个壳体内构成。它分过滤室和排气室，见图 7－2－22。过滤元件由过滤管、过滤层、保护层和外套构成，见图 7－2－23。

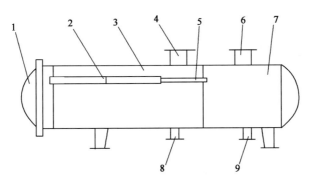

图 7－2－22　过滤除尘器

1—快开盲板；2—过滤元件；3—过滤室；4—进气口；5—支持管；6—排气口；
7—排气室；8、9—排污口

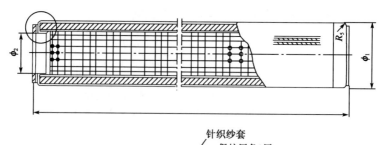

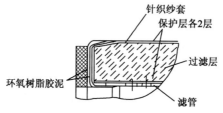

针织纱套
保护层各2层
过滤层
滤管
环氧树脂胶泥

图 7 - 2 - 23　过滤元件简图

含尘气体由进气口进入过滤室内，从过滤元件外表面进入，通过过滤层时产生筛分、惯性、粘附、扩散和静电等作用而被捕集下来。净化后的气体从过滤管内出来，经排气室的出气口排出。

2）过滤除尘器设计

a. 过滤元件的选用计算

过滤元件的流通面积 F：

$$F = \frac{\pi d^2}{4} n \qquad (7-2-34)$$

式中　F——过滤元件的流通面积，m^2；

$\quad\quad d$——过滤元件滤管开孔直径，m；

$\quad\quad n$——过滤元件滤管开孔数量，个。

过滤元件件数 N：

$$N = \frac{q}{Fv} \qquad (7-2-35)$$

式中　N——过滤元件的数量，件；

$\quad\quad q$——操作条件下过滤除尘器的处理量，m^3/s；

$\quad\quad v$——气体通过过滤元件的流速，m/s，按过滤元件生产厂使用说明中的要求选取。

过滤元件选用也可根据生产厂家使用说明书中提供的公称压力、参考流量、参考流速范围进行换算。

b. 过滤管的排列和间距

过滤管的排列可按三角形排列，也可按正方形排列，见图 7 - 2 - 24。三角形排列占的面积小，但检修不便，对气体流通也不利，不常采用。正方形排列对气体流通有利，较常采用。过滤元件间的净距以方便修拆卸为宜，一般选取 10 ~ 30mm。

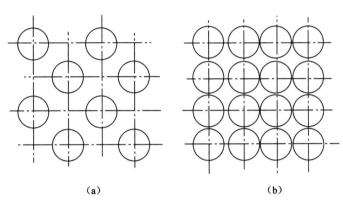

图 7 - 2 - 24　滤管排列形式

(a)三角形排列；(b)正方形排列

c. 过滤室与排气室

过滤室设进气口、排污口及压力计开口，若需在不拆换情况下对过滤元件进行反吹洗，应设进水口。进气口不应正对过滤元件，若正对过滤元件，进气口处应加挡板，以免气流刺坏过滤元件。

排气室设排气口和排污口及压力计开口。

当过滤室与排气室的压差超过过滤元件使用说明书中规定值时，应对过滤元件进行拆换或反吹洗。

排气口的流速不宜过高，一般选取 10 ~ 15m/s。

(二)除尘设备的选择

一方面应根据气体中所含粉尘的种类、性质、粒径和粉尘量等因素选择高效经济的除尘设备，另一方面还应根据除尘器的技术性能(处理量、压力损失和除尘效率)和三个经济指标(建设投资、占地面积、使用寿命)全面考虑。理想的除尘设备必须在技术上能满足工艺生产和环境保护对气体含尘的要求，在经济上又是合算的。在具体设计选择时，要结合生产实际，参考国内外类似厂矿的实践经验和先进技术，全面考虑，处理好三个技术性能指标的关系。

1. 旋风分离器

旋风分离器结构简单，无运动部件，无需特殊的附属设备，制造、安装投资较少；操作维护简便，压力损失小，运转维护费用较低；分离效率受气流速度影响，不受含尘气体的浓度、温度限制。

对于超过 $5 \sim 10 \mu m$ 的粉尘和杂质，分离效率不小于 $80\% \sim 95\%$ 。

旋风分离器适用于处理气量不大、粉尘粒径大于 $5 \mu m$、压力和流量较稳定、对分离精度要求不很高的站场。

2. 多管干式除尘器

多管干式除尘器分离原理与旋风分离器相同，但由于旋风子旋转半径小，是一种高效的除尘设备；分离效率较旋风分离器高，噪声小。

对于超过 $5 \sim 10 \mu m$ 的粉尘和杂质，分离效率不小于 $90\% \sim 99\%$ 。

多管干式除尘器适用于气量大、压力较高、含尘粒径分布甚广的站场干天然气的分离除尘。

3. 过滤分离器

过滤分离器能同时除去粉尘、固体杂质和液体。过滤分离器具有多功能、处理量大、分离效率高、性能可靠弹性大、更换滤芯方便等特点。

对于超过 $5 \mu m$ 的粉尘和液滴，分离效率不小于 99.8%；对于 $1 \sim 3 \mu m$ 的粉尘和液滴，分离效率不小于 98% 。

过滤分离器主要适用于长输管线首站、分输站和城市门站同时含固体杂质和液滴的天然气的分离。如果分离的气体含尘粒径分布宽且输量大，且要求分离后含尘粒径很小，可考虑采用两级分离：第一级采用旋风分离器或多管干式除尘器，第二级采用过滤分离器。

三、加热设备

在输气管道站场中，为了使某些管道内的介质维持一定的温度，或者避免因节流降压、温度降低导致冷凝液体的产生甚至堵塞管道，常常需要加热。输气站场加热设备通常选用水套加热炉或电加热器。

（一）水套加热炉

1. 水套加热炉的分类

水套加热炉是目前气田集输系统中应用较广的天然气加热设备。水套加热炉不像套管加热器需要配备专用的蒸汽锅炉和蒸汽管线，而是在常压或一定压力下对管线进行加热，易于操作和控制，也更安全。

以水套压力分类，有正压水套加热炉、真空加热炉和常压水套加热炉三种。正压水套加热炉水套压力高于当地大气压下的水的饱和压力，运行管理和蒸汽锅炉一样。虽然其传热温差可以较大，但由于安全性差，在运行时多次发生事故，故不推荐使用。真空加热炉采用真空相变换热技术，充分利用汽、液相变的潜热进行换热，通过蒸汽传热达到很高的换热效率。常压水套加热炉也是利用相变换热的技术，只是汽化潜热的焓值比在真空压力下的小。目前常规使用的水套加热炉多为真空加热炉和常压水套加热炉。

2. 水套加热炉的工作原理

水套加热炉的工作原理是：燃料在布置于炉体下部的火筒内燃烧，高温烟气通过连接在火筒上的烟管排至烟箱后经烟囱排至大气中，热量通过火筒壁及烟管壁传给中间换热介质"水"；水作为传热介质吸收燃料气燃烧产生的热量后，再加热在盘管内流动的被加热工艺天然气，形成动态热平衡。

3. 水套加热炉的技术特点及设计

水套加热炉的技术特点主要有以下 5 个方面：

（1）水套加热炉将锅炉与换热器合为一体，以水为换热介质，属间接加热型设备，一般由炉体、烟火管、加热盘管组、阻火器、燃烧器、燃料气供气系统、烟囱等构成（图 7 - 2 - 25）。燃料气在炉体内下部的火筒内燃烧，热量通过火筒烟管壁面传给中间传热介质"水"，水再加热在盘管内流动的天然气，使天然气温度达到工艺所要求的温度。

（2）可实现多级加热。加热盘管可以有多种组合，如单进单出或几进几出。

（3）盘管采用可抽出式块装结构，安装简单，维护方便。

（4）一般设计为常压水套加热炉，不属于压力容器，可采用负压燃烧方式，燃烧所需空气为自然进风。选用的燃烧器简单，易操作，可靠性高。火筒与烟管采用"U"形或类似结构。该系列水套加热炉的优点是结构简单，适应性强，密封效果好，热效率高。

（5）特殊设计的调风阻火器可防大风，防回火，运行安全，平稳可靠。

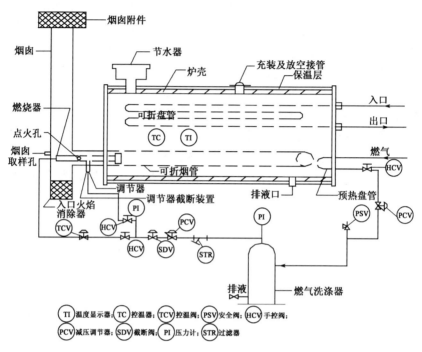

图 7-2-25　水套加热炉外形图

(二)电加热器

1. 电加热器的主要型式

为了提高被加热介质的温度,可以采用以下电加热设备:

(1)翅片管式加热器用来加热空气或气体;

(2)法兰式陶瓷加热管用来加热液体;

(3)加热丝进行表面或内部加热;

(4)加热橇进行液体加热;

2. 电加热器的工作原理(管式)

被加热介质(冷态)经进口管入分流室,使介质沿器体内壁四周流入加热室。通过各电加热元件的缝隙,使介质被加热升温,然后汇合流入混流室,混合后以均匀的温度从出口管中流出。在加热器出口处设有测温铂电阻,通过控制柜的温控仪表可对加热介质出口温度进行设定并进行控制。在加热器内设有体胀式温控开关,用于一级保护和超温保护。当壳内达到一级保护设定温度时，控制柜内接触器断开，加热器停止加热；当温度回落后，可自动恢复加热。一级保护开关出现动作时，应及时检查温控仪表和测温铂电阻中存在的故障并排除。当壳内达到超温保护设定温度时，控制柜内空气开关断电，加热器停止加热，并发出声光报警。

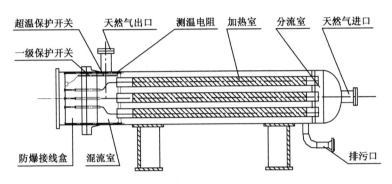

图 7-2-26　电加热器结构示意图

3. 技术特点

(1)使用多管式加热结构，使加热元件在壳体内布置更均匀，被加热介质受热均匀；

(2)加热电缆绕制成型后热交换面积大，表面热负荷低，无炭化结焦现象，加热均匀，热效率高；

(3)电加热器内装有温度传感器，与配套控制柜连接后可实现恒温自动控制；

(4)日常无需维护，安装简易，检修方便。

四、清管设备

(一)清管器

1. 常规清管器

1)清管球

清管球是很可靠的最简单的清除积液和分隔介质一种清管器，效果不如皮碗清管器。清管球由耐磨耐油的氯丁橡胶制成，清管有效距离以 50~80km 为宜。

清管球有实心的和空心的两种。用于直径小于或等于100mm管道的清管球为实心球；大于100mm管道的清管球为空心球。空心球的壁厚为30～50mm，球上有一可以密封的注水孔，孔内有一单向阀。

清管球在清管运行中会有变形和磨损，在0℃以上工作的清管球使用前一般注入水；在0℃以下工作的清管球，球体内通常注入低凝点的液体（如甘醇类），保持一定内压，以调节清管球的直径，使之过盈量最好为管道直径的5%～8%，保证清管效果。未充满液体的清管球不允许使用，以免清管球在管内介质的高压下被压扁或因不能密封而漏气，造成卡球事故。

清管球在管内运行时变形大，通过性好，不易被卡，表面磨损均匀，磨损量小；只要注入口密封良好，可多次重复使用。

2）皮碗清管器

皮碗清管器主要由在刚性骨架上串联2～4个皮碗，并用螺栓将压板、导向器及发信器护罩等连接成一体而构成，主要用于各种管道投产前的清管扫线，可清除管道施工中遗留在管道内的石块、木棒等各种杂物，还可用于天然气管线投产后的清扫、水压试验前的排气，混输管线的介质隔离等。

皮碗清管器的工作原理是：皮碗清管器进入管道后，利用皮碗裙边对管道的4%左右过盈量与管壁紧贴而达到密封，皮碗唇部与管壁紧密吻合；皮碗清管器由其前后天然气的压差推动前进，同时把污物推出管外。

与清管球皮碗清管器相比，不但能清除积液、起隔离作用，而且对清除固体阻塞物也行之有效。皮碗清管器最大的特点是可用它作为基体，运载其他在管内运行的物体，以达到其他使用目的。例如，在两节皮碗之间的筒体上装上相互交错的不锈钢丝刷，并用一U形弹簧板固定于有小孔的筒体上，即为带刷清管器，用于粉尘附着较多管道的清管；用锥形皮碗清管器安装测量几何形状的测杆及其他附件，即为测径清管器；还可用于运载电子、漏磁、超声波等检测仪器，探测管道壁厚及腐蚀等情况。

皮碗的形状可分为锥面、平面和球面三种。锥面皮碗具有较大的通用性，使用较为广泛；平面皮碗有很强的清除块状固体阻塞物的能力；球面皮碗允许变形量最大，通过能力最好，可以通过变形量达30%的管道。

皮碗材料多为氯丁橡胶、丁腈橡胶和聚酯类橡胶。

2. 智能清管器

智能清管器（smart pig），是基于超声波、漏磁、声发射等无损探伤原理，将录像观察功能同清管结合在一起的仪器。智能清管器周向装有200多个（甚至360个）探头，可在进行正常清管的同时进行在线检测，从而检测出管道内外腐蚀、机械损伤等缺陷的程度和位置。

最常用的智能清管器采用漏磁法。它能检测出腐蚀坑、腐蚀减薄和环向裂纹，但不能检测出深而细的轴向裂纹。这种清管器既能检测液体管道，也能检测气体管道。

超声波智能清管器除了检测金属损伤以外，还可检测防腐层剥离、应力腐蚀开裂(SCC)、凹痕及刻痕等机械损伤缺陷的。但超声波法需要在传感器和管壁之间充满液体耦合剂，这就限制了它在气体管道中的应用。弹性波仪器是能在气体管道中使用的超声波仪器，它有辊轮接触传感器，不需要耦合剂。

(二)清管器收发装置

清管器收发装置是清管扫线设备的重要组成部分，安装在管线两端用于发送及接收清管器。它主要由快开盲板、筒体、大小头、鞍式支座等部分构成。

1. 清管器发送装置

清管器发送装置外形为一钢质圆筒，筒体的直径应比所清管管道直径大一级，且筒体的中心线与管中心线顺气流方向呈8°~10°倾斜安装，即快开盲板端高于管道端，以便清管器推入，使其在发送前能紧贴前端的大小头。一般筒长为筒径的3~4倍，智能清管器的发送装置的长度应大于智能清管器，一般应不小于3m。利用天然气在清管器前后形成的压差，将清管器推入管道。

2. 清管器接收装置

清管器接收装置筒体的直径较管径大1~2级，其长度的设计应既能适应较长清管器(智能清管器)使用，也便于两个甚至3个清管器(球)的接收，同时要为容纳固体杂物留下一定的空间。因此，目前所用清管器接收装置的筒体的长度一般为筒径的5~6倍。智能清管器的接收装置的长度应大于智能清管器，一般应不小于3m。清管器接收装置筒体上的上下支管应焊装挡条，以阻止大块物体进入。

3. 快开盲板

快开盲板是为清扫、疏通管线、检查、清理容器而在管口处设置的一种固定式快速开启装置。

(1)清管器接收装置上的快开盲板，不宜正对60m内的居住区或建(构)

筑物；

（2）快开盲板盖开启前必须先开放空阀，待收（发）求筒内压力降至零后，方可进行开启操作；

（3）定期对快开盲板的主承压件进行检查，若出现严重锈蚀或裂纹，要及时查找原因并更换；

（4）每次使用时，应对密封胶圈及密封槽进行清洗、检查并涂抹黄油，以防使用时不能密封。

（三）清管器通过指示器

1. 清管器通过指示器型式

清管器通过指示器是判定清管器发出、通过和到达的信号装置。常用的清管器通过指示器有插入式及非插入式。

（1）插入式清管器通过指示器有顶杆触点式、摆杆触点式和差压式。

顶杆触点式清管器通过指示器安装在管线上，当清管器经过指示器时将顶杆顶起（顶杆端头伸入管线内约15mm），顶杆便将触杆往左挤压，从而带动触杆弹簧、触片一起往左移动，接通两只接线柱上的两个触点，使信号指示器发出信号（声或光）。

摆杆触点式清管器通过指示器垂直安装顶部特制接头套内。它的摆杆端头——水银触头伸入管内15~20mm，水银触头可顺气流方向在接头套内摆转90°。当清管器通过时，撞击水银触头，使它在套内摆动60°~90°，因而触头内两触点相接触而导电，使信号器发出信号（声或光）。在清管器通过之后，水银触头由于自身重力和弹簧机构的拉力作用而恢复垂直原位。

由于清管器本身具有的质量及球与管壁的摩擦力，所以，只有当清管器前后有压差时差压式清管器通过指示器才能运行。利用这个原理，在管线清管器收发站的进站和出站管线上钻一个15mm的小孔，安装仪表阀与导压管，并与压力表连接。当清管器通过时，清管器前后差压使压力表指针位置迅速上升。

（2）非插入式清管器通过指示器是一个计算机化的电子设备，它用来无损探测管道内配备有一个永久磁铁或一个磁性发射器的清管器。非插入式清管器通过指示器通过位于底部或固定在管道上（附近）的专用天线来完成这个功能。如果有清管器通过，这个天线就会发射信号给面板上的计算机。

一旦探测到清管器，通过的时间和日期将被永久记录在非插入式清管器通过指示器的存储器中，并且显示出来。除了最近一次清管器通过的时间和日期外，非插入式清管器通过指示器同时记录先前的清管器通过的时间和日期。

2. 清管器通过指示器安装位置

清管器通过指示器在清管器发送筒和清管器接收筒上的安装位置有所不同。

在清管器发送筒出站管道（主管三通下游以外）上应设置清管器通过指示器，以便判定清管器是否发出并进入输气干线。

在清管器接收筒上接收阀后的筒体上应设置清管器通过指示器，以便确定清管器是否进入清管器接收筒体内。在进站管道前 200～500m 区间（具体距离应根据阀门的开启时间、管道内气体流速等确定），应装设固定远传通过指示器，以便开始必要的接收操作。

五、阀门

阀门的类型、各种阀门的特点及应用参见第四章第二节的相关内容。输气管道安全阀的计算选择与输油管道有所不同。

在选择安全阀时，可按下列步骤进行：

(1) 根据工艺设计确定安全阀的泄放压力（安全阀定压）。

(2) 根据工艺要求，确定所需要的最大泄放量。

(3) 计算安全阀通道截面积，计算公式如下：

$$A = \frac{G}{10.197 C K p_1 \sqrt{\dfrac{M}{Z T_1}}} \qquad (7-2-36)$$

式中　A——安全阀通道截面积，cm^2；

G——安全阀的最大泄放量，kg/h；

p_1——安全阀在最大泄放量时的进口绝对压力，MPa；

K——流量系数，可取 0.9～0.97，与阀的结构有关，由制造厂给出；

C——$f(k)$（查图 7-2-27），与气体的绝热指数 k 有关，与阀的结构无关；

M——气体摩尔质量；

T_1——安全阀进口处绝对温度，K；

Z——气体压缩系数。

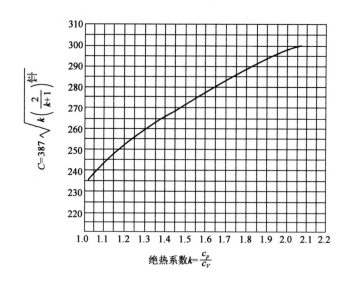

图 7-2-27　C 值查询图

（4）根据计算所得数据，选用大于或等于通道截面积计算值的阀。如果计算值超过产品目录上实际制造阀的通道截面积，应选用两个或两个以上的安全阀，使其总通道截面积大于或等于设计计算值。

（5）根据确定的安全阀的泄放压力，选用弹簧的定压范围，使安全阀的定压（即泄放压力）在所选的定压范围之内，并在订货表上注明定压范围。

（6）安全阀泄放压力和泄放量的确定。

安全阀开始起跳时的进口压力，称为安全阀的泄放压力，即安全阀的定压，可参考下列情况确定：

① 安全阀的定压应等于或小于受压设备和容器的设计压力。

② 一般设备可根据不同工艺操作压力确定：

当 $p \leqslant 1.8\,\text{MPa}$ 时，

$$p_0 = p + 0.18\,\text{MPa}$$

当 $1.8\,\text{MPa} < p \leqslant 7.5\,\text{MPa}$ 时，

$$p_0 = 1.1p$$

当 $p > 7.5\,\text{MPa}$ 时，

$$p_0 = 1.05p$$

式中　p——设备操作绝对压力，MPa；

　　　p_0——安全阀泄放绝对压力（定压），MPa。

③ 机泵通用设备一般由制造厂配备安全阀，如果制造厂没有配备安全阀，则应根据该机泵的允许最大操作压力及工艺操作要求确定安全定压值。

安全阀的泄放量应根据工艺过程的具体情况决定。在天然气集输系统中，安全阀只作泄压及报警用，其泄放量只按超压输量考虑，即容器上安全阀的泄放量为在容器进口压力和安全阀定压的差压下可能进入容器的介质流量。

安全阀开至最大而达到最大泄放量时的进口压力 p_1 与泄放压力之间有一差值，这个差值称为聚积压力 p_a。对于装设在蒸汽锅炉上的安全阀，一般 $p_a = 0.03p_0$；对于装设在无火压力容器上的安全阀，$p_a = 0.1p_0$；对于装设在有着火、爆炸危险容器上的安全阀，$p_a = 0.2p_0$。最大泄放量时的进口压力 p_1 为：

$$p_1 = p_0 + p_a$$

式中　p_1——安全阀最大泄放量时的进口绝对压力，MPa；

　　　p_0——安全阀泄放绝对压力，MPa；

　　　p_a——聚积绝对压力，MPa。

六、汇气管

(一) 功能要求

汇气管具有完成进站天然气的汇集和向下游用户配气的功能，以减小下游用户的供气压力波动。

(二) 结构设计

汇气管是一个典型的卧式压力容器。汇气管的直径宜大于最大开口的 2 倍。为便于清洁设备内部，可在设备一端或两端设置掏灰口。

第八章 油气管道站内工艺设施安装设计

本章主要针对长输油气管道站内工艺设施的安装设计进行描述，主要包括站内工艺管道安装、阀门及大型阀组安装、泵/压缩机组安装、储罐罐区工艺安装、加热炉系统安装、清管系统的安装及综合实例分析。结合油气管道现行规范和实际工程经验，总结出一系列适合油气管道站内工艺设施安装设计的内容，供广大工程设计人员参考。

第一节 站内工艺管道安装

一、布置原则

（1）管道布置应符合管道及仪表流程图的要求；

（2）站内管道应统筹规划、合理布置，满足施工、操作、维修等方面的要求，并力求美观、整齐；

（3）管线布置宜横平竖直（自然补偿或方便安装检修的管道除外）、整齐有序、成组成排、便于支撑；

（4）管线的布置应不妨碍管线的施工和设备的操作和维修；

（5）管线布置应有足够的柔性，尽量利用管线的自然补偿，管线布置尽量不出现气袋和液袋，避免"盲肠"；

（6）管线在设有同一管托高度的水平管段上变径时，应选用偏心异径管，管底取平；

（7）埋地管线必须采用加强级防腐，并考虑防凝、排污等措施，同时还要考虑热补偿问题；

（8）埋地管线宜尽量集中同沟敷设，且应同底。

二、基本安装要求

(一)管线敷设方式及要求

管线敷设方式包括架空敷设、地下敷设。架空敷设包括低墩敷设、低/中架敷设、高架敷设,地下敷设包括埋地敷设和管沟敷设。

1. 架空敷设方式及要求

架空敷设的热油管线和不保温的成品油管线,应安装热补偿器、安全阀、泄压阀等。管线在改变标高或走向时,应避免管线形成聚集气体的气袋或液体的死角,不可避免时,应安装高点排气、低点放空。

1)低墩敷设

(1)管底(包括保温层)距地面间距一般为 0.30 ~ 0.50m,不宜低于 0.30m。

(2)低墩上敷设的管带在人行道路通过处或便于操作人员通过的地方应设管桥。管桥的宽度一般为 1.2m,不宜小于 0.8m;管桥距管顶(包括保温层)净空不应小于 0.2m。

(3)室内或室外沿地面敷设的小管线管底(包括保温层)应比地面高出 0.1 ~ 0.15m,以防止地面积水侵蚀。在经常通行的地方,必要时可设置防护罩。

2)低/中架敷设

(1)低架管底(包括保温层)距地面间距一般为 1.5 ~ 1.8m,但不宜低于 1.5m,经常行人处不宜低于 2.2m。中架管底(包括保温层)距地面间距一般为 2.5 ~ 3.5m。分层排列时上下管排间距一般为 0.8 ~ 1.2m,且不宜小于 0.6m。

(2)管架上所有的排凝点、伴热线供气点、放气点等宜尽量集中布置在同一管架位置处。

3)高架敷设

(1)管线在行车路面、铁路及一般道路上通过时应采用高架敷设,管底(包括保温层)或托架下沿距一般道路路面不应小于 4.0m;距主干道路面不应小于 5.0m;距铁路轨顶不应小于 5.5m。

(2)管架支柱边缘距铁轨边不应小于 3.0m;距单车道路路肩不应小于

1.5m，距双车道路路肩不应小于1.0m。

(3)管线与铁路平行敷设时，距铁路路轨不应小于5.5m。

2. 地下敷设方式及要求

1)埋地敷设

(1)站内埋地管线穿越主要道路应加套管。套管顶距路面不宜小于0.8m，否则应进行强度核算。套管端部伸出道路路基坡角的长度不宜小于0.5m。穿越次要道路(检修时允许开挖路面)的管线可直接埋地，但管顶距路面不宜小于0.8m，否则应加套管并进行核算。被保护管在套管内不应有焊缝，并应设有支撑。

(2)在室内或室外有混凝土地面的区域，管顶距地面不宜小于0.3m。

(3)管线穿越铁路时应采用涵洞或套管，套管顶距轨顶不应小于1.2m，套管端部伸出路基坡角不宜小于2m。

(4)埋地管线距建筑物基础外缘不宜小于3.0m，距围墙不宜小于1.5m，距管架(墩)基础外缘不宜小于1.0m(湿陷性黄土地区除外)。

2)管沟敷设

(1)室内需要埋地的管线宜采用管沟敷设。管沟内敷设管线应预埋钢支架，支架顶面距沟底不宜小于200mm。

(2)管沟一般宽度为400mm、600mm、800mm、1000mm、1200mm、1500mm，一般不宜大于1500mm，不能满足要求时可并排设置两条管沟。管沟深度一般为600mm、700mm、800mm、1000mm，不宜过深，沟底应有不小于2‰的坡度，一般为3‰。管沟内宜设地漏排水，若无排水系统，则应设集水坑。如地下水位较高，管沟应作防水处理。

(3)管沟内管线外表面(包括保温层)距沟底净高不宜小于0.35m，距沟壁净距不宜小于0.2m，距沟盖板底面(凸出部分)净距不宜小于0.2m。管底如装有排液阀，管底与管沟之间的净空应能满足排液阀的安装和操作。

(4)对于油气散发聚集或油气浓度较高的场所，如液化石油气灌瓶间、汽车装车栈台等，管沟应在施工打压完成后，用黄沙填满。

(二)管线安装基本要求

1. 管线布置

(1)站内的管线宜采用地上架空敷设，一般采用低墩敷设，在必要时，也可采用埋地敷设或管沟敷设。站区室外液态液化石油气管线宜采用单排低架敷设，管底与地面的净距可取 0.3m。管道埋地敷设时，埋设深度应在土壤冰冻线以下，且覆土厚度（路面至管顶）不应小于 0.8m。

（2）地上管线外表面（包括保温层表面）与建（构）筑物（柱、梁、墙等）的最小净距不应小于 100mm；法兰外缘与建（构）筑物的最小净距不应小于 50mm。

（3）对于多条管线的架空布置，大口径的液体管线尽量靠近柱子布置，以减少管架横梁所受弯矩。对于多种介质双层管架，通常气体管线、热介质管线和辅助系统管线及不经常检修的管线宜布置在上层，液体管道、冷介质管道、液化石油气、化工原料及其他有腐蚀性介质的管道和检修频繁的管道宜布置在下层。

（4）多条管线需设置 Ⅱ 形补偿时，宜并排布置，管径较大、温度较高的管线宜放在外侧。

（5）管墩、管架敷设的管线坡度应尽量与地面坡向一致。坡度不小于 2‰，一般可按 3‰～5‰ 考虑。自流管线的坡度应按工艺要求确定。

2. 管线连接

（1）油（气）管线、热力管线、空气管线等及埋地管线一律采用焊接，有特殊要求的管段可采用法兰或螺纹连接。在螺纹连接的管路上，应适当配置活接头（特别是阀门等设备附近），便于安装、拆卸和检修。

（2）直管段两相邻焊缝的允许最小距离为：

①一般规定相邻两道焊缝间距离：对于公称直径小于 150mm 的管线，不应小于管外径，且不得小于 50mm；对于公称直径大于或等于 150mm 的管线，不应小于管子半径，且不得小于 150mm；管线焊接接头距离弯管起弯点不应小于 100mm，且不应小于管外径。

②环焊缝距支、吊架净距不得小于 100mm。

3. 管道安装

（1）分期施工和分期投产的管线，在后期施工的管线上，一般应设切断阀。后期施工时不影响一期生产的管线，也可用法兰及法兰盖代替切断阀。

（2）当同一地点设置两个或两个以上的法兰组件时，宜直接连接，以省去中间的短管和法兰，但对管径大的榫槽面、凹凸面、梯形槽面法兰应具体研究。

（3）气体和蒸汽管线的支线应从主管上方引出或汇入；为避免机械杂质进入设备，支管宜从主管的侧面或上方接出或汇入。

（4）在保证管线柔性及管道对设备（如机泵管嘴等）的作用力和力矩不超出允许值的条件下，应当用最少的管件、最短的长度连接起来，尽量减少焊缝。

（5）采用对焊法兰时，可取消直管段，与管件（如弯头、大小头等）直接连接；采用平焊法兰时，不宜与管件直接连接，其间应加一段直管段。

（6）变径管件应紧靠需要变径的部位，以使管线布置紧凑，节约管材，减少焊缝。

（7）多条管线的管带，管线管底标高宜一致。若管线需要改变管径，应采用偏心大小头，以保持管底标高不变。

（8）管线穿越。管线穿过墙壁及平台时，应加套管或留洞。孔洞的大小应不小于管外径（或保温层外径）加 50mm；管线有横向位移时，孔洞应适当加大；有伴热管且保温层的中心与管中心不重合时，应适当加大孔洞；当安装或检修需要法兰从孔洞中抽出时，孔洞的大小应为法兰外径加大 50mm。采用套管时，套管直径应大于管线直径或保温层外径 50～100mm，应采用防水套管以防渗漏。管线穿越楼板时，在穿孔周围应设防水肩或防水套管，套管应高出楼板不小于 50mm，并设加强板，详见图 8-1-1。管线穿出屋顶或墙壁并向上伸出时，应设防水罩。管线的焊缝不应设在孔洞或套管内。管线不应穿过防火墙和防爆墙。

①管线穿越铁路或道路时，应垂直通过。需要斜交时，交角不应小于 60°。

②穿越站（库）区主要道路管线太多，不宜使用套管时，可采用管沟或涵洞。盖板或涵洞顶距路面不应小于 0.5m。

③管线穿越人行通道，可直接埋地，但管顶距路面不宜小于 0.8m，否则应加套管。

④管线穿越套管宜根据保温管线和不保温管线及管线规格具体确定。

⑤管线穿越套管内宜采用聚乙烯绝缘支撑。

⑥套管两端应采用沥青麻刀塞紧，外用防水水泥砂浆封死。防水水泥砂浆为一般水泥加入 3%～5% 防水剂制成。沥青麻刀打入套管内长度为 100mm。防水水泥砂浆长度为 50mm。

⑦对于间歇输送的管线或在阀门关闭后，可能由于热膨胀造成压力憋高超压的地方，必须安装安全阀。此阀应在管线顶部安装，向下排出。

⑧在管墩敷设的管带上需设置人行过桥时，桥面宽度应不小于 1.2m，过桥底距管顶或保温层顶面净距不应小于 0.2m。

⑨工艺过程不允许串油的管线，及固定连接在工艺管线和设备上且不经常操作或不使用的公用管线，如惰性气、空气、蒸汽、水等介质的管线，应设置双阀并应加检查阀。

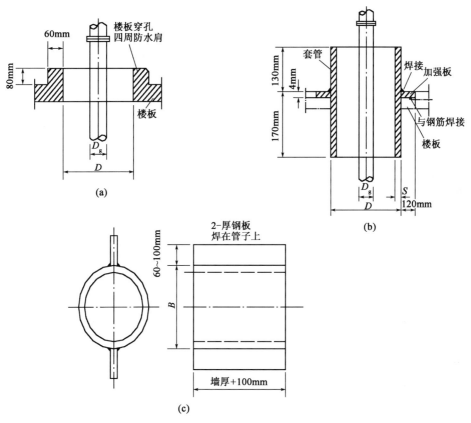

图 8-1-1　管线穿墙或穿楼板处结构

4. 管线支撑

（1）管线应设支撑。不保温管线可不设管托，但应在管线上增加托板后直接放在管墩、管架或支架上；保温管线应设置大于保温层厚度的管托。

（2）多条管线布置在管架时，较大直径的管线应布置在靠近管架柱子的位置或管架柱子的上方，小直径的管线宜布置在管架中部。因小直径管线的跨距常小于管架间距，可考虑利用大管来设置中间支架。对于多根小管线，宜成组布置，以便支撑，同时也比较美观。

（3）对于辅助管线或口径较小管线，当管线布置间距紧张时，在条件允许的情况下，可背在较大管线上敷设。

5. 管线吹扫

（1）输送易凝油品或要求扫线作业较频繁的管线，应设固定式扫线管，其他管线可根据需要设置扫线接头。固定式扫线管上应设止回阀，截断阀宜选用截止阀。

（2）泵出口管线如为装卸管线，应由装卸栈台扫向泵房，通过泵出入口的连通管线扫至罐内。

（3）吹扫管的管径应根据被吹扫的介质、管径、长度等确定，一般管线的吹扫管管径不宜大于100mm。

（4）推荐的管线吹扫介质见表8-1-1。

（5）吹扫阀门应尽量靠近被吹扫的管线或设备。

表8-1-1　推荐的管线吹扫介质

管　　线	推荐吹扫介质	备　　注
原油	惰性气体、蒸汽、热水	可用空气、轻柴油顶
汽油、煤油	惰性气体、水	可用蒸汽，不可用空气
航空煤油	惰性气体	可用蒸汽，不可用空气和水
柴油	蒸汽	可用空气和水
润滑油	惰性气体、空气	不可用蒸汽和水
渣油、燃料油	蒸汽、轻柴油顶	可用空气，不可用水
沥青	蒸汽、轻柴油	可用空气，不可用水
可燃气体	惰性气体、蒸汽	可用水，不可用空气
液化石油气	惰性气体	不可用空气

6. 管线的排液和排气

1）管线的排液

（1）蒸汽管线及伴热管线和非净化空气管线的低点，应设置低点排液阀门。

（2）工艺管线的低点宜设置排液设施，以便试运冲洗和停产扫线时放水或放油。排液阀应设双阀并加盲板。

（3）对于介质由下至上流动的管线，应尽量在垂直安装的截断阀或止回阀后设置排液阀。

（4）调节阀前后与截断阀之间应加排液阀。

（5）燃料油、燃料气、蒸汽、非净化空气等管线的末端应加排液阀。

（6）排液阀应尽量靠近主管线，对保温管线应设在保温层外。

（7）排液阀应垂直安装在管线及设备的底部，阀中心距地面或平台的净距不宜小于250mm。

2）管线的排气

（1）管线的最高点应设置排气阀。

（2）根据管线排气目的的需要确定管线的排气阀直径，一般不宜大于50mm。若要求尽快排除管线的气体，应按有关公式计算排气管直径。

（3）室内容器及管线的排气管必须接至室外屋顶以上。

7. 管线的放空

（1）输气干线的放空管高度应比附近建（构）筑物高出2m以上，且总高度不应小于10m。

（2）输气站的放空立管应设置在围墙外，与站场及其他建（构）筑物的距离应符合现行国家标准《石油天然气工程设计防火规范》（GB 50183—2004）的规定。其高度应比附近建（构）筑物高出2m以上，且总高度不应小于10m。

（3）输气管线放空立管的直径应满足最大放空量的要求；顶端严禁装设弯管；底部弯管和相连的水平放空引出管必须埋地敷设，弯管前的水平埋设的直管段必须进行锚固；放空管应有稳固的加固措施。

8. 管线取样

（1）取样阀应设在操作方便并使样品具有代表性的地方。

（2）取样系统的管线布置应避免死角或袋形管，设备或管线与取样阀之间的管段应尽量短。

（3）取样阀开关比较频繁，容易损坏，应设两个截断阀：第一个阀（根部阀，即切断阀）一般不小于$DN15mm$；第二个阀（取样阀）根据取样要求决定，重油一般选用$DN15mm$，轻油和气体一般用$DN10mm$。取样阀一般采用针形阀。

（4）取样口不宜设在有振动的管线上。

（5）取样点引出位置要求如下：

①气体取样点的引出位置。在水平管线上，取样点一般从管线的上方引出。在垂直管线上，当气体自下而上流动时，应从垂直管斜向上45°夹角引

出；当气体自上而下流动时，应与垂直管垂直引出。

②液体取样点的引出位置。在水平管线上，对于压力管线，取样点一般从管线的侧面引出；对于自流管线（不含粒状或粉状颗粒），可从管线下部引出。在垂直管线上，对于压力管线，取样点可从管线侧面引出，宜设在介质向上流动的管段上；对于自流管道，不能接取样阀。

(三) 管线间距

1. 管线最小间距的确定原则

(1) 无法兰不保温管线管外壁之间的净距不应小于50mm；

(2) 无法兰不温管线管外壁至相邻保温管线保温层外表面之间的净距不应小于50mm；

(3) 无法兰保温管线保温层至相邻保温管线保温层外表面之间的净距不应小于50mm；

(4) 有法兰不保温管线法兰外缘至相邻无保温管线管外壁或法兰外缘的净距不应小于25mm；

(5) 有法兰不保温管线法兰外缘至相邻保温管线保温层外表面的净距不应小于25mm；

(6) 有法兰保温管线保温层外表面至无保温管线外壁或保温管线的保温层外表面之间的净距不小于50mm，同时，还要满足有法兰保温管线法兰外缘至不保温管线的管外壁或保温管线的保温层外表面之间净距不小于25mm的要求；

(7) 不保温管线中心间距按罐外壁间距约100mm考虑，保温管线中心间距可按保温层外壁间距约100mm考虑。

2. 管线中心距管墩、管架端部的最小估算尺寸

(1) 不保温管线中心距管墩、管架端部的最小估算尺寸为 $D/2 + 150mm$；

(2) 温管线中心距管墩、管架端部的最小估算尺寸为 $D/2 + \delta + 150mm$。

3. 其他要求

(1) 如果管线上装有外形尺寸较大的管件、孔板或管线有较大的横向位移，应适当加大管间距。管沟内管线间距应比架空管线间距适当加大30mm左右。为缩小管间距，并排布置管线的法兰和阀门宜错开排列。

(2) 管架上的管线距管架支柱边的净空不宜小于100mm，距管架横梁端部不宜小于100mm。

(3) 交叉管线的最小净距（包括保温层）不得小于50mm。

（四）管线跨距

（1）一般连续敷设的管线允许跨距应按三跨连续梁承受均匀荷载时的刚度条件计算，按强度条件校核，取两者中的小值。尽端直管的允许跨度为连续敷设的水平直管允许跨度的 0.7~0.8 倍；水平弯管的允许跨度为连续敷设的水平直管允许跨度的 0.6~0.7 倍。尽端直管的跨度示意图见图 8-1-2，水平弯管的跨度示意图见图 8-1-3。

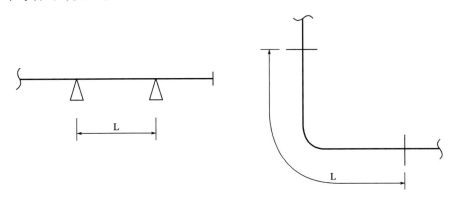

图 8-1-2　尽端直管的跨度示意图　　　图 8-1-3　水平弯管的跨度示意图

（2）不保温管线和保温管线的跨距推荐按下列公式计算：

$$l = 0.22\sqrt[4]{\frac{E_t \times I}{q}}$$

$$I = \frac{\pi}{64}(D^4 - d^4)$$

式中　l——管线由刚度条件计算的允许跨距，m；

　　　E_t——管线在设计温度下的弹性模数，MPa，管线操作温度 $t \leqslant 150℃$ 时，$E_t = 1.8816 \times 10^5 \mathrm{MPa}$；

　　　I——管线的断面惯性矩，cm^4；

　　　D——钢管外径，cm；

　　　d——钢管内径，cm；

　　　Q——每米管线的质量，kg/m。

对于不保温管线，Q 包括管线自重 + 管线防腐层重 + 管线内介质重量之和；对于保温管线，Q 包括管线自重 + 管线防腐层重 + 管线内介质重量 + 管线保温层、防护层的重量。

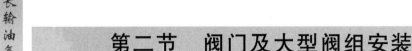

第二节　阀门及大型阀组安装

一、布置原则

（1）管线上的阀门尽可能集中布置，便于布置平台，方便操作；

（2）带电动执行机构的并列阀门，执行机构的显示窗宜朝外侧或平台侧布置；

（3）管线上的阀门手轮方向宜朝外或平台方向一侧，垂直安装的并列阀门手轮宜朝侧面。

二、基本安装要求

（一）一般要求

（1）阀门应尽量靠近主管线或设备安装，从主管引出的支管阀门应尽量靠近主管，阀门宜安装在水平管段上。

（2）阀门的安装位置不应妨碍设备及阀门本身的检修，操作阀门适宜的高度为 $0.7 \sim 1.2 \mathrm{m}$，管线或设备上的阀门不应布置在人的头部活动范围内。当阀门的安装高度超过 $1.5 \mathrm{m}$ 时，应设操作平台。对于 $DN < 100 \mathrm{mm}$ 的阀门，最大高度不应超过 $2 \mathrm{m}$。

（3）$DN \geqslant 150 \mathrm{mm}$ 的阀门应设阀墩或在阀门附近设支架，阀门法兰与支架的距离应大于 $300 \mathrm{mm}$。支架不应设在检修时需要拆卸的短管上，取下阀门时不应影响对管线的支撑。

（4）水平管线上的阀门，阀杆方向的选择可按下列顺序确定：垂直向上、水平、向上倾斜 $45°$、向下倾斜 $45°$，应尽量避免阀杆垂直向下。

（5）安装在高处的阀门手轮不宜朝下，以免阀门泄漏而危及操作人员。若阀门的手轮必须朝下，应在手轮上装设集液盘。

（6）平行布置的管线上的阀门中心线应尽量对齐。手轮净距不应小于 $100 \mathrm{mm}$；手轮外缘与建（构）筑物之间的净间距不应小于 $100 \mathrm{mm}$。为减小管线间距，可将阀门及法兰交错排列。

（7）埋地敷设管线上的阀门应优先选用全焊接球阀；设阀井时，应考虑操作和检修人员能下到阀井内作业，小型阀井可只考虑人员在井外操作阀门的可能性（手操作或用阀杆延伸装置）。阀井应设排水设施。

（8）两个阀门的公称直径、公称压力、密封面形式等相同，阀门与设备接口法兰相同或配对时，可直接连接。以减少管线长度和焊口，并节省法兰。

（9）事故处理阀（如消防用水、消防蒸汽等）应分散布置，最好布置在控制室、厂房门外等离事故发生处有一定安全距离的地方，以便火灾发生时可安全操作。

（10）采用螺纹连接阀门时，应在阀门附近设置活接头，以便拆装。

（二）安全阀的安装

（1）设备和管线上的安全阀应尽量安装在靠近被保护的设备和管线上，不应安装在长管线的死端。安全阀一般垂直安装。

（2）安全阀一般应安装在易于检修和调节的地方，周围要有足够的工作空间进行维护和检修。

（3）一般情况下，安全阀的进出口不允许安装切断阀。若出于检修需要，可加切断阀。切断阀呈开启状态，并加铅封。

（4）管线上安装的安全阀应位于压力比较稳定的地方，距压力波动源应有一定的距离。

（5）安全阀入口管线安装：

①安全阀入口管线的最大压力损失不应超过安全阀定压值的3%。

②安全阀的入口接管管线的管径必须大于或等于安全阀入口口径。

③如果几个安全阀共用一条入口管道，入口管道应满足几个安全阀的流量要求。

④采用先导式安全阀时，由于直接从管道或容器取压，可不受入口管道压力降不大于安全阀定压3%的限制。

⑤往复式压缩机和往复泵的出口安全阀入口应采用脉冲衰减器，此时对管道的介质流动有一定的影响。采用先导式安全阀时，应将脉冲衰减器安装在导阀的取压管上，介质在管道中的流动不受影响。

（6）安全阀出口管线安装：

①安全阀的出口管线的背压不应超过安全阀定压的一定值。弹簧式安全

阀一般不超过其定压的10%，波纹管型安全阀（平衡型）一般不超过其定压的30%，先导式安全阀不超过其定压的60%。具体数值应根据厂家样本计算确定。

②安全阀的泄放管线的口径不应小于安全阀的出口管径。

③多个安全阀的出口与一个泄压总管相接时，为便于检修，可在安全阀出口管设切断阀，切断阀呈开启状态，并加铅封。当散放管接往密闭泄放系统时，安全阀和出口切断阀之间应设$DN20$mm检查阀。

④安全阀向大气排放时，排出口不能朝向设备、平台、梯子、电缆等。排放管口的位置应符合现行的国家标准《石油天然气工程设计防火规范》（GB 50183—2004）中的有关规定。

⑤安全阀排放管排向大气时，端口应切成平口，并在安全阀出口弯管的底部开一直径为5～10mm的小孔，以排出雨、雪等凝液。安装要求见图8-2-1。排至大气的液体要向下引至安全地点。

⑥安全阀密闭泄放时，其散放管坡向泄放点尽量避免袋形弯，即安全阀的安装高度应高于泄压系统。无法避免时，在低点应设置放净阀。

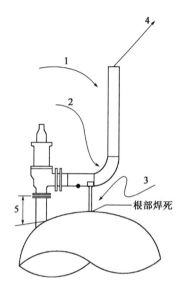

图8-2-1 安全阀的安装
1—排出管；2—长半径弯头；3—滑动支架；4—端口切成平口；5—此处压降不超过定压的3%

（三）疏水器凝结水管的安装

（1）疏水器凝结水管上的阀门应采用闸阀；

（2）热动力式疏水器应安装在水平管线上；

（3）疏水器的安装位置应便于操作和检修；

（4）疏水器上指示的流向箭头必须与管线内凝结水流向一致；

（5）疏水阀的安装应朝流水方向带有坡度，坡向疏水总管；

（6）为保证蒸汽加热设备的正常工作，每个加热设备应单独设疏水阀，不能共用一个疏水阀。

（7）如果凝结水量超过单个疏水阀的最大排水量，可采用相同型式的疏水阀并列安装。

第三节　泵和压缩机机组安装

一、布置原则

（一）输油泵机组布置原则

（1）泵应根据设备情况采用露天布置、半露天布置或室内布置。在设备允许的情况下尽可能露天或半露天（棚内）布置，以降低爆炸危险等级，减少建筑面积，节省投资。

（2）泵在室内布置时，一般不考虑机动检修车辆的通行要求。为了方便机泵的检修，对于大型输油泵，可在泵房内设置单轨吊梁和手动葫芦等吊具。

（3）成排布置的泵宜将泵端基础边线或泵端进出口对齐，并将泵的进出口阀门中心线对齐；双排布置的泵宜将两排泵的电动机端对齐，在中间留有检查、操作及维修的通道，通道的宽度不小于2m。

（4）泵的布置要考虑留有检修空间，使泵的管线和阀门不影响其维修及检查。

（二）压缩机组布置原则

1. 压缩机露天布置

（1）露天布置的大型可燃气体压缩机的附近应设有供机组检修、消防用的通道，机组与通道边的距离不应小于5m。

（2）露天布置的压缩机，其附属设备宜靠近机组布置。

（3）露天布置的压缩机可利用吊车进行检修，一般设固定式起吊设施。

2. 压缩机布置在厂房内

（1）压缩机宜采取单排布置，间距应根据机组的尺寸和形式而定，机组间净距一般不应小于2.5～3.0m。机组和墙壁的净距应满足机组和驱动机的检修要求，并不小于 2m。

（2）机组一侧应有检修时放置机组部件的场地。场地应能放置机组最大部件，并能进行检修作业。多台机组可合用检修场地。

（3）压缩机房的主要通道宽度应不小于 2m。

（4）厂房内压缩机台数超过 4 台或最大部件超过 1t 时，宜设置吊车；检修次数频繁、吊运行程较长时或最大部件超过 10t 时，宜设电动吊车。

（5）高出地面 2m 以上的检修部位应设置移动或可拆卸式的检修平台或扶梯。

（6）比空气轻的可燃气体压缩机厂房的顶部，应设通风设施；比空气重的可燃气体压缩机厂房的地面，不应有地坑或地沟，不能避免时，应有防止油气集聚的措施，在侧墙下部宜设通风措施。

（7）多级压缩机的各级气液分离罐和冷却器应尽可能靠近布置；润滑油和密封油系统宜靠近压缩机布置，并应满足油冷却器的检修要求。

（8）可燃气体压缩机房应设置可燃气体浓度检测和安全报警设施。

二、基本安装要求

（一）泵机组安装要求

1. 一般要求

（1）大型输油泵的电动机后方应留有电动机抽芯的距离，其净距不宜小1.5m；泵前应留有不小于 1.5m 的操作通道。非防爆的电动机应与输油泵之间设置防爆隔墙。

（2）两台泵的进出口管线或进出口阀门手轮之间的净距不宜小于 0.75m；泵的进出口管线（或手轮）距墙的净距宜为 1.5～1.8m，距柱子的净距不应小于 0.75m。

（3）甲、乙 A 类液体泵房的地面不应有地坑或地沟。为防止油气集聚，宜在侧墙下部采取通风措施。

（4）泵的基础面宜比地面高出 200mm。大型泵可高出 100mm；小型泵如比例泵、小齿轮泵等可高出地面 300～500mm，或泵轴中心线高出地面 600mm以上。

（5）泵的基础尺寸一般由泵的底座尺寸确定，可按地脚螺栓中心线距基础边缘 200～250mm 估计。采用预留方孔，施工时二次灌浆。

2. 泵的进出口管线及管路附件的安装

(1)泵的进出口管线应有足够的柔性，以减少管线作用在泵管嘴处的应力和力矩。

(2)输送需要加热的油品如原油、燃料油(重油)或其他需要伴热的介质时，在泵的进出口管线上应设置电伴热线，并对泵进出口进行保温。

(3)泵的进出口管线布置时，泵的两侧至少要在一侧留出维修场地。

(4)泵体不宜承受进出口管线和阀门的重量。进泵前和出泵后的管线必须设置支架，并应做到当泵移走时可不加设临时支架。

(5)泵的进出口阀门手轮高度在 1.5m 以上时，应设移动式操作平台，其尺寸宜为 $600\text{mm} \times 750\text{mm}$。

3. 泵的入口管线及管路附件的安装

(1)为防止泵产生汽蚀，应对泵的吸入条件进行校核计算，以确定泵的入口管径和安装高度。泵的吸入端有效汽蚀余量至少为泵需要的汽蚀余量的 1.3 倍。

(2)泵的吸入管线长度应尽量短，减少弯头数量，不得有气袋。如难以避免，应在高点设 $DN15\text{mm}$ 或 $DN20\text{mm}$ 的放气阀。

(3)由油罐至泵的管线不得高出油罐出口标高，罐出口管线应有不小于 0.003 的坡度坡向泵入口，避免管线产生凹和凸形。输送密度小于 0.65t/m^3 的液体如 LPG 时，泵的吸入管道应有 $0.02 \sim 0.01$ 的坡度坡向泵。将管线设计成重力流动管线，使管线中液体产生的气体返回罐内。

(4)泵的入口在水平管线上变径时，应选用偏心大小头。当管线水平进泵时，大小头应平顶偏心；当管线从下向上水平进泵时，大小头应平顶偏心；当管线从上向下水平进泵时，大小头应底平偏心。当吸入口垂直向上时，可用同心大小头。

(5)泵的入口切断阀一般选用闸阀或其他阻力较小的阀门，不应选用截止阀。当入口管道的尺寸比泵入口管嘴大一级时，阀门与管线尺寸相同；当管线尺寸比泵入口管嘴大二级以上时，阀门尺寸比管线尺寸小一级。

(6)泵的入口管线应设过滤器。过滤器应设置在泵吸入口与切断阀之间。

4. 泵的出口管线安装

(1)泵出口切断阀的口径不应小于泵嘴直径，可与管线直径相同，也可比管线直径小。一般出口管线与泵嘴直径相同或大一级时，切断阀与管线直径相同；当管线大于泵嘴直径二级时，切断阀可比泵嘴直径大一级。

(2)应在泵出口与第一道切断阀中设置止回阀。

(3)泵的出口不宜直接与弯头连接。管线变径时，可在泵嘴与止回阀之间的任意位置变径。

(4)当泵的流量低于额定流量的30%时，应设置泵在最低流量下正常运转的小流量线（循环线），也可作为启动线。小流量线不要接至泵的入口管，而应接至吸入罐或较长的系统管线上。该线应加限流孔板或调节阀。

(5)对于容积式泵，应在出口管线设安全阀。当出口压力超过定压值时，安全阀启跳，介质泄入泵入口管线。

(6)泵的出口压力表应安装在泵的出口与第一个阀门之间的管线上易于观察。

(7)对于久置的易凝原油备用泵，应设置暖泵线，以便在启动备用泵前进行暖泵。

(8)高压泵出口阀的前后应设旁通线。

(二)压缩机组安装要求

1. 离心式压缩机进出口管线安装

(1)压缩机的进出口管线应设置切断阀，但空气压缩机的吸入管线可不设切断阀。出口管线一般应装设止回阀和安全阀，以保证安全。

(2)压缩机组应尽量靠近上游设备，进出口管线的在布置满足热补偿和允许受力的情况下，使压缩机入口管线短而直，尽量减少弯头数量，以减少压降。

(3)厂房内设置的上进、上出的压缩机，其进出口处必须设可拆卸短管，以便吊车通过和压缩机解体检修。

(4)管线设计首先按自然补偿方式考虑。当自然补偿不能减少对压缩机管嘴的受力时，应在管线上设置补偿器。

(5)压缩机进出口管嘴不宜直接接弯头，应有短管连接，其最短直管段长度应大于2倍管径，一般取3~5倍管径。

(6)可燃气体压缩机进口应设置气液分离设备。

(7)压缩机入口管线的安装：

①压缩机入口气体可能夹带液体或易产生液体时，应在入口管线上设置分液设备，分液设备尽量靠近压缩机入口处，分液设备后的管线应保温；

②应在靠近压缩机入口的管段上设置一可拆卸的短管，以便安装临时过滤器；

③多台并列的压缩机入口管线应从汇管的顶部接出。

(8)压缩机出口管线的安装：

①压缩机出口应设置止回阀。压缩机出口与止回阀前应设置安全阀。安全阀的出口管线应接入密闭排放系统。

②压缩机入口至分液设备的管线应平直，不应有"液袋"。

③两台或两台以上压缩机并联操作时，为减少并机效率损失，避免每台机组因压力和流量不同而使压缩机气流发生"顶牛"，两台压缩机出口合流处管线可参考图 8-3-1 连接。

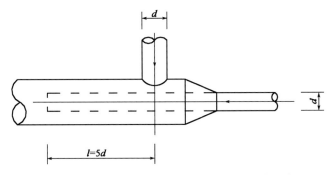

图 8-3-1　并联压缩机出口合流处管线连接示意

2. 往复式压缩机进出口管线安装

(1)往复式压缩机管线布置除要求进行柔性分析外，还必须进行振动分析。两项分析均应满足要求。

(2)压缩机进出口管线应尽量短而直，减少弯头数量，弯头采用 $R \geqslant 1.5DN$ 的长半径弯头，并避免出现"液袋"，出现"液袋"时应设低点排液阀。

(3)管线布置应尽量低，支架设置在地面上，且为独立基础，加大管线和支架的刚度，增多支架的数量，可用管卡固定，有效地控制可能发生的机械振动，避免采用吊架。

(4)自压缩机管线上引出的 $DN \leqslant 40mm$ 的支管及仪表管嘴应采取加固措施。

(5)压缩机进出口管线支架应为独立基础，不得与压缩机及厂房相连。

(6)压缩机进出阀门应尽量垂直安装。若水平安装，阀门应加支撑。

3. 压缩机进口管线的安装

(1)往复式压缩机各级吸入端应设置分液设备。分液设备至入口管嘴间的管线应最短，压力损失最小，且管线内不存液。为防止管线内的凝液进入气缸，入口管线应有坡度，坡向分液设备或汇管处。分液设备的液体应排入相应的密闭的系统中。

（2）为减小气体压力脉动，应在压缩机入口处设置缓冲罐或孔板。

（3）入口过滤器应安装在靠近压缩机管嘴处，且应设置在易于拆装的部位。

（4）对于易产生凝液的管线应伴热。

4. 压缩机出口管线的安装

（1）管线尽量沿地面布置，在压缩机管嘴处应设置止推支架。弯头、阀门及其他附加载荷集中处应考虑设置支架，以减小振动。

（2）压缩机出口管线应设止回阀和安全阀。

（3）压缩机出口管线不得使用波纹补偿器。

第四节　储罐罐区工艺安装

一、布置原则

（1）罐区工艺管线和阀门宜结合储罐位置集中布置，以管带形式进出罐区，管带支撑宜集中并列布置；

（2）罐前阀门宜尽量靠近罐壁，并采取适当固定措施。

二、基本安装要求

（一）一般要求

（1）罐区管道宜地上敷设。采用管墩敷设时，墩顶高出地面不宜小于300mm。

（2）主管带上的固定点宜靠近罐前支管道处设置。

（3）防火堤和隔堤不宜作为管道的支撑点。管道穿防火堤和隔堤处应设钢制套管，套管长度不应小于防火堤和隔堤的厚度，套管两端应作防渗漏的密封处理。

（4）在管带的适当位置应设跨桥，跨桥宽度不宜小于800mm，桥底面最低处距管顶（或保温层顶面）的距离不应小于80mm。

（5）储罐采用蒸汽加热时，应设有公称直径为20～50mm的蒸汽甩头，与罐排污孔（或清扫孔）的距离不宜大于20m，以便于油罐清扫。

（6）油罐的进出口的第一道阀门必须采用钢阀，进口或出口管道等于或多于两根时，宜设一个总的手动截断阀。为方便清扫油罐，应设罐底油抽出管。该管应为45°切口朝向罐底，管口距罐底50～100mm，其做法与油罐固定排水管相似。

（7）当压力储罐的设计压力相同、储存介质性质相近时，储罐之间宜设气相平衡管。平衡管直径不宜大于储罐气体放空管直径，不宜小于40mm。

（8）液化石油气储罐除设置切断阀外，还应安装能远距离操作的事故紧急切断阀；放水口应有防冻措施，放水阀应设双阀，水不宜直接排入含油污水管线，宜另设一个切水罐。手动切断阀应为防火型，并应靠近罐体安装。

（9）浮顶罐的中央排水管出口应设钢闸阀。

（10）罐前支管应有不小于0.5%的坡度，并应从罐前坡向主管带。

（11）罐前支管线与主管线应采用金属软管或波纹补偿器柔性连接。

（二）金属软管和波纹补偿器的安装

（1）金属软管或波纹补偿器应设置在罐前阀与管道连接处，使储罐与管线之间形成软连接。

（2）当罐前管线处于带压状态时，安装金属软管或波纹补偿器应设置控制阀；对于两个或两个以上的罐组，当各罐罐前工艺管道不是独立系统时，安装金属软管或波纹补偿器应设置控制阀。

（3）罐前阀经常处于关闭状态的管线上选用金属软管或波纹补偿器时，应在管线上设置泄压装置。

（4）金属软管或波纹补偿器应保持自由状态下直线安装，不宜强行拉压、弯曲。

（5）金属软管或波纹补偿器上不应设置任何托架或支撑。

（6）金属软管或波纹补偿器安装后距自然地面的高度应大于其横向位移补偿量。

（7）对于有保温要求的管线，保温措施应不影响金属软管或波纹补偿器的正常工作。

第五节　加热炉系统安装

一、布置原则

（1）加热炉在站区的设置位置应符合防火规范的规定；两座以上加热炉前墙应对齐成排布置，两座加热炉之间的净距不宜小于3m，炉前距汇管的距离不宜小于5m，加热炉外壁与检修道路边缘的间距不应小于3m；当加热炉采用机动维修机具吊装炉管时，应有机动维修机具通行的通道和检修场地，对于带有水平炉管的加热炉，在抽出炉管的一侧，检修场地的长度不应小于炉管长度加2m。

（2）严禁将加热炉的进出口阀门设置在紧靠炉前的位置。

（3）换热器之间或与其他设备之间的距离，在无操作要求的情况下，在管道布置以后净距不应小于0.75m。

（4）换热器的布置应方便操作，不妨碍设备的检修。浮头端的前方应有不小于1200mm的空地；浮头和管箱两侧应有不小于600mm的空地，管箱端的前方应留有大于管束长度的空地，以备换热器的抽芯检修。

（5）成组布置的换热器宜取支座基础中心线对齐。当支座间距不同时，宜采取一端支座中心线对齐或浮头端对齐的方式。为了管道连接方便，也可采用管程进出口管嘴中心线对齐。

（6）为了节约占地或工艺操作方便，可以将两台换热器重叠在一起布置，但两相流介质或直径大于等于1.2m的换热器不宜重叠在一起布置。

（7）对于并联设置2台以上加热炉入口管线没有调节流量的手段时，进口管线应对称布置，以防止加热炉偏流。

二、基本安装要求

（一）加热炉

（1）对于两管程以上的加热炉，各管程入口管线上应设置流量控制仪表，并在多管程的出口管道上设置温度指示仪表；加热炉的进出口管线一般采用中架敷设，管底不宜低于 2.2m。加热炉的入口管线上应安装不小于 DN50mm 的放气阀，出口管线上应设放净阀；为监视进入加热炉的油量，加热炉入口管线上应安装流量计（一用一备）；加热炉的进出口管线应留有扫线接头。

（2）为保证加热炉在负荷波动时仍能稳定供给燃料油，燃料油的供油管线管径应按加热炉用油量的 2～3 倍选取，并应设燃料油的循环管线（回油管线）；燃料油管线宜采用管沟敷设，燃料油管线应保温（伴热）并应扫线设施；燃料油管线和回油管线上一般安装两组齿轮流量计，齿轮流量计前应设两组过滤器或脱气过滤器。

（二）换热器

（1）油品换热一般选用浮头式换热器。可根据实际需要采用单台换热器或采用重叠式换热器，见图 8-5-1。

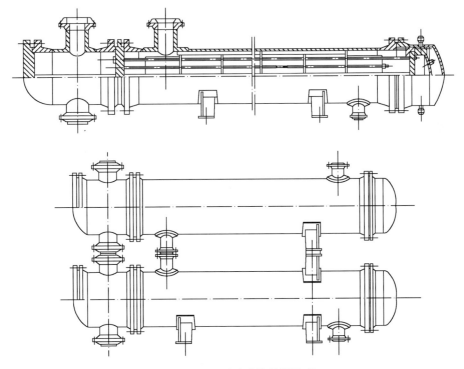

图 8-5-1　浮头式换热器外形

（2）管壳式换热器的工艺管道布置应注意冷、热物流的流向，一般被加热的介质（冷流）应由下而上，被冷却的介质（热流）应由上而下。

（3）浑浊或易结垢的流体尽量走管程，以便于清理；腐蚀性较强或对材质、壁厚要求较高的流体尽量走管程，可节省钢材；传热系数较小或流体流量较小的流体一般走管程，以增加流速，提高传热效率；热载体尽量走管程，以减少能量损失。要求有较小压力降的流体尽量走壳程，并选用较大的挡板间距，以降低压力损失。

（三）换热器进出口管线的安装

（1）管线和阀门的布置应不妨碍设备的检修和阀门的操作，在检修空间的范围内一般不得布置管线和阀门。

（2）换热器的安装高度应保证底部接管的最低标高（或排液阀下部）与地面的净空不小于150mm。

（3）换热器与管线之间的净空不小于150mm；成组布置的换热器间的管线和阀门之间应留有不小于650mm的操作通道。

（4）对于并联运行的两台以上的换热器入口，如无调节手段，进出管线应满足管路内介质流量均匀分配的要求。换热器进出口管线最好对称，且进出汇管不应缩径布置。

（5）管程和壳程的下部管嘴与管道和阀门连接时，应在管道的低点设排液阀和设备的放净阀。排液阀一般为 $DN20mm$。

（6）为方便换热器的拆卸，管线与换热器的上接口处应设一段可拆卸的管段。

（7）换热器进出口管线应留有设备的扫线接头。

第六节　清管系统的安装

一、布置原则

（1）清管器收发筒的设置应根据所使用的清管器（包括检测器）长度，留有足够的收发作业场地，一般不小于8m的空地；

（2）带有清管器收发设施的站场，清管器收发筒宜错开或并列布置，清管器收发筒快开盲板不宜对面布置；

（3）输气管道进出站截断阀应与清管器收发设施分开布置；

（4）清管器收发筒的安装高度宜根据进出站管线埋深、筒底管线和设备要求以及进出站所必需的弯头尺寸综合考虑；

（5）清管器收发筒上的快开盲板不应正对距离不小于或等于60m的居住区或建筑物区，当受场地条件限制无法满足要求时，应采取相应安全措施。

二、基本安装要求

（1）清管器发送筒可倾斜安装，宜利用其重力自动投入管道中，推荐的倾斜角度为5°～15°。管径越大，倾斜角度越小。

（2）装有清管设施的干线上应安装与干线口径相同的直通式球阀或带导流孔的平板闸阀。

（3）干线与支线相接时，应采用清管三通或带挡条的清管三通。当支管超过主管直径的30%时，支管上应没有与主管内弧相同的带挡条的清管三通。

（4）管线采用的弯头曲率半径不应小于$2.5DN$，具体要求应根据清管器或检测器的结构要求确定。

（5）清管器收发筒的直径至少比管道直径大50mm，一般比管道直径至少大10%。清管器收发筒的长度应能满足接收和发送多功能智能清管器的要求。

（6）清管器收发筒的旁通线直径一般不小于干线直径的40%。输送粘性油品旁通线直径可大于干线直径的50%。

（7）输油管道直径大于500mm以上，且清管器质量超过45kg时，宜设置清管器的吊装、接收设施。

（8）清管器出站端和清管器进站前、进接收筒前及清管器转发筒上，应设置清管器通过指示器。进站端指示器的设置位置应根据倒流程的时间确定，一般可在进站前1km左右设置。

（9）清管器收发筒上应设压力表、安全阀、放空阀、排污阀。接收筒的旁通管线上应设置过滤器。

第七节　综合实例分析

一、工程实例——某输油管道主泵区工艺安装图

某站场主泵机组确定的相关参数如下：

（1）泵进口 $DN300$mm、出口 $DN250$mm、泵进口 Class150、出口 Class900，2 台泵并联运行；

（2）泵进口汇管 $DN450$mm，出口汇管 $DN450$mm，排污管线 $DN50$mm；

（3）标出压力温度就地、远传仪表；

（4）标出操作平台、静电接地；

（5）泵进出管线保温、电伴热。

根据上述参数，工艺安装图见图 8-7-1。

二、工程实例二——某油罐区工艺安装图

某油罐区工艺安装确定的参数如下：

（1）储罐 2 座，进口管线 $DN250$mm，出口管线 $DN500$mm，进口汇管 $DN300$mm，出口汇管 $DN500$mm，所有阀门等级 Class150；

（2）排污管线 $DN150$mm，阀门等级 Class150；

（3）标出操作平台；

（4）所有管线保温，电伴热。

根据以上参数，工艺安装图见图 8-7-2。

三、工程实例三——某输气管道站场工艺安装图

某输气管道站场工艺确定的参数如下：

（1）所有阀门等级为 Class400；

（2）进口管线 $DN150$mm，设 2 台旋风分离器、2 台涡轮流量计；

（3）设自用气调压橇 1 座；

（4）标出所有阀门墩标号、管墩标号、汇气管支墩标号；

（5）标出所有排污管线、放空管线；

（6）标注静电接地。

根据以上参数，工艺安装图见图8-7-3。

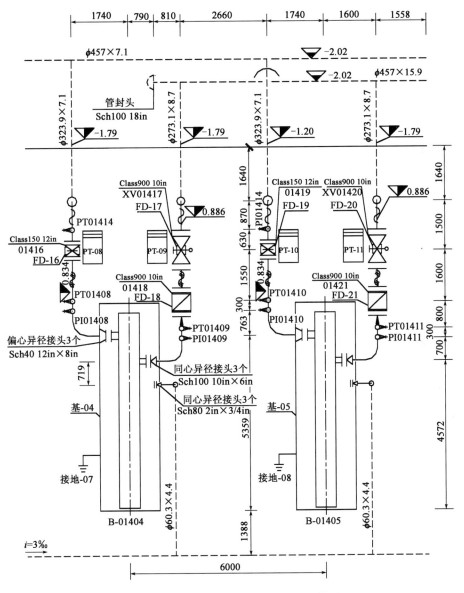

图8-7-1　某输油管道主泵区工艺安装图

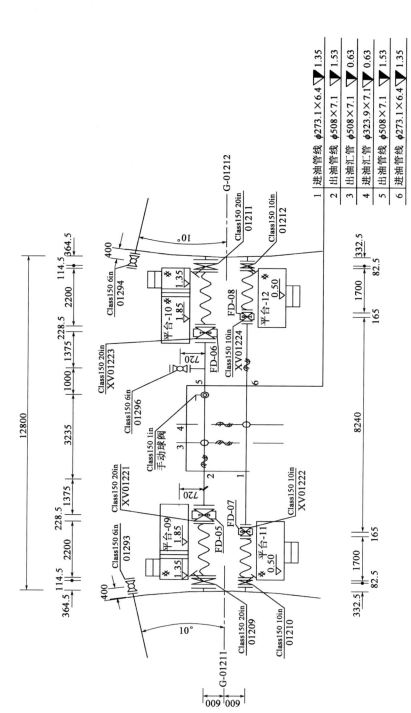

图8-7-2 某油罐区工艺安装图

1	进油管线	φ273.1×6.4	▽	1.35
2	出油管线	φ508×7.1	▽	1.53
3	出油汇管	φ508×7.1	▽	0.63
4	进油汇管	φ323.9×7.1	▽	0.63
5	出油管线	φ508×7.1	▽	1.53
6	进油管线	φ273.1×6.4	▽	1.35

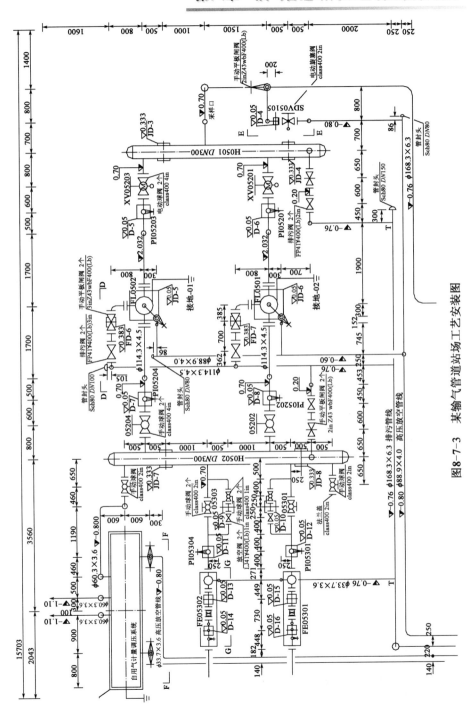

图8-7-3　某输气管道站场工艺安装图

第九章 线路工程

第一节 线路选择基本原则

(1)线路走向根据地形、地貌、工程地质、沿线油(气)进出点的地理位置以及交通运输、动力等条件经多方案比选后确定。

(2)线路宜顺直、平缓,以缩短线路长度,并尽量减少与天然和人工障碍物的交叉。

(3)尽量靠近或沿现有公路敷设(按有关标准、规范规定,保持一定间距),以便于施工和管理。

(4)河流的大、中型穿(跨)越工程和输油(气)站场位置的选择,应符合线路总体走向。线路局部走向可根据大、中型穿(跨)越工程和输油(气)站场的位置进行调整。

(5)宜避开多年生经济作物区域和重要的农田基础建设设施。

(6)线路应避开重要的军事设施、易燃易爆仓库、一级水源保护区和国家重点文物保护区。

(7)考虑管道服役年限内管道拟通过地区的可能发展变化,合理确定线位与输气管道的地区等级。

(8)线路应能避开城镇规划区、飞机场、铁路车站、海(河)港码头、自然保护区等区域。当受条件限制需要在上述区域内通过时,必须征得主管部门同意,并采取安全保护措施。

(9)除管道专用的隧道、桥梁外,管线严禁通过铁路或公路的隧道、桥梁、铁路编组站、大型客运站和变电所。

(10)线路应避开滑坡、崩塌、泥石流、沉陷等不良工程地质区、矿产资源区、严重危及管道安全的高强度地震区和活动断裂带。当受条件限制必须通过时,应采取防护措施并选择合适位置,缩小通过距离。

(11)线路应减少对自然环境和生态平衡的破坏,防止水土流失,注重自然环境和生态平衡的恢复，保护沿线人文景观，使线路工程与自然环境、城市生态相协调。

（12）山区输油管道选线应尽量减少翻越点，以减少中间加压泵站的数量。

（13）成品油管道选线应考虑沿线用户分布，进行干线和支线的多方案比较。

第二节　强度及稳定性计算

一、强度计算

（一）单项应力校核

许用应力应按下式计算：

$$[\sigma] = F\phi t\sigma_s \qquad (9-2-1)$$

式中　$[\sigma]$——管道的许用应力，MPa；

　　　F——强度设计系数；

　　　ϕ——焊缝系数；

　　　t——温度折减系数，当温度小于120℃时，t 值取 1.0；

　　　σ_s——钢管的最低屈服强度，MPa。

各单项应力计算与校核应满足下式：

$$\sigma_h \leqslant [\sigma] \qquad (9-2-2)$$

$$\sigma_a \leqslant [\sigma] \qquad (9-2-3)$$

其中，

$$\sigma_h = \frac{pd}{2\delta_n} \qquad (9-2-4)$$

$$\sigma_a = E\alpha(t_1 - t_2) + \mu\sigma_h \qquad (9-2-5)$$

式中　σ_h——由内压产生的管道环向应力，MPa；

　　　σ_a——由内压和温度变化产生的管道轴向应力，MPa；

　　　p——管道设计内压力，MPa；

d——管子内径，cm；

δ_n——管子公称壁厚，cm；

μ——泊松比，取0.3；

E——钢材的弹性模量，MPa；

α——钢材的线膨胀系数，℃$^{-1}$；

t_1——管道下沟回填时温度，℃；

t_2——管道的工作温度，℃。

（二）当量应力校核

埋地管道必须进行当量应力校核，校核条件为：受约束热胀直管段，按最大剪应力强度理论计算的当量应力必须满足下式要求：

$$\sigma_e = \sigma_h - \sigma_a \leqslant 0.9\sigma_s \tag{9-2-6}$$

式中　σ_e——当量应力，MPa。

二、稳定性计算

（一）径向稳定性计算

管道径向稳定性校核应符合下列表达式的要求，当管道埋设较深或外荷载较大时，应按无内压状态校核其稳定性：

$$\Delta x \leqslant 0.03D \tag{9-2-7}$$

$$\Delta x = \frac{ZKWD_m^3}{8EI + 0.061E_sD_m^3} \tag{9-2-8}$$

$$W = W_1 + W_2 \tag{9-2-9}$$

$$I = \frac{\delta_n^3}{12} \tag{9-2-10}$$

式中　Δx——钢管水平方向最大变形量，m；

D——钢管外径，m；

D_m——钢管平均直径，m；

Z——管子变形滞后系数，取1.5；

K——基床系数；

E——钢材弹性模量，N/m^2；

W——作用在单位管长上的总竖向载荷，N/m；

W_1——单位管长上的竖向永久载荷，N/m；

W_2——地面可变载荷传递到管道上的荷载，N/m；

I——单位管长截面惯性矩，m^4/m；

δ_n——钢管公称壁厚，m；

E_s——土壤变形模量，N/m^2。

(二)轴向稳定性计算

对加热输送的埋地管道，应验算其轴向稳定，并应符合下式的要求：

$$N \leqslant \frac{N_{cr}}{n} \qquad (9-2-11)$$

$$N = [\alpha E(t_2 - t_1) + (0.5 - \mu)\sigma_h]A \qquad (9-2-12)$$

式中 N——由温差和内压力产生的轴向压缩力，MN；

n——安全系数，公称直径大于500mm的钢管宜取$n=1.33$，公称直径小于或等于500mm的钢管宜取$n=1.11$；

A——钢管横截面积，m^2；

N_{cr}——管道开始失稳时的临界轴向力，MN。

N_{cr}按下面三种情况分别计算。

(1)埋地直线管段开始失稳时的临界轴向力可按下式计算：

$$N_{cr} = 2\sqrt{K_e DEI'} \qquad (9-2-13)$$

$$K_e = \frac{0.12E'n_e}{(1-\mu_0^2)\sqrt{jD}}(1 - e^{-2h_0/D}) \qquad (9-2-14)$$

式中 K_e——土壤的法向阻力系数，MPa/m；

I'——钢管横截面惯性矩，m^4；

E'——回填土的变形模量，MPa；

n_e——回填土变形模量降低系数，根据土壤中含水量的多少和土壤结构破坏程度确定，取0.3~1.0；

μ_0——土壤的泊松比，砂土取0.2~0.25，坚硬的和半坚硬的粘土、粉质粘土(亚粘土)取0.25~0.30，塑性的取0.30~0.35，流性的取0.35~0.45；

j——管道的单位长度，$j = 1\text{m}$；

h_0——地面(或土堤顶)至管道中心的距离，m。

(2)埋地向上凸起的弯曲管段开始失稳时的临界轴向力可按下式计算：

$$N_{cr} = 0.375Q_u R_0 \qquad (9-2-15)$$

$$Q_u = q_0 + n_0 q_1 \qquad (9-2-16)$$

$$q_1 = \gamma D(h_0 - 0.39D) + \gamma h_0^2 \tan 0.7\phi + \frac{0.7ch_0}{\cos 0.7\phi} \qquad (9-2-17)$$

式中　Q_u——管道向上位移时的极限阻力，MN/m，当管道有压重物或锚栓锚固时，应计入压重物的重力或锚栓的拉脱力，在水淹地区应计入浮力作用；

$\quad\quad\ R_0$——管道的计算弯曲半径，m；

$\quad\quad\ q_0$——单位长度钢管重力和管内油品重力，MN/m；

$\quad\quad\ n_0$——土壤临界支撑能力的折减系数，取 $0.8 \sim 1.0$；

$\quad\quad\ q_1$——管道向上位移时土的临界支撑能力，MN/m；

$\quad\quad\ \phi$——回填土的内摩擦角，(°)；

$\quad\quad\ \gamma$——土壤容重，MN/m³；

$\quad\quad\ c$——回填土的粘聚力，MN/m²。

(3)敷设在土堤内水平弯曲的管道开始失稳时的临界轴向力可按下式计算：

$$N_{cr} = 0.212Q_h R_0 \qquad (9-2-18)$$

$$Q_h = q_f + n_0 q_2 \qquad (9-2-19)$$

$$q_f = q_0 \tan\phi \qquad (9-2-20)$$

$$q_2 = \gamma\tan\phi\left[\frac{Dh_1}{2} + \frac{(b_1+b_2)h_1}{4} - D^2\right] + \frac{c(b_2-D)}{2} \qquad (9-2-21)$$

$$q_2 = \gamma h_0 D\tan^2\left(45° + \frac{\phi}{2}\right) + \frac{2c}{\gamma h_0}\tan\left(45° + \frac{\phi}{2}\right) \qquad (9-2-22)$$

式中　Q_h——管道横向位移时的极限阻力，MN/m；

$\quad\quad\ q_f$——单位长度上的管道摩擦力，MN/m；

$\quad\quad\ q_2$——管道横向位移时土的临界支撑能力，MN/m；

$\quad\quad\ n_0$——土壤临界支撑能力的折减系数，取 $0.8 \sim 1.0$；

h_1——土堤顶至管底的距离，m；

b_1——土堤顶宽，m；

b_2——土堤底宽，m。

管道横向位移时土的临界支撑能力按式(9-2-21)和式(9-2-22)计算，取两者中的较小值。

三、埋地管道的抗震计算

(一)一般埋地管道抗震设计

位于设计地震动峰值加速度大于或等于 $0.20g$ 地区的管道，应进行抗拉伸和抗压缩校核。校核可以参照国家标准《油气输送管道线路工程抗震技术规范》(GB 50470—2008)的有关公式进行计算。

(二)通过活动断层的埋地管道抗震设计

通过活动断层的管道抗震设计应符合下列要求：

(1)管道材料应符合现行国家标准《输油管道工程设计规范》(GB 50253—2003)或《输气管道工程设计规范》(GB 50251—2003)的有关规定。通过断层区的管道，应作出材料的应力—应变关系曲线。

(2)通过活动断层及高强地震区的管道，当符合下列情况时，宜采用有限元方法进行抗震计算：

①位于设计地震动峰值加速度大于或等于 $0.30g$ 地区的管道；

②通过人口稠密地区、水源保护地区的管道；

③在断层错动作用下管道受压缩的情况，包括管道通过逆冲断层和管道与断层交角大于90°两种情况。

(3)不符合上述规定的情况，可以参照国家标准《油气输送管道线路工程抗震技术规范》(GB 50470—2008)的有关公式进行计算。

(三)穿越管道抗震设计

穿越管道抗震设计应符合下列要求：

(1)当大中型穿越管道位于设计地震动峰值加速度大于或等于 $0.10g$ 地区时，应进行抗拉伸和抗压缩校核，并应按国家标准《油气输送管道线路工程抗震技术规范》(GB 50470—2008)附录 D 对边坡、土堤等进行抗震稳定性校核。

（2）穿越管道应避开活动断裂带，可局部调整线位。确需通过活动断裂带时，宜采用管桥跨越方式通过。

四、弹性敷设计算

采用弹性敷设时，应符合下列要求：

（1）弹性弯曲的曲率半径不宜小于钢管外直径的 1000 倍，并应满足管道强度的要求。

（2）竖向下凹的弹性弯曲管段，其曲率半径应满足管道强度条件和自重作用下的变形条件。曲率半径按下列两式计算，取两者的较大值。

按强度条件：

$$R = \frac{ED}{2\left\{ [\sigma] + \mu\frac{pd}{2\delta} + E\alpha(t_1 - t_2) \right\}} \qquad (9-2-23)$$

按变形条件：当管道在沟上焊接后连续敷设时，

$$R = 6.83 \sqrt[3]{\frac{EI\left(1 - \cos\frac{\theta}{2}\right)}{q\theta^4}} \qquad (9-2-24)$$

式中　R——弹性曲线曲率半径，m；

E——钢材弹性模量，MPa；

I——钢管截面惯性矩，m^4；

$[\sigma]$——轴向许用应力，MPa；

p——管道的设计内压力，MPa；

d——管子的内直径，m；

δ——管子壁厚，m；

α——钢材的线膨胀系数，$℃^{-1}$；

μ——泊松比，取 0.3；

t_1——管道下沟回填时温度，℃；

t_2——管道的工作温度，℃；

q——单位长度管子重力，N/m；

θ——管道转角，rad。

第三节　管 道 敷 设

一、一般地段管道敷设

（一）敷设形式

长距离输送油气管道根据不同的地形、地质、水文及气候条件采用不同的敷设方式。一般地，管道应采用沟埋敷设；当受自然条件限制时，局部管段可采用土堤埋设或地上敷设。

为了实现管道转向（平面转弯及纵向变坡），可设置弹性敷设、冷弯弯管、热煨弯管。在满足最小埋深要求的前提下，管道纵向尽可能少设热煨弯管、弯管。

（二）沟埋敷设

沟埋敷设是将管子直接埋设于地面以下，见图9-3-1。

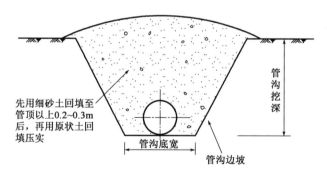

先用细砂土回填至管顶以上0.2~0.3m后，再用原状土回填压实

管沟底宽

管沟边坡

管沟挖深

图9-3-1　管沟断面典型图

1. 管沟底宽

按照输油气管道工程设计规范，管沟底宽为：

$$B = D + K \qquad (9-3-1)$$

式中　B——沟底宽度，m；

D——管外径，m；

K——沟底加宽裕量，m。

2. 管沟边坡

管沟边坡坡度应根据土壤类别和物理力学性质确定，一般情况根据土壤类别确定边坡比，当管沟深度超过5m时，可将边坡放缓或加筑平台。

3. 管沟挖深

管道的挖深要求如下：

(1)土方地段管沟挖深≥管顶埋深+管道外径；

(2)卵石、碎石地段管沟挖深≥管顶埋深+管道外径+0.2m(超挖部分)；

(3)石方地段管沟挖深≥管顶埋深+管道外径+0.2m(超挖部分)。

确定管道管顶埋深应考虑下列因素：

(1)线路的位置、地形、地质和水文地质条件；

(2)农田耕作深度及季节性冻土深度；

(3)地面负荷对管道强度及稳定性的影响；

(4)冻融循环区对管道防腐层的影响；

(5)加热输送原油管道的工艺设计要求及管道的纵向稳定。

管道一般应埋设在农田正常耕作深度和冻土深度以下，且最小管顶埋深不应小于0.8m。

在岩石地段或在特殊情况下，在满足上述条件时，允许管顶覆土厚度适当减小，但应能防止管道受机械损伤，保持管道稳定，必要时应采取相应的保护措施。

4. 管沟回填

(1)回填前必须清除沟内积水和杂物。

(2)岩石、砾石和冻土区的管沟，应在沟底先铺0.2m厚的细土或细砂垫层，平整后才可用吊带吊管下沟。管沟回填必须先用细土或砂(最大粒径不得超过10mm)填至管顶以上0.2~0.3m以后，才允许用原土回填并压实(岩石、砾石和冻土的粒径不得超过250mm)。

(3)回填土应留有沉降裕量，一般要求高出地面不少于0.3m，并且呈凸弧状。

(4)管道出土端、弯头两侧未嵌固段及固定墩处回填土应分层夯实。

(5)山区、丘陵地区管沟纵向坡度大于8°的地段，应采取必要的保护措施，如截水墙、护坡等，防止地面径流和渗水冲蚀，保护土壤稳定。

（6）管沟回填土后，应恢复原来的地貌，注意保护耕植层，防止水土流失和积水。

（7）当管道穿（跨）越冲沟或管道一侧附近有发育中的冲沟或陡坎时，应对冲沟的边坡和沟底、陡坎采取加固措施。

（三）土堤敷设

当管道受其他环境因素影响，难于实现沟埋敷设时，可采用土堤敷设。土堤埋设的管道，管顶高于地面标高。管底可与地面标高相同或高于地面标高，也可以低于地面标高，在管道周围覆土，形成土堤，如图9-3-2所示。

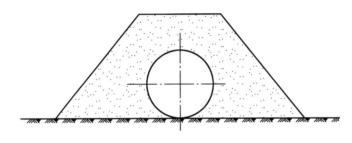

图9-3-2　土堤敷设形式

（四）地上敷设

地上敷设一般采用架空敷设。当管道通过多年冻土区或地震活动断裂带时，为防止冻土环境破坏或适应断层错动引起管道大位移时，可采用地上敷设，如美国阿拉斯加原油管道。架空敷设是将管子架设在各种管架管枕或支墩上。

由于地上敷设管道建筑安装复杂，投资较大，在地面上造成人为障碍，其应用范围受到限制。

但在多年冻土区、滑坡区、采矿区、沼泽地、地震活动断裂带、同天然障碍物和人工构筑物交叉的局部管段不适宜采用埋地和土堤敷设时，可采用地上敷设。

地上敷设管道的设计可参考跨越设计部分。

（五）管道转向

长输管道为改变管道平面走向和适应地形的变化可采用弹性敷设、冷弯弯管或热煨弯管。

（1）采用弹性敷设时，应符合下列要求：

①弹性弯曲的平面曲率半径不宜小于钢管外直径的1000倍，并应满足管道强度的要求。

垂直面上弹性敷设管道的曲率半径应大于管子在自重作用下产生的挠度曲线的曲率半径。曲率半径应按下式计算：

$$R \geqslant 3600 \sqrt[3]{\frac{1 - \cos \frac{\alpha}{2}}{\alpha^4} D^2} \qquad (9-3-2)$$

式中　R——管道弹性弯曲曲率半径，m；

　　　　D——管子的外径，cm；

　　　　α——管道的转角，(°)。

②在相邻的反向弹性弯管之间及弹性弯管和人工弯管之间，应采用直管段连接。直管段的长度不应小于钢管的外直径，且不应小于500mm。

③管道平面和竖向同时发生转角时，不宜采用弹性弯曲，以避免构成空间曲线。

（2）冷弯弯管就是用胎具或夹具不加热将管子逐步弯制成需要角度的圆弧。现场冷弯弯管的最小弯管半径应按表9-3-1规定取值。

表9-3-1　现场冷弯弯管的最小弯管半径

公称直径，mm	最小弯管半径 R	备　　注
≤300	18D	D 为管外径。冷弯弯管不必增加壁厚，但弯管两端宜有2m左右的直管段
350	21D	
400	24D	
450	27D	
≥500	30D	

冷弯弯管的选材和制作应符合下列要求：

①冷弯弯管的材质等级应与相邻直管段的材质相同。

②冷弯弯管在制作时，任何部位不得出现褶皱、裂纹和其他机械损伤。冷弯弯管两端的椭圆度不得大于2.0%，其他部位不得大于2.5%。

（3）弯头根据制作工艺的不同分为热煨弯头、冲压弯头和冲压焊接弯头。长输管道线路用弯头一般采用热煨弯管。

热煨弯管就是采用加热后在夹具上弯曲管子的方法制作的弯头。由于热煨弯管的曲率半径较大，受力条件较好，而又易于施工，在长输管道敷设中被广泛采用。

为满足管线通球和受力方面的要求，热煨弯管最小曲率半径不应小于5*D*。

制作热煨弯管所采用的材质等级应不低于干线管材材质等级，热煨弯管所能承受的温度和压力等级均不应低于相邻直管。

长输管道不得使用虾米腰弯头和褶皱弯头。

二、特殊地段管道敷设

特殊地段一般指具有特殊的地质条件、地质构造、地貌等特点的地段。长输管道涉及的特殊地段包括：软土和沼泽地区、水网地段、湿陷性黄土地区、膨胀土地区、沙漠、滑坡地区、强震区、活动断裂带区、采矿区、季节性冻土地区、多年冻土地区、沿道路敷设区、沿电力线敷设区等。

由于特殊地段的特点各不相同，在管道敷设设计时应根据其特性，采取相应的措施。

（一）软土和沼泽地区的管道敷设

软土是指天然含水量大、压缩性高、承载能力低的一种软塑到流塑状态的粘性土，如淤泥、淤泥质土及其他高压缩性饱和粘性土、粉土等。由于软土和沼泽土的天然含水量大、压缩性高、强度较低、透水性较差等特点，因此，在这一区域敷设管道，必须重视地基的变形和管道的稳定问题，并采取相应措施：

（1）若软土或沼泽土的厚度不大，则管道宜敷设在软土层以下的持力层。

（2）当管道采用土堤埋设时，应根据软土的承载能力，确定是否需对堤基进行处理。

（3）回填管沟和填筑土堤用土均不得使用软土。

（4）当管道敷设在软土中时，应计算管道在软土中的横向位移和沉降。如位移和沉降超过管子强度所允许的范围，应采取加强软土承载力的措施，如软土换填、修筑垫层、抛石挤淤、用沙桩加固等。

（5）在软土地区，管道也可采用地上敷设，此时，支架基础应深入至持力层。

（6）敷设在含水量很大而且易液化的软土中的管道，在设计中应考虑采取加压重块或锚栓措施，以防止管道上浮。

(7)在设计中应尽可能减轻管材及附属工程的重量以减少对土层的压力，并增加管道的强度以承受由于不均匀沉降而产生的弯曲应力。

(二)湿陷性黄土地区的管道敷设

湿陷性黄土主要分布于我国西北黄土高原的广大地区。各地区黄土湿陷的程度及性质由于受地理、地形条件和气候因素的影响，有着较大的差异。由于湿陷性黄土的多孔性，柱状节理发育，遇水容易剥落、遭受侵蚀和沉陷等特性，对管道工程的安全运行会带来不利影响，因此在设计中应充分注意。

在湿陷性黄土地区敷设管道一般可采取下列措施：

(1)在湿陷等级较高如Ⅲ级湿陷的地区，直接埋地的管道可采用夯实沟底表层土壤或采用土垫层，分层夯实，以增加土的密实度，减小或消除土的湿陷变形。

(2)做好地表排水工作，如设置截水沟等，防止或减少地表水渗入管沟。

(3)位于沟边或地面坡度较陡的地段的管沟应修筑护坡工程或采用新型的沟边坡体斜井(孔)敷设方式，使坡面处于免开挖稳定状态。

(4)固定墩基础、地上敷设的管道和跨越工程的墩台、支架基础，根据湿陷等级和荷载大小，采取重锤或换填分层夯实并采取防水和结构措施，或采用桩孔挤密并采取防水和结构措施。

(三)膨胀土地区的管道敷设

膨胀土是土体中含有大量亲水性粘土矿物成分、具有吸水膨胀、失水收缩且有较大胀缩变形能力和变形往复的高塑性粘土。

膨胀土地区的管道应根据膨胀土的特性，选用合适的敷设形式，如地上低架敷设、沟埋敷设等，并注意以下事项：

(1)采用地上低架敷设的管道，管道的支撑结构应坐落于胀缩性能稳定的土层上。

(2)对于采用埋地敷设的管道，在确定埋设深度时，应考虑膨胀土的胀缩性、膨胀土的埋藏深度以及大气影响深度等因素。若膨胀土层不厚，应将管道尽量埋设在膨胀土下的非膨胀土中。

(3)在中强或强膨胀性土层出露较浅的地段，可采用非膨胀性的粘性土、砂、碎石等置换膨胀土，以减少管沟地基的胀缩变形量，从而满足管道敷设的承载要求。

(4)换土垫层的厚度一般不应小于管径的 1~1.2 倍，且不应小于30cm。

（5）在有边坡的地段，一般应采取排水措施治理边坡，加挡土墙以稳定土体，并减少水分蒸发。

（四）季节性冻土地区的管道敷设

季节性冻土受季节的影响，冬季冻结，夏季全部融化。季节性冻土的特点是当温度低于0℃时，土壤具有较高的强度和承载力，并在冻结过程中产生胶结力和冻胀力。当土壤温度上升时，就会使冻土中的冰融化，破坏土壤颗粒间的粘结力，使土体变得松散，强度急剧降低，在自身重量作用下产生融化下沉和在荷载作用下产生压密现象，并形成陷坑、溶洞和融冻泥流等。

敷设在这种土壤中的管道，应根据其特点选择合理的敷设方式，并采取相应措施：

（1）一般在季节性冻土地区，管道采用地面架空敷设方式，将管道架在桩基础上较为合适，但桩基要采取防冻拔措施；

（2）如采用埋地方式，管道一般应敷设在季节性冻层以下；

（3）管道应尽量采用弹性敷设，以避免因管道位移而导致裂断。

（五）风沙地区的管道敷设

我国风沙地区（包括沙漠和戈壁）分布甚广，总面积达 $109.5 \times 10^4 km^2$，占全国总面积的11.4%，主要分布在西北、华北和东北等地。那里日照强，气候干旱，降水稀少，蒸发强烈，昼夜气温剧变，年温差平均在35℃以上，风大沙多。由于上述的气候特点，地表径流贫乏，流水作用微弱，植被稀疏矮小或无植被，疏松的沙质地表裸露。这些恶劣的自然环境对管道工程的建设、运行管理带来极大的危害和困难。因此，必须对风沙地区的特点充分认识，掌握足够的资料，为管道设计提供依据。

1. 风沙地貌的特征

风沙作用过程中所形成的地貌称为风沙地貌。不同的风沙地貌对管道的选线设计和运行养护有不同的影响。风沙地貌可分为以下两大类型。

1）风蚀地貌

风蚀地貌主要是由风和风沙的侵蚀、磨蚀作用形成的，根据形态不同又可分为风蚀洼地、风蚀残丘、风蚀谷和风蚀雅丹。这些地貌是风沙活动剧烈、地形变化不定的地带，而大型的风蚀洼地、风蚀型的湖盆、丘间低地则地势开阔、地形稳定、地下水位较高，是布设管道线路的良好地带。

2）风积地貌

风积地貌主要是指沙漠地区的沙丘。根据沙丘的活动程度可分为：

（1）流动沙丘，丘表无植物覆盖，或仅在沙丘坡脚和风蚀洼地有少许植物覆盖。因风力大，流沙移动快，固沙造林条件差，对管道危害极大。

（2）半固定沙丘，在丘表和丘地间，有较密的植物生长，覆盖度15%～40%，固沙造林条件较好，对管道危害较轻。

（3）固定沙丘，有密集的植物覆盖，覆盖度在40%以上，丘表大部分有薄层土结皮，流沙不多，对管道危害轻微。

2. 风沙地区的管道敷设

风沙地区的线路布设，除要满足常规条件下一般选线要求外，还应考虑沙漠地区条件下的风力风向、沙丘类型分布、沙丘的运移强度、与有利于治沙固沙的自然条件等综合性的要求，合理地选择管道线路走向。

管道敷设要点如下：

（1）线路应尽量避开严重流沙地段，如体积高大、风向复杂、有次生沙丘分布在主丘上的复合型沙山及密度较大的格状沙丘。

（2）应将线路尽量布设在固定、半固定的沙地，或选择较开阔的丘间地与下伏古河床的地段通过。

（3）沙漠中的间歇性河流和湖泊低洼地带，虽然受风沙危害较轻，但河流两岸和湖盆周围地势平坦，土质疏松，河床摆动幅度大，经常发生改道，因此选线时应查清古河道的演变情况，尽可能将管线布设在下风侧地势较高地段，避免雨季河水浸泡和冲刷。

（4）线路宜顺应自然地形，避免切割，尽可能从沙丘运动速度较小及沙丘起伏度不大的地段通过。

（5）线路走向尽量与主导风向平行，减少沿线地面设施被沙埋的可能性。泵站应尽量布置在风沙较轻地区，并应设在背风一侧，以防积沙。

（6）尽量靠近防风沙材料产地和水源。

（7）沙漠地区管道宜采用埋地敷设。为了保证管道稳定性，应将管子埋在沙丘间凹坑下1.5～2.0m，可以根据自然地形按弹性弯曲敷设管道，管沟上方沙堤必须采取固沙措施。

3. 防风沙措施

在沙漠中敷设管道，所面临的沙害主要是沙埋和风蚀。因此，沿线防沙、固沙成为沙漠地区管道敷设设计的重要内容。

国内外沙漠管道设计的经验表明，主要的防沙、固沙措施有以下三种。

1）工程防治措施

工程防治措施的途径主要有两条：一是用各种覆盖物将沙质表面与风力作用完全隔离；二是在流沙上设置机械沙障，以降低地表风速，削弱风沙活动。运用较广的措施有草方格沙障和高立式沙障（或称防沙栅栏）两种。

（1）草方格沙障，即用麦草、稻草、芦苇等材料，将草直接插入沙层内，在流沙上扎设成方格状的半隐蔽式沙障。草方格沙障不仅可以固沙，而且可以保护栽植的和播种的固沙植物免受风蚀和沙埋，改善沙地的水分状况，有利于植物的成活和生长。

（2）高立式沙障，主要用于阻挡前移的流沙，抑止沙丘前移，防止沙埋危害。这种沙障一般用于沙源丰富地区和草方格沙障固沙带的外缘，作为辅助措施。

2）化学固沙方法

化学固沙是在流动沙地上喷洒化学胶结物质，使其在沙质表面形成一层有一定强度的防护壳，隔开气流对沙层的直接作用，达到固定流沙的作用。目前国外用作固沙的胶结材料主要为石油化学工业的副产品，如乳化沥青、高树脂石油、橡胶乳油和油橡胶乳液的混合物等。其中，又以乳化沥青使用最广，其特点是在常温下具有流动性，便于使用，而且价格较低；缺点是固结沙层维持年限较短，容易遭到人为破坏。因此，采用乳化沥青固沙必须与栽植固沙植物结合才能达到最终的固沙目的。

3）植物治沙措施

植物治沙措施就是采用种植适合沙漠地区的植物品种的方法来防止沙丘移动、减小风沙的袭击，以达到固沙改造环境的目的。

沙漠地区气候干燥，冷热剧变，风大沙多，自然环境十分严酷。在这种条件下，植物固沙的成败取决于固沙造林植物品种的选择。一般来说，选择原则应以当地的品种为主，这是因为它适应当地的自然环境，且成活率高。

（六）采矿区的管道敷设

地下矿体采空后，矿层上部岩层失去支撑，周围岩石失去平衡。当采空区很大时，岩石的移动和破坏也相应扩大，引起采空区上部整个地层破坏、塌落，以致地表变形下沉。

地面下沉对埋地管道的影响通常是使管道产生弯曲，轴向应变增大。当管道存在严重的环向缺陷和附加拉伸应变时，管道可能发生断裂；当存在附加压缩应变时，则可能发生屈曲。

当管道需要穿过采矿区时，设计人员应充分收集采矿区的地质资料，利用适当的预测方法和地球物理资料，估计因采空区地表下沉造成的凹陷盆地即移动盆地的范围和对管道的可能影响，合理选择管道线路和敷设方式，必要时采取措施，防止由于地面沉陷对管道的危害。

1. 采空区的地表变形特征

采空区的地表变形可分为垂直移动（下沉）、水平移动两种移动和倾斜、弯曲、水平伸张或压缩三种变形。

采空区地表变形的主要特点是：

(1)矿层埋深越大，变形扩展到地表所需的时间越长，地表变形值越小，变形比较平缓均匀，但地表移动盆地的范围增大。

(2)矿层的厚度大，采空的空间大，促使地表变形增大。

(3)矿层倾角大时，使水平移动值增大，从而加大地表出现裂缝的可能性。

根据地表变形的大小和变形特征，从移动盆地中心向盆地边缘可分为三个区，即：

(1)均匀下沉区，即盆地中心的平底部分。当盆地尚未形成平底时，该区即不存在。该区内地表下沉均匀，地面平坦，一般无明显裂缝。

(2)移动区，区内地表变形不均匀，如地表出现裂缝，则又称为裂缝区，对地表建（构）筑物破坏作用较大。

(3)轻微变形区，地表变形值较小，一般对建（构）筑物不起损坏作用。

2. 对最大下沉值的估计

对岩层倾斜较缓或地表变形平缓连续，可按下式计算最大下沉值：

$$y_{max} = q \cdot m \qquad (9-3-3)$$

对于非水平岩层，最大下沉值为：

$$y_{max} = q \cdot m \cdot \cos\alpha \qquad (9-3-4)$$

式中　y_{max}——最大下沉值，mm；

　　　m——矿层的法线厚度，m；

  q——下沉系数，mm/m，同顶板的处理方法有关，全面陷落开采取 0.6
    ~0.8mm/m，落顶带状部分充填开采取 0.03~0.10mm/m，水砂
    充填开采取 0.06~0.20mm/m；

  α——岩层倾角，rad。

地表影响区半径可按下式计算：

$$\gamma = H/\tan\beta \qquad\qquad (9-3-5)$$

式中 γ——地表影响区半径，m；

   H——开采深度，m；

   β——移动角，$\tan\beta$ 一般为 1.5~2.5。

 3. 采空区的管道敷设

  (1)管道线路应尽可能绕避采空区，如因经济或其他原因不能绕避时，则应选择地面变形较小的地段和受开矿影响范围最小的地段，或选择在管道运行年限内不准备进行开采或开采已经完了的地区。

  (2)敷设在采空区内的管道，应根据预计地表变形资料计算由于地表变形而产生的附加应力，同其他可能同时存在的作用力产生的应力叠加，验算管道的强度，必要时增加管道的壁厚。

  由地表变形产生的管道轴向应变超过管道轴向许用应变时，可采用大变形钢管组焊管段敷设，并满足应变要求。

  (3)为了避免管道受采空区的影响，可以采取轴向位移的补偿来提高埋地管道的变形能力。如有可能，可采用地上敷设并安装补偿器实现自补偿。

  (4)采空区的管道宜采用韧性较高的管材，并对环形焊缝采取 100% 的射线检查。

  (5)当管道穿过采空区的距离较长时，应在采空区外两侧设置截断阀。

  (6)当管道穿过采空区的距离较短时，为防止局部沉陷造成的管道断裂，可采用扣环的柔性垫板垫于管底，垫板两侧伸入稳定地层区，以便沉陷时能形成悬链托桥。

  (7)不得将泵站设置在采空区内。

(七)多年冻土地区管道敷设

  多年冻土是指温度等于或低于 0℃、土壤中的水分转变成结晶状态胶结了松散的土壤颗粒、这种状态保持三年或三年以上的冻土区。

1. 一般规定

管道不宜埋设在不连续的多年冻土地区，若需要埋设时，可采用下列三种状态之一进行设计：

(1)多年冻土以冻结状态用作管道地基，在管道运营期间，地基土始终保持冻结状态；

(2)多年冻土以逐渐融化状态用作管道地基，在管道运营期间，地基土处于逐渐融化状态；

(3)多年冻土以预先融化状态用作管道地基，在管道施工之前，地基土融化至计算深度或者全部融化。

对于同一条管道的不同区段，可以采用不同的设计状态。

2. 保持冻结状态的设计

保持冻结状态的设计宜用于下列情况之一：

(1)连续多年冻土区域为强融沉、融陷性土及其夹层的地基，地基土总的融沉量超出管道弯曲变形的允许范围。

(2)多年岛状冻土区域为强融沉、融陷性土及其夹层的地基，地基土总的融沉量超出管道弯曲变形的允许范围，且岛状冻土的年平均地温低于$-10℃$。

保持地基土冻结状态的设计，可采取下列措施。

1)采取管堤敷设方式

(1)管堤用碎石填筑，碎石直径为$10 \sim 20cm$。

(2)管堤中敷设通风管，通风管直径为$0.3 \sim 0.4m$，敷设间距$0.8 \sim 1.0m$。

(3)管道下方布设隔热层。

(4)管堤敷设，通常应在地面上敷设大于$10cm$以上的砂垫层。管堤的具体做法应执行《输油管道工程设计规范》（GB 50251—2003）中4.2.12条的相关要求。

2)采取架空敷设方式

(1)桩基的桩端必须插入管道融化盘下部稳定的冻土层中。

(2)保证管道与管桩之间隔热效果良好。

(3)在管桩中插入热桩，热桩的计算可参照相关的资料。

3)采取埋地敷设方法

(1)改良冻土地基的性质：换填法、化学法。

（2）防止热侵蚀作用：隔热保温法、防辐射法、输冷降温法、热桩降温法。

（3）保护冻土环境施工：宁填勿挖，保护植被与地面性状。

在多年冻土区按照保持冻土冻结状态进行管道设计，如果采取埋地和管堤敷设方式，应该计算因管道温度场的影响而融化冻土的深度。

3. 逐渐融化状态的设计

逐渐融化状态的设计宜用于下列情况之一：

（1）连续多年冻土区域为弱融沉、融沉性地基，地基土总的融沉量小于管道弯曲变形的允许范围。

（2）多年岛状冻土区域为弱融沉、融沉性地基，地基土总的融沉量小于管道弯曲变形的允许范围。

地基逐渐融化时，可按线性变形计算地基融沉量：

$$S = A_0 h + m_V h p \tag{9-3-6}$$

式中　A_0——无荷载作用时的冻土融沉系数；

　　　h——冻土地基的融化深度；

　　　m_V——融化地基土的体积压缩系数；

　　　p——管道中心下的平均附加应力。

保持地基土逐渐融化状态的设计，可采取下列措施：

（1）对于弱融沉冻土，管道按照正常埋深敷设，不考虑融沉设防措施；

（2）对于融沉性冻土，管道宜选择低压缩性土为持力层，不考虑融沉设防措施。

4. 预先融化状态的设计

预先融化状态的设计宜用于下列情况：

多年岛状冻土区域为强融沉、融陷性土及其夹层的地基，地基土总的融沉量超出管道弯曲变形的允许范围，且岛状冻土的年平均地温高于 $-10℃$。

当按预先融化状态设计时，可采取粗颗粒土置换细颗粒土或者预压夯实以及加辅助排水设施的措施减少冻土融沉量。

当按预先融化状态设计时，冻土层全部融化以后，应按季节性冻土地基进行设计。

5. 过渡段的设计

冻土管道工程需要注意不同冻胀性和融沉性地基土的不均匀冻胀和融沉，应做好过渡段的处理。

在不均匀冻胀或融沉地区埋管，应采用换填法调整相邻地基土的冻胀或融沉的不均匀性，换填深度以底面水平线与不同岩性的交点为基点，向具弱冻胀性或弱融沉性地段开挖，坡度为 1:2，用粗颗粒土换填强冻胀性或强融沉性地基土。

6. 架空管道桩基的设计

架空管道管桩埋深应进行稳定性验算，如果不满足要求，管桩应加大埋深，或者按以下要求采取加固措施：

(1) 在基础周边的季节冻结层内，用非冻胀性粗颗粒土换填。外侧用土工布防细粒土侵入；地面采用粘土换填覆盖，防止地表水入渗。换填层的底部排水。

(2) 在基础的表面用油脂性憎水性物质处理，可以隔离地基土与基础的冻结，减小冻胀对基础的影响。

(3) 用炉渣及聚苯乙烯泡沫塑料保温材料敷设在基础的外侧。

(4) 采用表面涂料法、憎水物填料法，使地基土不能和基础冻结在一起，各自分离，从而保持基础的稳定。

(5) 用防冻拔套管、油包桩等隔离地基土与桩墩基础。

(6) 改变桩基础的型式。

(7) 在管桩中插入热桩。

在将桩安装到事先钻好的孔中时，孔的直径应比桩的直径大 50mm。在以夯入法将桩安装到引导孔中时，引导孔的直径应比桩的直径小 50mm。钻孔和下桩之间的时间间隔在冬季不应超过 3h。

(八) 沿道路敷设

管线沿道路敷设时，应符合相关规范和法规的要求，尽量走公路用地范围外。当在一些特殊困难地段确实别无选择时，可与公路管理部门协商，征得其同意，将管道放在非主行车道的公路用地范围内。

在公路绿化带内的管线宜深埋；人行道下的管线应适当加大壁厚，并敷设钢筋混凝土盖板和警示带保护管线。

(九) 沿电力线路敷设

线路应保持与高压线等级相适应的安全距离，并避开铁塔接地极。输电线路与管道平行敷设时，埋地管道与架空输电线路之间的最小距离应满足表 9-3-2 的要求。

表9-3-2　埋地管道与架空输电线路之间的最小距离

电力等级，kV 最小距离 地形	≤3	6～10	35～66	110～220	330	500
开阔地区	最高杆 (塔)高	最高杆 (塔)高	最高杆 (塔)高	最高杆 (塔)高	最高杆 (塔)高	最高杆 (塔)高
路径受限地区	1.5m	2.0m	4.0m	5.0m	6.0m	7.5m

注：最小距离为输电线路的最外侧边导线至管道任何部分的水平距离。

第四节　线路用管

一、钢管的种类与规格

(一)钢管的种类

1. 无缝钢管

无缝钢管是通过冷拔(轧)或热轧制成的不带焊缝的钢管，冷拔(轧)管管径为5～200mm，壁厚为0.25～14mm。热轧管管径为32～630mm，壁厚为2.5～75mm。管道工程中，管径超过57mm的管道常选用热轧无缝钢管。与螺旋缝钢管和直缝电阻焊钢管相比，无缝钢管具有椭圆度大、壁厚偏差大、生产成本高和单根管长度短等不利点；优点是内壁光滑、承压高、耐蚀性好、外防腐层质量易于保证。

2. 直缝电阻焊钢管

直缝电阻焊钢管(HFW)是通过电阻焊接或电感应焊接形成的钢管，焊缝一般较窄，余高小。HFW具有焊缝平滑、外形尺寸精度高、防腐层质量容易保证等优点；缺点是因采用回火工艺处理焊缝，焊缝韧性会有一定的下降，所以在高压输气管道中使用较少。

3. 直缝埋弧焊钢管

直缝埋弧焊钢管(SAWL)优点是焊缝长度短、缺陷少、焊缝质量有所保证、外形尺寸规整、残余应力小；缺点是价格高。

4. 螺旋缝埋弧焊钢管

螺旋缝埋弧焊钢管（SAWH）具有受力条件好、止裂能力强、刚度大、价格相对便宜等优点；缺点是焊缝较长、出现缺陷的概率要高于直缝管，管材内部存在残余应力，另外，焊缝处防腐层容易减薄，防腐质量易受影响。

由于无缝钢管直径小、椭圆度大、壁厚偏差大、单根管长度短，故在输油管道线路工程上的使用受到限制。焊接钢管的直径大，随着制造技术的提高，使得焊接钢管的质量能够满足输油管道大直径、高压力发展方向的需要。因此，在长距离输油管道线路工程上多采用焊接钢管。

（二）钢管的规格

钢管的规格包括钢管的材质、管型、管径和壁厚等方面。钢管规格的定义与执行的标准有关，输油管道选用的钢管执行国家及行业现行标准，主要标准有：

（1）《石油天然气工业　输送钢管　交货技术条件　第1部分：A级钢管》（GB/T 9711.1—1997）、《石油天然气工业　输送钢管　交货技术条件　第2部分：B级钢管》（GB/T 9711.2—1999）、《石油天然气工业　输送钢管　交货技术条件　第3部分：C级钢管》（GB/T 9711.3—2005）（以下简写为GB 9711）。

（2）《输送流体用无缝钢管》（GB 8163—2008）。

当选用国外生产的钢管或国内生产参照国外标准时，则应符合有关国家的标准。常用的国际或国外钢管标准有：

（1）国际标准 ISO 3183《石油天然气工业—输送钢管交货技术条件》。

（2）美国石油学会标准 APISPEC5L《管线钢管》。

2007年上述两个标准系列实现了合并，即 ISO 3183—07/API 5L 44 版。

无论是国内标准还是国外标准，其条款为制造钢管的基本要求。在管道工程设计实际中，应结合工程线路沿线的具体情况和工程的特殊性以及输送介质等，提出相应必要的补充要求——技术规格书，并与相应的制管标准配套应用。

在选取钢管规格时，应与所选的执行标准及相应的技术规格书相匹配。

二、对钢管性能的要求

钢管和管道附件的材料不但要能承受输送压力，适应温度和环境条件，还应考虑焊接安装的要求，即选用的材料要具有一定的强度、延性和可焊性。

(一)强度

强度是钢管的最基本指标，它包括钢材的屈服强度、极限强度。常用的钢材等级及强度指标见表9－4－1。

表9－4－1 钢管的钢种等级及强度

钢管标准	钢号或钢种 (GB 9711)	钢号或钢种 (API 5L)	最低屈服强度 MPa	最小极限强度 MPa
石油天然气工业输送钢管 交货技术条件	L175	A25	175	315
	L210	A	210	335
	L245	B	245	415
	L290	X42	290	415
	L320	X46	320	435
	L360	X52	360	460
	L390	X56	390	490
	L415	X60	450	535
	L450	X65	450	535
	L485	X70	485	570
	L555	X80	555	625

(二)延性

管材延性指的是管材耐变形能力、韧性等性能。要求管材的延伸率大于规范的规定值。

输油管道用管只要求在一定温度下不能出现脆性断裂。防止脆断一般要通过控制管材的冲击韧性值来保证。对于钢级不小于L360/X52、管径508mm以上的钢管，还应进行落锤撕裂试验。具体韧性冲击值和剪切面积可根据设计标准的规定，必要时可结合工程的具体实际情况提出相应的补充要求。

输气管道除了防止脆性断裂和启裂要求外，还要求管材具有止裂能力。要求止裂的夏比冲击功可以根据 ISO 3183—07/API 5L 44 版附录 G 的相关公式进行预测。

（三）可焊性

钢管应具有良好的可焊性，以保证焊接安装的质量。钢材的可焊性一般可用碳的当量含量来评价。碳的当量含量的计算方法，按照 1971 年国际焊接学会第 24 次代表会议规定，对于强度极限达到 5.88MPa 的钢材按下式计算：

$$CE = w_C + \frac{w_{Mn}}{6} + \frac{w_{Cr} + w_{Mo} + w_V}{5} + \frac{w_{Cu} + w_{Ni}}{15} \qquad (9-4-1)$$

式中　　CE——碳的当量含量，%；

w_C，w_{Mn}，w_{Cr}，w_{Mo}，w_V，w_{Cu}，w_{Ni}——碳、锰、铬、钼、钒、铜、镍元素在金属中的含量。

通常对温度低于200℃的条件，特别是在野外焊接使用高氢纤维素焊条施焊时，CE 值可评价产生冷裂纹的敏感性。

对 CE 的极限值，一般规定在 0.43，标准高的则要求不超过 0.35。

对于高强度低含碳如 X70 及以上级别的钢材，在评价它的冷裂倾向时，仅只考虑碳的当量含量是不够的，还应当考虑热影响区金属中氢的含量及金属的硬度。

热影响区的硬度是衡量可焊性的另一指标。热影响区的硬度与 CE 和冷却速度有关，CE 值越高，冷却速度越快，则热影响区的硬度越高。硬度高的热影响区降低了管材抗裂性能。

对钢材的材质要求除了上述的性能以外，还应对钢材的化学成分提出要求，以保证足够的强度、延性、韧性和抗腐蚀性。

三、钢管几何尺寸的允许偏差和缺陷要求

钢管产品的尺寸要求关系到管道的组装和焊接质量，应根据标准对钢管的几何尺寸提出严格的要求。GB 9711 对主要几何尺寸的允许偏差作了详细规定，设计应遵照规范来执行。如有特殊要求，设计人员可提出设计补充技术要求。

缺陷是管道运行中的一种质量隐患。在国内外造成管道破裂的众多事故中，钢管制造工艺中所造成的缺陷是形成事故隐患的重要原因。

钢管的缺陷包括摔坑、错边、焊偏、焊缝余高、硬块、裂纹和漏水、分层、电弧烧伤、咬边等等。

在 GB 9711 中对钢管的缺陷、缺陷的处理、缺陷的修磨和修补均作了规定。在施工中，应对钢管进行抽样检查和验收。

四、线路用管的选择

线路用管的选择应考虑管道服役环境、介质特性、制管水平等因素，除了应满足强度、韧性和可焊性等技术性指标外，还应考虑经济性。这样就需要进行不同材质下管道的管材量计算，最终确定既符合技术要求、经济也较合理的材质和壁厚。

第五节　油气管道线路截断阀室

一、线路截断阀室的分型

线路截断阀室有三种类型：普通阀室、监视阀室和监控阀室(RTU)。

为满足远控需要，沿线设置 RTU 阀室可以遵循以下原则：

(1)交通不便、人员难以到达的地段宜设置 RTU 阀室；

(2)对环境影响大的地区宜设置 RTU 阀室；

(3)水源保护地宜设置 RTU 阀室。

二、输油管道线路截断阀室设置

输油管道沿线应安装截断阀室，阀室的间距不宜超过 32km，人烟稀少地区可加大间距。埋地输油管道沿线在生活水源保护地、水域大型穿越工程管道两岸均应设置线路截断阀室。需防止管道内油品倒流的位置设置止回阀室。

截断阀室应设置在不受地质灾害、洪水影响、交通便利、检修方便的位置。

液态液化石油气管道一旦破裂，其危害程度不亚于天然气管道，故液态液化石油气管道设置截断阀间距应遵循《输气管道工程设计规范》GB 50251—2003 的要求设置。

三、输气管道线路截断阀室设置

为了在管道发生事故时减少天然气的泄漏量，减轻管道事故可能造成的次生灾害，便于管道的维护抢修，应在管道沿线按要求设置线路截断阀室。

截断阀室位置应选择在交通方便、地形开阔、地势较高的地方。根据现行国家标准，截断阀室最大间距应符合下列规定：

(1)以一级地区为主的管段不宜大于32km；

(2)以二级地区为主的管段不宜大于24km；

(3)以三级地区为主的管段不宜大于16km；

(4)以四级地区为主的管段不宜大于8km。

上述规定的阀室间距可以稍作调整，使阀室安装在更合理的位置。

在穿越处若不会因事故造成次生灾害或水体污染，可不设截断阀室。线路截断阀室的设置应结合管道沿线地区分划等级、工艺站场的布置(工艺站场内均设置有输气干线截断主阀，具有线路截断阀室的功能)、河流大型穿(跨)越的位置、活动断裂的位置等因素综合考虑，在保证管道安全的同时应减少阀室的设置数量，节省工程投资。

第六节　穿(跨)越工程

管道从天然或人工障碍(如河流、山谷、溪沟、湖泊、沼泽、水库、灌溉渠道及铁路、公路等)下部通过的建设工程称为管道穿越工程，在上部架空通过的建设工程称为跨越工程。一般来讲，穿越工程量小，工期短，投资小，便于维护管理，特别是同公路、铁路、电缆、管道等地下构造物交叉时，宜采用穿越；但当受地形、地质、水文等条件限制，穿越施工困难，工程量大，投资高时，经技术经济比较后可采用跨越工程。

一、管道跨越

(一)跨越位置选择的原则

跨越位置的选择应根据河流形态、岸坡及河床的水文、地形、地质并结合水利、航运、交通和施工条件等情况进行综合分析和技术经济比较确定。在通常情况下,管桥位置应尽量服从管道的走向,尤其是大口径管道,要尽量不增加或少增加管道的长度。对于大、中型跨越工程,管道的局部走向应服从于跨越位置。跨越位置一般要选择在河段顺直、流向稳定、洪水时水面较窄、地层地质条件良好、岸坡和河床稳定、交通便利和有足够的施工场地的河段。

地震活动频繁、滑坡、泥石流沉积区、含有大量有机物的淤泥地区、易发生冰塞的地区、工矿区和人口密集区均不宜选作管桥位置。

管桥与现有桥梁、港口、码头、水下建筑物及引水建筑物之间的距离,当管桥位于上游时不得小于300m,当管桥位于下游时不得小于100m。

在通航河流上管桥位置的选择除应满足上述要求外,还应远离险滩、弯道、汇水口、锚地或港口作业区,并应满足航运主管部门的要求。

(二)常用跨越结构型式与特性及其适用条件

1. 常用跨越结构型式

常用的跨越结构型式有:

(1)普通梁式管桥;

(2)轻型托架式管桥;

(3)桁架式管桥;

(4)拱式管桥;

(5)悬索管桥;

(6)悬缆管桥;

(7)悬链式管桥;

(8)斜拉索管桥。

2. 常用跨越结构型式的特性及其适用条件

1)普通梁式管桥

普通梁式管桥是最简单的跨越型式,它的主要上部结构由支座和以管路作为梁体的两个部分组成。普通梁式管桥按结构可分为无补偿式和带悬臂补偿式两种型式，其主要特点是利用管路本身作为梁体构件，将管子直接安放在支墩或支架上，组成简单的梁式结构。

普通梁式跨越适合于小型河流、渠道、溪沟等。当河流宽度在管道的允许跨度范围内时，应优先采用直管跨越；当河流宽度较大时，可采用带悬臂补偿的多跨连续梁结构。

2）轻型托架式管桥

轻型托架式管桥充分利用了管道截面刚度大的特点，以管道作为托架结构受压弯的上弦，用受拉性能良好的高强度钢丝绳作为托架的下弦，再以几组组装成三角形的钢托架作为中间联结构件，构成空间组合梁体系，用以增大管道的跨距。

3）桁架式管桥

桁架式管架结构主要采用两片桁架斜交组成断面作为正三角形的空腹梁空间体系，并且利用管道作为桁架上弦，其他杆件选用型钢，下弦两端采用滑动支座，因此结构的整体刚度大，稳定性好，但用钢量较大。

轻型托架式管桥、桁架式管桥这两种结构型式都适合用于中等跨度的管桥。

4）拱式管桥

拱式管桥有单管拱和组合拱两大类，适合于中等跨度的跨越。拱式管桥是将输油管道本身做成圆弧形或抛物线形拱，将两端放于受推力的基座或支架上，这时管子从梁式跨越的受弯变成拱形的受压，因而使管材能得到较充分的利用，从而有效地增大了管路跨越能力。跨度不大的拱式管桥可不必建复杂的支座，在这种情况下，需精确计算出土点管道的位移。管拱可以采用单管，也可采用组合拱构成一平面桁架，以增加刚度，满足更大的跨度和抵抗风力的要求。

5）悬索管桥

悬索管桥是将作为主要承载结构的主缆索挂于塔架上，呈悬链线形，通过塔架顶在两岸锚固。管道用不等长的吊索（吊杆）挂于主缆索上，使管道基本水平。管道的重量由主索支撑，并通过它传给塔架和基础。这时管道变成了跨度较小的连续梁，受力简单。但由于悬索管桥在水平方向刚度较小，当跨度较大时，需考虑设置抗风索减震器等，以减小或防止管桥在风力作用下发生振动。悬索管桥适合于大口径管道跨越大型或特大型河流、深谷。

6）悬缆管桥

悬缆管桥的主要特点是管道与主缆索都呈抛物线形，采用等长的吊杆（吊索），使管道与缆索平行。通常选用较小矢高，以增大缆索的水平拉力，同时也相应地提高了悬缆管桥结构的自振频率，因此，在结构上可以取消复杂的抗风索，而设置较为简单的防振索等消振装置即可。悬缆管桥能够充分利用管道本身强度，使管道承受拉力、弯曲等综合应力，较前两种悬吊管桥简单，施工方便，适合于中、小口径的大型跨越工程。

7）悬链式管桥

这种结构与悬索管桥的主要区别在于，管子不是水平的梁式结构，而是将管子按照悬索的型式悬吊，两端与支撑结构铰接连接，取消了主缆索，使管道直接承受拉力、弯曲等综合应力，充分利用了管道本身的强度。管道与跨外管道的连接为柔性，尽量减少对管道的转动约束。这种结构较前两种悬吊管桥简单、用料省、施工方便，适用于中、小口径管道径跨比小的大跨度管桥。

8）斜拉索管桥

斜拉索管桥的拉索为弹性几何体系，因而刚度大，平面内抗风振性能好，自重小，结构轻巧，外形美观简洁。缆索作用产生的水平方面的压力由管子承担，不需要巨大的锚固基础。为防止钢管承压失稳，也可采用补偿变形办法使钢管受拉。斜拉索管桥适用于各种管径的大型跨越工程。

二、管道穿越

管道穿越按方案型式主要可分为：大开挖穿越、定向钻穿越、隧道穿越。

（一）穿越工程的等级划分

1. 水域穿越工程等级

水域穿越工程等级可按表9-6-1划分。

2. 冲沟穿越等级划分

管道穿越雨水或山洪冲刷形成的沟壑时，按表9-6-2划分工程等级。

表9-6-1 水域穿越工程等级

工程 等级	穿越水域的水文特征	
	多年平均水位水面宽度，m	相应水深，m
大型	≥200	不计水深
	100~200	≥5
中型	100~200	<5
	40~100	不计水深
小型	<40	不计水深

注：①若采用大开挖穿越河流，当施工期间最大流速>2m/s时，中小型工程等级提高一级，大型
　　工程不提高等级，但应加强稳管措施；
　　②有特殊要求的工程，经过论证后可提高工程等级。

表9-6-2 冲沟穿越工程等级

工程 等级	冲沟特征	
	冲沟深度，m	冲沟边坡，(°)
大型	>40	>25
中型	10~40	>25
小型	<10	—

注：冲沟边坡小于表列坡角者，大、中型工程等级降低一级。

3. 水域、冲沟穿越工程的设计洪水频率

水域、冲沟穿越工程的设计洪水频率，应根据工程等级按表9-6-3
采用。

表9-6-3 穿越工程设计洪水的重现期

工程 等级	大 型	中 型	小 型
设计洪水的重现期，a	100	50	20

注：建在水库下游的穿越工程，设计洪水应考虑水库调节的影响。

4. 穿越管段与建(构)筑物安全距离

穿越管段与建(构)筑物间安全距离，应满足表9-6-4的规定。

表 9 - 6 - 4　穿越管段与建(构)筑物间距离

建(构)筑物类别	安全距离，m
大桥	≥100
中桥	≥80
港口、码头、水下建筑物或引水建筑物	≥200
管道备用线或复线	河床部分≥40，河滩部分≥30

注：若采用钻爆隧道穿越，穿越管段与桥梁间的最小距离应经计算增大安全距离。

(二)大开挖穿越

1. 穿越位置选择

(1)管道穿越水域的位置应服从线路总的走向。根据水文、地形、地质和施工等条件，大、中型穿越位置允许同线路走向略有偏差，线路走向可作局部调整。

(2)管道穿越位置应尽可能选在河道顺直、水流较为平稳、河床断面大致对称的河段，两岸和河漫滩应有足够的施工场地。

(3)管道穿越位置应尽可能选在河床和两岸岩土构成单一、河床和岸坡稳定的地段。若需在岸坡不稳定地段穿越，则两岸应实施护坡、丁坝等调治工程，保证岸坡稳定。

(4)穿越管段应尽量垂直于主流或主槽的轴线。在特殊情况下需要斜穿时，交角不宜小于60°。

(5)管道穿越位置与桥梁、港口、码头、水下建(构)筑物或引水建(构)筑物之间应保持足够的安全距离。

(6)管道穿越水库时，宜避免在邻近坝前与回水末端区域穿越。若管道在水库下游穿越，应选择在水坝下游集中冲刷影响区域以外。

(7)穿越位置应避开河道经常疏浚加深、岸蚀严重、漫滩冲淤变化强烈、船只经常锚泊等地段。

(8)选择穿越位置时，应考虑两岸的交通条件、运输道路、桥梁的承载能力，以便运输大型施工机具及材料。

(9)选择大、中型穿越工程位置时，应征求地方管理部门对穿越位置、大堤和两岸岸边恢复的意见，并考虑这些意见对管道施工、工程量和投资的影响。

2. 水域开挖穿越设计的基本原则

(1)必须对河道形态、河道变迁历史和发展、河床冲淤变化等进行研究，作出正确的估计和评价，以便选择适宜的穿越位置，确定管线的穿越纵断面，选择穿越方式和稳管措施等，确保管道安全。

(2)注意避免同航运、水利部门的相互影响，必要时应采取适当措施，保护管道、航运和水利工程的安全，发挥各自的效益。例如，当管道同大堤交叉时，应征求水利部门的意见，研究交叉方式，确保大堤安全；当设置护岸工程和稳管措施时，应不影响流态，不妨碍航运和防洪。

(3)穿越管线的外形在平面上一般采取同主流轴线垂直的直线，纵剖面则采用直线与弹性曲线连接的形式，两岸尽量采用冷弯弯管并深入岸坡可能变动的范围以外。

(4)为了保证管道的安全，沟埋敷设的管道应埋置在河床稳定层以下，即管道要埋设在设计洪水时可能冲刷线以下；在通航河流上还需考虑航道的疏浚和船锚贯入的可能性，对于人工渠道应考虑清淤的要求。

(5)采用挖沟埋设穿越管段，挖深应根据工程等级与冲刷情况按表9-6-5的规定确定。

表9-6-5 穿越水域管顶埋深

类　别	大型	中型	小型	备　注
有冲刷或疏浚水域，应在设计洪水冲刷或规划疏浚线下	≥1.0m	≥0.8m	≥0.5m	注意船锚或疏浚机具不得损伤防腐层
无冲刷或疏浚水域，应在水床底面以下	≥1.5m	≥1.3m	≥1.0m	
河床为基岩时，嵌入基岩深度(在设计洪水时不被冲刷)	≥0.8m	≥0.6m	≥0.5m	用混凝土覆盖封顶，防止淘刷

(6)水下管道敷设的管沟断面应根据土壤性质、水流速度、回淤情况及施工方法确定。

(7)采用挖沟埋设的穿越管段，不宜在常水位浸淹部位设置固定墩和弯管；弯管和固定墩宜设在常水位水边线50m以外。确需要在常水位范围内设弯管和固定墩时，必须将其埋设在洪水冲刷线下稳定层中。

(8)穿越腐蚀性强的水域时，除管段自身防腐满足要求外，稳管措施所用材料应有抗腐蚀的性能。

3. 稳管措施

水下管道在静水浮力和水动力作用下，依靠自身重力往往不能保持稳定，必须采取稳管措施。

常用的稳管形式有加压重块稳管、重混凝土连续覆盖层稳管、复壁管注水泥浆稳管、石笼稳管、挡桩稳管及锚栓稳管等。每一种稳管方法都有一定的使用条件和优缺点，选用时，应按水深、流速、河床地质构成、管径、施工等因素择优考虑。

1）加压重块稳管

在实际工程中广泛采用铸铁环或钢筋混凝土预制块，盖压在管道上，增加管道在水下的重量，以保持管道在水下的稳定。

按照它们的外形和结构，压重块有环形的和马鞍形（整体的或铰链连接）的两种，如图9-6-1(b)、(c)、(d)所示。

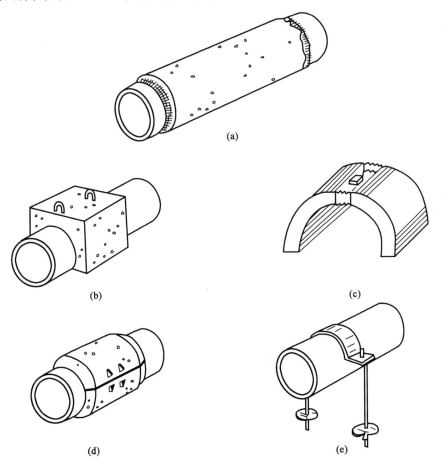

(a)

(b)　　　　　　(c)

(d)　　　　　　(e)

图9-6-1　几种常用的稳管形式

2)重混凝土连续覆盖层稳管

重混凝土连续覆盖层稳管是在穿越管段外表面包上以钢丝作加强筋的连续的混凝土外壳以增加重力，保持管道在水下的稳定性。管身结构如图9-6-1(a)、图9-6-2所示。

重混凝土连续覆盖层稳管具有管身结构简单、投资少、钢材水泥消耗少的优点，而且也克服了单个压重块固定在管身上的缺点，使管道各截面受力均匀。同时，它能很好地保护管道及外防腐层免遭拖管及河流推移物质的冲磨、生物侵蚀和船锚破坏，且拖管时发送阻力比用单个压重块时小。但在施工时，它的负浮力很大，应在管子上安装浮筒以减少牵引力。

3)复壁管注水泥浆稳管

复壁管注水泥浆稳管的结构是在输油管外套一较大直径的钢管，在两管之间的环形空间灌注水泥浆，以增加管体重量。为使输油管与套管基本保持同心和环形空间的间隔，每隔一定距离应将输油管用支撑板支撑，如图9-6-3所示。

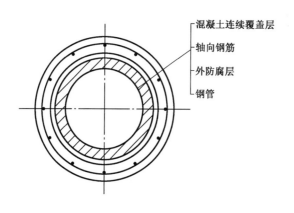

图9-6-2 重混凝土连续覆盖层稳管结构示意图

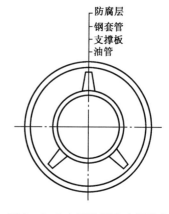

图9-6-3 复壁管注水泥浆稳管结构示意图

这种结构具有刚度大、抗震能力强、无需进行内管的外壁防腐、保护油管免受机械损伤等优点，但钢材、水泥消耗多，投资也大。

4)石笼稳管

石笼是由骨架和镀锌铁丝编织成的笼子，内装石块、卵石等。铁丝笼的编织材料一般采用直径为2.5~4mm的镀锌铁丝或普通铁丝，其粗细可根据水流湍急程度而定。网孔有方形及六角形两种，后者受力较大，损坏时扩大范围较小。网孔最大尺寸一般不得小于 14cm×18cm。为了加固铁丝石笼，一般采用直径 6~8mm 的钢筋做骨架。石笼稳管形式如图 9-6-4 所示。

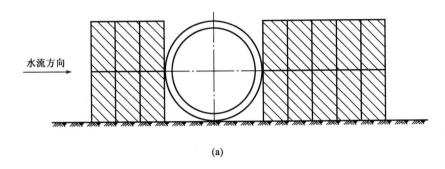

(a)

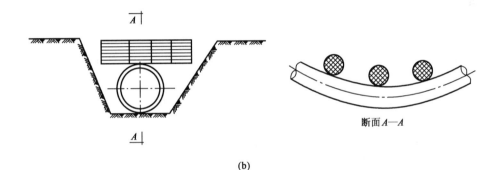

(b)

图 9-6-4　石笼稳管示意图
(a)裸管石笼稳管；(b)沟埋管线石笼稳管

　　石笼稳管的优点是可就地取材、编织容易、重量大、稳定性高、柔性好，适用于稳定坚实的河床。它的缺点主要是耐久性差(编织材料易被沙粒磨损和河水腐蚀)、维护费用大、投放不易、工期较长、浅水区影响通航和不利于拖网打鱼等。另外，还应注意石笼造成的局部冲刷，防止对未保护管段的淘刷。

　　5)锚栓稳管

　　锚栓稳管是机械稳管的一种。在锚栓的一端有螺旋式的钢质圆盘或可展开的锚爪，依靠土壤的剪切强度得到锚固力，效率要比重力式稳管高。它适用于粘土、沙和卵石河床。在沼泽地区，只要条件许可，应尽量采用锚栓稳管。

6）挡桩稳管

挡桩稳管是在管道下游侧每隔一定间距设置挡桩以保持管道在水下稳定的稳管方法。当管道因河床局部冲刷裸露悬空时，也可采用挡桩，减小裸露管段的悬空长度，防止管道发生共振和疲劳破坏。

挡桩的类型有木桩、钢筋混凝土桩、钢管桩等。

4. 岸坡防护

受水流淘刷或冲蚀威胁的穿越管段，设计中还需考虑修筑导流堤或丁坝等调治构筑物，满足水流顺畅、不产生集中冲刷的要求，对岸坡进行防护，以确保管道的安全。

（三）定向钻穿越

1. 适用范围

定向钻穿越是 20 世纪 70 年代结合公路钻孔穿越技术和油田水平钻探技术发展起来的一种穿越施工方法。在施工场地和地质适宜的条件下，该方法已成为管道穿越的首选方式。目前，该方法已广泛应用于石油、天然气、化工、给排水、通信、输电线路等管道穿越工程，可穿越的障碍物包括河流、鱼塘、湖泊、公路、铁路、浅海、山体、建筑物密集区等。

一般地，适于采用定向钻穿越的地层有粉土、粉质粘土、粘土、粉砂、细砂、中砂、软质岩石层；穿越有一定难度但经过处理后可以穿越的地层有粗砂层、含量小于 50% 的砾石层、埋深较浅厚度不大的卵砾石地层；不适于采用定向钻穿越的地层有硬质岩石层、流沙层、含量大于 50% 的砾石层、粒径大于 10cm 的卵石层。

2. 穿越设计要求

1）穿越位置选择

（1）入土端场地应便于钻机设备进场。施工便道宽度应大于 4m，弯道的转弯半径应大于 18m。钻机场地一般不宜小于 20m（宽）×50m（长），钻机至入土点距离不小于 8m。

（2）出土端场地应平坦开阔，应便于穿越管段组装焊接。出土端施工场地宽度与线路作业带同宽，长度一般为穿越管段长度加 60m。若因场地限制预制管段不能直线布置，应能在出土点保持不少于 100m 的直管段，方可采取弹性敷设。

（3）穿越位置宜避开电力线、钢桥、埋地管线等可能影响穿越控向精度的建（构）筑物。

2）穿越曲线设计

（1）如图 9-6-5 所示，穿越曲线可分为 AB、CD、EF 三个直线段和 BC、DE 两个曲线段 5 部分。

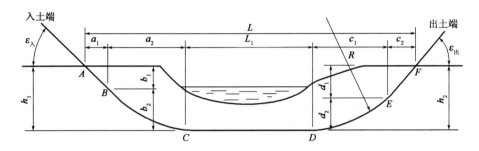

图 9-6-5　穿越曲线示意图

（2）穿越深度应低于洪水冲刷深度、河道疏浚深度，避开已建穿越管线。一般要求河床最低点处管顶覆土厚度不小于 6m。在环境敏感地区，最小覆土厚度需经过验算，避免发生冒浆问题。

（3）入土角一般在 8°～20°之间，与穿越深度和钻机规格有关。出土角一般在 4°～12°之间，与穿越管径大小有关，管径较大时取低值。特殊情况下，可适当调整入土角、出土角的大小。

（4）穿越曲率半径 R 与穿越管线外径和穿越深度有关，一般不小于 1200 倍管径。较大的曲率半径有利于降低管线回拖阻力，但曲线段过长也将增加导向孔控向难度，设计中应综合考虑。

（5）为便于穿越方向控制，入土端直线段（AB）长度和出土端直线段（EF）长度均不得小于 10m。

（四）隧道穿越

1. 钻爆法隧道穿越

1）隧道洞口设计

隧道洞口工程主要包括：边、仰坡防护，端墙、翼墙等洞口修筑，洞口排水系统，洞口段洞身开挖与衬砌等。

洞门型式主要有端式、翼墙式和环框式。

2）隧道围岩支护分类

隧道围岩支护主要分为初期支护和永久支护两种。初期支护也叫施工支护，永久支护也叫二次支护。

（1）隧道开挖后，除围岩完全能够自稳而无需支护以外，在围岩稳定能力不足时，则需加以支护才能使其进入稳定状态，称为初期支护。初期支护主要有喷素混凝土、锚喷混凝土（锚杆＋喷混凝土）、锚喷加挂网（锚杆＋钢筋网＋喷混凝土）等。

若岩围完全不能自稳，表现为随挖随坍甚至不挖即坍，则须先支后挖，称超前支护，如洞口或隧道中管棚支护。必要时在水下隧道须先进行注浆加固围岩和堵水，然后才能开挖，称为地层改良或称地质改良。

（2）考虑到隧道投入使用后使用年限长久，设计时一般要采用混凝土或钢筋混凝土内层衬砌，以保证隧道在使用过程中的稳定、耐久和美观等，称为二次支护，也称永久支护。

（3）管道隧道常采用复合式衬砌，即由初期支护和二次支护组成。初期支护是帮助围岩达到施工期间初步稳定便于施工，二次支护则是提供安全储备或承受后期围岩压力。

3）围岩支护结构设计

隧道应设衬砌，Ⅳ～Ⅵ级围岩应优先采用复合式衬砌，地下水不发育的Ⅰ～Ⅱ级围岩的隧道宜采用喷锚衬砌，Ⅲ级围岩应根据地下水发育情况、隧道断面及隧道长度确定衬砌形式。衬砌结构的型式及尺寸，可根据围岩级别、水文地质条件、埋置深度、结构工作特点，结合施工条件等，通过工程类比和结构计算确定，必要时还应经过试验论证。

2. 盾构隧道穿越

盾沟隧道穿越是用盾构机在地下进行隧道施工的一种施工方法。盾构机是一种护盾式的掘进机，集开挖、支护推进、衬砌、排渣等多种作业于一身。

盾构机为一体化的大型暗挖隧道施工机械，主要用于软弱、复杂（淤泥、砂土、粘土、卵砾层、基岩、流沙、强含水层等）地层的隧道施工。

盾构隧道穿越施工工艺如图9－6－6所示。

盾构隧道穿越按稳定开挖面方式不同分为泥水平衡盾构法和土压平衡盾构法，因此盾构机也分为泥水加压平衡盾构机和土压平衡盾构机。土压平衡式盾构法适合粘性土地质或弱冲积层、砂土层或砾石层中适当加入粘土后的土层，而泥水加压平衡盾构法则适合所有地质层类。

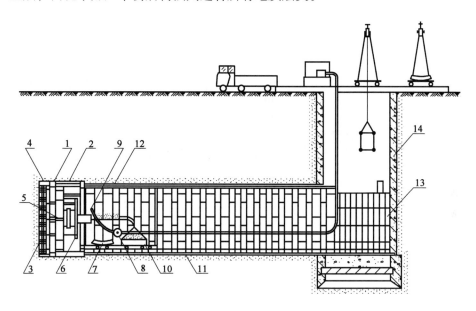

图 9 - 6 - 6　盾构隧道穿越施工示意图

1—盾构；2—盾构千斤顶；3—盾构正面网格；4—出土转盘；5—出土皮带运输机；6—管片拼装机；

7—管片；8—压浆泵；9—压浆孔；10—出土机；11—管片衬砌；12—盾尾空隙中的压浆；

13—后盾管片；14—竖井

3. 顶管隧道穿越

顶管隧道穿越是继盾构隧道穿越之后而发展起来的一种地下管道施工方法。它不需要开挖面层，并能够穿越公路、铁路、河川、地面建筑物以及各种地下管道等。长输管道一般采用人工掘进顶管、水平钻穿越顶管、爆破或振动顶管等方法穿越公路，但距离较短，一般不大于 40m。这里主要介绍长距离即 100m 以上的顶管穿越施工。

它的基本原理、掘进机型式等与盾构隧道穿越基本一致，所不同的是盾构隧道穿越施工中掘进机的推力由盾构机盾壳支承环中布置千斤顶，顶在拼装好的环片上；而顶管隧道穿越掘进机的推力由两个部分组成：主顶装置和中继站。顶管隧道穿越见图 9 - 6 - 7。

实际施工中最大的顶管口径已达到 4m，德国最大顶管口径 5m，一般顶进长度不超过 1200m，超过 1200m 要改为盾构法施工合理更经济。

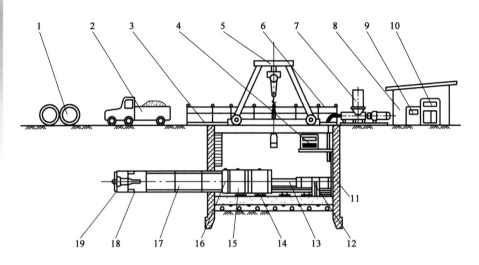

图9-6-7 顶管隧道穿越示意图

1—混凝土管；2—运输车；3—扶梯；4—主顶油泵；5—行车；6—安全扶手；7—润滑注浆系统；
8—操作房；9—配电系统；10—操作系统；11—后座；12—测量系统；13—主顶油缸；
14—导轨；15—弧形顶铁；16—环形顶铁；17—混凝土管；18—运土车

(五)公路、铁路穿越

对于公路、铁路穿越来说，重要的是穿越位置的选择，具体选择原则如下：

(1)穿越位置应尽量避开石方区、高填方区、路堑、道路两侧为同坡向的陡坡地段。

(2)管道严禁在铁路站场、有职守道口、变电所、隧道和设备下面穿越。在铁路站场附近穿越时，穿越点应设置在进出站信号牌以外。穿越电气化铁路时，应避开回流电缆与钢轨连接处。

(3)穿越位置应选择在道路区间路堤的直线段。在穿越铁路、公路的管段上，严禁设置弯头或产生水平或竖向曲线。

(4)管道与铁路、公路交叉时，一般采取垂直交叉，从路基下穿越。如必须斜交，斜交角不宜小于60°；特殊情况下，交角不应小于45°；在山区因受地形限制的个别地段，与公路斜交角最小不应小于30°。

(5)选择管道与公路、铁路的交叉位置时，应考虑道路两侧有足够的施工场地。

第七节　管道附属工程

一、水工保护及水土保持

（一）管道水工保护的概念

1. 狭义概念

长输管道需要通过各种地形地貌，其中包括河流、沟道，所以不可避免地要受到河流、沟道的影响。管道通过河流、沟道的敷设形式有以下三种类型，即管线穿越河（沟）道敷设、顺河（沟）岸敷设和顺河（沟）底敷设，如图9-7-1所示。

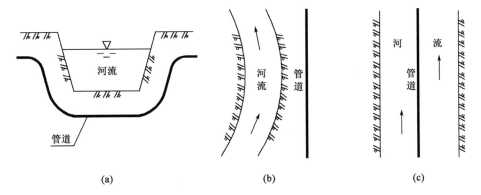

图9-7-1　管道与河流、沟道关系示意图

(a)管线穿越河沟道；(b)管线顺河沟岸边敷设；(c)管线顺河沟道底敷设

在上述三种埋地敷设方式中，管道均会遭受河流冲刷的侵蚀作用，有必要采取一定的工程措施达到保护管线不被冲毁的目的。这些工程措施统称为管道的水工保护，这就是管道水工保护的狭义概念。

2. 广义概念

进入21世纪以来，从国家可持续发展战略考虑，加强生态环境保护、控制水土流失是工程建设必须注重的责任。水工保护是沿线一定范围内的水土保持工程。随着我国油气管道建设的迅猛发展，在以西气东输工程为代表的油气管道建设项目的推动下，长输管道的水工保护工程也进入了一个大发展时期。管道水患保护问题已引起各方人士的高度重视，多家设计和研究单位都开展了管道水工保护领域的科研工作。管道的水工保护所涉及的范围已远远超出了原有的仅仅局限于河流、沟道的设防范畴。从广义上来讲，为防止发生水土流失、避免因水土流失而给管线造成安全隐患所采取工程保护措施，均称为管道水工保护工程。

（二）支挡防护

1. 边坡常用挡土墙的类型

根据所处的位置及墙后填土的情况，挡土墙可分为肩式、堤式和堑式三类。设置在山坡上用于防止山坡覆盖层下滑的挡土墙，称为山坡挡土墙。此外，根据挡土墙所处地域条件和作用还可将其可分为一般地区挡土墙、浸水地区挡土墙、地震地区挡土墙，还有整治滑坡的抗滑挡土墙。现对其使用场合简单描述如下：

（1）肩式挡土墙，如图9-7-2中(a)所示，常应用于管线横切坡面和田地坎等场合。当管线横切坡面时，受地形条件的限制，管顶覆土厚度往往较薄。为防止坡面汇水的冲刷，从而造成管顶覆土的流失，设置沟壁侧挡墙进行防护。此外，田地坎也往往采用肩式矮挡土墙的形式进行堡坎。肩式挡土墙在管道水工保护支挡结构形式中的应用最为普遍。

（2）堤式挡土墙，如图9-7-2中(b)所示，常用于隧道弃渣、管道伴行路的防护。由于隧道施工和伴行路的修筑往往产生大量弃渣，堤式挡土墙可以约束坡角，最大限度地起到防止渣土流失、节约圬工量的效果。

（3）堑式挡土墙，如图9-7-2中(c)所示，常用于陡峻的边坡坡角。管线顺坡敷设时，管沟回填虚土相对较虚，尚不能与原地貌完全结合，存在下滑趋势。如果坡角因冲刷而失稳，会造成上部整个回填土体的下滑。堑式挡土墙会支挡土体的下滑趋势。堑式挡土墙在管道行业中也较为常见。

（4）山坡挡土墙，如图9-7-2中(d)所示，常用于管线顺坡敷设的截水墙。当管线顺坡敷设时，特别是长距离顺坡，由于坡面汇水的冲刷极易在管沟处形成汇水沟，长期下去会造成坡面回填土的流失，使管线暴露。地埋式的山坡挡土墙(管道上称之为截水墙)，可以起到消能保土的作用。

（5）浸水挡土墙，如图9-7-2中(e)所示，常用于河岸的冲刷防护，也就是通常所说的挡墙式护岸。

（6）抗滑挡土墙，如图 9-7-2 中（f）所示，常用于滑坡地段，用以稳定滑动土体。抗滑挡土墙在长输管道地质灾害水工保护措施中并不常见。

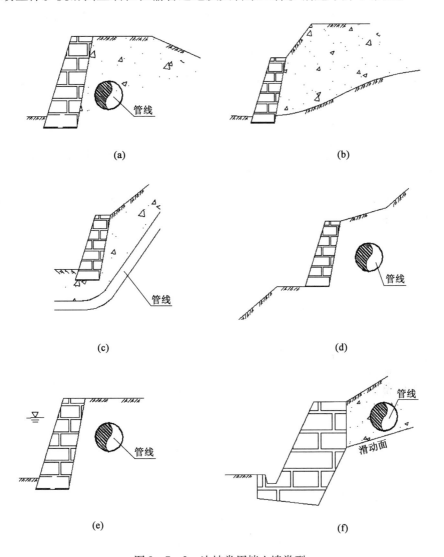

图 9-7-2　边坡常用挡土墙类型

（a）肩式挡土墙示意图；（b）堤式挡土墙示意图；（c）堑式（坡角）挡土墙示意图；
（d）山坡挡土墙示意图；（e）浸水挡土墙示意图；（f）抗滑挡土墙示意图

挡土墙的类型也可用结构形式来划分，有重力式和轻型两种。重力式挡土墙主要依靠墙身自重支撑土压力来维持其稳定，一般多以浆砌石为常见，在石料缺乏地区有时也用混凝土修建，在一些特殊地区也不乏草袋或土工袋装土的结构形式进行防护。重力式挡土墙工程量较大，但其结构形式简单，施工方便，而且可就地取材，适应性较强，故被广泛采用。轻型挡土墙常见的结构形式包括悬臂式、扶壁式、加筋式、锚杆式等多种，其主要作用机理是依靠周围岩土的力学特性来抵抗土压力。虽然轻型挡土墙对场地的要求不高，但对施工工艺要求较高，因此普及程度不如重力式挡土墙。下面主要对重力式挡土墙进行了分析。

2. 重力式挡土墙的分类及特点

重力式挡土墙按材料和施工方法分为以下几种类型：浆砌片（块）石砌体挡土墙、浆砌料石砌体挡土墙、干砌片（块）石挡土墙、袋装土码砌式挡土墙、混凝土预制块砌体挡土墙、现浇混凝土挡土墙以及片石混凝土挡土墙。

根据墙背倾斜方向的不同，重力式挡土墙墙背形式可分为仰斜式、垂直式、俯斜式、折线式和衡重式等几种，如图 9 - 7 - 3 所示。

以墙背所受土压力分析，在其他条件相同时，仰斜墙背所受压力最小，垂直墙背次之，俯斜墙所受压力背最大。

仰斜式挡土墙的墙身断面较为经济。由于墙背与边坡较贴合，开挖量与回填量均较小。但当墙趾处地面横坡较陡时，采用仰斜式挡土墙会增加墙身高度及断面尺寸。另外，仰斜式挡土墙施工也较困难。

俯斜式挡土墙的断面比仰斜式挡土墙的断面要大。但当地面横坡较陡时，俯斜式挡土墙可以采用陡直的墙面，从而减小墙高。较缓的俯斜式挡土墙墙背的坡度固然对施工有利，但所受土压力较大，致使墙身断面增大，因此墙背坡度不宜过缓。

垂直式挡土墙墙背的特点介于仰斜式挡土墙和俯斜式挡土墙之间，是目前最为常见的重力式挡土墙的结构形式。

折线式挡土墙墙背是将仰斜式挡土墙的上部墙背改为俯斜，以减小上部断面尺寸，故其断面较为经济，多用于堑式挡土墙和肩式挡土墙。

衡重式挡土墙是在折线式挡土墙的上下墙之间设一衡重台，利用衡重台上填土的重力作用和全墙中心的后移，增加墙身稳定，减小断面尺寸而节约工程数量。因墙面陡直，下墙背仰斜，地面横坡较陡时可降低墙高，同时也可减少基础开挖工程量。衡重式挡土墙可用于堑式挡墙（兼有拦挡坠石作用）或堤式挡土墙。

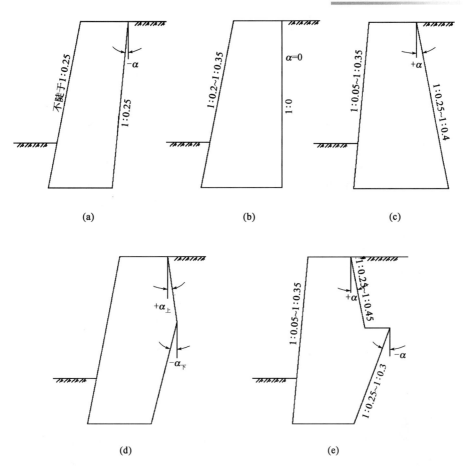

图 9 - 7 - 3　重力式挡土墙墙背形式
(a)仰斜式挡土墙；(b)垂直式挡土墙；(c)俯斜式挡土墙；
(d)折线式挡土墙；(e)衡重式挡土墙

(三)冲刷防护

1. 冲刷防护措施的类型及设防原则

1)冲刷防护措施的类型

长输管道的冲刷防护工程，按其设防的位置可分为岸坡防护(以下简称护岸)和河沟床下切冲刷防护(以下简称护底)；按其对水流性质的扰动与否，又有间接防护与直接防护之分。具体措施分类见表 9 - 7 - 1。

表 9 - 7 - 1　冲刷防护措施分类

防护措施类型	直 接 防 护	间 接 防 护
护岸	砌石护岸、石笼护岸、植被护岸、木结构护岸、抛石护岸	各种类型挑流坝
护底	混凝土浇筑稳管、地下防冲墙、过水面	谷坊、淤土坝

护岸的目的是保证岸坡免受水流的冲刷侧蚀而后退。护底的作用在于防止河沟床因遭受水流的下切冲刷作用而使得管线暴露情况出现。

直接防护是对所设防的地段直接加固，以抵抗水流的冲刷和淘蚀作用。直接防护的特点是尽量不干扰或少干扰原水流的性质，因而对防护地段上下游及岸的影响轻微。但由于这类工程直接建筑在受冲的河岸或河床上，一旦遭受破坏，管线会立即受到威胁，故其性质是被动的。

间接防护是用导流或阻流的方法来改变水流的性质，或者迫使主流流向偏离被防护的地段，或者降低被防护地段的流速，或者抬高河床面，以间接地防护河岸或河床。这类防护建筑物都要或多或少地侵占一部分河床断面，因而不同程度地压缩和紊乱了原来的水流，其挡冲部分所受的冲刷和淘蚀作用特别强烈。当间接防护建筑物部分被冲毁时，一般不会立即对管线构成危害，可以通过及时修复加以改善，所以这类防护方法的性质是比较主动的。

2）设防原则

冲刷防护的设防应当本着如下三个原则来进行。

（1）一般地段以直接防护为主，重点地段直接防护与间接防护相结合。

由对河床演变的分析可以得知，水流的冲刷作用存在多变性和难以预见性，因此在可能威胁到长输管道安全的冲刷防护中，一般均会采用直接防护的措施，如河流穿越段的护岸和护底、顺沟岸敷设段的护岸以及顺河沟底敷设段的护底等。直接防护措施由于直接影响到管线的安全建设和运营，而且对河沟道的水流特性改变很少，因此几乎在所有地段均被大规模采用。

对于特殊的重点地段，单纯的直接防护已不能完全满足保证管线安全的要求，或直接防护本身就处于不稳定状态，此时需增设间接防护与之结合使用，效果会更好。例如，当管线穿越河沟道时，如果埋深较浅或露管，就需采用谷坊或多级淤土坝抬高河沟床，以保证管线的正常埋深；当管线穿越或贴近河湾段敷设时，由于水流顶冲点位置的变化，会使得凹岸快速后退，即使采取了必要的直接防护，但因顶冲点位置变化无常，容易造成直接措施结构本身遭受破坏，此时就要在弯道上游采取挑流坝等间接防护，以保证主水流方向偏离凹岸，从而达到保护护岸结构，继而也就达到保护管线的目的。由于间接防护对河流态势造成一定的影响，因此采用时应征得当地水利部门同意。

（2）护岸与护底措施并举。

在长输管道的冲刷防护中，往往重视岸坡的防护，轻视河沟床的冲刷下切防护。特别对于季节性的河流或干沟，经常未采取有效的护底措施，在洪水期容易使管线受到很大的威胁，管线暴露甚至悬空的例子在一些管道的运营过程中已经发生。

就目前而言，计算河流冲刷深度多以经验公式为主，由于河床演变的不确定性，因此计算结果并不完全准确、可信，参数的选择上也往往存在诸多人为的不确定因素。而对于季节性的小型河沟道，则根本无法进行冲刷深度的计算，加之多年无水或常年水量较小，因此被误认为无冲刷下切作用。然而，季节性河沟道的洪水期的冲刷作用往往表现得较为剧烈，一旦发生较大的洪水，由于没有采取任何设防措施，往往对管线造成的危害较大。

因此，护岸、护底措施并举是冲刷防护的一个重要原则。

（3）以刚性结构为主，因地制宜选择柔性结构。

刚性结构是指整体性好、透水性差的一些结构形式，如浆砌石、混凝土等结构。由于大部分护岸或护底的作用在于防止水流的冲刷，相比较而言，水密性好的刚性结构能更有效地抵挡水流的冲刷作用，因此被大量采用。柔性结构是指干砌石和石笼等无胶结材料的散体材料结构。有时受施工条件限制（如带水作业），不得已要采取一些能够带水作业的柔性防护措施，如石笼护岸、抛石护岸等结构。此外，对挑流坝而言，如采用刚性结构，则其结构稳定性会受到一定的威胁，因此也常采用石笼挑流坝的形式进行设防。

总之，长输管道冲刷防护应依据实际防护的需要，在保证管线安全的前提下，依据河流特性、河道的地质、地形和水文条件来确定。

2. 典型冲刷防护措施及其适用条件

长输管道冲刷防护的水工保护措施按其设防目的，分为护岸和护底两类。

常用的护岸措施有植被护岸、木结构护岸、干砌石护岸、抛石护岸、石笼护岸、浆砌石坡式护岸、浆砌石挡墙式护岸，以及属于间接防护措施的石笼挑流坝等。

常用的护底措施包括干砌石过水面、浆砌石过水面、混凝土柔性板护底、混凝土稳管、浆砌石地下防冲墙、柳谷坊和石谷坊。

此外，冲刷防护还涉及其他一些常见的水工保护结构，如水渠（包括浆砌、干砌、混凝土预制板以及土渠等）、跌水和激流槽等。

冲刷防护类型及适用范围见表9-7-2。

表9-7-2 常见冲刷防护措施类型及适用条件

防护类型	结构形式	适用条件		注意事项
		容许流速，m/s	水文、地形条件	
护岸	植被措施	1.2~4	坡度缓于1:1的土质岸坡	
	木结构	2.5~3.5	坡度缓于1:1、高度小于5m的小型河沟道的土质岸坡	
	双层干砌石	2~4	坡度缓于1:1.5的土质或软质岩石岸坡	应设置垫层
	抛石	3	坡度缓于1:1.5的土质或软质岩石岸坡	
	石笼	5~6	坡度缓于1:1.5的土质岸坡，容许波浪高1.2~1.5m	
	混凝土板护岸	4~8	石料缺乏地区，容许流速4~8m/s	
	浆砌石坡式	4~8	坡度缓于1:1.5	
	浆砌石挡墙式	5~8	岸坡坡度介于1:0~1:0.25之间	
	石笼挑流坝		导致建筑物，迫使主水流方向远离被保护的河岸	慎用
护底	干砌石过水面	3~5		
	石笼过水面	4~6		
	浆砌石过水面	5~10		
	混凝土柔性板护坦	4~8	护岸或导流建筑物的基础，中等粒径的砂砾石河床基础上	
	混凝土现浇稳管	6.5~12	岩石河床	
	浆砌石地下防冲墙		有冲刷下切作用的土质河沟道	
	石谷坊		管线穿越河沟道时埋深较浅	
	柳谷坊			
水渠	土渠加固	≤0.8	一般适用于粘性土或黄土土质的边沟和排水沟	
	三(四)合土加固土渠	1.0~2.5	一般用于无冻害及无地下水地段的水沟	
	单层干砌石渠	2.5~3.5	无防渗要求的沟渠加固地段	
	单层栽砌卵石渠	2.0~3.0	无防渗要求的沟渠加固地段	
	浆砌水渠	4.0	有防渗要求的沟渠加固地段	
	混凝土预制板水渠	4.0		
	跌水与急流槽		边坡坡比不陡于1:2条件下的纵向排水沟渠	

3. 典型护岸措施的应用

1）浆砌石坡式护岸

浆砌石坡式护岸见图 9-7-4。

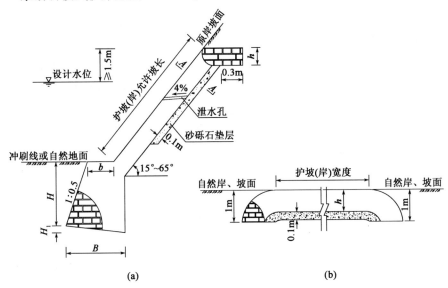

图 9-7-4　浆砌石坡式护岸典型图

(a)横断面图；(b)A-A断面图

（1）浆砌石坡式护岸适用于经常浸水的受主流冲刷或受较强的波浪作用，以及可能有流水、漂浮物等冲击作用的河岸。抗冲流速 3～6m/s，边坡坡度 25°～60°。

（2）浆砌石坡式护岸的厚度应依据流速大小或波浪大小确定，最小厚度不小于 0.35m。

（3）浆砌石坡式护岸的基础埋置深度，应在冲刷线以下 0.5～1m，否则应有防止基础被冲刷的措施，如地下防冲墙、挑流坝、混凝土柔性板等。

（4）砌筑石料应选用坚硬、抗压强度大于 30MPa、遇水不崩解的石料。水泥砂浆在一般地区可适用 M7.5，在严寒地区应使用 M10。

（5）护岸不得改变原岸坡的形式，两端须圆滑过渡嵌入原岸各 0.5～1m。

2）浆砌石挡墙式护岸

浆砌石挡墙式护岸见图 9-7-5。

（1）浆砌石挡墙式护岸依据墙背岸坡的坡度条件，可分为直立式和仰斜式两种形式。直立式在岸坡陡直的条件下适用，仰斜式适用于岸坡坡比 1:0.25 的条件下。抗冲流速达 5~8m/s。不适用于特殊地区(如膨胀土、盐渍土等)和病害地区(如活动断裂带、滑坡区和泥石流区等)的岸坡防护。

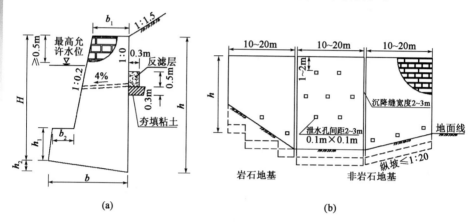

图 9-7-5　浆砌石挡墙式护岸典型图

(a)断面图；(b)正面图

(2)泄水孔孔眼尺寸为 10m×10cm 的方孔，孔眼间距 2~3m，比降 4%，上下左右交错设置，最下一排泄水孔的出水口应高出正常水位线 30cm 以上。泄水孔进口处 50cm 范围内设置反滤层，反滤层必须用透水性材料(如卵石、砂砾石等)，反滤层还必须起阻挡墙后填土通过排水孔流失的作用，故应分层设置。从临墙面向土内依次的颗粒粒径由大到小，保证前一层的孔隙小于后一层的粒径，最后一层孔隙小于回填土粒径，一般可分三层。反滤层也可用网眼小于回填土颗粒的土工布。在最低泄水孔下部，夯填 30cm 厚的粘土隔水层。

沉降(伸缩)缝每隔 10~20m 设置一道(岩石地基取大值)，缝宽 2~3cm，缝中填塞沥青麻筋、沥青木板等有弹性的防水材料，沿内外顶三方填塞深度不小于 30cm。

(3)地基要求为未风化的硬质岩和软质岩、密实的砂、碎(卵)石土。

(4)修建在碎(卵)石土质地基上的挡土墙应置于老土层上，严禁放在未经处理的回填土上，一般埋深置于冲刷线以下 1m；修建在基岩地基上的挡土墙，应清除表面风化层。

(5)墙身砌出地面后，基坑必须及时夯实回填，并做成不小于 5% 的向外流水坡。

(6)墙后填料以就地取材为主。可采用砂性土、小卵石、砾石、粗砂、石屑、大卵石、碎石类土和块石。墙后填土须分层夯实。当砌体强度达到70%时，应立即填土并分层夯实，注意墙身不要受夯击影响。

4.典型护底措施的应用

1)过水面

过水面见图9-7-6。

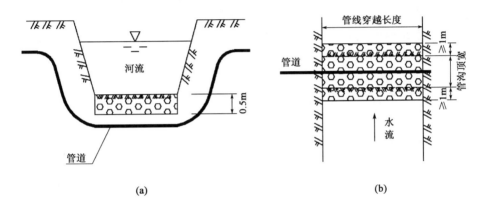

(a)　(b)

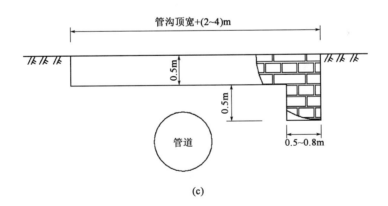

(c)

图9-7-6　过水面典型图

(a)干砌石、石笼过水面断面示意图；(b)干砌石、石笼过水面平面示意图；

(c)浆砌石过水面断面示意图

(1)过水面是一种防止局部河床冲刷的护底措施，其作用机理在于对原河床内的易遭受冲刷的细颗粒土质采用粒径较大、整体性好的结构物进行表层置换。置换后的河床具有更强的抗冲刷性，能抵抗更高流速的水流的冲击作用。按置换后的材料类型不同，以干砌石过水面、石笼过水面和浆砌石过水面三种较为常见。

（2）管线穿越河沟道时，在穿越段往往采用过水面的结构形式对河沟道穿越段部分的管线进行保护。穿越段管沟开挖后，原有河床土质被开挖扰动。管线敷设完毕后，新近回填的土质相对较虚，较原河床更易遭受冲刷流失。因此，过水面的主要作用在于对管沟开挖后的管顶回填土进行防冲保护，过水面的设防范围主要针对管沟开挖部分而言。

（3）在结构形式上，应依据不同过水面的抗冲流速、设防要求进行选择。干砌石过水面抗冲流速 3～5m/s，石笼过水面抗冲流速 4～6m/s，浆砌石过水面抗冲流速可达 5～10m/s。

（4）干砌块石粒径以不小于 20cm 为宜，采用双层铺砌，大石压顶，衔接紧密。

（5）栽砌卵石时，卵石长轴方向不小于 20cm，采用双层立栽的形式，密贴。

（6）石笼过水面内装石料可采用块石或卵石，石料粒径不小于 10cm，大块石料置于外侧，小块石料居内。石笼边角可采用短桩进行固定。

（7）浆砌石过水面砌筑砂浆标号可选用 M7.5，石料强度不小于 MU30。

（8）为防止过水面沉降对管线防腐层的挤压破坏，过水面据管线的净距离不小于 1m。

2）地下防冲墙

地下防冲墙（图 9-7-7）是针对管线穿越河（沟）道的敷设方式所设计的一种深层护底措施，适用于各类土质条件下的河沟床。其目的是防止因河（沟）道的水流冲刷下切作用，从而避免管线暴露的危险情况出现。因此，地下防冲墙只应用于有明显下切作用的河（沟）道。当管线完全进入基岩时，应采用其他防护形式。设计、施工时应注意以下几点：

（1）地下防冲墙设置在管线下游，应选择河道顺直、完整、断面较窄处设置。地下防冲墙应设置在主河（沟）道内，对于漫滩地原则上不设防。地下防冲墙基地必须设置于设计洪水冲刷线下的安全埋深高程。

（2）地下防冲墙距管线净距离应控制在 5m 左右，最大距离不超过 10m。

（3）砌筑砂浆标号为 7.5，不得形成通缝。石料抗压强度不小于 MU30，选用粒径不小于 20cm 的块石、片石。石料缺乏地区可以采用同粒径的卵石砌筑。

（4）地下防冲墙墙顶面原则上与河沟床面齐平，顶面与底面均随河（沟）床的起伏而起伏。不得改变原过水断面的形状，原则上不得抬高或降低河（沟）床面。特殊条件下必须抬高河床面时，地下防冲墙出露原河床面的高度不得超过 0.5m，并设置多级地下防冲墙进行保护。

（5）墙底如为粘性土，需做 15cm 厚砂砾石垫层，并夯实处理。基底有稳定岩层时，墙底进入新鲜岩层 0.1m 即可。

（6）当地下防冲墙墙身强度指标满足要求后，因基槽开挖所造成的虚土回填，必须分层夯实，夯实系数不小于 0.90。

（7）地下防冲墙必须嵌入稳定、完整的原河（沟）岸界内每边各 0.5 ~ 1m。

（8）地下防冲墙必须与水流方向垂直，且必须与两岸垂直。

（9）地下防冲墙每隔 10 ~ 15m 设伸缩缝一道，宽度 2 ~ 3cm，用沥青麻丝填满。

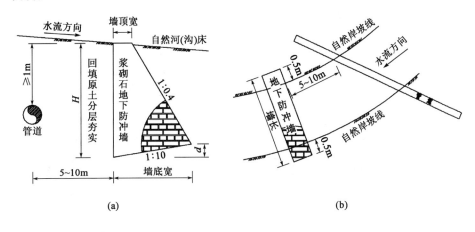

图 9 - 7 - 7　浆砌石地下防冲墙典型图
（a）断面图；（b）平面布置示意图

（四）坡面防护

1. 长输管道坡面敷设的类型及所遭受的侵蚀破坏

长输管线通过坡面时，常以横坡敷设（平行等高线）和顺坡敷设（交叉等高线）两种埋地方式通过（图 9 - 7 - 8）。

（1）当管线横坡通过坡面施工时，首先要进行作业带的扫线工作。为了能清理出便于管线布管和安装的作业平台，不可避免地要对上部边坡进行削方处理，石质边坡通常又采用对原地貌扰动大的爆破方式进行。而削方后的土石方料通常会堆积在坡面的下部，堆积成松散的堆积物，形成填方。长输管道横坡敷设时，这种半削半填的坡面处理方式极为普遍。

在管线横坡敷设的情况下，坡面下部的填方段是最易遭受水力冲刷侵蚀的部位。松散的虚土(渣)堆积体的原有胶结性能大大降低，抗冲蚀能力下降。如不采取坡面防护措施，在坡面径流的冲刷下，堆积体极易发生水土流失。一旦填方段的回填土被冲刷殆尽，会造成管线侧壁薄弱，严重时会造成长距离露管。

(2)当管线顺坡通过坡面时，管沟的倾向与坡面倾向基本一致，因此具有了形成水力冲刷的地形条件。而为了保证管线埋深，大量虚土被回填进管沟。管沟回填土与原状土相比，其物理力学性能已大大降低，抗冲蚀能力减弱。因此，在管线顺坡敷设情况下，一旦坡面径流形成冲刷，管沟回填土最容易遭受侵蚀，侵蚀过程是由面蚀向沟蚀的发展。沟蚀发展的最终阶段会造成整个管沟回填土全部流失，进而使管线暴露甚至悬空。

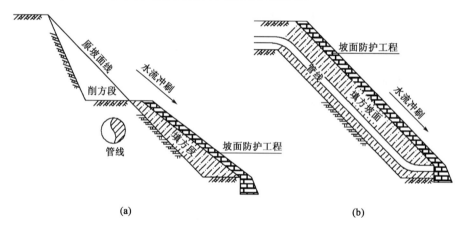

图 9-7-8　管线坡面敷设方式示意图

(a)管线横坡敷设示意图；(b)管线顺坡敷设示意图

2. 坡面防护措施分类

长输管道的坡面防护主要是保护影响管线安全的边坡免受雨水冲刷，防止和延缓坡面岩土的风化、碎裂、剥蚀，保持边坡的整体稳定性，在一定程度上可兼顾边坡美化和协调自然环境。常用的坡面防护措施有植被护坡和工程护坡两类。植被护坡主要包括植草护坡、土工格室植被护坡、植生带护坡、三维植被网护坡、浆砌石拱形骨架植被护坡、卵石方格网植被护坡。工程护坡主要包括抹面、捶面、冲土墙、喷浆护面、锚喷挂网护面、草袋护面、锚杆钢筋混凝土护面、草袋护坡、干砌石护坡、浆砌石护坡、浆砌石护面墙、混凝土预制块护面、勾缝与灌浆、截水墙等。坡面防护类型及适用范围见表9－7－3。

表9－7－3　坡面防护类型及适用范围

防　护　类　型		适　用　范　围
生态防护	植草护坡	(1)各类土质边坡； (2)边坡坡度较缓(缓于1∶1)，且边坡高度不宜过高； (3)雨量充沛，适于草籽生长
	植生带护坡	(1)各类稳定的土质边坡，土石料混合边坡经处理后可用； (2)边坡坡度不宜陡于1∶1.25，单级坡高不宜超过10m； (3)干旱、半干旱地区应保证用水的供给
	浆砌石拱形骨架植被护坡	(1)易受雨水冲刷的土质或易风化剥落的岩质边坡； (2)边坡坡度不宜大于1∶0.5； (3)用于防护范围较大、较高边坡时，可节约大量砌石量； (4)骨架内根据土质可采用铺草皮或捶面
工程防护	捶面	(1)易受雨水冲刷的土质(包括黄土)边坡或易于风化的岩石边坡； (2)边坡坡度以不大于1∶0.5为宜； (3)当地有石灰、水泥、炉渣来源
	混凝土预制块护面	(1)石料缺乏地区易于风化的软质岩石、破碎不严重的硬质岩石边坡、边坡稳定的土质边坡； (2)边坡坡度不宜陡于1∶0.5
	喷浆护面	(1)易于风化但尚未严重风化的岩石边坡； (2)边坡坡度及高度不受限制； (3)边坡地下水不发育，坡面比较干燥； (4)成岩作用很差的红粘土岩边坡不适宜采用
	锚杆钢筋混凝土护面	(1)岩层节理发育、易于风化且已严重风化的岩石边坡，单纯用喷浆护面易脱落； (2)边坡坡度及高度不受限制； (3)地下水发育时不适用
	草袋护坡	(1)易受雨水冲刷的土质(包括黄土)边坡； (2)边坡坡度以不大于1∶1为宜，高度以不超过10m为宜； (3)地下水发育时不适用

防 护 类 型		适 用 范 围
工程防护	干砌石护坡	(1) 经常有少量地下水渗出的土质及土石边坡; (2) 边坡坡度较缓,不宜大于 1:1.25,高度不宜超过 10m; (3) 若当地有石料来源,可就地取材
	浆砌石护坡	(1) 土质边坡及易风化的岩石边坡; (2) 边坡坡度不宜大于 1:1,高度以不超过 10m 为宜; (3) 若当地有石料来源,可就地取材
	浆砌石护面墙	(1) 易于风化的软质岩石、破碎不严重的硬质岩石边坡; (2) 边坡稳定的土质边坡; (3) 边坡坡度不宜大于 1:0.5,高度以不超过 15m 为宜
	截水墙	(1) 管线顺坡敷设时,管沟回填土易冲刷流失的地段; (2) 边坡坡度不小于 8° 的土方或石方管沟

3. 植被护坡

1) 植被护坡的特点

植被护坡是利用植被涵水固土的原理稳定岩土边坡同时美化生态环境的一种新技术,是及岩土工程、恢复生态学、植物学、土壤肥料学等多学科于一体的综合工程技术。

对长输管道坡面防护而言,采取工程加固措施对减轻坡面扰动初期的不稳定性和侵蚀方面效果很好,作用也非常显著。然而,随着时间的推移、岩石的风化、混凝土的老化、钢筋的腐蚀、强度的降低,其效果也越来越差。而采用植被护坡则与此相反,开始作用非常虚弱,但随着植物的生长和繁殖,强度增加,对减轻坡面不稳定性和侵蚀方面的作用会越来越大。另外,植被护坡还有一个显著的优点,是能够恢复由于管沟开挖扰动所破坏的生态环境,保持生态间的平衡。

但植被护坡也有其局限性,如植被根系的延伸使土体产生裂隙,增加了土体的渗透率;又如植物的深根锚固仍无法控制边坡更深层的滑动,若根延伸范围内无稳定的岩土层,其作用便不明显,若遇大风雨则易连根拔出。另外,对于高陡边坡,若不采取工程护坡,植物生长基质也难以附于坡面,植物当然无法生长。因此,植被护坡应与工程护坡结合,发挥二者各自的优点,可有效解决边坡工程防护与生态环境破坏的矛盾,既保证了边坡的稳定性,又实现坡面植被的快速恢复,达到"人与自然的和谐共处"。

2）植被护坡的发展

目前长输管道的坡面防护仍以工程措施为主，但随着工程建设项目对环境保护意识的逐步提高，以及管道行业植被护坡技术的应用越来越广泛，特别是随着土工合成材料新产品的不断出现，克服了植被护坡中的许多弊病，植被护坡技术已显示出越来越强的生命力，相信在不久的将来植被护坡技术一定能在管道行业的边坡治理中占据越来越重要的地位。

4. 工程护坡

1）工程护坡的特点

就长输管道坡面防护而言，工程防护措施一直占据着主导地位。由于管道的施工开挖对原始地貌破坏较大，扰动后的边坡立即呈现出不稳定的趋势，如不采取有效的措施进行防护，会伴随一系列地质灾害的发生，如滑坡、崩塌、塌方以及危岩坠落等，不但会给今后管道的运营维护带来隐患，而且还会给管线的施工造成一定的危害。大量虚土、虚渣的流失，在造成附近环境的生态破坏的同时，还常常造成新近回填的管沟覆土发生流失，使得坡面已施工完成的管线在此暴露，并给再一次的回填工作带来很大困难。

上述情况的发生，主要是由于扰动后的虚土抗蚀性差所造成的。而解决这种情况的最佳方案就是在边坡扰动后迅速采取有效的工程措施进行防护。工程措施对减轻坡面扰动初期的不稳定性和侵蚀方面的效果很好，作用也非常显著，可以达到立竿见影的效果。

但是单纯采用工程措施进行坡面防护也存在以下四个弊病：其一是成本较高——通过这几年实际工程的测算，工程措施成本约是生态措施成本的 2～3 倍甚至更高；其二是会造成永久性占地——由于工程措施主要以砌石、灰土和混凝土结构形式为主，其结构形式均是永久工程，会占据相当一部分坡台地、林地等，这也是造成其成本较高的一个因素；其三，工程措施本身对生态环境会造成一定的负面影响，永久性工程措施的采用会使得植被永远无法生长，特别是灰土等有害物质的使用还会造成周围环境一定范围内生态的恢复困难；其四，工程措施本身尚存在老化和腐蚀等问题。

在经历了几十年管道建设的实践检验和近几年深入细致的借鉴研究工作，长输管道的坡面防护工程措施渐趋系统和完善，已形成了浆砌石护坡、干砌石护坡等多种结构形式的护坡措施；同时，借鉴了相关行业和部门的成功经验，总结出了喷浆护面、浆砌石护面墙等用于高陡边坡治理的一些先进措施；根据管道行业的特点，又因地制宜地采用草袋护面（坡）、锚杆钢筋混凝土护面等特有的防护形式。

2)干砌石护坡的应用

a. 适用条件

干砌石护坡(图9-7-9)一般有单层铺砌和双层铺砌两种形式。用于坡面防护的一般为单层铺砌,厚度 0.25 ~ 0.35m,适用于土质边坡易受地表水冲刷或边坡经常有少量地下水渗出而产生小型溜塌的边坡,边坡坡度不宜陡于 1:1.25。单级防护高度宜不大于6m。

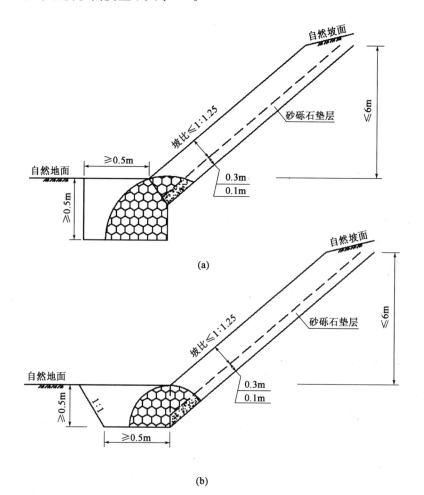

图 9-7-9 干砌石护坡典型图

(a)矩形基础;(b)溢石基础

b. 石料要求

石料应选用结构密实、石质均匀、不易风化、无裂缝的硬质片石或块石，强度等级一般不小于MU25。强度等级以5cm×5cm×5cm含水饱和试件极限抗压强度为准。

片石一般指用爆破法或楔劈法开采的石块。片石应具有两个大致平行的面，其厚度不小于15cm(卵型薄片者不得使用)，宽度及长度不小于厚度的1.5倍，质量约30kg。

块石一般形状大致方正，上下面也大致平整，厚度不小于20cm，宽度宜为厚度的1~1.5倍，长度约为厚度的1.5~3倍，如有锋棱锐角应敲除。

3)浆砌石护面墙的应用

a. 适用条件

浆砌石护面墙(图9-7-10)是为了覆盖各种软质岩层和较破碎岩石的挖方边坡，免受到大气因素影响而修建的护面墙，多用于易风化的云母片岩、绿泥片岩、泥质页岩、千枚岩及其他风化严重的软质岩层和较破碎的岩石地段，以防止继续风化。在土质边坡的设防当中，由于护面墙仅承受自重，不担负其他荷载，也不承受墙后的土压力，因此护面墙所防护的土质边坡必须符合极限稳定边坡的要求。边坡不宜陡于1:0.5。

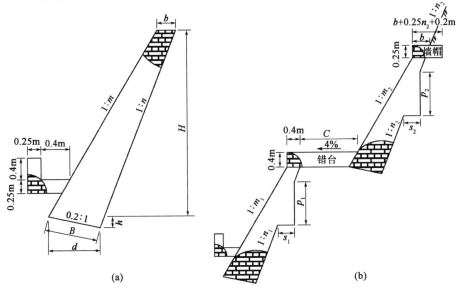

图9-7-10　浆砌石护面墙典型图

(1)单级浆砌石护面墙横断面图；(2)多级浆砌石护面墙横断面图(错台、墙帽、耳墙)

b. 结构形式

浆砌石护面墙用于一般土质及破碎岩石边坡，可分为等截面和变截面两种，如图 4-7-10 所示为变截面浆砌石护面墙。

等截面浆砌石护面墙高度，当边坡为 1:0.5 时，不宜超过 6m；当边坡小于 1:0.5 时，不宜超过 10m。变截面浆砌石护面墙高度，单级不宜超过 10m，否则应采用多级护墙，但高度一般也不宜超过 30m；两级或三级护墙的高度应小于下墙高，下墙的截面应比上墙大，上下墙之间应设错台，其宽度应使上墙修筑在坚固牢靠的基础上，一般不宜小于 1m。

等截面浆砌石护面墙厚度一般为 0.5m。变截面浆砌石护面墙顶宽 b 一般为 0.4 ~ 0.6m；底宽 B 根据墙高而定，当边坡坡度为 1:0.5 时，$B = b + H/10$；当边坡坡度为 1:0.5 ~ 1:0.75 时，$B = b + H/20$。

浆砌石护面墙基础应置于冻胀线以下至少 0.25m，基底承载力不够（小于 300kPa）时应采取适当加固措施，一般将墙底做成倾斜的反坡，倾斜度 x 根据地基情况决定，土质地基 $x = 0.1 ~ 0.2$；岩石地基 $x = m ~ 0.2$（m 为护面墙的倾斜度）。

为了增加浆砌石护面墙的稳定性，墙背每 4 ~ 6m 高应设一耳墙（错台），耳墙宽 0.5 ~ 1m；墙背坡大于 1:0.5 时，耳墙宽 0.5m；墙背坡小于 1:0.5 时，耳墙宽 1m。

4）截水墙的应用

截水墙是长输管道坡面防护中应用最为普遍的水工保护结构形式。当管线顺坡敷设，特别是长距离爬坡时，在降雨充沛的条件下，坡面极易汇水形成径流，产生面蚀甚至沟蚀。管沟的开挖又很容易形成汇水通道，在坡面汇水的持续冲刷下，管沟内部的回填土就容易逐步产生流失。长此以往，会造成管线暴露甚至悬空。因此从作用机理上而言，截水墙设防的目的是逐级减弱坡面降雨径流的冲刷作用，从而最大限度地保证管顶的覆土厚度。

依据墙体材料的不同，截水墙可分为浆砌石截水墙（图 9-7-10）、灰土截水墙、土工袋截水墙以及木板截水墙等。其中，以浆砌石截水墙和灰土截水墙最为常见，土工袋截水墙的应用也较为常见，木板截水墙只在特殊条件下才使用。现将各类截水墙的使用条件说明如下：

浆砌石截水墙适用于沟底纵坡 $8° ≤ α$（即 140‰ ≤ i）的石质及卵、砾石段管沟；灰土截水墙适用于沟底纵坡 $8° ≤ α$（即 140‰ ≤ i）的土方段管沟，且在黄土地区的应用最为广泛；土工袋截水墙适用于沟底纵坡 $8° ≤ α$（即 140‰ ≤ i）的土方段管沟，且在粘性土地区的应用最为广泛；木板截水墙适用于沟底纵坡

$45° \leqslant \alpha$（即 $1000‰ \leqslant i$）的土、石方段管沟。当石料等建筑材料无法运输到位时，木板截水墙能够方便快捷地施工，但受木材本身性质及使用上的限制，该类截水墙不宜大规模应用。

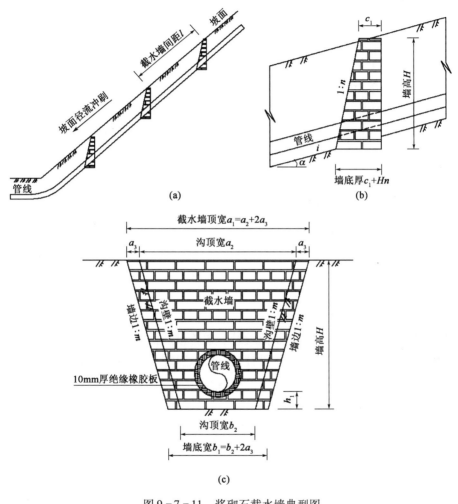

图 9-7-11　浆砌石截水墙典型图
（a）侧面图；（b）断面图；（c）正面图

二、伴行道路及施工便道

管道伴行道路是为管道服务的专用道路，建设期可用于管道施工，管道服役后可用于管道日常巡线、管道维修和事故抢修。

（一）伴行道路选线原则

(1)伴行道路的走向应根据管道维护管理的需要，结合地形、地貌、工程地质、水文地质、环境保护等因素综合考虑。

(2)伴行道路应尽量靠近输送管道，走向宜与管道并行。

(3)伴行道路应与管道建设时的施工便道相结合。在施工作业带和施工便道可利用的情况下，伴行道路应尽量在施工便道的基础上修建。

(4)伴行道路的环境保护应与修建管道的环境保护综合考虑。

(5)伴行道路的水工保护、排水系统应与管道的水工保护、排水系统综合考虑。

(6)尽量利用原有土路，减少投资，减少征地。

（二）伴行道路等级确定

管道伴行道路宜根据道路的功能采用国家四级道路或非等级道路。如建设单位对道路有特殊使用要求，应根据实际情况确定道路等级和荷载要求等级。

（三）伴行道路设计

伴行道路设计应包括道路平面设计、道路纵断面设计、道路横断面设计、路基及边坡防护设计、路面结构设计。路面施工宜在管道施工完成之后进行。

（四）施工便道

施工便道是为了便于管道施工而修建的道路，一般是临时的，施工后需要进行地貌恢复。施工便道的设计可以参照伴行道路的设计。

三、管道固定墩

（一）设置固定墩的目的与作用

管道由于气温或介质温度的变化和压力的作用，将会产生轴向力而推挤设备、阀门、热煨弯管等，造成破坏或过量变形或管道失稳。因此，在地下管道出土端和某些地下管道热煨弯管的两侧或改变管径处，常需设置固定墩或其他锚固件以限制轴向力的作用，从而保护设备、管件和保持管道免受破坏。

（二）固定墩的形式

固定墩一般用混凝土或钢筋混凝土制成。管道通过止推件牢固地锚固于固定墩上。其形式可分为上托式、预埋式和卡式，如图9-7-12所示。埋地管道敷设通常采用预埋式。

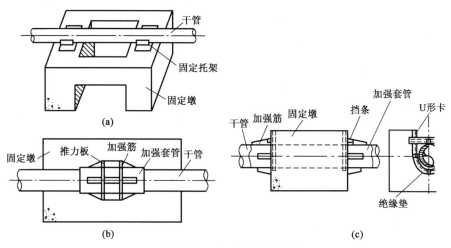

图9-7-12　固定墩的形式

有时，计算所得的固定墩体积很大，为减小固定墩体积，节约用材，可把固定墩设计成异形支墩，以充分利用未被挖开的原状土的抗力。图9-7-13就是这种异形固定支墩的一种做法。

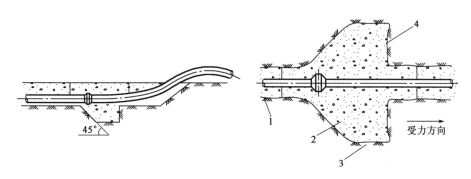

图9-7-13　异形固定支墩

1—回填土；2—钢筋混凝土；3—原状土；4—支撑面

(三)固定墩的设计计算

固定墩的设计主要包括：计算固定墩所承受的管道轴向推力；根据推力确定固定墩的长、宽、高尺寸；验算墩体的稳定和固定墩下面的土壤的地耐力。

1. 固定墩所承受的管道推力

固定墩所承受的管道推力的计算公式很多，各有适用范围，目前一般采用计算机软件进行计算，常用的软件为美国的 Caesar II。Caesar II 软件把管道简化为简单的梁单元模型，采用双线形土基模型(即弹塑性模型)，根据有限元原理，生成用位移、应力、荷载等表示的计算结果，并根据不同的荷载组合下的计算结果，按标准(如 B31.4、B31.8 等)规定进行应力校核。

2. 固定墩尺寸设计

固定墩所承受的推力是固定墩的尺寸设计的基础。固定墩的尺寸设计一般采用试算法。首先假设某一固定墩的尺寸，然后根据土力学计算固定墩侧面、底面的摩擦力和背面的被动土压力组成的阻力。如果推力大于阻力，则假设的尺寸小了，可以加大尺寸，然后重复上述步骤进行计算，直到推力小于阻力为止。

3. 固定墩的地基压力校核

固定墩的基底压应力校核和建筑地基稳定校核一样，可以根据土力学进行计算。计算时要考虑轴向力引起的偏心，使得最大墩底应力小于地基承载力，最小的墩底应力应大于零，即不要出现拉应力。

设计固定墩时，还要保证加强筋板与管壁的连接强度，能够承受甚至大于固定墩阻力的作用。目前一般采用锚固法兰，而不采用焊接筋板来作为止推件。

四、管道标识

(一)设置管道标识目的

为确保管道安全，便于维护和管理，应在输油管道沿线设置管道标识。

(二)管道标识的形式和设置原则

管道标识主要包括标志桩(里程桩、转角桩、阴极保护测试桩)、警示牌、警示带及其他永久标志。

标识设置的原则是：

(1)里程桩应沿管道从起点至终点每隔1km设置一个，不得间断。阴极保护测试桩可同里程桩结合设置。

(2)在管道改变方向处应设置水平转角桩。转角桩应设置在管道中心线的转角处。

(3)管道穿(跨)越人工或天然障碍物时，应在穿(跨)越处两侧及地下建(构)筑物附近设立标识。通航河流上的穿越工程必须按国家现行标准的规定设置警示牌。

(4)当采用地面敷设管道时，应在行人较多和易遭车辆碰撞的地方设置标识。

第十章　阴极保护及防腐保温概述

第一节　阴极保护

一、管道阴极保护

（一）阴极保护技术应用及条件

阴极保护是埋地钢质管道或金属构筑物免遭腐蚀损害的技术措施。该技术可以对完全裸露的金属管道进行保护，同时，管道的防腐层对管道保护也起着重要作用。阴极保护结合防腐层绝缘作用，对埋地管道具有很好的防护效果。

为了能够充分发挥并保障阴极保护的实施效果，首先应当具备必要的绝缘装置，将被保护体与非保护装置进行有效地隔离，使阴极保护电流充分地作用于保护对象而避免意外的流失；其次是根据需要设置必要的连续性技术跨接，以保障保护电流能够顺利有效地贯穿整个被保护体系。管道外表面涂敷有绝缘性能优异的防腐层，是必不可少的先决条件。

（二）阴极保护方法及特点

阴极保护技术通常有强制电流（也称为外加电流）保护和牺牲阳极保护两种方法，由于作用机理和形式的差异，各有各的技术特点和应用优势。

强制电流保护是由外部电源通过辅助阳极（地床）提供直流电流，对管道实行极化作用，从而抑制或消除土壤对管道的腐蚀影响，保护管道的运行安全。该技术具有保护能量足、输出电流大（且连续可调）、作用范围广、环境制约影响小、工作寿命长等优点，更适合于长距离、大口径、多环境的规模型项目工程；缺点是消耗能源，需要管理、维护，在保护系统邻近区域产生一定不良干扰等。

牺牲阳极保护是将土壤介质中比钢管道电位更低的（如镁、锌合金）"贵金属"与管道直接电连接，利用二者间的电位差作为驱动势能，通过加速消耗"贵金属"给管道提供极化电流，从而控制土壤对管道的腐蚀损害。牺牲阳极保护具有无能源消耗、管理简便、对外界不良影响小等优势；缺点是保护电流不宜调节，受土壤环境限制大，使用寿命相对较短等。这种方法更适合于口径小且防腐层质量好的局部管段、干线临时保护管段以及对干扰影响限制严的城市管网领域。

（三）阴极保护准则

按照国家现行标准《埋地钢质管道阴极保护技术规范》（GB/T 21448—2008）的相关要求，被保护的埋地金属管道（或金属构筑物）达到完全保护的评判准则如下：

（1）一般情况下，被保护管道电位（管/地界面极化电位）应当达到 $-0.85V$（相对饱和 $Cu/CuSO_4$ 下同）或更低，但不应低于 $-1.2V$（有的标准该电位值为 $-1.15V$）；

（2）特殊情况下，如高强钢或土壤电阻较高区域内的保护电位可适当高一些（$-0.75 \sim 0.65V$）；但在厌氧菌环境中，保护电位最小应达到 $-0.95V$ 或更低。

（四）阴极保护系统的构成

由于牺牲阳极保护形式较为简单，因此阴极保护系统多指强制电流保护方式，该系统的构成（图 10-1-1）通常如下：

（1）城镇交流电源设施，当无市电供应时，可采用太阳能、风力发电、柴油发电机、TEG 等直流供电方式；

（2）阴极保护恒电位仪设备，根据电源类型分为交流恒电位仪和直流恒电位仪；

（3）辅助阳极地床，阳极类型包括硅铁阳极、石墨阳极、导电聚合物及金属氧化物柔性阳极；

（4）硫酸铜（或高纯锌）参比电极；

（5）阴极保护数据检测、传输设施；

（6）阴极保护连接电缆等。

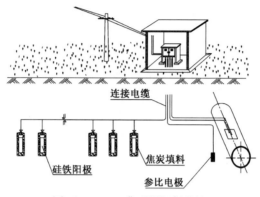

图 10－1－1　典型阴极保护站

（五）设计计算及阴保站设置

在阴极保护技术的工程实践中，应当根据工程的环境条件、工艺条件尤其是管道参数以及防腐层的具体情况，通过设计计算，核定阴极保护站的数量、建站类型、位置分布、设备和材料规格等，以满足工程阴极保护系统的实际需要，通常阴极保护系统需要计算的内容如下。

1. 强制电流阴极保护系统

单座阴极保护站保护长度计算：

$$2L = \sqrt{\frac{8\Delta V}{\pi \ D_\mathrm{p} J_\mathrm{s} R_\mathrm{s}}} \qquad (10-1-1)$$

$$R_\mathrm{s} = \frac{\rho_\mathrm{t}}{\pi \ (D_\mathrm{p} - \delta)\delta}$$

式中　L——单侧保护管道长度，km；

　　　D_p——管道外径，m；

　　　J_s——保护电流密度，A/m²；

　　　R_s——管道线电阻，Ω/m；

　　　ΔV——极限保护电位与保护电位之差，V；

　　　ρ_t——钢管电阻率，Ω·mm²/m；

　　　δ——管道壁厚，mm。

阴极保护站输出电流的计算：

$$2I_\mathrm{o} = 2 \pi \ D_\mathrm{p} J_\mathrm{s} L \qquad (10-1-2)$$

辅助阳极接地电阻计算（以浅埋立式为例）：

$$R_v = \frac{\rho}{2\pi L_a} \ln\left(\frac{2L_a}{D_a}\sqrt{\frac{4t+3L_a}{4t+L_a}}\right) \qquad (10-1-3)$$

$$R_z = F\frac{R_v}{n} \qquad (10-1-4)$$

式中　ρ——土壤电阻率，$\Omega \cdot m$；

L_a——带填料的辅助阳极长度，m；

D_a——带填料的辅助阳极直径，m；

t——带填料辅助阳极顶端至地表埋深，m；

F——辅助阳极接地电阻修正系数；

R_z——辅助阳极组接地电阻，Ω；

n——阳极支数。

系统工作寿命计算：

$$T_a = \frac{W_a K}{\omega_a I} \qquad (10-1-5)$$

式中　W_a——辅助阳极总质量，kg；

T_a——辅助阳极设计寿命，a；

K——辅助阳极利用系数，$0.7 \sim 0.85$；

I——保护电流，A；

ω_a——辅助阳极消耗率，$kg/(A \cdot a)$。

2. 牺牲阳极保护设计

牺牲阳极保护输出电流计算：

$$I_g = \frac{\Delta E}{R} \qquad (10-1-6)$$

式中　R——总回路电阻，Ω；

ΔE——牺牲阳极有效电位差，V。

牺牲阳极接地电阻计算（以立式为例）：

$$R_v = \frac{\rho}{2\pi l_g}\left(\ln\frac{2l_g}{D_g} + \frac{1}{2}\ln\frac{4t_g+l_g}{4t_g-l_g} + \frac{\rho_g}{\rho}\ln\frac{D_g}{d_g}\right) \qquad (10-1-7)$$

$$R_g = f\frac{R_v}{n} \qquad (10-1-8)$$

式中　　l_g——裸牺牲阳极长度，m；

　　　　ρ——土壤电阻率，$\Omega \cdot m$；

　　　　D_g——预包装牺牲阳极直径，m；

　　　　t_g——牺牲阳极中心至地表距离，m；

　　　　ρ_g——填饱料电阻率，$\Omega \cdot m$；

　　　　d_g——裸牺牲阳极等效直径，m；

　　　　R_g——多支组合牺牲阳极接地电阻，Ω；

　　　　f——牺牲阳极接地电阻修正系数；

　　　　n——牺牲阳极支数。

　　牺牲阳极工作寿命计算：

$$T_g = 0.85 \frac{W_g}{\omega_g I} \qquad (10-1-9)$$

式中　　T_g——牺牲阳极工作寿命，a；

　　　　W_g——牺牲阳极组净质量，kg；

　　　　I——保护电流，A；

　　　　ω_g——牺牲阳极消耗率，kg/（A·a）。

　　工程实践中，阴极保护站的数量配置，尤其是阴保站位置分布，除了首先以保护长度计算结果为依据外，还必须考虑工艺站场或阀室的设置情况、建站处地质条件限制影响等多种因素，综合考虑保护范围、阴保设备的电源供应、便于管理维护等因素。

（六）阴极保护数据检测及传输

　　为了了解并掌握阴极保护系统的工作状况，评估管道全线是否完全处于理想的保护状态，阴极保护系统需要配置阴极保护参数检测装置，如阴极保护电位测试桩（支/km）、电流测试桩（5～10km一支），以及补加的绝缘装置、套管穿越、交叉管道等各种功能检测桩。

　　近年来，管道阴极保护设计中大都配置了阴极保护数据远传设施，比如选位置设置"电位变送器"，在阴极保护恒电位仪设备中配置了阴极保护参数（输出电压、输出电流、保护电位、同步通/断测试）传输单元。此外，在阴极保护测试桩上设置保护数据采集、存储、传送设施，充分利用在役公用信息传播网，将采集到的管/地电位信号转换成短信类数字信号，远传给异地的调控中心（或中继站），使常规阴极保护测试桩具有了智能功能，极大地提高了阴极保护测试管理的技术含量。

（七）交/直流干扰影响及防护

1. 干扰源

长输管道干扰源类型较多，最常见的有高压(超高压)铁塔输电线路、高压输/配/变电站(所)、电气化铁路及其编组站、矿山直流用电设施接地极、运行中的阴极保护系统等。在上述各种干扰源中，除了后两种属于直流杂散电流影响外，其余都为交流干扰形式。交流电气化铁路干扰影响对长输管道来说，其影响作用与供/配电类型、馈电方式、电压等级、额定采流强度以及运行频率密切相关。电气化铁路的干扰有别于铁塔高压线接地体的"点"形局部影响，通常表现为范围较广的"线"形区域影响。

2. 干扰影响类型

就交流影响形式而言，高压(超高压)输电线路及其输/配/变电所的接地极对相邻管道的影响是双方面的，既有雷电强电流泄放或故障电流冲击破坏，又有交流腐蚀干扰影响。前者严重的可能造成管道防腐层、甚至是管体本身的强电冲击损坏，有时还会给管理测试人员的人身安全构成危险；后者会对管道保护电位造成频繁交变波动，甚至造成阴极保护系统正常运行的困难。在矿山直流用电设施或阴极保护系统(辅助阳极地床)的杂散电流干扰影响下，管道应有的保护电位会出现严重偏移，严重影响管道的保护效果，加速管道的土壤腐蚀，还会造成阴极保护系统的瘫痪。

3. 抗干扰防护措施

在设计中必须重视交/直流干扰影响(包括强电安全冲击破坏)，认真评估干扰作用的影响，及时采取行之有效的技术措施，确保被保护管道随时处于理想的预期保护状态，保障检测人员和管道运行的安全。

对于强电冲击破坏，其防护措施有多种形式，常用的有"法拉第笼"屏蔽法、铜裸线并行接地分流泄放法，还有耦合器接地保护法。

对于交流干扰腐蚀的防护，可采用"接地极直接排流法"、"隔直排流法"，隔直排流包括"嵌位器接地排流法"、"二极管接地排流法"、"电容接地排流法"，有效地防止交变波动对管/地电位的影响；对于管/地电位单向偏移影响的直流干扰，可采用"极性反馈排流法"、"直接反馈排流法"、"强制反馈排流法"以及"接地极间接排流法"。直流干扰"反馈排流"是指向干扰源排放杂散干扰电流的技术措施，与经接地极向大地排放干扰电流的交流干扰防护有着明显的区别(直流干扰接地排流方式除外)。

4. 排流保护效果评价

交/直流排流保护评定效果的基本准则有着本质的区别，交流干扰腐蚀排流保护效果，一般根据地质腐蚀特性确定，弱碱性土壤环境管/地交流干扰电压应不大于10V，中性土壤环境管/地交流干扰电压应不大于8V，而酸性土壤环境管/地交流干扰电位应不大于6V。为便于定量分析、判别交流腐蚀的防护效果，也可采用干扰腐蚀电流密度小于30A/m²的判定量化指标。

直流干扰排流效果是以被干扰管道管/地正电位"平均值比"为判别准则的，即按下列公式计算：

$$\eta_v = \frac{V_1(+) - V_2(+)}{V_1(+)} \times 100\% \qquad (10-1-10)$$

式中　η_v——正电位平均值比；

$V_1(+)$——排流前正电位均值，V；

$V_2(+)$——排流后正电位均值，V。

对于"直接反馈排流法"，干扰时管/地电位小于+5V的平均值比应大于85%，管/地电位在+5~+10V的平均值比应大于90%，管/地电位大于+10V的平均值比应大于95%。对于"接地极间接排流法"，干扰时相应管/地正电位的平均值比可分别降低5%。

二、站场阴极保护

（一）站场区域阴极保护技术特点

站场区域性阴极保护技术具有以下三大特点。

1. 保护电流意外流失大

站场区域阴极保护的对象除了埋地的各种金属管段外，还有与之无法分割的电力接地系统，以及混凝土基墩、构筑物内的繁杂的金属配筋等。由于埋地管道、防腐层的绝缘质量比干线管道要差得多，尤其是完全裸露电力接地极(包括间接裸露的金属配筋)很多，分布相当复杂，更是需要消耗大量的阴极保护电流，而且有别于单一的干线管道，这些极化电流受控程度远非干线管道那样高，会有相当数量的保护电流通过接地极等无序的意外散失，有时设计阶段甚至无法准确评估并预先保证足量的储备。

2. 极化电流遭屏蔽、保护效果差

站场埋地管网的分布错综复杂，存在同一层面多条管道并行甚至纵向排

布的情况。再加上邻近电力接地网影响，使得由辅助阳极地床发出的保护电流无法均衡到达并适量分配给各规格的管道表面，造成外侧靠近阳极的管道得到更多的极化电流、内测管道欠缺极化电流的现象。而且相对于有防腐层的管道，裸露的电力接地极更容易得到保护电流。反映在保护效果上，造成内侧管道保护电位偏低，与外侧或接地极电位不一致。这种现象在区域阴极保护技术应用中被称作极化电流屏蔽作用，是站场区域阴极保护设计和调试时应当尽量避免的难题之一。

3. 相互干扰控制难

区域阴极保护干扰控制，尤其是对站场区域外的干线管道的干扰影响控制，一直是设计中密切关注、需要重点解决的难题。这是由于站场区域阴极保护通常整体输出的保护电流量较大，无形中在站内埋地管网保护的同时，对站外设施而言，形成了一个较高的地电位能量场，也可以说形成了直流电流干扰源，对站外埋地管道及其阴极保护系统都会带来不可避免的干扰影响。再加上在区域阴极保护设计和实施中，往往对电力接地网的分布把握不够，极化电流经接地极散失形成的地电场分布无法一一有效控制，更增加了站场区域阴极保护系统整体对外干扰影响的整治难度。工程实践中除了设计中尽量采取预先措施规避外，往往需要依据区域阴极保护系统投运后的实测结果提出更多、更有针对性的技术措施。

（二）　站场阴极保护方法及辅助阳极类型

针对站场区域阴极保护实施的技术特点，为了有效解决"电流散失"、"电流屏蔽"和"干扰影响"三大技术难题，我国电化学保护领域的科技和工程应用技术人员研发并引进了多项新的设备和辅助阳极材料，形成了以多路（四路）恒电位仪、各路独立输出、分区分路调节控制，以分布式阳极、深井阳极、导电聚合物柔性阳极、混合金属氧化物线性阳极等多种形式综合配置的新型的区域阴极保护技术应用的独特方法。

其中，导电聚合物柔性阳极和近来研发出的混合金属氧化物线性阳极（IrO_2/Ta_2O_5 等 MMO 阳极）应用中沿管道同沟敷设，与被保护的管道形成一对一的对应回路，能够向管道提供更直接、更充足、更均匀的极化电流。它们可以方便地布放在管道回填细土层中，避免了外界地质环境条件的影响，使阳极能够工作在理想的条件下，为有效抑制和解决区域阴极保护技术应用的难题供了有力的支持。

（三）站场阴极保护数据检测及传输

为了检测和评估站场区域阴极保护的实施效果，需要在场区内"敏感"位置配置一定量的固定保护电位检测点（场区内任意与管道连接的金属接地极都可作为临时检测点）。固定保护电位检测点由埋地长效参比电极与管道测试电缆构成。这些检测点既可以引到某处集中管理，也可以就地分别布设，只是就地布设的固定保护电位检测点往往处于"高危区"内，因此检测装的形式应能满足在"防爆区"应用的技术要求。

此外，区域阴极保护的多路恒电位仪都配备了数据传输接口，可以将恒电位仪的工作参数远传至调控中心。数据传输可以采用"点对点"的并行多组接口（接线繁杂），但最好采用标准数字转换串型接口（如 RS 485），并且各路可以共用一个接口，顺序扫描每一路传输的数据。通常恒电位仪（每一路）数据传输内容包括"输出电压"、"输出电流"、"保护电位"以及"故障报警"等。需要说明的是，当多路恒电位仪某一路发生故障报警时，不应影响到其他回路的正常工作。

（四）区域阴极保护系统投运及调试

根据区域阴极保护的技术特点，站场埋地金属管网以及相关金属设施的阴极保护系统的运行调试应以控制局部电位、着眼全局均衡、抑制干扰影响为原则；同时，根据区域阴极保护大多采取分路、分区保护方式的特点，在阴极保护系统投运调试中，应当采取逐路调节、分区测试、整体调配的方式。有时为了摸索单路的保护预期效果，往往在某路阴极保护设施具备条件时，采取边施工、边试运、边初测的运作模式，并根据中间监测评估情况指导并调整下一路"辅助阳极"安装的位置，甚至增减阳极的数量，以便使整个站场预期保护的各种埋地金属设施都能均衡地处于较为理性的保护状态下。

（五）储罐保护

1. 底板内壁浸水区侧壁保护

储罐内壁浸水区限于环境条件限制比较单一，通常采用活化铝合金牺牲阳极作为保护手段。活化铝合金牺牲阳极的布放及数量应根据保护区面积（罐周侧壁浸水区、罐底内表面）确定，并应根据介质的腐蚀性、保护区罐壁防腐层的绝缘情况以及活化铝合金牺牲阳极在该腐蚀环境中的消耗率核定活化铝合金牺牲阳极规格，以满足设计预期工作寿命的技术要求。

2. 底板外壁保护

1）保护方法及适应性

储罐底板外壁阴极保护分为牺牲阳极保护和强制电流保护两种，其中牺牲阳极保护的适应范围较小，大多为强制电流保护。根据储罐（直径）规模的大小，强制电流保护辅助阳极形式各有不同。对于小型储罐（5000m³以下），可采用在储罐周边环形布设硅铁阳极形式；对于大型储罐（10000 ~ 100000m³），多采用罐底基础层中布设网状或线性阳极方式，由于辅助阳极材料以及阳极地床形式不同，工程实践中呈现出不同的技术特点。

2）辅助阳极类型及技术特点

周边环形布设硅铁阳极，对于直径不是很大的储罐，保护电流基本能够充分并足量地抵达罐底中心，可以取得较好的保护效果。尤其是对已建储罐，在罐底阳极无法布设的情况下，该方法不失为有效的补救措施。相对罐底阳极形式，周边阳极对罐底保护电流的分布均匀性存在不足，当罐直径较大、土壤电阻较高时，储罐中心部位有时可能无法得到足够的保护电流，保护效果受到一定的影响；

罐底基础层中布设金属氧化物（MMO）网状阳极，以及环形或蛇形布设导电聚合物柔性阳极，可以和储罐罐底形成一一对应的保护回路，阳极电流以最简捷、最直接的形式抵达储罐罐底表面，使得保护电流更充足、电流极化更均匀。由于实现了电流最小流通路径，避免了保护电流的无序散失，电流作用效率更高，对外界影响也最小，因此这种方法是目前储罐罐底阴极保护中常采用的辅助阳极形式。

3）储罐保护数据检测及传输

对于储罐（尤其是大型储罐）的保护效果的检测，通常采取罐底预设长效参比电极、罐外测试形式。常用参比电极类型包括"铜/硫酸铜"和"高纯锌"参比电极，一般沿储罐半径"一字形"间隔布设，每支参比电极各带测试电缆，与储罐检测电缆一起，一同引到罐区周边设置的测试桩内；另外，为了提高储罐保护的自动化水平，保护储罐的设备都配置有工作参数输出远传接口，可以方便地将恒电位仪的输出数据传输到站控室或调控中心（图10 - 1 - 2）。

3. 储罐保护设计计算

1）保护电流的计算

$$I_{保} = \pi \times R^2 \times J_s \qquad (10 - 1 - 11)$$

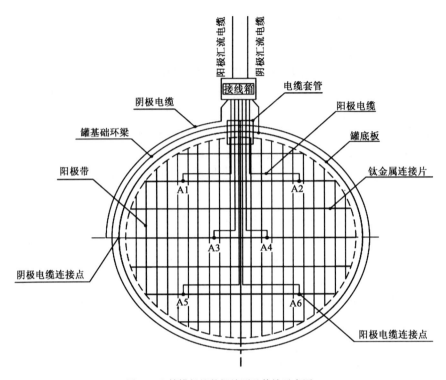

图 10-1-2 储罐保护数据检测及传输示意图

式中　$I_保$——罐底保护所需保护电流，A；

　　　　R——罐底圆半径，m；

　　　　J_s——保护电流密度，mA/m²。

2）阳极长度的计算

$$L = 1.35 \times \frac{I_保}{I_0} \qquad (10-1-12)$$

式中　L——阳极长度，m；

　　　　I_0——阳极额定电流，mA/m。

3）回路电阻的计算

$$R_总 = R_1 + R_2 , R_1 = \frac{\rho}{2\pi L}\left(\ln\frac{2L^2}{rD} - 2\right)Q \qquad (10-1-13)$$

式中　$R_总$——总回路电阻，Ω；

　　　　R_1——阳极接地电阻，Ω；

　　　　R_2——回路其他电阻，Ω；

D——阳极埋深，m；

r——等量半径，m；

ρ——土壤电阻率，$\Omega \cdot m$；

Q——电阻系数(取 1.5)。

4)阳极寿命的计算

$$Y = \frac{U}{I} \times S \qquad (10-1-14)$$

式中　I——设备输出电流，A；

U——阳极效率，取 $72A \cdot a/m^2$；

S——阳极面积，m^2。

5)设备电流的计算

$$I = 150\% \times I_{保} \qquad (10-1-15)$$

6)设备电压的计算

$$V = I \times R_{总} \qquad (10-1-16)$$

式中　V——设备输出电压，V。

储罐保护电流应考虑储罐接地极的电流消耗，设计中应预留适当的余量。投运时应根据预设长效参比电极检测到的储罐罐底(尤其是中心部位)的保护结果，评估储罐的保护效果，并根据分析、评估情况调节设备的输出电流，直到整个储罐罐底都处于良好的受保护状态；当保护对象是防雷接地系统相连的罐群，并且每个储罐施行独立保护时，单罐保护系统投运中不仅要求本保护储罐的保护效果，还应充分考虑并兼顾相邻储罐的保护状况，尽量争取整个罐群每个储罐的保护效果。

4. 内腐蚀检测

内腐蚀检测技术主要应用于输气(尤其是湿气)管道，以及输送介质具有一定腐蚀性的长输管道。内腐蚀检测技术的主要作用是监测输送介质的腐蚀特性，测定腐蚀速率，为管道的长期安全运行提供技术支持。

内腐蚀检测装置通常由与管道直接焊接的"取样结构"、"测试探头及腐蚀挂片"、"便携式数据采集器"以及"采样数据分析、处理软件"等四部分组成，采样数据分析一般需要有经验的专业技术人员，并配备专门的检测仪器或设施。

(1)腐蚀探针即测试探头，平时长期置于输送介质和运行环境条件中，根据管理要求，定期通过"便携式数据采集器"现场测取数据，并带回检验室进行数据处理与分析，形成检测分析报告，并及时将检测分析结果反馈有关运行管理人员。

腐蚀探针属于在线检测技术，要求探针的选材、加工精度、探针结构、尺寸、形状都应满足有关技术要求，并应与选用的后期数据处理、分析软件的技术功能、分析方法、数据处理精度相适应，一般由同一专业科技公司配套提供。

（2）矢量腐蚀挂片。矢量腐蚀挂片同样长期置于输送介质和运行环境中，一般半年或一年（或根据管理要求）将挂片取出，经腐蚀产物清除与置入前挂片的重量相对比，定量考察和计算挂片因腐蚀造成的重量矢量及腐蚀速度，同时分析清除下的腐蚀产物，判断腐蚀机理，分析腐蚀原因和影响因素，为管道的安全运行管理提供指导建议。

通常要求矢量腐蚀挂片的材质与运行管道相一致，并精确测量挂片的外形尺寸、粗糙度，尤其是精确测量并记录挂片的重量。

三、阴极保护技术的应用与发展

随着科技水平的持续发展和提高，我国阴极保护技术领域在设备智能化、材料新颖化、检测手段科技化等方面都取得了突飞猛进的发展。

恒电位仪不仅在早期的变压/整流、可控硅型的基础上加入了计算机管理、控制以及工作参数传输单元，提升了老机型的操控水平，同时研发出了高频、数字电路控制的新机种，极大地提高了设备的控制精度和运行稳定性，也使设备日益小型化；同时，开发出了集中管理、显示、独立调节控制的多路恒电位仪一体机。

在辅助阳极材料方面，除了保持传统硅铁阳极的技术性能外，研发出了导电聚合物柔性阳极、金属氧化物（MMO）线性阳极，以及专门用于深井地床的预包装型金属氧化物阳极，使得辅助阳极种类有了喜人的壮大和扩展，能够帮助工程技术人员根据不同应用条件选择更适合的阳极种类，进而提升了设计科技水准。

在管理检测手段上，技术进步更是显著。现实项目工程阴极保护数据检测中，更多地采用了 ACVG 和 DCVG 测量方法，并掌握了如 PCM 交流电位梯度检测（巡管捡漏）技术和设备、CIPS 直流密间隔电位梯度测量技术和设备，研发出了多种类型、规格用于的断电测试的极化探头以及配套的智能断电电位测试仪。

所有这些新技术、新设备、新材料、新仪器以及新思路、新方法、新观念的逐渐引入和创新，极大地提升了阴极保护技术在我国的应用水平。

第二节　管道防腐保温

一、管道防腐

（一）防腐层作用及选用原则

防腐层作为金属管道隔绝导电介质、抵抗土壤腐蚀的第一道防线，其实用效果是非常重要和有效的。防腐层的功能及选用原则如下：

（1）防腐层应具有较好的绝缘性能、足够高的电气强度，能够有效地隔绝腐蚀介质对金属管道的侵蚀作用。

（2）具有良好的化学稳定性，能够适用长期的环境因素考验。良好的化学稳定性包括耐老化性能更优越，耐酸、碱及微生物等化学介质更强，有足够低的吸水率、足够高的耐热性。

（3）防腐层结构具有较高的抗机械冲击性能，以及较高的剥离强度。

（4）与管道粘结性能较好，并具有较好抗阴极剥离性能。

（5）防腐层的选择应当具有便于预制生产及现场施工的特性，并具有较高的经济适应性。

（二）防腐层种类及技术特性

埋地金属管道防腐层从低级到高级大体经历了四个发展阶段，即早期的石油沥青类阶段、改性环氧煤沥青及煤焦油磁漆类阶段、单层环氧粉末及单层聚乙烯防腐层阶段，以及现阶段的双层环氧和三层聚烯烃类复合型防腐结构阶段。防腐层材料、类型、结构的不断更新和发展，使得防腐层的技术性能、环保性能越来越先进，体现着防腐层领域的技术进步与提高，给工程技术人员针对现场条件合理选配防腐措施提供了强有力的技术支持。各类防腐层材料和结构的不同，反映出各自的技术特性和优势，但综合分析各类防腐层的技术性能，依然有很多相同或类似的共性。近年来常用防腐材料及结构的技术性能见表 10-2-1。

表 10 - 2 - 1 干线埋地金属管道防腐层技术性能特性表

技术性能	单层环氧	双层环氧	聚乙烯(普)	三层聚乙烯(普)	聚乙烯胶带
防腐层厚度,mm	普 0.3/强 0.4	普 0.7/强 0.9	0.25/ (1.8 ~ 3.0)	0.12/0.17/ (1.8 ~ 3.0)	普 ≥0.7/强 1.4
密度,g/cm³	1.3 ~ 1.5	内 1.4/外 1.6	0.910 ~ 0.950	0.940 ~ 0.960	
附着力,级	1 ~ 2	1 ~ 3	≤2	≤2	
抗冲击强度	无漏点	无漏点	≥ 8J/mm	≥8J/mm	
剥离强度 (20℃±5℃) N/cm			≥ 70	≥ 100	钢 18/背材 5 ~ 10
维卡软化点,℃			≥ 胶 90/ 片材 110	≥ 胶 90/片材 110	
电气强度 MV/m	≥30	≥30	≥25	≥25	≥30
体积电阻率 Ω·m	≥ 10¹³	≥ 10¹³	≥ 10¹³	≥ 10¹³	≥ 10¹³
阴极剥离 (48h/28d),mm	≤6/8	≤6/15	≤8 (65℃、48h)	≤6/15	
吸水率,%				≤0.1	≤0.35
耐化学性能	合格	合格	合格	合格	合格

环氧粉末涂敷预制工艺为静电喷涂法,厚度根据防腐层的结构需要可控制一次或多次喷涂完成。聚烯烃类防腐层(聚乙烯或聚丙烯)预制工艺方式可分为挤出成型法和侧缠绕成型法。三层结构防腐层预制工艺相对较为复杂些,首先喷涂环氧粉末涂层,紧接着涂覆共聚物胶,接下来挤出聚乙(丙)烯层。各道工序既有分别又连续进行,整体防腐层结构一次性完成,过程中需要调配好粉末喷涂、涂胶及挤出聚乙烯各环节的流水作业速度,并经协调试运,才能确保整条作业线有序、保质运行。

(三) 防腐层结构类型确定

工程实践中,应当根据沿线土壤腐蚀特性及环境条件合理选配适合的防腐材料及结构形式,并应根据使用需求选择防腐层的级别或结构形式。比如对于定向钻、盾构、隧道等特殊形式穿越的管段,其防腐层除了要在材质与结构上特殊选择外,还应选定同材质、同结构的加强级规格形式。

对敷设于腐蚀性极强的盐渍地区、沼泽地区,以及尖利的山崮石方等极易损坏防腐层地区的管段,都应考虑选用抗盐碱、耐磨损、抗冲击并且综合性能优良的防腐层结构。

（四）现场补口、补伤技术要求

在干线管道防腐层结构形式的选配中，不可避免地需要同时兼顾技术上可行、工程上实用的现场补口结构。对于干线管道来说，只有完整的防腐层结构形式，才能保证整条管道体系防腐质量的完整性。没有与之协调、配套、实用、可靠的补口结构及施工方法，管道防腐层质量再完美、性能再优越，也不能保障补口质量，会成为管道建设技术上的重大缺陷。

对于上述环氧粉末以及聚烯烃类防腐层结构，常用的补口结构及方式有聚烯烃热缩带（或套）补口材料、无溶剂环氧类涂敷材料；对于三层聚乙（丙）烯防腐结构，需要采用专门配套的热缩带（或套）结构形式，同时要求与管道防腐层的规格（比如高密度、低密度，高温型、常温型等）相匹配。

（五）弯管防腐技术要求

应用于现场需要的特殊的弯头、弯管管段的防腐预制，受加工工艺和作业线流程的限制，一般不宜涂敷聚烯烃类防腐结构，通常该管段防腐大多采用双环氧喷涂结构。预制弯管喷涂双环氧防腐后，现场应用中一般还要在防腐层外面缠绕一层冷缠胶带作为防护层，用以抵御现场的意外损伤。

（六）防腐层施工质量控制及检验

防腐层施工质量检验，更多的是针对连接管段补口处的质量检查，也包括预制管道防腐层完好性复查，一般分两个阶段进行，即下沟回填前的电火花检测、覆土回填后的地面检漏。

现场检查内容通常包括：

（1）外观检测，查看补口管段防腐层是否均匀、平整、无流淌，有无翘边、褶皱、起泡甚至剥离及损坏现象；

（2）厚度检测，用测厚仪检测选定管道断面和区域防腐层（包括补口处）的最小厚度；

（3）附着力检测，按照标准规定的条件和设施，采用撬剥法进行检验，评定附着力级别；

（4）电火花检验，根据防腐层的结构按标准规定对防腐层施加检测电压，用金属丝电极刷检测整个选定的区域，以不产生火花为合格；

（5）其他项目，如剥离强度、阴极剥离、抗冲击检测等，一般根据工程需要采用随机取样的抽检方式。

二、站场防腐保温

站场工艺、消防、给排水等管网的防腐层，应当结合站场环境条件以及运行、操作方式的要求妥善选择。由于站场管网管道种类多、规格杂、敷设方式差异大，而且有许多阀门、弯头、三通等异形管件等，防腐层一般不宜厂内预制，多采用现场涂敷形式，给防腐层质量的保证带来了一定的困难，更需要设计中认真仔细挑选，以适应现场施工作业条件。

（一）站内埋地管道防腐层选用

站场埋地管道面临的腐蚀介质与干线管道大致相同，腐蚀破坏方式都属于土壤环境作用，只是站场管道防腐层受种类、规格以及现场敷设条件的限制，无法完全由防腐厂预制完成，很多时候需要现场涂敷，施工质量难以保证设计中需要充分考虑上述因素。因地制宜地认真选取适应强、易施工的防腐层结构形式。

常用的站场埋地管道防腐层结构形式有：与进出站场干线直连主管道多采用环氧粉末及聚烯烃类与干线管道相同的结构形式；站内其他干线、支线管道多采用无溶剂液体环氧涂料，或者采用无溶剂液态环氧外缠聚乙烯、聚丙烯类粘胶带的复合结构形式；其他工艺管以及消防水管线等也可采用上述材料以外的能保证有效防腐绝缘的其他类型的防腐形式。站场埋地管道防腐层的类型、结构及主要技术性能指标见表 10 - 2 - 2、表 10 - 2 - 3、表 10 - 2 - 4。

表 10 - 2 - 2　地下管道防腐层等级与结构要求

防腐层等级	干膜厚度，mm
普通级	≥ 0.6
加强级	≥ 0.8

表 10 - 2 - 3　地下管道防腐涂料技术性性能

项　　目		性　能　指　标	执　行　标　准	备注
外观目测		色泽均匀，有光泽		
细度，μm		≤80	《涂料细度测定法》（GB/T 1724—1979）	
固体含量，%		≥95	《色漆、清漆和塑料　不挥发物含量的测定》（GB 1725—2007）	
胶化时间，min		≥10	《环氧树脂凝胶时间测定方法》（GB 12007.7—1989）	
干燥时间 h	表干	≤2	《漆膜、腻子膜干燥时间测定法》（GB/T 1728—1979）	
	实干	≤8		

表 10-2-4　地下管道防腐层性能指标

项　　目	性能指标	执 行 标 准	备注
抗冲击强度（25℃），J	≥8	《钢制管道单层熔结环氧粉末外涂层技术规范》（SY/T 0315—2005）附录 G	
抗弯曲（23℃±1℃）	无裂纹	《钢制管道单层熔结环氧粉末外涂层技术规范》（SY/T 0315—2005）附录 F	
粘接强度（拉拔），MPa	≥10	ASTM D4541	
附着力，级	≤2	《钢制管道单层熔结环氧粉末外涂层技术规范》（SY/T 0315—2005）附录 H	
阴极剥离（24h），mm	≤8	《钢制管道单层熔结环氧粉末外涂层技术规范》（SY/T 0315—2005）	
阴极剥离（30d），mm	≤15	《钢制管道单层熔结环氧粉末外涂层技术规范》（SY/T 0315—2005）	65℃
吸水率，%	≤0.6	《埋地钢质管道环氧煤沥青防腐层技术标准》（SY/T 0447—1996）	
体积电阻率，Ω·m	≥10^{12}	《固体绝缘材料体积电阻率和表面电阻率试验方法》（GB/T 1410—2006）	
电气强度，MV/m	≥25	《绝缘材料电气强度试验方法　第 1 部分：工频下试验》（GB/T 1408.1—2006）	
耐化学性能（90d）	无变化	《埋地钢质管道聚乙烯防腐层》（GB/T 23257—2009）	

（二）站内地上管道防腐及保温

1. 站场管道防腐

站场地上管道防腐涂层，主要着眼于气象环境的大气腐蚀防护，更主要的是需要考虑防腐涂料耐候老化性能，并且需要考虑涂料可用颜色与场区管道色标限定的匹配性。整体来讲，用于地上管道的防腐涂料种类较多，常见的涂料品种及性能要求见表 10-2-5、表 10-2-6，表 10-2-7。

表 10-2-5　地上管道防腐层等级与结构

防腐层等级	结　　构	干膜厚度
普通级	底漆—中间漆—面漆	≥250μm
加强级	底漆—中间漆—面漆—面漆	≥300μm

表 10－2－6　地上管道防腐涂料主要技术指标

项　　目		指　　标					试 验 方 法
		水性无机富锌底漆	环氧富锌底漆	环氧云铁中间漆	脂肪族聚氨酯面漆	交联氟碳面漆涂料	
固体含量，%		≥70	≥70	≥70	≥50	≥50	《色漆、清漆和塑料　不挥发物含量的测定》（GB/T 1725—2007）
适用期（A、B）（25℃），h		≥5	≥5	≥5	≥2	≥4	《涂料粘度测定法》（GB/T 1723—1993）
干膜中锌粉（氟）含量，%		≥80	≥75	—	—	氟含量≥18%	《色漆、清漆和塑料　不挥发物含量的测定》（GB/T 1725—2007）
干燥时间 h	表干	≤1	≤1	≤2	≤2	≤2	《漆膜、腻子膜干燥时间测定法》（GB/T 1728—1979）
	实干	≤24	≤24	≤24	≤12	≤24	
柔韧性，mm		1～2	1～2	1	1	1	《漆膜柔韧性测定法》（GB/T 1731—1993）
附着力，级		1～2	1～2	1	1	1	《漆膜附着　测定法》（GB/T 1720—1979）
冲击强度，J		≥4.9	≥4.9	≥4.9	≥4.9	冲击性≥50cm	《漆膜耐冲击测定法》（GB/T 1732—1993）
耐盐雾性		168h1级	72h1级	72h1级	500h1级	1000h1级	《色漆和清漆　耐中性盐雾性能的测定》（GB/T 1771—2007）

表 10－2－7　地上管道防腐涂层性能

序号	项　　目		指　　标	试 验 方 法
1	耐盐雾性(500h)，级		1	《色漆和清漆　耐中性盐雾性能的测定》（GB/T 1771—2007）
2	耐化学试剂（室温，14d）	10% HCl	无变化	《埋地钢质管道聚乙烯防腐层》（GB/T 23257—2009）附录 H
		10% NaOH		
		5% NaCl		
3	电气强度，MV/m		≥25	《绝缘材料电气强度试验方法　第1部分：工频下实验》（GB/T 1408.1—2006）
4	体积电阻率，Ω·m		$\geq 1 \times 10^{11}$	《固体绝缘材料体积电阻率和表面电阻率试验方法》（GB/T 1410—2006）

序号	项 目	指 标	试 验 方 法
5	表面电阻率，Ω	≥1×10^{12}	《固体绝缘材料体积电阻率和表面电阻率试验方法》（GB/T 1410—2006）
6	耐紫外光老化（1000h）	优	《钢制储罐外防腐层技术标准》（SY/T 0320—2010）
7	冻融循环（5 个循环，120h）	优	《钢制储罐外防腐层技术标准》（SY/T 0320—2010）

2. 站场管道保温

工艺站场管道的保温多用于需要加热输送的原油管道，常用的保温材料有聚氨酯塑料泡沫保温层、岩棉保温层。保温层大都采取工厂预制方式，制作工艺包括"一步（发泡保温与外护层一次成型）法"和"二步（先套外护层，再二次填充保温层）成型法"；岩棉保温层多采用预制或现场缠绕及预制块现场包覆方式，但较之聚氨酯泡沫技术，因材料导热系数以及制作工艺不同，岩棉保温层的保温效果相差较大。

早期的防腐保温管道结构简单，管道涂敷防锈漆后直接加发泡保温层和聚乙烯防护层。当外防护层破损后，管道极易遭受地下水腐蚀，以往的工程实践中有过防腐保温管道腐蚀穿孔的实例。在新编制的防腐保温行业标准中，增添了在加保温层之前对管道进行防腐处理（如加环氧类或聚乙烯类防腐层）的要求。现行的欧洲同类标准对保温层下增加防腐层的理念依然没有引起足够的重视，应该说国内行业标准更具有先进性。

通过实践中同类管道新标准的贯彻实施，极大地避免了预制管道（即使有破损缺陷）的腐蚀危害；施工中只需认真做好管端补口段的绝缘密封，比如在补口处增加防水帽，选择与预制管段相同或相容的防腐、保温及防护层材料和结构，并采用适宜的补口防腐、保温（防护）方式，就可以使整条管道完全处于理想的保护状态。

（三）设备及辅助构件防腐要求

站场设备、埋地阀门、附属管件等的防腐设计，需要根据具体情况区别对待。有的设施自身带有较好的防腐绝缘涂层，但有的只涂刷了一层防锈底漆；也有些运行多年的设施，虽然有防腐绝缘层，但破损较为严重，已经失去了原有的防护功能。因此，需要对无法满足埋地环境实用的设施补充防腐措施。

由于这些设施多为不规则的异形体，常规防腐方式可能受到现场施工环境限制，应当选用更实用的防腐材料和施工方法。目前对埋地阀门，金属构筑设施的防腐多采用方便现场喷涂、刷涂，并对前期表面处理要求不是很严的柔软性填充材料，如矿脂防水、密封膏、粘弹体软胶带等，填充并包覆异形构件界面，同时在软性防水、密封体填充层的外面增加配套专用冷缠带或聚丙烯纤维网缠带进行机械防护。

（四）储罐防腐及保温

储罐的防腐及保温措施因罐型、结构以及储存介质的不同有差异，大体上可分为保温型储罐防腐及非保温型储罐防腐等。储罐防腐按区域不同又可分为储罐内表面防腐、浸水区内表面防腐、内置附属结构防腐、储罐外表面防腐，储罐底板外表面防腐等。一般原油储罐常会要求罐外壁防腐的同时，考虑进行保温层设计。

1. 储罐底板及内表面防腐

储罐（原油及成品油）内表面防腐包括内底及浸水区内侧壁表面、罐内侧壁表面及附属设施的防腐，常用的防腐涂料及其性能见表10-2-8、表10-2-9。

表10-2-8　储罐内表面防腐涂层结构

介质环境	防腐涂层结构	防腐涂层（干膜）厚度要求		
		厚度，μm	道数	总厚度，μm
含油污水区域	无溶剂环氧涂料	125	4	≥500
原油或成品油	环氧富锌＋导静电涂料	80＋200	2＋2	280

表10-2-9　储罐内表面防腐涂层性能要求

技　术　性　能	无溶剂环氧绝缘漆	环氧富锌漆	环氧导静电涂料
附着力，级	1	≤1	1
柔润性，mm	1	≤1	1
耐污水腐蚀（100℃，72h）	合格		合格
耐化学性（常温30d）	完好	完好	完好
体积电阻率，Ω·m	≥10^{11}	≥10^{11}	$1 \times 10^6 \sim 1 \times 10^9$
电气强度，MV/m			50

2. 储罐外表面防腐

储罐外表面防腐涂层包括外侧壁表面、罐底板外表面及外盘梯、盘管的防腐层设计，常用的防腐涂料及其性能见表10－2－10、表10－2－11。

储罐附属设施，如：盘梯、盘管等的防腐涂料选择可参照储罐外壁防腐涂层结构形式；储罐底板外壁防腐涂层材料通常选用耐高温可焊性无机硅类防腐涂料。

表10－2－10　储罐外表面防腐层结构表

大气腐蚀性	防腐层结构	防腐层厚度要求，μm			
		底漆	中间漆	面漆	总厚度
中等以下腐蚀	环氧＋环氧＋聚氨酯	80	90	80	250
	无机锌＋环氧＋聚氨酯				
强腐蚀	环氧锌＋环氧＋氟碳	0	140	100	320
	无机锌＋环氧＋氟碳				
	无机锌＋环氧＋硅氧烷				

注：表中环氧指液体环氧（或改性环氧）涂料，环氧锌指环氧富锌涂料，硅氧烷指聚硅氧烷涂料，聚氨酯指丙烯酸聚氨酯涂料，氟碳指交联型氟碳涂料，无机锌指无机富锌涂料。

表10－2－11　带保温层的储罐外壁防腐层性能表

底　　漆			面　　漆			设计总厚度，μm
类型	道数	涂膜厚度 μm	类型	道数	涂膜厚度 μm	
酚醛改性环氧涂料	1～2	120	酚醛改性环氧涂料	1～2	130	250
无溶剂环氧涂料	1	100	无溶剂环氧涂料	1～2	200	300

表10－2－12　储罐外壁防腐层涂料主要性能要求

技术性能	液体环氧	环氧富锌	无机富锌	交联氟碳	丙烯酸聚氨酯
附着力，级	1	≤1	1～2	1	1
柔润性，mm	1	≤1	≤2	1	1
耐光老化（1000h）	合格	合格	合格	合格	合格
耐化学性（常温30d）	完好	完好	完好	完好	完好
体积电阻率，$\Omega \cdot m$	$\geq 10^{11}$	$\geq 10^{11}$	$\geq 10^{11}$	$\geq 10^{12}$	8×10^{11}
热水腐蚀（100℃，72h）	合格	合格	合格	合格	合格

储罐防腐层涂敷，尤其是储罐内表面喷涂作业，应当严格按照涂料供应商提供的涂料涂敷作业安全、环保施工作业指导书的要求进行，并应配备相

关的通风、粉尘回收设施以及人员防护器具，并应提前制定完备的施工作业安全应急抢救预案；防腐涂层作业实施期间，应指派专人负责作业安全监督。

3. 储罐保温结构

储罐尤其是原油储罐的保温层，选用材料包括聚氨酯塑料泡沫保温材料、岩棉保温材料以及硅酸盐类保温材料。对于储罐保温，可采用现场发泡或喷装填充保温层空间，也可以采取上述保温材料工厂预制成保温板运到现场拼接的安装方式。相对而言，预制块现场拼装保温效果要差些，但考虑到现场喷装填充或现场发泡施工作业难度较大，综合造价相对较高，一般采用工厂预制成型（保温板）现场拼装作业方式更为普遍。

随着近来对环保、健康要求日益严格，岩棉保温材料因保温性稍差并且对施工人员健康存在一定的影响，逐渐处于被淡化及淘汰趋势。以上三种储罐保温材料结构的主要技术性能见表 10-2-13。

表 10-2-13　储罐保温材料主要性能要求

技 术 性 能	岩棉保温材料	聚氨酯泡沫保温材料	复合硅酸盐材料
材料应用结构	开孔	闭孔铰链状	开孔
导热系数，$W/(m \cdot K)$	0.050	0.028	0.045
密度，kg/m^3	120	60	160
使用温度，℃	$+350 \sim +600$	$-40 \sim +100$	$+300 \sim +550$
防火性能	A	B2	A
使用年限，a	$3 \sim 5$	$6 \sim 10$	$3 \sim 5$

第三节　综合实例分析

一、干线管道阴极保护系统设计实例

1999 年投产的某输油管道工程年设计输量 $2000 \times 10^4 t$，除首、末站外中间（假定）平均设有二座泵站。站场设备采用交流供电系统，并配有 $53 \times 10^4 m^3$ 库容的原油储罐（假设单罐管容均为 $10000 m^3$）。管道全长 248.52km，采用 X60 级 $\phi 711.2mm \times 6.57mm$ 钢管，采用聚乙烯类防腐层。假定沿线土壤

电阻率在 $60 \sim 150 \Omega \cdot m$ 之间。现对该项目工程进行干线管道及储罐阴极保护设计。按照相关设计标准和规范，计算参数取值如下：

自然电位 $-0.55V$，最小保护电位 $-0.85V$，最大保护电位 $-1.20V$，土壤电阻率 $100\Omega \cdot m$，最小电流密度 $10mA/m^2$，钢管电阻率 $0.166\Omega \cdot mm^2/m$，管直径 $711.2mm$，管壁厚 $6.57mm$，硅铁阳极间距 $3m$，硅铁阳极数量取 20 支，阳极地床屏蔽系数 1.96，硅铁阳极长度 $2.0m$（带填料），硅铁阳极直径 $0.05m$（带填料），硅铁阳极埋深 $2.5m$。

单座阴保站保护长度为：

$$2L = \sqrt{\frac{8\Delta V}{\pi \, D_p J_s R_s}}$$

$$= \sqrt{\frac{8 \times 0.35}{3.14 \times 0.711 \times 10^{-5} \times 1.14 \times 10^{-5}}}$$

$$= 105 \ (km)$$

$$R_s = \frac{\rho_t}{\pi (D_p - \delta)\delta}$$

$$= \frac{0.166}{3.14 \times (711 - 6.57) \times 6.57}$$

$$= 1.14 \times 10^{-5} \ (\Omega/m)$$

阴极保护站设置数量为 $284.52km/105km = 2.7$ 个（取 3 座），但考虑到能够利用站场交流电源（不必单建太阳能直流供电装置，费用通常高于阴保站），并考虑便于管理，以及考虑保护长度余量（一般取 10%）等因素，本工程应设置 4 座，分别设置在首站、二个中间站和末站。

保护电流需求：

$$2I_0 = 2\pi D_p J_s L$$
$$= 2 \times 3.14 \times 0.711 \times 10^{-5} \times 105000 = 4.691 (A)$$

辅助阳极地床接地电阻：

$$R_v = \frac{\rho}{2\pi L_a}\ln\left(\frac{2L_a}{D_a}\sqrt{\frac{4t+3L_a}{4t+L_a}}\right) = \frac{100}{2 \times 3.14 \times 2}\ln\left(\frac{2 \times 2}{0.3}\sqrt{\frac{4 \times 2.5 + 3 \times 2}{4 \times 2.5 + 2}}\right) = 22.9(\Omega)$$

$$R_z = F\frac{R_v}{n} = 1.96 \times \frac{22.9}{20} = 2.24 (\Omega)$$

设备输出功率：

$$I = 150\% \times I_保 = 1.5 \times 4.691 = 7.07 (A)$$

$$V = I \times (R_z + R_{电缆} + R_{过度}) + 2V(反向电压)$$
$$= 7.04 \times \left(2.24 + \frac{0.722}{2} + 0.23\right) = 19.91(V)$$

阴极保护恒电位仪规格选取：AC 220V、60Hz，30V/15A。

硅铁阳极消耗率 $\omega = 0.5kg/(A \cdot a)$，阳极利用系数 $K = 0.75$，阳极的单支质量 $W_a = 23.0kg$，则：

$$T_a = \frac{W_a \times K}{\omega_a \times I} = \frac{0.75 \times 23 \times 20}{0.5 \times 4.69} = 147.12(a)$$

二、站场储罐阴极保护设计实例

储罐底板外壁保护仅以单座 10000m³ 储罐为例，储罐保护采用金属氧化物网状（MMO）阳极，阳极埋设间距 1.5m，导电钛片间距 4.5m，储罐直径 31m，保护电流密度 8mA/m²，阳极额定输出电流 15mA/m，最小保护电位 −0.85V，最大保护电位 −1.20V，储罐基础沥青砂垫层电阻率 300Ω·m，阳极利用系 $Q = 1.5$，阳极带等量半径 $r = 2.2$。

保护电流需求：

$$I_{保} = \pi \times R^2 \times J_s = 3.14 \times 15.5^2 \times 8 = 6035.1(mA) = 6.04(A)$$

网状阳极长度：

$$L = 1.35 \times \frac{I_{保}}{I_0} = 1.35 \times \frac{6.04}{0.015} = 543(m)（取550m）$$

阳极接地电阻：

$$R_1 = \frac{\rho}{2\pi L}\left(\ln\frac{2L^2}{rD} - 2\right)Q = \frac{300}{2 \times 3.14 \times 543}\left(\ln\frac{2 \times 543^2}{2.2 \times 0.5} - 2\right) \times 1.5 = 1.48(\Omega)$$

$$R_{总} = R_1 + R_2 = 1.48 + 0.2 = 1.68(\Omega)$$

阳极工作寿命：

$$Y = \frac{U}{I}S = \frac{72}{6.04} \times 2 \times (0.00643 + 0.000643) \times 543 = 91.5(a)$$

恒电位仪设备规格选择：

$$I = 150\% \times I_{保} = 1.5 \times 6.04 = 9.06(A)（取15A）$$

$$V = I \times (R_{总} + R_{电缆}) + 2 = 15 \times (1.68 + 0.56) + 2 = 35.6(V)（取40V）$$

　　网状金属氧化物阳极应用中，导电钛片般按阳极长度的三分之一计取，埋设间距通常是阳极带间距的三倍，本实例中取 4.5m；阳极带与导电钛片经过专用点焊机连成一个网，焊点必须牢固并进行防腐密封；阳极电缆与导电钛片间采用"钛/铜过渡"专用接头连接。为了检测储罐保护效果，需要在储罐基础层中沿一半径均匀布设一定数量的参比电极，以便测取罐底各同心圆的极化电位分布情况，评估罐底的保护程度。

第十一章 管道焊接与检验、清管试压与干燥的相关知识

第一节 管道焊接与检验

一、线路管道焊接与检验

（一）管道焊接方式

管道焊接使用的方法包括焊条电弧焊、半自动焊、自动焊或上述方法的组合。半自动焊和自动焊是目前管道工程最常用的方法。

1. 半自动焊

半自动焊采用半自动焊机配以自动送丝机，可以从管顶一直焊至管底，中间不需像手工焊条电弧焊那样断弧、更换焊条，节省了大量的焊接时间；同时，由于减少了焊接中的断弧、起弧，减少了焊接接头，减少了焊接缺陷。半自动焊不需气体保护，并可在较大外部风速的环境下施焊，减少了焊机的气体保护设施和防风蓬，可以适用于野外多种地形、地貌下的焊接。同时，药芯焊丝的熔敷效率高达85%，而手工焊条只有55%左右，因此半自动焊可节省焊接材料。

2. 自动焊

自动焊接减少了人为因素对焊接质量的影响，减轻了工人劳动强度，容易保证焊接质量，同时具有焊接速度快、焊接材料成本较低(比同条件下药芯焊丝成本低20%)、对焊工的技术水平要求较低等优点，但是对管道坡口、对口质量要求高，即要求管子全周对口均匀，并且自动焊受外界气候的影响较大。自动焊一般用于大口径、高壁厚管线的平原、微丘等地形较好的地段。

（二）管口组对与焊接

（1）焊接施工前，应根据设计要求，制定详细的焊接工艺指导书，并据此进行焊接工艺评定。焊接工艺应符合国家现行标准《钢质管道焊接及验收》（SY/T 4103—2006）的有关规定。根据评定合格的焊接工艺，编制焊接工艺规程。

（2）当使用的材料或气候条件要求焊前预热或焊后热处理时，焊接工艺规程中应规定焊前预热或焊后热处理的工艺要求。

（三）焊缝的检验与验收

（1）焊接检验分为外观检验和无损检验。外观检验采用目测的方法，主要对焊缝的外观表面质量进行检验，例如对表面缺陷错边、咬边、焊道宽度、余高进行的检验。无损检验采用不破坏产品性能和完整性的方法，常用的无损检验方法有射线探伤、超声波、磁粉和液体渗透等。

（2）对于焊接质量检查的程序，一般是施工单位质量检查人员先对焊接质量检查合格后，再由现场施工监理人员对焊缝质量进行抽查。对于外观质量检查不合格的焊口，不得进行无损检验。对于外观检查合格的焊口，由监理工程师随机抽查焊口，按设计要求的检查比例签发进行无损检验焊口指令给无损检测方（一般为独立的第三方），由无损检测方对焊口实施检测，并把结果反馈给监理，由监理下达指令给施工单位对焊口进行返修，然后再进行无损检测直至合格。

（3）采用手工电弧焊和半自动焊的管道环向焊缝宜采用100%射线检测。凡能够使用爬行器的，均使用爬行器。

（4）管道采用全自动焊时，宜采用100%全自动超声波检测。

（5）对于通过居民区、工矿企业、水域、一/二级公路、铁路、隧道的输油管道环焊缝，以及所有碰死口焊缝，应进行100%超声波检测和射线检测。

（6）对于穿（跨）越水域、公路、铁路的输气管道焊缝，弯头与直管段焊缝以及未经试压的管道碰死口焊缝，均应进行100%超声波检测和射线检测。

（7）无损检测应符合国家现行标准《石油天然气钢质管道无损检测》（SY/T 4109—2005）的规定，射线检测及超声波检测的合格等级应符合下列规定：

①输油管道设计压力小于或等于6.4MPa时，合格级别为Ⅲ级；设计压力

大于 6.4MPa 时，合格级别为 Ⅱ 级。

②输气管道设计压力小于或等于 4MPa 时，一、二级地区管道合格级别为 Ⅲ 级，三、四级地区管道合格级别为 Ⅱ 级；设计压力大于 4MPa 时，合格级别为 Ⅱ 级。

二、站场内管道焊接与检验

（一）一般规定

（1）在管道焊接中，对于任何初次使用的钢种，焊接材料和焊接方法都应进行焊接工艺试验和评定。焊接工艺试验和评定应符合《钢质管道焊接及验收》（SY/T 4103—2006）的规定。

（2）安装单位已有的焊接工艺评定结果在新建工程上使用时，需要进一步确认。若其中任何一要素与实际情况不符实，应依据《石油天然气站内工艺管道工程施工及验收规范》（SY 0420—2000）的要求，确定是否重新进行焊接工艺评定。

（3）应根据焊接工艺评定报告编制焊接工艺规程。

（4）参加焊接作业的人员必须按照焊接工艺规程，经过考试合格，取得相应资格才可上岗工作。焊工资格考试按照《钢质管道焊接及验收》（SY/T 4103—2006）执行。

（二）焊接

（1）焊接材料应满足的要求：

①焊条无破损、变色，无油污杂物；焊丝无锈蚀、污染现象；焊剂无变质现象；保护气体的纯度和干燥度应满足焊接工艺规程的要求。

②焊条使用前应按产品说明书要求进行烘干。在无要求时，低氢型焊条烘干温度为 350~400℃，恒温时间 1~2h。焊接现场应设恒温干燥箱（筒），温度控制在 100~150℃，随用随取。当天没用完的焊条应收回，重新恒温使用，但重新烘干的次数不得超过 2 次。纤维素焊条在包装良好无受潮时可不烘干，受潮时应进行烘干，烘干温度为 80~100℃，烘干时间为 0.5~1h。

③在焊接过程中焊条出现药皮脱落、发红或严重偏弧时，应立即更换。

（2）焊接作业环境。在无有效的防护措施时，下列环境中不得进行焊接作业：

①雨天或雪天；

②大气相对湿度超过90%；

③风速超过2.2m/s（气体保护焊），风速超过8m/s（药皮焊条手工电弧焊），风速超过11m/s（药芯焊丝自保护焊）；

④环境温度低于焊接规程中规定的温度；

⑤低碳钢允许焊接的最低温度为－20℃，低合金钢允许焊接的最低温度为－15℃，低合金高强钢允许焊接的最低温度为－5℃。

（3）管道对接接头形式应符合表11－1－1的要求。

表11－1－1　管端坡口型式及组对尺寸

名　　称	坡　口　型　式	壁厚δ mm	坡 口 尺 寸		组对间距b mm
			角度α	钝边p，mm	
管道 与管件 对接	L=1.5δ	<9	70°±5°	上向焊1~2.0 下向焊1~1.5	上向焊1~2.5 下向焊1~2.0
		≥9	60°±5°	上向焊1~2.0 下向焊1~1.5	上向焊1~3.5 下向焊1~2.0
管道 对接		<9	70°±5°	上向焊1~2.0 下向焊1~1.5	上向焊1~2.5 下向焊1~2.0
		≥9	60°±5°	上向焊1~2.0 下向焊1~1.5	上向焊1~3.5 下向焊1~2.0
不同管壁 对接	$L \geq 4(\delta_2 - \delta_1)$	<9	70°±5°	上向焊1~2.0 下向焊1~1.5	上向焊1~2.5 下向焊1~2.0
		≥9	60°±5°	上向焊1~2.0 下向焊1~1.5	上向焊1~3.5 下向焊1~2.0
骑座式 三通接头 支管		<6	50°±5°	1.0~1.5	1.5~2.5
承插式 三通接头 主管		≥6	50°±5°	1.0~1.5	1.5~2.5

（4）管道组对焊接时，对应坡口及其内表面用手工或机械进行清理，清除管道边缘100mm范围内的油、漆、锈、毛刺等污物。

（5）管道对接焊缝位置：

①相邻两道焊缝的距离不小于 1.5 倍管道公称直径，且不得小于 150mm。

②管道对焊焊缝距离支吊架不得小于 100mm，且不宜小于管子外径。

③管道对接焊缝距离弯管起点不得小于 100mm，且不宜小于管子外径。

④直缝管的直焊缝应位于易检修的位置，且不应在底部。

（6）工艺管道上使用的弯头必须采用直口组对焊接。

（7）施焊时严禁在坡口以外的管壁上引弧；焊机地线应有可靠的连接方式，以防止和避免地线与管壁之间产生电弧而烧伤管材。

（8）预制好的防腐管段，焊接前应对管端防腐层采取有效的保护此时，已防止防腐层被电弧灼伤。

（9）管道焊接时，根焊必须焊透，背面成型良好；根焊于热焊宜连续进行，其他层间间隔也不宜过长，当日焊口当日完成。

（10）每遍焊完后应认真清渣，清除某些缺陷后在进行下一道工序。

（11）每道焊口完成后，应用书写或粘贴的方法在焊口下游 100mm 处对焊工或作业组代号及流水号进行标识。

（三）焊接热处理

（1）焊接接头的焊前热处理和焊后热处理应根据设计要求和焊件结构的刚性，在焊接工艺评定中确定热处理工艺。

（2）异种钢焊接时，预热温度应按可焊性差的钢材要求确定。

（3）预热应在焊口两侧及周边均匀进行，应防止局部过热，预热宽度应为焊缝两侧各 100mm。

（4）对有预热要求的焊接，在焊接过程中的层间温度不应低于其预热温度。

（5）后热和热处理应按焊接工艺评定确定的工艺规定进行。

（6）热处理加热范围应为焊口两侧大于焊缝宽度的 3 倍，且不小于 25mm，加热区以外的 100mm 范围应予保温。

（7）热处理后的焊缝应符合设计规定要求，否则应对焊缝重新进行热处理。一道焊缝热处理次数不得超过 2 次。

（四）焊缝检验与验收

（1）管道对接焊缝应进行 100% 外观检查，应符合下列规定：

①焊缝焊渣及周围的飞溅物应清除干净，不得存在有电弧烧伤母材的

缺陷。

②焊缝允许错边量不宜超过壁厚的10%，且不大于1.6mm。

③焊缝宽度应为坡口上口两侧各加宽1～2mm。

④焊缝表面余高应为0～1.6mm，局部不应大于3mm，且长度不大于50mm。

⑤焊缝应整齐均匀，无裂纹、未焊透、气孔、夹渣、烧穿及其他缺陷。

⑥盖面焊道局部允许出现咬边。咬边深度不应大于管道壁厚的12.5%，且不超过0.8mm。在焊缝任何300mm的连续长度中，累积咬边长度应不大于50mm。

（2）焊缝外观检查合格后应进行无损探伤。射线探伤、超声波探伤应按《石油天然气钢质管道无损检测》（SY/T 4109—2005）的规定执行。

（3）焊缝的无损探伤检查应由经锅炉压力容器无损检测人员资质考核委员会制定的《无损检人员考试规则》考试合格并取得相应资格证书的检测人员承担。

（4）无损探伤检查的比例及验收合格等级应符合设计要求。没有规定时，应按下列规定执行：

①管道对接焊缝无损探伤检查数量及合格等级符合表11－1－2的规定。

表11－1－2　焊缝无损探伤检查数量及合格等级

设计压力，MPa	超声波探伤		射线探伤	
	抽查比例，%	合格等级	抽查比例，%	合格等级
$p > 16$	—	—	100	Ⅱ
$4.0 < p \leqslant 16$	100	Ⅱ	10	Ⅱ
$1.6 < p \leqslant 4.0$	100	Ⅱ	5	Ⅲ
$p \leqslant 1.6$	50	Ⅲ	—	—

②穿越站场道路的管道焊缝、试压后连头的焊缝应进行100%射线照相检查，合格等级符合表11－1－2的规定。

③不能进行超声波或射线探伤的部位焊缝应按《工业金属管道工程施工规范》（GB 50235—2010）的要求进行渗透或磁粉探伤，无缺陷为合格。

（5）焊缝抽查检测应具有代表性和随机性，或由工程监理指定。对每个焊工或流水作业组每天复验或抽查的比例应大致相同。

（6）不能满足质量要求的焊接缺陷的清除和返修应符合《钢质管道焊接及验收》（SY/T 4103—2006）的规定。返修后的焊缝应进行复查。

第二节　管道清管、试压与干燥

一、输油(气)线路清管、试压与干燥

输油(气)管道在下沟回填后应清管和试压；输气管道还需要进行干燥。清管和试压应分段进行。

(一) 清管

(1) 分段试压前，应采用清管球(器)进行清管。清管次数不应少于两次，以开口端不再排出杂物为合格。

(2) 分段清管应设临时清管器收发装置，清管器接收装置应选择在地势较高且50m内没有建筑物和人口的区域，并应设置警示装置。

(3) 清管球充水后直径过盈量应为管内径的5%～8%。

(4) 清管前，应确认清管段内的线路截断阀处于全开状态。

(5) 清管时的最大压力不得超过管线设计压力。

(6) 清管器应适用于管线弯管的曲率半径。

(7) 清管合格后需进行测径。测径宜采用铝质测径板，直径为试压段中最大壁厚钢管或者弯头内径的90%。当测径板通过管段后，无变形、折皱为合格。

(二) 试压

(1) 输油(气)管道必须进行强度试压和严密性试验，但在试压前应先设临时清管设施进行清管，并不应使用站内设施。

(2) 水域大中型穿(跨)越国家铁路、一二级公路和高速公路的管段，应根据国家现行标准的规定单独试压，合格后再同相邻管段连接。

(3) 清管器收发装置应与线路一同试压。

(4) 壁厚不同的管段应分别试压。

(5) 对于原有管道换管的管段，在同原有管道连接前应单独试压，试验压力不应小于原管道的试验压力。同原管道连接的焊缝，应采用射线探伤进

行 100% 的检查。

（6）输油管道试压：

①采用水作为试验介质时，输油干线的一般地段强度试验压力不得小于设计内压力的 1.25 倍；大中型穿（跨）越及通过人口稠密区和输油站的管道，强度试验压力不应小于设计内压力的 1.5 倍，持续稳压时间不应小于 4h；当无泄露时，试验压力降至设计内压力的 1.1 倍进行严密性试验，持续稳压时间不应小于 4h；当因温度变化或其他因素影响试压的准确性时，应延长稳压时间。

②沿管道中心线两侧各 200m 范围内，任意划分长度为 2km 的地段，居民户数在 10 户以下的区段，以及荒地、沙漠、山区、草原、耕地等严重缺水地区，采用气体为试验介质时，试验压力应为设计内压力的 1.1 倍，严密性试验压力等于设计内压力，但管材必须满足止裂要求。试压时必须采取防爆安全措施。

③当采用强度试验压力时，管线任一点的试验压力与静水压力之和所产生的环向应力一般不应大于钢管最低屈服强度的 90%。对特殊地段经充分论证后，最大压力值不得大于钢管最低屈服强度的 95%。

（7）输气管道试压：

①试验介质：

——位于一、二级地区的管段可采用气体或水作为试验介质。

——位于三、四级地区的管段用水作为试验介质。

——三、四级地区的管段可采用空气试压，试压条件见表 11-2-1。

表 11-2-1　三、四级地区的管段及输气站内的工艺管道空气试压条件

试压时最大环向应力		最大操作压力不超过现场最大试验压力的 80%	所试验的是新管子，并且焊缝系数为 1.0
三级地区	四级地区		
$<50\%\sigma_s$	$<40\%\sigma_s$		

②用水作为试验介质时，每段自然高差应保证最低点管道环向应力不大于 $0.9\sigma_s$。水为无腐蚀性洁净水，试压环境温度以在 5℃ 以上，否则应采取防冻措施。

③输气管道强度试验压力应根据地区等级分别进行。一级地区强度试验压力不应小于 1.1 倍的设计压力；二级地区不应小于 1.25 倍的设计压力；三级地区不应小于 1.4 倍的设计压力；四级地区和输气站内工艺管线不应小于 1.5 倍的设计压力。

④强度试验的稳压时间不应少于 4h。

⑤采用气体作为严密性试验介质时，稳压试验压力应为设计压力，并稳压 24h。

（三）干燥

（1）输气管道试压、清管结束后宜进行干燥。可采用吸水性泡沫清管塞反复吸附、干燥气体(压缩空气或氮气等)吹扫、真空蒸发、注入甘醇类吸湿剂清洗等方法进行管内干燥。

（2）管道干燥可采用上述一种或几种相结合的方法。干燥方法应因地制宜、技术可行、经济合理、方便操作、对环境的影响最小。

（3）管道干燥验收：

①当采用干燥气体吹扫时，可在管道末端配置水露点分析仪，干燥后排出气体水露点连续 4h 比管道输送条件下最低环境温度低至少 5 ℃、变化幅度不大于 3 ℃为合格。

②当采用真空蒸发时，选用的真空表精度不小于 1 级，干燥后管道内气体水露点连续 4h 低于 −20 ℃、相当于 100Pa 绝对气压为合格。

③当采用甘醇类吸湿剂时，干燥后管道末端排出甘醇含水量的质量百分数小于 20% 为合格。

④管道干燥后，如果没有立即投入运行，宜充入干燥氮气，保持绝对内压大于 0.12 ~ 0.15MPa 干燥状态下的密封，防止外界湿气重新进入管道，否则应重新进行干燥。

二、输油气站场清管、试压与干燥

（一）站内管线吹扫、试压前的要求

（1）吹扫试压的目的：清除管道内的杂物，检查管道及焊缝的质量。

（2）埋地管道在试压前不宜回填，管道在试压前不宜进行防腐、保温。

（3）试压用的压力表必须进行过校验，合格并有铅封，精度不得低于 1.5 级，量程范围为最大试验压力的 1.5 倍。试验用的温度计分度值不应大于 1℃。

（4）吹扫前，系统中的截流装置如截流孔板、调节阀、节流阀等必须拆除，用短节、弯头代替连通。

（5）水压试验时，应安装高点放空、低点放净阀门。

（6）试压前，应将压力等级不同的管道及不宜与管道一起试压的系统、设备、管件、阀门、仪表等隔开，按不同的试验压力进行试压。

（7）每个试压系统至少安装 2 块压力表，分别置于试压段高点和低点。

（二）吹扫

对于小管径管线，主要采用水冲洗、空气吹扫、蒸汽吹扫；对于较大管径管线，由于吹扫介质的流速不满足规定的要求，达不到理想的吹扫效果，一般采用爆破吹扫法。

1. 爆破吹扫

（1）应在管道强度试验合格后和严密性试验前进行。

（2）不允许参与吹扫的孔板、流量计、阀门等已经隔离。该吹扫管道与其他相邻管道、设备已隔离。

（3）爆破系统的选择应根据管道的施工图并结合实际工艺流程划分。应充分考虑由于爆破引起的作用力的影响，尽量减少临时加固点，并便于系统内连接进气管、安装压力表、更换爆破片。系统应具有足够的气容，以保证系统上游的吹扫质量。

（4）爆破口处应有 10m 以上的空地。爆破口宜选择在管道的最低部位，尽可能选择管道的端部且易于防护的地点，一般选择水平或向下方向。爆破口处应有坚固的支撑。

（5）爆破片可使用普通石棉板，厚度一般为 1～3mm，可在板上划"十"字或"井"字。爆破压力一般 0.2～0.5MPa 之间，最大爆破压力应小于 0.7MPa。

（6）爆破吹扫质量检验：

①低压工艺管道：可用刨光木板置于排气口处检查，木板上应无铁锈和脏物。

②中压以上管道：检查装在排气管内的铝靶板。靶板表面应光洁，宽度为排气管内径的 5%～8%，长度等于管子内径。

③连续两次更换铝靶板检查，如靶板上肉眼可见的冲击瘢痕不多于 10 点，每点不大于 1mm 即确认为合格。

2. 水冲洗

（1）小于 DN600mm 的液体管道宜采用水冲洗，应使用洁净水。冲洗奥氏体不锈钢管道时，水中的氯离子含量不得超过 25×10^{-6}。

（2）水冲洗的流速应是系统正常运行（100%负荷）流速的 1.5 倍以上，一般推荐流速为 $4.0 \sim 5.0 \text{m/s}$，应保证水的流速不小于 1.5m/s，直至从管内排出洁净水为止。

（3）排放水的管线截面积不得小于被冲洗管截面积的 60%，排水时不得形成负压。

（4）水冲洗应连续进行，以排出口的水透明度和入水口目测一致为合格。

（5）当管道冲洗合格后暂不运行时，应将水排净，并应及时吹干。

（6）水冲洗检验：排放口安装 60 目滤网，冲洗 5min 后目测检查滤网，无明显杂质为合格。

3. 空气吹扫

（1）小于 $DN600\text{mm}$ 的气体管道宜采用空气吹扫。

（2）吹扫气体在管道中的流速应大于 20m/s，吹扫压力一般要求在 $0.6 \sim 0.8\text{MPa}$。

（3）管道吹扫出的脏物不得进入设备，设备吹扫出的脏物也不得进入管道。

（4）一般在排气口设置白布或白漆木制靶板检验，5min 内靶板无吹出的铁锈、尘土、水等脏物打击痕迹为吹扫合格。吹扫合格后应及时封堵。

（三）试压

（1）在环境温度低于5℃时，水压试验应有防冻设施。

（2）若设计无规定，管道的水压试验压力为：

①强度试验压力为设计压力的 1.5 倍，且不低于 0.4 MPa。

②严密性试验压力按设计压力进行。

（3）采用中性洁净水进行水压试验时，升压应缓慢，达到强度试验压力后，稳压 4h，检查无漏、无压降为合格；然后将压力降至设计压力，进行严密性试验，稳压 4h，检查无渗漏、无压降为合格。采用气体作为试验介质时，严密性试验稳压时间不少于 24h。

（4）采用气体试压并用发泡剂检漏时，应分段进行。升压应缓慢，系统可先升到 0.5 倍的试验压力，进行稳压检漏，无异常无泄漏时在按强度试验压力的 10% 逐步升压，每级应进行稳压并检漏合格，直至升到强度试验压力，经检漏合格后再降至设计压力进行严密性试验，经检查无渗漏为合格。每次稳压时间应根据所用发泡剂检漏工作需要的时间而定。

(5)试压中有泄漏时，不得带压修理。缺陷修补后应重新试压，直至合格。

(6)当采用天然气作为试验介质时，应在干燥和置换管内空气后进行。

(7)试压合格后，可用 0.6～0.8MPa 压力进行扫线，以使管内干燥无杂物。

(四)干燥

输气管道站场干燥与线路管道干燥相同。

第十二章　油气管道试运投产的相关知识

第一节　热油管道的试运投产

一、试运投产执行的标准

（1）《输油管道设计规范》（GB 50235—2010）；

（2）《石油与天然气钻井、开发、储运防火防爆安全生产管理规定》（SY/T 5225—2005）；

（3）《原油管道运行规程》（SY/T 5536—2004）；

（4）《原油管道输送安全规程》（SY/T 5737—2004）；

（5）《原油及轻烃站（库）运行管理规范》（SY/T 5920—2007）；

（6）《油气管道仪表及自动化系统运行技术规范》（SY/T 6069—2005）；

（7）《输油气管道电气设备管理规定》（SY/T 6325—2011）；

（8）《输油管道加热设备技术管理规定》（SY/T 6382—2009）；

（9）《石油天然气站内工艺管道工程施工及验收规范》（SY 0402—2000）；

（10）《输油泵组施工及验收规范》（SY/T 0403—1998）；

（11）《加热炉工程施工及验收规范》（SY/T 0404—1998）；

（12）《石油天然气建设工程施工质量验收规范　储罐工程》（SY 4202—2007）；

（13）《石油天然气建设工程施工质量验收规范　设备安装工程　第 1 部分：机泵类设备》（SY 4201.1—2007）；

（14）《石油天然气建设工程施工质量验收规范　设备安装工程　第 4 部

分：炉类设备》（SY 4201.4—2007）；

 （15）《管输原油降凝剂技术条件及输送工艺规范》（SY/T 5767—2005）；

 （16）《油气长输管道工程施工及验收规范》（GB 50369—2006）；

 （17）《污水综合排放标准》（GB 8978—1996）；

 （18）《长输管道阴极保护工程施工及验收规范》（SYJ 4006—2005）；

 （19）《石油天然气管道跨越工程施工及验收规范》（SY 0470—2000）；

 （20）《油气输送管道穿越工程施工规范》（GB 50424—2007）。

二、试运投产准备

（1）成立投产指挥机构，统一领导全线的试运投产工作。

（2）生产管理机构健全，各岗位人员配齐并培训合格。上岗持证率达100％，特殊工种操作人员应取得相关部门颁发的操作证书。

（3）由投产指挥机构组织对所有的施工项目按设计图纸和有关的施工及验收规范进行预验收。

（4）对于验收时发现的问题进行整改。

（5）制定各岗位的管理制度、操作规程，编制生产各类报表。

（6）制定投产方案，报有关部门批准。

（7）与供电部门签署供电协议。

（8）签署原油收油、交油的交接及运输协议。

（9）对重新启动的原油管道，应进行管道腐蚀状况调查，进行剩余强度评价。

三、工艺站场验收与试运

（一）预验收前，站内各单体进行试运

（1）输油泵的试运转及其验收应按《输油泵组施工及验收规范》（SY/T 0403—1998）、《石油天然气建设工程施工质量验收规范　设备安装工程　第1部分：机泵类设备》（SY 4201.1—2007）执行。

（2）加热炉试运转及验收应按《加热炉工程施工及验收规范》（SY/T 0404—1998）、《石油天然气建设工程施工质量验收规范　设备安装工程　第4部分：炉类设备》（SY 4201.4—2007）执行。

（3）工艺管线的验收应按《石油天然气站内工艺管道工程施工及验收规范》（SY 0402—2000）执行。

（二）预验收时，对单体试运结果进行审查验收

1. 工艺系统

（1）站场内各系统工程按照设计完成全部安装、试压等施工工作并经验收合格。

（2）完成工艺流程检查，确保连接准确无误。

（3）完成油罐、泵机组、加热炉、阀门等设备的调试。

（4）单体设备的保护系统已经投运。

（5）清管器收发装置及系统安装调试合格，快开盲板开启、关闭、密封等性能符合产品说明书要求，清管器通过指示器的校准和试验符合要求。投产用清管器已运到指定现场位置。

（6）调试好泄压阀、安全阀设定值，使其处于备用状态。

（7）在投产前站场设备处于停止状态，阀门处于关闭状态。

2. 站场相关专业系统

（1）工程配套消防设施应经公安消防部门验收合格。

（2）与各站供电系统签署供电协议，地方供电部门确认变电所可以送电，各站外电均获得用电使用权限。各场站变电所、配电装置已通过地方供电部门验收合格，按照供电协议供电。

（3）变电所、配电装置的测量、控制和保护单元完好。保护、测量、控制单元显示正常。就地操作设备灵活、可靠。定值已按照定值整定单整定完成，并且通过校验合格。

（4）外电线路已经按照设计施工图的要求施工完成。各站架空线路处于可以送电的正常状态。

（5）站场油罐防雷、防静电接地装置已经按照设计施工图的要求施工完成，其接地电阻符合设计要求并出具测试报告，经当地主管部门验收合格。

（6）通信系统主、备用线路已经开通，光传输系统、软交换系统、工业电视系统运行稳定、可靠。

（7）调控中心与站场的通信测试完毕，系统通信正常。调控中心 SCADA 系统与各站控系统、远程紧急截断阀、高点检测 RTU 调试完毕，实现与调控中心数据传输和远程控制功能。调控中心与各站控系统、远程 RTU 投入试

运行。

（8）末站计量系统的体积管标定已完成。末站要在进油前对体积管进行标定，待进油后，油流稳定、无杂质且符合检定条件，再进行对流量计的检定。在未检定前，应考虑用油罐进行计量。流量计算机与站控计算机实现数据传输。

（三）站内整体试运

1. 试运系统

各系统的试运应按《原油管道运行规程》（SY/T 5536—2004）执行。

（1）原油工艺系统；

（2）电力系统；

（3）给排水系统；

（4）消防系统；

（5）热力、通风系统；

（6）仪表自动化系统；

（7）通信系统。

2. 整体试运

（1）在各系统试运合格的基础上，进行站内整体试运。整体试运以水为介质，按投产方案进行站内循环，时间一般为72h。

（2）消防系统的验收与试运，应与当地消防管理部门一起按国家消防管理规定和有关标准进行。

（3）自动化系统调试与使用。

（4）安全保障设施的测试（包括可燃气报警器的调试）。

（5）整体试运时，通过起停设备、切换流程，检查站内工艺管线、阀门、设备、仪表及自动化系统的运行状况。

（6）通信系统调试与投用。

3. 试运合格的标准

（1）整体试运中发现的问题均已整改完成；

（2）站内各系统运行正常；

（3）工艺流程切换正常，具备进油条件；

（4）工艺管线及设备的杂物、积水清扫干净。

整体试运全部合格后，按生产工艺要求进油投产。

四、全线清管与试压

（1）对全线进行线路巡查，检查沿线标志桩、测试桩及伴行公路的情况。

（2）干线清管应按《原油管道运行规程》（SY/T 5536—2004）的规定执行，应采用机械式清管器。

（3）全线整体试压应按《油气长输管道工程施工及验收规范》（GB 50369—2006）规定执行。

五、管道投产方式

（1）原油管道的投产，可采用不加热输送和加热输送两种投产方式。

①加热输送可采用加降凝剂投油方式、热水预热投油方式、加降凝剂与热水预热结合投油方式。

②热水预热投油方式可采用正输和正反输交替输送热水方式。

（2）投产时，若原油的凝点低于投产时间管道沿线最低地温，可直接投油。

（3）投产时，若原油的凝点高于投产时间管道沿线最低地温，可根据管道的情况和原油的物性采用不同的投油方式：

①对所输原油加降凝剂改性效果明显，凝点低于投产时间管道沿线最低地温5℃，可直接投油。

②对所输原油凝点高于管道沿线地温的，或加降凝剂改性后凝点低于最低地温但在5℃以内，应采用热水正输预热与加降凝剂结合投油方式或热水预热投油方式。

③采用何种方式，应根据管线的工艺流程和原油的流变性及投产时的条件综合核算后确定。

（4）采用加降凝剂投油方式，应对原油加降凝剂效果进行试验室试验评价并做环道试验，评价项目和评价方法应执行《管输原油降凝剂技术条件及输送工艺规范》（SY/T 5767—2005）的规定。

（5）正输预热方式投产时，应按最大输水量进行输送。热水输送量应不少于最大加热站间管容量。

（6）采用正反交替输水预热方式投油前，应核算管道末站的加热能力。

①预热前，除管内充满水外，管道首站应储备相当于最大加热站间管线总容量的1.5~2倍的水量，管道末站的储罐应能满足反输水量的要求。

②每一单程的总输量取最大加热站间管线总容积的 1.2～1.5 倍。

③热水预热的各运行参数应在输油规程规范的允许范围内。

(7) 应考虑管道特殊段如大型穿（跨）越、水下敷设段、岩石敷设段和较长架空段的温降。

六、投油与操作

（一）投油前应具备的条件

(1) 系统试运及整体试压时发现的问题已处理完毕。

(2) 全线各种设备、仪表及控制系统运行正常。预热后管道与固定墩等没有明显的变形和位移。

(3) 原油交接计量设施已标定完毕。

(4) 首站油罐应有充足的油源，以保证投产需要。

(5) 末站应具有油水混合物和合格原油的储罐，并有含油污水处理和排放措施。

(6) 热水预热投产前，应按投产方案的预热推荐方法对管道热力进行核算，原油到达下站的进站温度应高于沿线测定的原油凝点，投油过程中管线的压力应低于管道的允许工作压力。

(7) 进站水温到达试运投产方案确定的预热条件，开始进油。

（二）投油操作

(1) 加降凝剂投油时，应按时在各站检测原油的凝点和粘度。

(2) 热水预热投产时，输油量不宜低于设计输量。

(3) 投油后各站按规定进行巡检，测取各种运行参数，填写各种报表。

(4) 按投产方案中计算的油头到达各站的时间，对各站进行预报，提前做好准备，及时调节运行参数。

（三）混油操作

(1) 在计算混油到达末站前 2h 开始连续检测，见油时应立即切换进混油罐。当原油含水率低于 1% 时，可改进原油罐。

(2) 对油水混合物应采取加热沉降、加破乳剂等措施分离油和水。分离出的污水应进行处理，达到《污水综合排放标准》（GB 8978—1996）中规定的排放标准方可向外排放。

(四)事故预想及措施

(1) 应制定管线初凝、爆管、变形和位移等事故的预案和抢修措施。

(2) 应制定输油站场主要设施损坏、跑油、着火等事故的预案和抢修措施。

(3) 抢修队伍应在输油站场和管道沿线指定地点保驾。

七、基础工作

(一)投产基础数据

(1) 投产过程的运行数据应以自动采集记录为主。

(2) 人工记录时，一次仪表的精度应不低于0.5级。

(3) 按时记录设备的运转状况。

(4) 测取有关的气象资料和油头到达的时间、油水含量变化情况及油水混合物总量等数据。

(5) 记录整个投产过程中的重要事件。

(6) 运行记录应从站内整体试运时开始。

(7) 投产完成后，应有投产过程的技术和管理工作总结。

(二)资料保管

以下材料应汇总、保存：

(1) 投产方案。

(2) 投产技术、管理总结。

(3) 各站单体试运、清管及试压有关数据与记录。

(4) 投产过程中工艺运行参数汇总表及参数变化曲线。

(5) 投产过程中设备运行技术状况分析。

(6) 大事记及其他有关的数据资料。

(7) 全部资料应在投产后3个月内归档。

八、工艺设备单体试运转

站内管道必须在进行强度和严密性试压后方可进行设备单体试运转。

（一）输油泵机组试运转

（1）泵机组试运转时，应由施工单位制定单机试运方案，生产单位制定联合试运方案。试运方案应包括如下内容：

①试运转机构和人员组成。

②试运转的程序和应达到的要求。

③试运转流程。

④试运转操作规程和注意事项。

⑤指挥和联系信号。

⑥安全措施及应急预案。

⑦各项记录表格。

（2）单机试运转应由安装单位负责，生产单位参加；联合试运转应有生产单位负责，安装单位参加。

（3）试运转前应具备的条件：

①安装各工序已全部完成，并检验合格。

②附属设备和仪表控制系统经检查验收合格。

③与试运转无关的设备和仪表已断开，泵基础混凝土强度达到100%。

④电气部分（包括配电系统、示警及信号装置）应经检验合格。

（4）试运转步骤：应先单机后联合，先电动机后泵机组，先附属系统后主机。在上一步未合格前，不得进行下一步运转。

（5）单机试运转时间：500kW以上泵机组应运行8h以上，500kW以下的泵机组运行4h以上。

（6）电动机启动前，电动机的保护、控制、测量、信号压力、励磁等回路应调试完毕，动作正常；人力盘车无异常，测量各部分绝缘电阻符合要求。

（7）电动机第一次试运转应无载荷，运转时间为2h以上，旋转方向应正确，小型电动机的运转时间可适当减少。

（8）交流电动机带负荷连续启动次数，如制造厂无规定应符合下列要求：

①在冷态时，可连续启动2次，每次间隔时间不得少于5min。

②在热态时，只能启动1次。

③小型电动机带负荷连续启动次数可按实际情况适当增加。

（9）在试运转中如发现不正常现象，应立即停止运转，并进行检查和维修。

（10）在运转时，润滑油系统应符合下列要求：

①润滑油的品种和规格应符合有关规定。

②每个润滑部位启动前应先注润滑剂。

③注油器内的油脂应加至规定数量。

④压力润滑的设备启动前应先启动润滑油泵，进行整个系统的放气、排污，使每个润滑点都有润滑油流出。滑动轴承油环自润滑的泵组应先盘车，并从注油孔观察油环带油情况。带上润滑油后方可启动泵组。

⑤在设备运转期间，应严密监视润滑系统，保证油温、油压、油量在规定的范围内，并且无漏油现象。

(11)在运转中应检查各部位的状况，应符合下列规定：

①运转部位不得有异常响声。

②检查轴承温度，如制造厂无规定时，离心泵滑动轴承温度不得高于70℃，滚动轴承温度不得高于75℃。

③电动机不得有过热现象。如制造厂无规定，电动机的温升应符合表12-1-1的要求。

表 12-1-1　电动机允许温升

序号	电动机部件	环境温升,℃	允许温升,℃	
			温度计法	电阻法
1	滑环	35	70	—
2	换向器	35	65	—
3	滑动轴承	35	60	—
4	滚动轴承	35	65	—
5	A级绝缘的绕组	35	60	65
6	B级绝缘的绕组	35	75	85
7	C级绝缘的绕组	40	65	75
8	D级绝缘的绕组	40	85	100
9	H级绝缘的绕组	40	95	100

注：(1) 表中的滑动轴承和滚动轴承允许温升值是采用温度计法位于轴承室外表面，尽可能接近轴承外圈测点的温升值。

(2) 采用埋设检温计法，测量位于滑动轴承瓦的压力区，离油膜间隙不超过10mm处，出油温度不超过65℃时，轴承的允许温度为80℃。

(3) 采用埋设检温计法，测点位于滚动轴承室内，离轴承外圈不超过10mm处，环境温度不超过40℃时，轴承的允许温度为90℃。

④检查机组的震动，若制造厂无规定，泵组的震动值应符合表12-1-2的要求。

表 12 - 1 - 2　泵机组允许震动值

	油　　泵			电　动　机		
转数，r/min	1000 ~ 1500	1501 ~ 3000	3001 ~ 6000	1000 ~ 1500	1501 ~ 3000	3001 ~ 6000
振幅，mm	≤0.08	≤0.06	≤0.04	≤0.10	≤0.06	≤0.04

⑤填料函温升应正常，普通填料允许有少量泄漏：输送轻质油不大于 20 滴/min；输送原油不大于 10 滴/min。机械密封、螺旋密封基本无泄漏，平均泄漏量不超过 3 滴/min。

（12）冷却水压力应为 0.15MPa，冷却水温度不应大于 40℃。

（13）单机试运转结束后应做好下列工作：

①断开电源和其他动力来源。

②消除压力和负荷（包括放气、排水）。

③复检泵组主要部分的配合和安装精度。

④检查和复紧各紧固部分。

⑤整理运转记录。

（14）单机试运转合格后，方可进行联合试运转，试运转时间 72h；无异常时，试运转结束。

（二）加热炉试运转

（1）加热炉制造厂应派人到现场，指导试运行。

（2）管式加热炉的试运行应符合下列规定：

①试点火：确定点火时的负荷，进行自控程序试验、风油压调节试验等。

②开通：逐步开通阀门，使炉管内介质按设计工作状态下流动，逐步加大流量到设计值。

③试运行：加热炉及其附件在设计参数下连续运行 72h，检测、核定各部件运行参数是否达到额定值。若达不到额定值，应找出原因，进行整改，直至合格。

（3）导热油间接加热炉的试运行应符合下列规定：

①试点火，确定点火时的负荷，调节自控程序和风油压试验。

②导热油脱水、脱低沸点物。

——低温脱水：将热媒加热到 105 ~ 120℃，连续平稳运行不少于 24h 后，对热媒取样分析，含水率低于 0.05% 为合格。

——高温脱水：将热媒继续升温到 130 ~ 140℃，连续平稳运行，对热媒取样分析，含水量为零为合格。

——脱低沸点物：将热媒加热到 160～180℃ 之间，连续平稳运行 24h，以脱出热媒中的低沸点物质。

③试运行：热媒经脱水、脱低沸点物后，继续升温到设计规定值。在升温过程中，逐步开通换热器进行负荷试车。试车时间应符合表 12 - 1 - 3 的规定。

表 12 - 1 - 3　导热油间接加热炉负荷试车时间

试 车 阶 段	负 荷	运行时间，h
一	80%	20
二	100%	48
三	110%	4

④加热炉试运合格、无质量缺陷、达到设计参数时，试运转结束。

（三）油罐充水试验

油罐在使用前应进行充水试验，完成油罐罐底严密性试验、油罐罐壁强度及严密性试验、固定顶强度及严密性试验、固定顶稳定性试验、浮顶及内浮顶升降试验、浮顶排水管的严密性试验和基础沉降试验。

（1）充水试验应符合下列规定：

①充水试验前，所有附件及其他与罐体焊接的构件全部完成，并检验合格。

②充水试验前，所有与严密性试验有关的焊缝均不应进行防腐处理。

③一般情况下，充水试验采用洁净的淡水。

④充水试验中，如果发生设计不允许的沉降，应停止充水，待处理后方可进行试验。

⑤充水和放水过程中，应打开透光孔，且不应使基础浸水。

（2）罐底充水时的严密性试验，以罐底无渗漏为合格。

（3）罐壁的强度和严密性试验，在充水到设计最高液位并保持 48h 后罐壁无渗漏、无异常变形为合格。

（4）固定顶的强度及严密性试验，以罐顶无异常变形、焊缝无渗漏为合格。

（5）固定顶的稳定性试验，以罐顶无异常变形为合格。

（6）浮顶及内浮顶充水升降试验，以浮顶级内浮顶升降平稳和导向机构、密封装置及自动通气阀支柱无卡涩现象，扶梯转动灵活，浮顶及附件与罐体上的其他附件无干扰，浮顶与液面接触部分无渗漏为合格。

（7）浮顶排水管的严密性试验应符合下列规定：

①油罐充水前，以 390kPa 压力进行严密性试验，稳压 30min 应无渗漏。

②在浮顶升降过程中，浮顶排水管的出口应保持开启状态。油罐充水试验后，应重新按（1）条的要求进行严密性试验。

（8）基础沉降观测试验应符合以下要求：

①油罐基础直径方向上的沉降差不应超过表 12 − 1 − 4 的要求。

②支撑罐壁的基础部分不应发生沉降突变。

③沿罐壁圆周方向任意 10m 弧长内的沉降差不应大于 25mm。

表 12 − 1 − 4　储罐基础径向沉降差许可值

外浮顶罐与内浮顶罐		固 定 顶 罐	
储罐内直径 D_n，m	任意直径方向最终沉降差许可值	储罐内直径 D_n，m	任意直径方向最终沉降差许可值
$D_n \leqslant 22$	$0.007 D_n$	$D_n \leqslant 22$	$0.015 D_n$
$22 < D_n \leqslant 30$	$0.006 D_n$	$22 < D_n \leqslant 40$	$0.010 D_n$
$30 < D_n \leqslant 40$	$0.005 D_n$	$40 < D_n \leqslant 60$	$0.008 D_n$
$40 < D_n \leqslant 60$	$0.004 D_n$		
$D_n \geqslant 60$	$0.0035 D_n$		

注：在罐壁下部圆周每隔 10m 左右设一个观测点，点数宜为 4 的整数倍，且不宜少于 4 点。

（9）其他检查，包括：

①罐壁组装焊接后，几何形状及尺寸应符合下列要求：

——高度允许偏差不应大于设计高度的 0.5%。

——直度的允许偏差不应大于罐壁高度的 0.4%，且不应大于 50mm。

——焊缝角变形和罐壁的局部凹凸变形应分别符合表 12 − 1 − 5 和表 12 − 1 − 6 的规定。

表 12 − 1 − 5　罐壁焊缝的角变形

板厚 δ，mm	角变形，mm
$\delta \leqslant 12$	$\leqslant 12$
$12 < \delta \leqslant 25$	$\leqslant 10$
$\delta > 25$	$\leqslant 8$

注：用样板尺、钢板尺或塞尺进行检查，检查数量为抽查 20%，且不少于 5 条焊缝。

表 12-1-6　罐壁的局部凹凸变形

板厚 δ, mm	罐壁局部凹凸变形, mm
$\delta \leqslant 12$	$\leqslant 15$
$12 < \delta \leqslant 25$	$\leqslant 13$
$\delta > 25$	$\leqslant 10$

注：用钢盘尺、钢板尺或样板尺进行检查，检查数量为抽查 20%，且不少于 5 条焊缝。

——底圈壁板内表面半径的允许偏差应在底圈板 1m 高处测量，应符合表 12-1-7 的规定。

——罐壁上的施工卡具焊迹应清除干净，焊疤应打磨平滑。

表 12-1-7　内表面任意点半径的允许偏差

储罐直径 D, m	半径允许偏差, mm
$D \leqslant 12.5$	± 13
$12.5 < D \leqslant 45$	± 19
$45 < D \leqslant 76$	± 25
$D > 76$	± 32

注：用水准仪或罐底水平连通管、钢盘尺、钢板尺、样板尺和线坠进行检查，检查数量为抽查 20%，且不少于 5 件。

②罐底焊接后，其局部凹凸变形的深度不应大于变形长度的 2%，且不大于 50mm，单面倾斜不大于 40mm。

③浮顶和内浮顶局部凹凸变形应符合下列规定：

——船舱顶板的局部凹凸变形不应大于 15mm。

——浮盘的局部凹凸变形不应明显影响外观及浮顶排水。

④固定顶的局部凹凸变形用样板尺检查，其间隙不应大于 15mm。

九、投产方案的内容及要求

（一）编制投产方案的依据

（1）国家有关的法规和规范。

（2）上级有关的文件和设计资料。

（3）原油的物性及地温等自然条件。

（4）原油交接及供电、供水协议。

（5）与试运投产有关的其他资料。

（二）投产组织及准备

（1）投产的组织机构、人员及职责。

（2）投产指挥工作流程。

（3）建立规章制度，制定操作规程。

（4）抢修队伍的安排、抢修车辆及抢修器材的配备等保障。

（三）技术内容

（1）确定的投产方式。

（2）降凝剂的评价结果。

（3）投产过程输量、温度、压力及变化趋势的测算。

（4）投产开始油头到达各站及管段的时间的测算。

（5）采用预热输送的预热时间、预热用水量、油水混合物总量的测算。

（四）试运投产各段操作流程、步骤

（1）设备调试。

（2）站内试运。

（3）清管与试压。

（4）预热方式。

（5）投油操作。

（6）油水混合物的处理。

（五）安全要求及事故处理

（1）操作人员、抢修人员的安全要求。

（2）投产过程中的安全管理规定。

（3）事故预案及处理措施。

（六）附件

（1）输油站场工艺流程图和平面布置图。

（2）输油管道总断面图、水力坡降图和管道平面走向图。

（3）投产运行相关参数的计算结果。

第二节　成品油管道的试运投产

一、试运投产执行的标准

（1）《输油管道设计规范》（GB 50253—2003）；

（2）《石油天然气钻井、开发、储运防火防爆安全生产管理规定》（SY/T 5225—2005）；

（3）《油气管道仪表及自动化系统运行技术规范》（SY/T 6069—2011）；

（4）《输油气管道电气设备管理规范》（SY/T 6325—2011）；

（5）《石油天然气站内工艺管道工程施工及验收规范》（SY 0402—2000）；

（6）《输油泵组施工及验收规范》（SY/T 0403—1998）；

（7）《石油天然气建设工程施工质量验收规范　设备安装工程　第 1 部分：机泵类设备》（SY 4201.1—2007）；

（8）《石油天然气建设工程施工质量验收规范　储罐工程》（SY 4202—2007）；

（9）《石油天然气管道跨越工程施工及验收规范》（SY 0470—2000）；

（10）《油气输送管道穿越工程施工规范》（GB 50424—2007）；

（11）《长输管道阴极保护工程施工及验收规范》（SYJ 4006—2005）；

（12）《油气长输管道工程施工及验收规范》（GB 50369—2006）；

（13）《成品油管道运行规范》（SY/T 6695—2007）；

（14）《原油管道运行规程》（SY/T 5536—2004）；

（15）《污水综合排放标准》（GB 8978—1996）。

二、试运投产准备

（1）管道试运投产应成立临时组织机构，包括但不限于业主、设计、施工、监理、运行、油品销售等单位有关人员，负责统一指挥和协调全部的试运投产工作。

（2）编制试运投产方案，审查批准后按照方案做好有关准备。

（3）试运投产临时机构组织对工程设计内容及管道试运行临时设施等按照设计文件、有关施工及验收规范进行试运行前工程检查，并确认具备试运行条件。

（4）建立生产运行管理组织机构，配备经过培训合格的岗位人员，编制HSE 体系文件。

（5）签订有关油品运输、计量交接、运行调度、安全环保、供电、供排水、通信、维抢修等协议或合同。

（6）按照有关技术标准、设计文件及设备生产厂家的操作手册进行设备单体试运，消防系统的试运执行国家有关规定并应由当地消防管理部门验收合格。

三、工艺站场验收与试运

与热油管道基本相同，只是没有加热系统的试运。

四、投油技术要求

（1）成品油管道投油可采用水联运后注油方式、水隔离段后注油方式和惰性气体隔离段后注油方式。

（2）投油前应进行清管作业。

（3）投油方案中应包括水力计算的内容。各输油站及工艺设施的运行参数应在设计规定的允许范围内。

（4）投油宜采用单一油品，应根据输送介质及管道地形特点确定不同介质间的隔离方案和排水（气）方案。

（5）管道投油时站场及全线关键安全保护装置及程序、各单体设备的保护装置及程序应投用。

（6）投油过程中应跟踪油头，按照方案进行排水（气），并对管道穿（跨）越、阀室、高点、低点等进行重点巡查。油头到达末站至少连续运行72h 后，投油过程结束。

（7）应制定含油污水处理方案。污水排放应符合相关标准，避免对环境造成污染。

五、其他

投产中的基础工作，包括基础数据、资料管理技术、泵机组试运、油罐充水试验等要求见本章第一节相关内容。

六、试运投产方案的编制

（一）编制方案的依据

（1）国家、行业及地方的有关法律、法规、标准；

（2）上级有关文件；

（3）设计文件；

（4）所输油品的类型、标号、批次、数量；

（5）成品油供/输/销及供电、供水、通信合同或协议。

（6）与试运投油有关的其他文件。

（二）投油组织机构

（1）试运投油的组织机构设置、人员构成；

（2）职责范围；

（3）组织指挥工作流程。

（三）技术要求

（1）确定投油方式；

（2）油品调度、批次运行和分输计划；

（3）水联运、投油、批次运行水力计算；

（4）投油过程中油头到达各站的时间及运行参数；

（5）污水处理与排放。

（四）试运投油各阶段具体方案

（1）设备调试；

（2）清管；

（3）联运；

（4）投油；

（5）污水及混油处理。

（五）HSE 管理

（1）操作人员、抢修人员的安全要求；

（2）试运投油过程中的健康安全环境管理规定；

（3）应急预案及处理措施。

（六）附件

（1）时间进度表；

（2）工艺计算书；

（3）物资准备清单；

（4）工艺流程图、平面布置图；

（5）线路纵断面图、平面走向图；

（6）数据记录表。

除此之外，试运投产方案还应包括管道工程概况、投油必备条件等内容。

第三节　天然气管道的试运投产

一、试运投产执行的标准

（1）《输气管道设计规范》（GB 50251—2003）；

（2）《石油天然气钻井、开发、储运防火防爆安全生产管理规定》（SY/T 5225—2005）；

（3）《天然气管道运行规范》（SY/T 5922—2003）；

（4）《油气管道仪表及自动化系统运行技术规范》（SY/T 6069—2011）；

（5）《输油气管道电气设备管理规范》（SY/T 6325—2011）；

（6）《石油天然气站内工艺管道工程施工及验收规范》（SY 0402—2003）；

（7）《石油天然气建设工程施工质量验收规范　设备安装工程　第 1 部分：机泵类设备》（SY 4201.1—2007）；

（8）《石油天然气管道跨越工程施工及验收规范》（SY 0470—2000）；

（9）《油气输送管道穿越工程施工规范》（GB 50424—2007）；

（10）《长输管道阴极保护工程施工及验收规范》（SYJ 4006—2005）；

（11）《燃汽轮机 验收试验》（GB/T 14100—2009）；

（12）《航空派生型燃气轮机成套设备噪声值及测量方法》（GB/T 10491—2010）

（13）《工业企业厂界环境噪声排放标准》（GB 12348—2008）；

（14）《环境空气质量标准》（GB 3095—1996）；

（15）《大气污染物综合排放标准》（GB 16297—1996）。

二、投产准备

（1）成立由建设、运行、设计、施工及供气、用气等单位组成的试运投产领导机构，明确职责范围、统一指挥、协调全线的试运投产工作。

（2）管道的线路工程、站场工艺、电器、仪表自动化、通信、消防及各项公用工程，按有关的施工验收规范预验收合格。

（3）制定投产方案，报有关部门批准。

（4）生产管理机构健全，各岗位人员配到岗。上岗持证率达100%，特殊工种操作人员应取得相关部门颁发的操作证书。

（5）按 HSE 体系要求指定各项生产管理制度、操作规程，编制生产各类报表，绘制相应的工艺流程图、电器总接线图、线路纵断面图，并按要求对各站场设备、阀门等进行标识。

（6）试运所用的各类器材、物资准备齐全到位。

（7）试运投产保障及维抢修队伍到位，维抢修机具、材料备齐。

（8）试运投产通信畅通。

（9）沿线阴极保护测试桩、里程桩、转角桩等标志桩埋设完毕。

（10）输气管道全线按《输气管道设计规范》GB 50251—2003 和《油气长输管道工程施工及验收规范》GB 50369—2006 进行施压、清管、干燥，并达到规定要求。

（11）与供电部门签署供电协议。

（12）协调供气、用气单位，并签订相关的协议或合同，为投产做好充分的准备。

三、投产前的工程预验收

（一）工程预验收

（1）管道线路工程应符合《油气长输管道工程施工及验收规范》（GB 50369—2006）的规定；

（2）线路跨越工程应符合《石油天然气管道跨越工程施工及验收规范》（SY 0470—2000）的规定；

（3）线路穿越工程应符合《油气输送管道穿越工程施工规范》（GB 50424—2007）的规定；

（4）阴极保护工程应符合《长输管道阴极保护工程施工及验收规范》（SYJ 4006—2005）的规定；

（5）站内工艺管道应符合《石油天然气站内工艺管道工程施工及验收规范》（SY 0402—2000）的规定。

（二）干燥

（1）管道在投用前应进行干燥，干燥宜在严密性试验结束后进行。

（2）利用清管器干燥、清除管道内的游离水，应保证清管器的密封性。清管器的运行速度宜控制在 $0.5 \sim 1\mathrm{m/s}$。

（3）干燥后应保证管道末端管内气体在最高输送压力下的水露点比最低环境温度低5℃。

四、试运投产

（一）输气站试运

（1）输气站试运应在站内工艺管线试压合格后进行。

（2）设备单体试运

①压缩机组、工艺设备等试运应按设计及设备操作手册进行，在规定的时间内达到设计指标。

②供/配电系统、消防系统、通信系统等应按国家及行业的有关标准，试运调试合格。

③供热、压缩空气、水等辅助系统试运合格。

④仪表及控制系统调试合格。

（3）整体试运：按设计工况进行各流程的试运，进行站内管线、设备、仪表、站控、SCADA 系统调试，系统连续平稳运行 72h 为合格。

（二）置换

（1）站内空气的置换应在强度试验、严密性试验、吹扫清管、干燥后进行。

（2）管道内空气应采用氮气或其他无腐蚀、无毒害性的惰性气体作为隔离介质。

（3）置换过程中不同气体间界面宜采用隔离球或清管器隔离。

（4）置换空气时，氮气或惰性气体的隔离长度应保证到达置换管线末端与天然气不混合。

（5）置换过程中管道内的流速应不大以 5m/s。

（6）置换过程中混合气体应排至放空系统放空。放空口应远离交通线和居民点，应以放空口中心设立半径为 300m 的隔离区。

（7）放空区内不允许有烟火和静电火花产生。

（8）置换管道末端应配置气体检测设备。当置换管道末端放空口气体含氧量不大于 2% 时，可认为置换合格。

（9）利用管道内的气体置换输气站场工艺管线及设备内的空气。

五、投产

（1）天然气置换完成后即可投产。

（2）开启用户阀门，调节供气压力，直至运行正常。

（3）投产后按规定进行管道巡检，测取各种参数，填写运行报表。

六、试运投产安全措施

（1）临时排放口距离交通线、居民点不少于 300m。

（2）中压和高压放空立管应设立直径为 300m 的警戒区。

（3）试运投产前，应配齐消防器材、防爆工具及各类安全警示牌，投入使用可燃气体报警器。

（4）进入阀室前应有防窒息、防爆炸措施，并至少有两人在场。

（5）投产前的全线清管、干燥作业，应对管道的变形及通过能力作出综艺评价。

（6）编制试运投产事故预案。

（7）试运投产保障及抢修人员到位，机具、材料按规定配备到位。

七、试运投产的有关数据、资料

（1）应按时测取并记录流量、温度、压力等运行参数。

（2）应按时对管输天然气的组分进行分析，并填写记录。

（3）应按时测取并记录试运投产的其他数据。

（4）应记录整个试运投产过程中的重要事件。

（5）应编制试运投产工作总结。

（6）汇总归档的投产资料包括：

①试运投产方案。

②试运投产有关数据、资料。

③试运投产大事记。

④试运投产工作总结。

（7）投产资料应在投产后3个月内由生产单位归档。

八、压缩机试运投产

（一）投产试运必备条件

（1）成立由运行单位、施工单位、监理、设计参加的试运领导小组。设备厂家必须到现场指导试运。

（2）所有设备的操作维护作业指导书编制完成并培训到位，所有调试人员持证上岗。

（3）制定岗位的管理制度、操作规程，编制生产各类报表。

（4）投产试运方案已报上级部门批准。

（5）燃压机组投产前要求站场工艺系统、自动化控制及通信系统、安全消防系统、电气系统、燃压机组厂房都已安装调试合格。

1. 站场工艺系统

（1）完成站场新建压缩机组工艺管线连头施工、试压、清扫和干燥。站场所有工艺设备编号完毕，标识清晰醒目。

(2)保证压缩机进出口管线、防喘回路管线、站内燃料气处理橇(调压器)到机组燃气调压器之间管段、润滑油系统中油箱出口—油冷器—油箱进口之间的管段、干燥空气系统中从压缩机出口到机组各用气接口之间的管段中无粉尘、杂质和液滴。

(3)检查工艺管线与压缩机组的连接及其与管线支座的情况。

(4)燃气轮机组供给燃料气的调压处理橇调试完毕。

(5)燃气轮机变频电动机启动系统调试完毕。

2. 自动化控制及通信系统

(1)站内工艺管网及机组上所有仪表校验合格或符合仪表规范要求。

(2)完成机组控制及保护系统的接线工作，且检查无误。

(3)机组监控系统软件及站控软件调试正常。

(4)压气站控制中心的通信联系畅通、可靠。

3. 消防系统

(1)消防水系统投用可靠，验收合格。

(2)站区内所有可燃气体检测、压缩机厂房内火焰探测报警系统投用，且运行可靠。

(3)消防道路畅通。

(4)站场所有室内和室外消防器材按规定配备整齐到位。

4. 电气系统

(1)外部供电可靠，站内各系统电压及频率在合格范围内，并核对三相电的相序。

(2)站内电气系统设备检查、测试完毕，正常工作。

(3)站场内避雷接地网接地可靠、测试合格，电气系统设备接地电阻检查测试合格。

(4)UPS 系统安装检测，性能合格。

5. 燃压机组厂房

(1)厂房总体按设计标准完成规定要求，并通过验收。

(2)厂房通风换气系统投运正常。

(3)厂房照明系统投用，并且满足相关规范要求。

(4)厂房消防给水系统投用，并且满足相关规范要求。

(5)厂房避雷接地系统各项指标符合验收标准。

（二）压气站各系统调试

1. 氮气、天然气置换

（1）工艺管线的置换是指压缩机区工艺管线投产前的空气—氮气—天然气置换过程。氮气置换条件是所有站场阀门和管线安装完毕，且完成管线的试压、吹扫和干燥。

（2）氮气、天然气置换的管路和设备的原则是平稳操作、分段置换、不留死角。

（3）当检测到氧气浓度小于2%时，停止注氮。

（4）当每个支路的尾部都检测到天然气含量大于98%时，置换完毕。

2. 空气压缩机及干燥空气系统的调试

空气压缩机及干燥空气系统是指为压缩机组提供仪表风和隔离空气的系统，主要由螺杆式空气压缩机组、缓冲罐、高效除油器、无热再生吸附式干燥机、过滤器、储气罐、油水分离器、配电柜和控制系统等设备。

1）系统投产调试前的检查

a. 总体检查

（1）空气压缩机组、缓冲罐、高效除油器、无热再生吸附式干燥机、过滤器、储气罐，油水分离器等正确安装就位，固定良好。

（2）系统工艺管网正确连接、管路清洁、无泄漏。

（3）过滤器、缓冲罐和储气罐等压力容器技术资料齐全，符合《压力容器安全监察技术规程》要求，并具有中国政府安全技术监察部门检验合格的证明。

（4）检测、控制仪表安装正确，根部无泄漏。

（5）检查阀门安装正确，操作可靠，无泄漏。

（6）检查机房通风设备运行可靠。

b. 空压机联锁控制系统的检查

（1）检查电源线、接地线连接是否正确，检测电源电压是否正常。

（2）检查系统的控制电缆接线是否正确。

（3）系统通电，检查人机界面的显示是否正常，检查状态显示是否正确。

（4）检查各个参数的状态设定、数值设定是否正确。

c. 空气压缩机组的检查

（1）检查电动机的电源线、接地线连接是否正确，检测电源电压和相序是否正常。

(2)检测电动机接地的绝缘电阻，应在1MΩ以上。

(3)手动打开油箱泄放阀，确认无水并关闭阀门。

(4)检查油箱油位是否在上油位 H 与下油位 L 之间。

(5)检查安全阀参数设定值是否符合工艺要求。

(6)检查传动皮带是否存在松动现象。

d. 无热再生吸附式干燥机的检查

(1) 检查设备的控制接线是否正确。

(2) 检查气动阀门的动力气体管线连接是否正确。

2) 系统投产的调试步骤

(1) 空压机联锁控制系统供电。

(2) 空压机联锁控制系统调试。

(3) 无热再生吸附式干燥机调试。

(4) 联控调试。

3. 机组附属系统的调试

机组附属系统主要包括电动机控制中心（MCC）、燃气轮机进气过滤与清扫反吹系统、机组工艺阀门系统、机组消防系统、机组 UPS 系统、机组的UCP 与站场 SCADA 的数据通信。

在此仅介绍机组工艺阀门的调试：

(1)对机组所有工艺阀门进行全面检查，确认各阀门的开关状态正确。

(2)机组进口阀门、出口阀门的检查测试。

(3)进行阀门的就地和远控开关性能调试。

(4)测试机组进口阀门、出口阀门的开关时间，是否与控制程序设定时间相适应。

(5)防喘振控制阀的调整测试。

(6)放空阀、加载阀的调整测试。

（三）机组辅助系统的调试

机组辅助系统主要包括润滑油系统、变频启动系统、燃料气系统、干气密封系统、振动与温度检测系统。

1. 润滑油系统

(1) 检查所有管路连接是否可靠，有无泄漏，使用的管件是否清洁，规格是否符合设备安装图要求。

（2）检查油箱加热器功能是否正常，供电电压范围是否正确。

（3）检查润滑油泵电动机及其防潮加热器绝缘性能，检查接线和供电电压范围是否正确。

（4）按照设备的标准、润滑油系统和现场冲洗的要求对润滑油系统进行循环冲洗。

（5）完成冲洗周期，对过滤器滤芯、油质经检查分析，确认合格后，更换新的润滑油和过滤器滤芯。

（6）机组试开车前检查储油箱油位，看静态油位是否在油箱液位刻度线标度处，启动前润滑油箱油温不低于18℃。

（7）根据仪表系统图和润滑油系统图，完成所有仪表设置和模拟检测。

（8）检查储油箱液位、温度、压差和压力的传感器、变送器功能是否正常，接线是否良好。

（9）检查油冷却器回路是否畅通，有无泄漏。

（10）检查系统所有球阀、止回阀、截断阀、针形阀和泵阀开关是否灵活，功能是否良好。

（11）进行润滑油系统控制功能测试：

①启动润滑系统，观察压力显示是否正确。

②交流润滑泵（预后润滑油泵）启动试验。

③直流电动机润滑泵（后备润滑油泵）启动试验。

④油箱加热器试验。

2. 变频启动系统

（1）检查供电电压范围是否正确。

（2）检查变频启动电动机及其防潮加热器绝缘性能，检查接线和供电电压范围是否正确，并加注适量的润滑脂。

（3）检查变频器的各项参数设置是否正确。

3. 燃料气系统

（1）检查全部管路连接是否正确、清洁、干燥，规格是否符合设备厂家的规定。

（2）检查燃料气放空管连接是否正确，有无泄漏。

（3）关闭调节阀上下游截止阀，关闭燃料气橇上的燃料气导管。

（4）检查确认针阀、流量控制阀、压力控制阀操作是否灵敏。

（5）确认机组燃料气橇至场站压缩机组调压橇之间管路的氮气置换已完成。

（6）检查压力变送器、燃料气关断阀、供气总量控制阀设定是否正确，工作是否正常。

（7）检查所有阀门开关状态是否正确，过滤器差压是否符合要求。

（8）核定供气压力，控制在 1.8MPa 左右，范围应在 1.6～2.1MPa 之间。

4. 干气密封气系统

机组每次启动时，利用氮气瓶组区提供的高压氮气作为机组的启动干气密封气；机组启动成功后，将其切换成站内压缩机出口天然气作为干气密封气。

（1）检查系统管路连接是否可靠，有无泄漏。

（2）确认所有球阀、针阀、导管阀开关灵活。

（3）缓冲空气压力调节阀设定压力控制在 0.8MPa 左右，范围应该在 0.6～1.0MPa 之间。

（5）作为密封气的高压氮气建议压力设置为 5～6MPa，确保氮气的压力不低于 4.554MPa，不高于 6.46MPa。

①压缩机启动前，确认从压缩机出口取的工艺气的清洁度、含液量、露点和压力符合密封气要求（不能有大于 $0.5\mu m$ 的固体颗粒物，液体含量小于 3×10^{-6}，露点小于 $-40℃$，压力要至少大于 0.2MPa）。检查过滤器的滤芯是否干净。

②压缩机启动前，要确认干气密封系统的管线电热带已投用；压缩机启动后，要确认干气密封系统电加热器开关灵活，并保证温度在 90～120℃。

（四）振动与温度检测系统

（1）确认所有振动探测器和轴承温度检测器完好，接线正确。

（2）检查振动与温度报警值的设定。

（3）对各部位的振动传感器进行预测试。

（4）检查确认 UCP 振动监控仪正常工作。

（5）检查各部位轴承温度传感器是否完好。

（五）机组试运、测试及投产

1. 机组试运

（1）机组燃气发生器点火、空载调试。

（2）机组带载调试（回路方式）。

（3）启动可靠性和运行安全性测试。

（4）设备噪声测试。

（5）燃气轮机尾气排放测试。

2．机组测试

（1）防喘振线测试。

（2）性能测试。

（3）72h 连续运行测试。

3．现场验收及投产

1）燃气轮机空载试运

燃气轮机空载试运前，必须首先将压缩机所有工艺管线和阀门安装完毕，并完成燃气轮机和压缩机的精确对中。空载试运时，要求将压缩机的防喘振阀置于全开状态。

（1）空载试机之前，要完成机组控制程序验证工作，包括允许启动回路检查程序、启动过程程序、润滑油泵动作程序、箱体风扇动作程序、入口空气过滤器脉冲程序、模块清吹程序、水洗启动程序、停机程序等。

（2）空载试机润滑系统必须投入运行，压缩机的隔离气系统也必须投入运行。

2）燃气轮机空载运行

（1）启动燃气轮机到怠速状态，检查机组的启动过程与规定的启动程序是否相符，并记录燃机从按下启动按钮到怠速的时间。

（2）检查处理启动过程中出现的各种故障，直到燃气轮机能够顺利启动成功。

（3）检查燃气轮机转子和动力涡轮的转速。

（4）检查润滑油系统的滑油压力、温度、差压是否符合要求，滑油冷却风扇运转是否正常，油泵电动机工作运转声响是否正常，润滑油管线是否有泄漏，油箱油位是否正常（观察滑油回油窗的回油情况）。

（5）检查燃料气压力、温度、流量是否符合要求，燃料气管线是否有泄漏。

（6）检查空气进气系统（空气过滤器）、空气放气阀、进口可调导叶执行机构、密封空气、冷却空气等的工作情况。

（7）检查燃气发生器进口、燃气发生器中部、燃气发生器涡轮、动力涡轮驱动端、动力涡轮非驱动端轴承及动力涡轮轴向等的振动值是否在正常范围内。

(8)检查燃气轮机动力涡轮轴承温度是否正常,燃气发生器的排气温度是否正常。

(9)记录所有燃气轮机运行监控参数。

3)燃气轮机的带负荷调试

a. 检查机组的启动过程

(1)检查压缩机工艺阀门(充气加载阀、进口阀、出口阀、放空阀、防喘阀)在启动前、启动过程中、正常运行过程中的阀门工作程序和阀位是否正确。

(2)检查燃气轮机启动过程中的点火、升速、怠速、加速过程是否正常,并记录机组带加载加速的时间。

b. 检查压缩机

a)密封系统

(1)压缩机启动前检查密封气管路是否畅通。干气密封电热带投用并工作正常,加热器的开关处于"自动",压缩机启动后密封气的供气压力应不小于压缩机出口压力,加热器应工作正常。

(2)检查隔离空气的压力、总压、流量是否正常。

(3)检查隔离空气和密封气的放空流量是否正常。

(4)检查各管路是否有泄漏。

b)滑油系统

(1)检查润滑油的供油压力、温度是否正常。

(2)检查管线连接处是否有泄漏。

(3)检查压缩机径向振动和轴向位移是否在规定的范围内。

(4)检查压缩机的径向和止推轴承的润滑油温度是否正常。

(5)检查压缩机的进出口压力、温度等是否正常。

c)机组的全面检查(机械完整性检查)

(1)机组各系统的运行参数,包括压力、总压、温度、转速、流量、液位、振动等,是否在正常范围之内。

(2)机组各系统的运行参数是否稳定。

(3)机组各系统的连接管线是否存在泄漏现象。

(4)机组各部位的声响是否正常。

(5)机组各部位的颜色、气味是否正常。

（6）压缩机进出口管线、阀门是否存在异常振动。

d）启动可靠性和运行安全性测试

（1）按照《燃气轮机 验收试验》（GB/T 14100—2009）的规定，可在燃压机组测试期间根据机组总启动次数和总的启动成功次数进行比较，判断设备连续启动的可靠性。

（2）机组保护装置和控制系统的性能按《燃气轮机 验收试验》（GB/T 14100—2009）的规定试验（选做）。机组采用 PLC 进行控制，为了确保安全运行，在机组启动之前应重新认真校对 PLC 控制程序中的报警停机参数，确保准确无误。机组报警停机参数待厂家调试时定。

e）噪声测试

（1）按照《航空派生型燃气轮机成套设备噪声值及测量方法》（GB/T 10491—2010）的要求，测量机组在额定工况条件下的职业噪声值，包括压缩机房内和控制室内的噪声。

（2）根据《工业企业厂界环境噪声排放标准》（GB 12348—2008）测定压气站围墙外 1m 处的环境噪声。

（3）合同规定的燃气轮机的噪声标准（离开设备 1m 远，距地面高度 1m 处的无遮挡噪声）：整套机组（包括压缩机）不大于 85dBA，压缩机橇体 95 ~ 100dBA，防喘阀不大于 100dBA。

（4）职业噪声测定：

①测量方法执行《工业企业厂界环境噪声排放标准》（GB 12348—2008）。

②测点为距离机组箱体外表面 1m 处，并沿机组外箱的周边每隔不超过 5m 处和最大噪声部位。

③控制室内和宿舍内的噪声测点为控制室和宿舍内的最大噪声部位。

④测试时，传声器置于离地面 1.4 ~ 1.6m 的高度，结果取观测期间最大噪声级与最小噪声级的平均值。如果声级计的读数变动范围不大于 5dB，则认为噪声是稳定的；如果噪声计的读数变动范围大于 5dB，则认为噪声是不稳定的，在这种情况下，除测定等效声级外，还需记录观测运行期间的最大噪声级与最小噪声级。

f）燃气轮机排放测试

（1）检测烟气排放是否达到设备厂家规定的标准。

（2）根据《环境空气质量标准》（GB 3095—1996）和《大气污染物综合排放标准》（GB 16297—1996）检测烟气排放是否符合站场所在地环保要求。

g）机组性能测试

首先进行实际喘振线测试，测试完毕后，相关数据作为机组控制喘振的参数；然后记录现场条件允许最大功率点性能测试，在该点上，压缩机的压头和燃气轮机的热效率作为同工厂实测数据进行比较的参数，由于机组的喘振测试具有一定的风险性，只进行回路的测试，不让机组实际进入喘振工况；最后进行72h的连续运行。在以上测试顺利完成、现场签证后，机组性能测试即通过验收。

（六）紧急预案

根据风险分析，紧急预案应针对现场实际调试情况，编制的内容如下：

（1）站场大量漏气事故预案；

（2）站场触电伤亡事故预案；

（3）电气火灾事故预案；

（4）管道超压事故预案；

（5）压气站中毒事故预案；

（6）机组应急停机或故障停机预案。

第十三章　油气管道危险识别及风险评估相关知识

第一节　风险评价概述

一、风险评价的起源和应用现状

风险评价技术起源于 20 世纪 30 年代，是随着西方国家保险业的发展需要而发展起来的。保险公司为客户承担各种风险，必然要收取一定的费用，而收取费用的多少是由所承担的风险大小决定的，因此，就产生了一个衡量风险程度的问题。这个衡量、确定风险程度的过程实际上就是一个风险评价的过程。

20 世纪 70 年代以后，随着技术进步，石化和运输等行业规模越来越大，火灾、爆炸和有毒气体泄漏等重大事故发生的频率增加，造成了巨大的财产损失和人员伤亡，引起了社会舆论的广泛关注。因此，世界各国和一些国际组织都高度重视对火灾、爆炸和有毒重大危险源的控制，开展相关技术研究，颁布危险源管理法规。作为能预期分析、发现问题、预防事故的有效技术，风险评价技术得到了迅速发展，应用范围也扩展到各行业。

20 世纪 90 年代以来，在欧美等发达国家，风险评价在许多行业逐渐成为了一种经常性的风险决策方法。企业以风险评价为核心进行风险管理，在增强安全性的同时合理利用资源，获取了最大经济效益。一些国际大型石油公司如 Shell 明确提出对设计进行安全审查的风险评价技术，如危险可操作性研究(HAZard and OPerability study，HAZOP)、安全完整性等级(Safety Integrity Level，SIL)评估。

近年来，在欧美等国的石油天然气管道行业，风险评价技术应用的突出表现是在运行阶段开展了以风险评价为基础的完整性管理工作，并取得了显著效果（事故率降低，运营维护成本减少）。一些国家的管道标准中已纳入风险管理的有关内容。

加拿大管道标准 CSA Z662—2007 附录 B 为"管道风险评价指南"，对风险评价在管道上的应用给出了指导，说明风险评价适用于管道生命周期的各个阶段（包括设计阶段），确定了风险评价的过程，并提出了建议的风险评价方法，包括检查表、危险与可操作性研究、故障模式及影响分析等方法。

澳大利亚管道标准 AS 2885.1—2007 附录 B 为"安全管理流程"。该附录指出安全管理研究应贯穿管道设计、施工和运行的各个阶段，并建议在详细设计阶段对工艺系统和控制系统开展危险与可操作性研究与安全完整性等级评估。

英国标准 PD 8010 明确提出以风险评价方式进行安全评估，在设计阶段要进行定量风险评价。

从以上标准可以看出，国外管道标准已将风险评价技术作为安全设计、运行管理的基础和惯例。

我国自 20 世纪 70 年代末引入风险评价技术，经过多年的研究与探索，近年来已经初步建立以风险评价技术为基础的安全评价体系，风险评价技术已经在管道工程建设项目的安全预评价、环境影响评价、地质灾害评价中初步应用。管道运营单位也在逐步引入美国等发达国家的完整性管理理念和相关技术，但是，无论是采用的风险评价技术、具体工作，还是基于风险做出决策方面，都还与发达国家存在很大差距。

二、风险评价的有关概念

（一）风险

风险（Risk）指对危险引起的有害事件发生频率和后果严重程度的量度。在石油石化生产和运输行业，危险（Hazard）一般指出现了有毒、易燃易爆等特性的物质，有害事件产生的后果指造成人员伤亡、环境破坏、外部的财产损失或本企业的经济损失。

安全和风险有密切的关系，因为安全是相对的，它是对风险可接受性的看法。如果某项活动的风险可以接受，就认为它是安全的。要认识到没有"零风险"的事，因为无论采取了怎样的预防措施，危险物质总有可能泄漏，还可能影响到某些人。

通常，某一种危险事件产生的风险等于该危险事件发生频率和产生损失程度的乘积，即：

$$R = PC \qquad (13-1-1)$$

式中　R——风险值；

　　　P——危险事件发生的频率；

　　　C——损失大小程度。

（二）风险评价

风险评价是风险管理必不可少的重要组成部分，评价结果将辅助决策者采取适当措施。风险评价包含风险分析和风险评估两个步骤，见图 13-1-1。风险分析是一个用来确定危害产生后果的程度和可能性的过程，要回答以下四个基本问题：

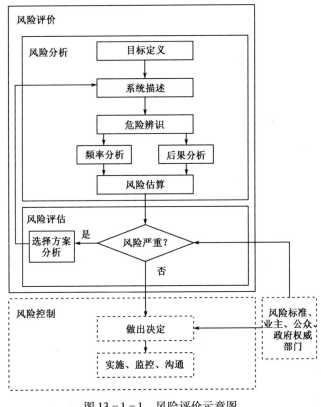

图 13-1-1　风险评价示意图

（1）什么能变坏？

（2）变坏的可能性怎样？

（3）后果是什么？

（4）风险的程度怎样？

风险评估是区分风险级别的过程，确定给定的风险级别是否明显，并为了管理风险去识别和评估一系列减缓措施。风险评估完成两项工作：

（1）风险是不是很大？

（2）可选择什么方案？

在定义风险分析范围时，首先应确定风险接受标准。该标准是风险是否可以被接受的尺度，其实质是社会或企业所能承受的可能发生事故的最大风险值。对长输管道系统，应在考虑如下因素后选定：

（1）泄漏事故每年发生的可能性和规模；

（2）每次泄漏事故造成伤亡的可能性；

（3）每次泄漏事故可能造成的伤亡者人数；

（4）每次泄漏事故可能影响的客户和末端用户数；

（5）每次泄漏事故可能带来的潜在环境破坏范围；

（6）每次泄漏事故造成输送介质损失带来的潜在经济损失。

三、风险评价的步骤

（一）目标定义和系统描述

目标定义指弄清和描述评价的原因和目的。不同的评价目的决定了可采用的评价方法，也决定了评价结果的表达方式和风险可接受标准。

要清楚地描述被评价的系统，对一条长输管道系统应包括：

（1）管道大致的描述，包括它的用途、容量和位置；

（2）管道尺寸和材料特性、防腐层种类、辅助设备的位置和功能；

（3）对管道状况的估计，包括它的防腐层和辅助设备；

（4）管道的运行条件，包括介质种类、操作压力和温度范围；

（5）管道沿线的自然环境；

（6）风险分析的自然边界范围。

（二）危险辨识

危险辨识要回答"什么会变坏"的问题，即识别和定义潜在的危险事件。

例如，一个人过马路时，有可能被汽车撞上，这个人可能因此受伤或死亡，这些都是危险辨识的过程。再如，埋地输气管道运行时，可能因输送的气体中含水造成管内壁腐蚀，天然气可能因此泄漏，引起火灾或爆炸。

常用的危险辨识方法可大体上分为：

（1）比较类方法，例如检查表、危险指数法和历史失效数据回顾；

（2）结构化方法，例如危险和可操作性研究（HAZOP）和失效模式和影响分析（FMEA）；

（3）用一个逻辑路径来表示不同泄漏或者初始事件到可能结果的方法，比如事件树分析和故障树分析。

（三）频率分析

频率分析的目的是确定识别到的危险事件出现的可能性，包括危险事件的相关后果。频率可以定性表达，也可以定量表达。定量表达时，频率可以在整体的基础上（如年失效次数）或者线性基础上（如每千米每年失效次数）说明。

进行频率分析可用的方法有：

（1）分析历史的操作和失效事件数据；

（2）故障和事件树分析；

（1）建立数学模型；

（1）基于已知条件，由有经验和资格的工程和操作人员判断。

需要说明的是：

（1）采用何种方法应根据评价目的和可用的适当数据和模型来决定。如果可能，历史数据还可用来检验其他方法。

（2）当使用历史数据进行频率分析或者验证其他方法的频率分析结果时，要考虑该历史数据是合适的，并且与被分析系统特征相一致。

（四）后果分析

后果分析的目的是估计对人、财产、环境或者其组合的严重不利影响。对油气长输管道的后果分析预测了有毒或者易燃流体泄漏这类事件产生不利影响和中断管道输送量的程度。

后果分析包括建立危险物质的泄漏模型以及泄漏对重要的人、环境、设备、建筑物等的影响数据和模型。对泄漏机理和介质泄漏后的性能了解后，就可以对从泄漏源到任意距离的影响程度进行定性或定量的估计。

根据被分析危险源的种类和评价目的不同，后果分析在范围和对细节的量度方面上差别很大。复杂的量化计算一般都用商用的专业软件完成。

（五）风险估算

风险估算是综合频率和后果分析结果，得到风险值。表示风险的方法有：

（1）风险矩阵法，分别表达频率和后果估计，二者的组合又用离散风险值的一个二维矩阵表达；

（2）风险指数方法，对影响频率和后果的参数给定数值，然后用数学方法组合；

（3）概率风险分析方法，定量估算频率和后果，然后以数学方法将其组合。

从矩阵或指数方法给出风险的一个相对值，可以给出定性或者半定量风险结果。概率风险给出绝对风险度量值。

通常人们按上述风险结果的表达方式将风险评价方法分为定性、半定量和定量三种。用定性风险分析方法筛选确定潜在的高风险情景，然后进行更详细的定量分析。

（六）风险评估

风险评估包括判断风险程度（相对的或绝对数值），分析降低风险的选择方案。

一旦确定得出的风险程度是严重的，需要采取如下措施：

（1）进行更细致的风险分析，以尽可能减少与关键假设有关的不确定或者保守的内容，因为这些可能使对风险程度的估计过高；

（2）考虑降低风险程度的方案，包括减少风险措施，降低危险事件发生的频率或减轻后果的行动。

最后需要说明的是，一般风险评价的过程要记录在风险评价报告中。

第二节 常用风险评价方法简介

风险评价方法有很多种，目前应用的有三四十种。每种方法有其适用范围和应用条件，评价推理过程、得到的结果、评价所需资料数据等有所不同。

具体工作中要根据评价对象的特点、评价目的及投入的资源等综合衡量，选择合适的评价方法。

一、检查表

检查表是评价方法中最初步、最基础的一种，通常用于检查某系统中不安全因素，查明薄弱环节的所在。首先要根据检查对象的特点、有关规范及标准的要求，确定检查项目和要点。按提问的方式，把检查项目和要点逐项编制成检查表。评价时对表中所列项目进行检查和评判。

二、事故树分析

事故树分析方法是由美国贝尔实验室的维森（H. A. Watson）提出的，最先用于民兵式导弹发射系统的可靠性分析，又称故障树分析或失效树分析。它是一种演绎分析方法，用于分析引发事故的原因并评价其风险。

事故树分析图是一种表示导致事故的各种因素之间的因果及逻辑关系图。把系统的失效事件作为顶上事件，把引起失效事件的各种直接因素作为二次事件，按照逻辑关系，用逻辑门将它们联系起来。依次逐级找出所有直接原因，作为下一级事件，直到不必再分解的基本事件为止。这种图是一棵树根在上的倒置的树，最上的树根是顶上事件，最下层的是基本事件。它不仅能分析出事故的直接原因，还能深入提示事故的潜在原因。这些因素中已全面包含了影响系统安全的各种危害因素，能简明、形象地表示出各种因素的相互关系。事故树分析图可用于对较复杂的系统进行风险评价，是常用于设计、运行阶段风险分析或事故后调查的一种评价方法。

例如，油罐内的油气空间存在着油气与空气的混合气，当其浓度达到爆炸限范围，遇到火源时就会发生爆炸事故。静电火花是火源之一，操作中有多种因素会导致静电火花。将这些事件分级，将各事件的因果关系和逻辑关系用逻辑门符号连接，就构成了事故树。

三、道化学火灾、爆炸指数评价法

道化学火灾、爆炸指数评价法是美国道化学公司（DOW）于1964年首先提出的一种评价方法。它根据以前的事故统计资料评价单元内物质的潜在能量、现有的安全措施等条件，利用系统工艺过程中的物料数量及性质、设备种类等数据，用规定的计算式求得各种系数，进而对评价单元潜在的火灾、爆炸危险性及事故损失进行评价。这种方法具有简单实用的特点，从开始应用就受到全世界的关注。该公司在第一版的基础上，不断对其合理性与适用性进行调整和修改，到现在已是第七版，使评价效果提高很多，得到了广泛的应用。它不但用于化工过程、污水处理系统、配电系统、发电厂及某些有危险性的试验装置，目前还在我国储油库及油气管道安全预评价中用于站场内多种单元的风险评价。例如，将输油站划分为油罐、输油泵房、计量系统、加热炉、阀组间及清管器收发区等单元，逐个进行评价，根据评价结果确定火灾、爆炸的危险等级。

四、蒙德火灾、爆炸、毒性指数评价法

蒙德火灾、爆炸、毒性指数评价法是英国帝国化学公司（ICI）于1974年在道化学火灾、爆炸指数评价法的基础上补充发展而成的。该评价方法于1976年正式提出，1979年进行了修订。它所考虑的某些问题比道化学火灾、爆炸指数评价法更为全面。由于蒙德火灾、爆炸、毒性指数评价法涉及的因素更多，掌握应用它比道化学火灾、爆炸指数评价法较困难一些。该方法主要对以下几方面进行了扩展：

（1）危险物质储存量增大，其危险性必然增加。蒙德火灾、爆炸、毒性指数评价法对危险物质储存量的评价范围在 $0.1 \sim 10^5$ t。当数量小于 10^3 t 时，危险系数在 $1 \sim 150$；物质数量在 $2 \times 10^3 \sim 10^5$ t 时，危险系数在 $180 \sim 1000$。它能对各种容量范围的储存设施进行评价，更适用于大型容器的情况。

（2）总危险性中包括了对介质毒性的评价。

（3）火灾危险性评价中除了可燃物数量外，还考虑了预计火灾持续时间的影响、装置内部爆炸的危险性，增加了气体爆炸指标。

（4）增加了一般工艺、特殊工艺危险性的考虑因素。安全措施补偿系数中增加了安全管理、监控及监测设施、警报系统等的补偿，较好地体现了管理水平与新技术对系统安全性的影响。

五、危险与可操作性研究

危险与可操作性研究（HAZOP）是一个结构化和系统化的检查被定义系

统的技术。它的目标是识别系统中潜在的危险和潜在的操作性问题。HAZOP研究的一个显著特征是"检查会议"，会议期间由研究组长引导一个多专业小组系统地检查一个设计或系统中所有相关部分。它利用一套核心的引导词来识别对系统设计目的的偏离。

HAZOP 的基础是"引导词检查"，仔细查找设计意图的偏差。为了方便检查，将系统分为若干部分，划分方法为每个部分的设计意图能够被适当地定义。选择部分的大小取决于系统的复杂性和危险的严重程度。对于复杂的或危险程度高的系统，部分可能划分得较小；对于简单的或危险程度低的系统，采用较大的部分将有助于加快研究速度。对系统给定部分的设计意图，用表示部分基本特征并代表部分固有属性的要素来表示。在某种程度上，选择要检查的要素是一种主观决定，因为达到要求可能有若干种组合，并且要素的选择也可能取决于特定的应用。要素可以是操作规程中离散的步骤或阶段、控制系统中的单个信号和设备项、过程或电子系统中的设备或零部件等。

在某些情况下，按照以下内容来表示部分的功能是有益的：

(1)由某一来源取得的输入物料；

(2)对该物料进行的活动；

(3)送到某目的地的产品。

因此，设计意图将包含下列要素：物料、活动、来源和目的地，这些可以被看做是部分的要素。

要素可以根据定量或定性的特性进一步加以定义。例如，在化学系统中，要素"物料"可以用温度、压力和组分等特性进一步加以定义；对于"运输"活动，可以用相关的特性，如运动速度或载客量等进一步加以定义；对基于计算机的系统，信息比物料更可能成为每个部分的主题。

HAZOP 小组对每个要素(及相关特性)检查设计意图的偏差，这些偏差可能导致不良的后果。可以采用预定义的"引导词"，通过用询问的方法识别对设计意图的偏差。引导词的作用是激发想象、集中分析并引出想法和讨论，从而使研究尽可能完整。基本的引导词及其含义见表13-2-1。

与时钟时间和顺序或序列相关的附加引导词见表13-2-2。

对以上引导词有多种解释。附加引导词可以用来帮助识别偏差，如果在检查之前已经确定，则可以使用这些引导词。选择了要检查的部分以后，将这部分的设计意图分为单独的要素。然后将每个相关的引导词应用于每个要素，从而系统地对偏差进行彻底检查。应用了引导词以后，需要检查给定偏差的可能原因和后果，并调查故障的探测和指示装置。按商定好的格式记录检查的结果。

表 13 - 2 - 1　基本引导词及一般含义

引 导 词	含 义
空白	对设计意图的完全否定
过量	数量增加
减量	数量减少
伴随	质的改变/增加
部分	质的改变/减少
相逆	设计意图的逻辑反面
异常	完全取代

表 13 - 2 - 2　与时钟时间和顺序或序列有关的附加引导词

引 导 词	含 义
早	相对于时钟时间
晚	相对于时钟时间
先	相对于顺序或序列
后	相对于顺序或序列

　　引导词/要素的关系可以看做一个矩阵，引导词作为行，要素作为列。这样构成的矩阵中每个单元格就是一个特定引导词与要素的组合。为实现全面的危险识别，有必要使要素及其相关特性覆盖设计意图所有相关方面，并且使引导词覆盖所有的偏差。不是所有的组合都能产生可信的偏差，因此在考虑所有的引导词/要素组合时，矩阵中可能有一些空白的单元格。危险与可操作研究工作流程图见图 13 - 2 - 1。

六、安全完整性等级评估

　　安全仪表系统是用来实现一个或几个仪表安全功能的系统。安全仪表系统可以由传感器、逻辑解算器和最终元件的任何组合组成。在生产过程出现危险情况时，它能够按预定的处理方案，对可能危及到人身、环境、设备安全的情况迅速、准确地做出响应，保证生产过程处于安全状态，避免或减少其造成的危害。

　　安全完整性指在规定条件下、规定时间内成功实现所要求的仪表安全功能的平均概率。安全完整性等级是用来规定分配给 SIS 安全功能的安全完整性要求的离散等级，记为 SIL，共分 4 个等级。SIL4 是安全完整性的最高等级，SIL1 为最低等级。

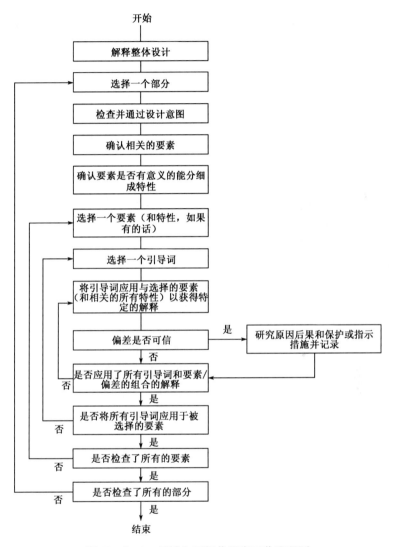

图 13－2－1　风险与可操作研究工作流程图

安全完整性等级评估就是确定安全仪表系统需要达到的安全完整性等级（SIL）的过程。SIL 选择前，应对工艺流程进行全面的评估并提出需要报警和安全联锁的部分，所有的报警和联锁都要进行相应的 SIL 评级。采用适当的 SIL 选择方法，最后得出安全仪表功能需要达到的 SIL 等级。

通过 SIL 等级评估，既可以将风险降低到尽可能低的合理水平，又可以避免过度设计造成费用增加，使安全仪表系统设计的风险控制与投资费用达到合理化。

七、定量风险评价

定量风险评价（Quantitative Risk Assessment）是对某一设施或作业活动中发生事故的频率和后果进行量化分析计算的系统方法。定量风险评估在分析过程中，不仅要求对事故的原因、过程、后果进行定性分析，而且要求对事故发生的频率和后果进行定量计算，并将计算出的风险与风险标准相比较，判断风险的可接受性，提出降低风险的建议措施。其基本的内容包括：危险的识别或者筛选；对危险发生的频率的评估；对危险产生后果的评估；风险计算，提出风险管理的对策建议。

在 20 世纪 80 年代发生的多起灾难性的工业重大安全事故之后，作为分析及管理安全的一种有效方法，定量风险评价已经作为在国际上广泛采用的一种评价工具，以证明工程项目良好地设计和运行，以减少重大灾难对人类影响的可能性。

在进行量化风险评价过程中，衡量风险通常考虑以下 2 个方面：个人风险和社会风险。个人风险是指一个人没有采取保护措施永久处于某一危险场所，由于发生事故而导致的死亡频率，以每年的死亡频率来表示。个人风险在地图上以等高线形式表示。社会风险代表有 N 个或者更多人同时死亡的事故发生的概率，一般通过 $F\text{-}N$ 曲线表示。$F\text{-}N$ 曲线是用来明确表示累积事故频率（F）和死亡人数（N）之间关系的曲线图。由于频率和死亡人数的数值一般差好几个数量级，所以常用对数坐标图来表示。

由于国家、相关行业还没有制定适用的可接受的风险准则和实施定量风险评价的工作导则，而且国内尚未建立失效频率数据库，失效频率计算只能借鉴国外相关的数据库，因此在国内实施定量风险评价还有一定的难度。

八、肯特风险评价法

1991 年，美国学者 W. Kent Muhlbauer 出版《管道风险管理手册》。书中提出了管道的基本风险评价模型，是一种指数评价方法（indexing method）。该方法将管输介质意外泄漏的原因分为第三方影响、设计因素、腐蚀、误操作四大类，每一类又划分为若干指标。

　　基本风险评价模型提出一种"打分系统"，半定量地评价泄漏发生的可能性和后果的严重程度。评价时根据具体情况将管道分成若干段，对每一段采用同一评分体系得出各种泄漏影响因素的得分，求和，再分析介质的危险性和扩散情况，得到泄漏影响系数，最后得每一段的相对风险值为：相对风险值＝失效指标分值总和/泄漏影响系数。风险分值越大，安全性越好。

　　由于这种方法较全面地考虑了管道实际危害因素，集合了大量事故统计数据和操作者的经验，所得结论可信度较高；又由于这种方法简单，便于掌握和应用，在全世界管道线路风险评价中广泛使用，是管道运营公司进行维护维修决策的一种有效方法。《风险管理手册》也出版了第二版和第三版，评价模型也在逐步改进。

　　但是前三版中的风险评价模型得不出失效频率（每千米每年的泄漏次数）的具体数值，也判断不了降低风险措施的具体经济效益。只能给出各段的相对风险值，即风险分值低的管段失效频率高。

　　从 W. Kent. Muhlbauer 所在公司网站上了解到，已经提出了新版评价模型，评价结果可以是绝对的风险值（预期经济损失），同时，不仅可以把失效频率和后果分别给出，还可以分别考虑各失效原因发生的绝对频率。但目前，新模型的应用还未见公开报道。

第三节　危险与可操作研究应用案例

　　本案例的目的是介绍基本的 HAZOP 检查方法。以一个简单工艺过程为例，如图 13-3-1 所示。油蒸发器 HAZOP 工作表如表 13-3-1 所示。

　　油蒸发器由带有加热盘管和燃烧器的炉子组成，燃烧介质为天然气。

　　油以液态进入到加热盘管，汽化后，留在盘管中的为过热蒸气。

　　进入燃烧器的天然气与外界空气混合并燃烧形成高温火焰，燃烧气体由烟囱散开。

　　油量通过流量控制设备控制。流量控制设备包括流量控制阀（FCV）、用来计量油的流量的流量计（FE）、流量控制器（FC）和低流量报警（FAL）。当油的流量降低到设定值以下时，报警器将报警。

　　天然气流经过自力式调压阀 PRV 到达主燃烧器控制阀 TCV 和先导阀 PV，

表13－3－1 油蒸发器 HAZOP 工作表示例

研究标题：油蒸发器

图纸编号： 版本号： 日期：

小组成员：MG、NE、DH、EK、LB 会议日期：

部分：从油进口（流量计前）到蒸气出口（温度控制之后）的蒸发器盘管

设计意图：输入：来自供给管路的进油，来自炉内的热量
活动：汽化、过热、输送油蒸气进行处理

序号	要素	引导词	偏差	可能的原因	后果	保护措施	注释	需要采取的措施	责任方
1	流量	空白	没有流量	供应中断，流量控制阀 PCV 关闭	蒸发器盘管过热，可能造成失效	低流量报警 FAL 高温联锁 TSH	保护措施取决于操作员迅速做出的反应	流量计 FE 低流量关闭主燃烧器控制阀 TCV	LB
				盘管堵塞蒸发器下游阻塞	蒸发器内油沸腾，可能造成过热、盘管结焦	低流量报警 FAL 高温联锁 TSH		检查这些保护措施是否给当以反盘盘是否易于清洗	NE
2	加热	空白	没有加热	炉内火焰熄灭	未汽化液体进入到流程中	无		调查液态油过程的影响，考虑炉内火焰熄灭信号与 FCV 关闭联锁，考虑出口油温过低报警	DH
3	流量	过量	油量过多	输送的油压力过高，流量控制器 FC 故障，FC 设定点错误	蒸发器过载，导致油加热不足	无		检查 FCV 在高压状态下控制油流的可能性，低油出口温度报警	MG
4	加热	过量	过度加热	炉内温度过高	蒸发器盘管过热，可能结焦堵塞	高温开关 TSH 关闭主燃烧器控制阀 TCV		审查天然气流量控制保护措施	EK
					进入流程的气态油温度过高	高温开关 TSH 关闭主燃烧器控制阀 TCV		检查高温蒸气对工艺的影响	DH

续表

序号	引导词	要素	偏差	可能的原因		后果	保护措施	注释	需要采取的措施	责任方
5	减量	流量	油量过少	支接管压力低		同第4点	同第1点		无	DH
6	减量	加热	加热不足	炉内输出量低		可能造成油未能汽化或未过热，低温油进入人工工艺流程	无	是否存在问题？	检查未汽化油或过热油对工艺的影响	DH
									考虑油出口低温报警	EK
7	伴随	油	伴随油	油中有杂质	水	水快速沸腾，导致液态油进入工艺流程	无		检查油中的含水量	DH
					油里含有固态，不挥发，腐蚀性或不稳定混合物	盘管可能部分或完全堵塞（见第1点），形成碳层或腐蚀和泄漏（见第11点）			检查可能存在的杂质	DH
8	相逆	流量	反向流	失去供给可能导致汽化油从工艺流程回流到盘管和供应系统		可能导致供给系统过高而损坏高温供给系统	无		审查对装置的影响，考虑安装回流保护	DH
9	异常	油	异常油	错误物料进入蒸发器		取决于物料	上流输入控制		检查控制是否适当	EK
10	异常	汽化	炉内可能爆炸	天然气与空气混合后点燃		蒸发器损坏，供油系统传递火灾	炉内联锁等	保护措施可能不适当	考虑在供油管道上安装火灾切断阀，考虑在炉内安装防止爆炸保护措施	NE
11	异常	流量	汽化油进入到其他工艺流程	泄漏，盘管失效		供油系统传递的火灾和汽化油从工艺流程中回流，可能造成燃烧室损坏	无		考虑在供油系统上安装火灾切断阀，炉内应提供紧急熄灭蒸汽；考虑安装高温报警或烟囱切断装置用来关闭天然气供应阀；确保盘管常规检查	NE

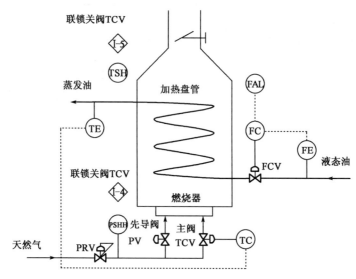

图 13 - 3 - 1　工艺流程简图

主燃烧器控制阀由温度控制器 TC 驱动，温度控制器接收来自用来测量排气温度的温度元件 TE 的信号。

如天然气压力过高，天然气管线上联锁的压力高高开关 PSHH 经 I-4 关闭主燃烧器控制阀 TCV。若油过热达到了最高温度以上，那么在蒸发油出口的高温开关 TSH 可以关闭主燃烧器控制阀 TCV。最后，如果有火焰喷出，火焰探测器(未显示)可以同时关闭 2 个天然气管线阀门。

参 考 文 献

［1］ 杨筱蘅，张国忠．输油管道设计与管理．东营：石油大学出版社，2003.

［2］ 严大凡，等．油气储运工程．北京：中国石化出版社，2003.

［3］ 姚光镇．输气管道设计与管理．北京：石油工业出版社，1991.

［4］ 黄春芳，等．油气管道设计与施工．北京：中国石化出版社，2008.

［5］ 李长俊．天然气管道输送技术．北京：石油工业出版社，2003.

［6］ 何利民，高祁．油气储运工程施工．北京：石油工业出版社，2007.

［7］ 杨筱蘅．油气管道安全工程．北京：中国石化出版社，2005.

［8］ 中国石油天然气总公司．原油长输管道工程设计．东营：石油大学出版社，1994.

［9］ 宋德琦，苏建华，任启瑞．天然气输送与储存工程．北京：石油工业出版社，2004.

［10］ Hanlon Paul C. 压缩机手册．郝点，等译．北京：中国石化出版社，2003.

［11］ 时铭显，刘隽仁，刘贵庆，等．输气管线用导叶式旋风子多管除尘器的设计与计算．
气田建设，1980，（4）.

［12］ 四川石油管理局．天然气工程手册．北京：石油工业出版社，1984.

［13］ 王志昌．输气管道工程．北京：石油工业出版社，1996.

［14］ 中国石油天然气总公司．天然气长输管道工程设计．东营：石油大学出版社，1995.

［15］ 谭羽非，等．天然气地下储气库技术及数值模拟．北京：石油工业出版社，2007.